Telekolleg

Mathematik

Gleichungen und Funktionen

Wolfgang Fraunholz
Christel Liefke

TR-Verlagsunion München

Dieser Band enthält das Arbeitsmaterial zu den 1992/93 vom Südwestfunk produzierten Lehrsendungen Telekolleg II/Gleichungen und Funktionen (Lektion 1 bis 13)

Autor der Lektionen 1, 2, 3, 4, 9, 11, 12, 13: Wolfgang Fraunholz

Autorin der Lektionen 5, 6, 7, 8, 10: Christel Liefke

Graphiken
S. 27: Franziska Schob, München
S. 133 oben, S. 164 unten, S. 165 oben, S. 166 oben, S. 166 unten, S. 178: Wolfgang Meir, München
S. 65, S. 103 Mitte, S. 117 unten, S. 150, S. 188 unten Mitte: Werbeatelier Punktum, Augsburg
Alle übrigen Graphiken in den Lektionen 1 bis 10: Wolfgang Meir, München;
alle übrigen Graphiken in den Lektionen 11 bis 13: Wolfgang Fraunholz, Koblenz

8., gegenüber der 7. unveränderte Auflage 2006

Umschlaggestaltung: Wilfried Reich, Baden-Baden
Gesamtherstellung: Gebr. Bremberger, München
ISBN 3-8058-2547-1

Inhaltsverzeichnis

Wegweiser durch die Lektionen hin zur Prüfung

Bei der Mathematik-Prüfung am Ende des Telekollegs werden Sie niemals in die Verlegenheit kommen, einen Beweis führen oder eine Formel herleiten zu müssen. Entscheidend ist, daß Sie mit den Formeln *rechnen* können. Dennoch haben wir bei der Darstellung des Stoffes nicht auf Beweise und Herleitungen verzichtet, denn die Formeln können erst dann sinnvoll eingesetzt werden, wenn man gesehen hat, wie sie zustande kommen. Die Anwendung einiger Verfahren lernt man nur bei ihrer Herleitung. Lesen Sie also den Beweis oder die Herleitung beim ersten Durcharbeiten der Lektion gründlich durch.

Bei der Prüfungsvorbereitung können Sie Ihr Wissen am besten anhand der Aufgaben in den Arbeitsbogen und eventuell einigen Wiederholungsaufgaben aus den Lektionen überprüfen. Wenn Sie hier Unsicherheiten oder Schwächen spüren, sollten Sie noch einmal das Buch hervorholen und sich ins Gedächtnis rufen, wie die Formeln oder Verfahren, mit denen Sie Schwierigkeiten haben, angewendet werden. Die Wiederholungsaufgaben bieten eine zusätzliche Gelegenheit zum Üben.

Nicht alle Aufgaben, die in diesem Band abgedruckt sind, müssen Sie auch rechnen. Wenn Sie beispielsweise von einer Aufgabe 4. die Teilaufgaben a) und b) gerechnet und richtig gelöst haben, können Sie c), d), e) und f) überspringen. Vielleicht lösen Sie diese Aufgaben bei einer Wiederholung vor der Prüfung. Hören Sie also auf zu rechnen, wenn Sie meinen, daß Sie das Verfahren beherrschen. Wenn Sie aber noch ein bißchen üben möchten, haben Sie die Möglichkeit.

Nicht nur Teilaufgaben, auch ganze Aufgaben sind manchmal ein Zusatzangebot, das Sie nicht wahrnehmen müssen. Diese Aufgaben sind mit einem Sternchen gekennzeichnet (z. B. *5.).

Abschließend finden Sie die Hinweise zum Aufbau der Lektionen, die Sie schon aus „Funktionen in Anwendungen" kennen und die wir hier noch einmal für Sie abdrucken.

1. Jede Lektion beginnt mit einem Abschnitt *„Vor der Sendung"*. Dieser gibt Ihnen Hinweise auf die Inhalte der Fernsehsendung und weist auf die wichtigen Vorkenntnisse hin, die Sie bei der Betrachtung der Sendung und zum Durcharbeiten des Textes im Buch benötigen.

2. Die *„Übersicht"* zeigt Ihnen jeweils die Ziele der Lektion und gibt Ihnen an, in welche Abschnitte die Lektion gegliedert ist. Die wichtigen Begriffe sind in Fettdruck hervorgehoben. Sie können daher diese Übersicht bei einer späteren Wiederholung (etwa vor den Prüfungen) verwenden, um sich rasch wieder einen Überblick über die Inhalte zu verschaffen.

3. In den Text der Lektionen sind *Aufgaben* eingestreut, die Sie an der jeweiligen Stelle lösen sollen. So können Sie sich direkt vergewissern, ob Sie den Sachverhalt verstanden haben. Die Bestätigung für Ihre Lösung können Sie dann im *Lösungsteil* hinten im Buch finden. Der rote Pfeil mit der Nummer im Kreis, zum Beispiel ⟶ ③, zeigt Ihnen, wo Sie die Lösung finden. In diesem Fall unter der Nummer 3 zu Beginn des Lösungsteils der betreffenden Lektion. Aufgaben, die eine graphische Darstellung verlangen, zeichnen Sie bitte auf Millimeterpapier. Im Lösungsteil finden Sie eine verkleinerte Darstellung des gesuchten Graphen. Es ist nicht schlimm, wenn Sie das eine oder andere Mal die Lösung nicht richtig herausbekommen: Schauen Sie dann hinten im Buch nach und überlegen Sie, warum die Lösung so lauten muß.

4. Jede Lektion ist in drei bis sechs *Abschnitte* gegliedert. Wenn Sie es einrichten können, bearbeiten Sie jeden Tag ein oder zwei dieser Abschnitte und verteilen somit die Arbeit über einen längeren Zeitraum. Dies ist günstiger, als die ganze Lektion an einem Tag durcharbeiten zu wollen.

5. Zu den einzelnen Abschnitten der Lektionen finden Sie *Übungsaufgaben.* Mit diesen Aufgaben können Sie Ihr Wissen und Können überprüfen und herausfinden, was Sie wiederholen sollten. Sie brauchen diese Übungsaufgaben wie gesagt natürlich nicht alle zu lösen. Für die Aufgaben sollten Sie ein großes Heft benutzen, in dem Sie Ihre Rechnungen auch bei einer späteren Wiederholung finden können. Für einige Aufgaben brauchen Sie einen Taschenrechner.

Nach so vielen Ratschlägen wünschen wir Ihnen, daß Sie auch Spaß beim Telekolleg Mathematik haben. Der Erfolg kommt dann ganz von selbst.

Christel Liefke Wolfgang Fraunholz

1. Graphische Lösung von Gleichungssystemen

1

Vor der Sendung

In den folgenden Lektionen werden Systeme von mehreren Gleichungen betrachtet und Lösungen für solche Systeme gesucht. Man geht zunächst von linearen Funktionen aus. Sie sollten daher Ihre Kenntnisse über die linearen Funktionen (aus den Lektionen 3 und 4 des Bandes „Funktionen in Anwendungen") parat haben. In der Fernsehsendung lernen Sie Sachprobleme kennen, die sich mit zwei linearen Funktionen beschreiben lassen. Der Vergleich der Graphen zweier solcher Funktionen zeigt, daß diese einen Schnittpunkt haben können. Achten Sie darauf, welche Bedeutung ein solcher Schnittpunkt haben kann.

Übersicht

1. Der Vergleich der Graphen zweier linearer Funktionen zeigt, daß diese einen **Schnittpunkt** haben können. Da der Schnittpunkt auf jedem der beiden Funktionsgraphen liegt, erfüllen seine Koordinaten beide Funktionsgleichungen. Mit der **Punktprobe** läßt sich dies überprüfen. Die Koordinaten des Schnittpunktes lassen sich auch rechnerisch ermitteln. Unter einem linearen 2 x 2 - Gleichungssystem versteht man ein **System von zwei linearen Gleichungen** mit je zwei Variablen. Die Gleichungen sind durch „**und**" miteinander verknüpft.

2. Die Lösungsmenge *einer* Gleichung mit zwei Variablen ist die Menge aller Zahlenpaare $(x \mid y)$, die die Gleichung erfüllen. Die **Lösungen des Gleichungs*systems*** sind die Zahlenpaare, die die erste und die zweite Gleichung erfüllen. Faßt man jede der beiden Gleichungen als eine Funktion auf, so werden die Lösungen des Systems durch die **Schnittpunkte der Graphen** der beiden Funktionen dargestellt.

3. Da die graphische Lösungsmethode für Gleichungssysteme wegen der eingeschränkten Zeichengenauigkeit oft nur ungefähre Werte liefert, sucht man eine **rechnerische Methode**: Man stellt für die beiden Bedingungen je eine Funktionsgleichung in der Form $y = f(x)$ auf und setzt die Funktionsterme gleich.

4. Es gibt Sachprobleme, die zu einem **unlösbaren Gleichungssystem** führen, und auch solche, die **unendlich viele Lösungen** haben.

1.1 Vergleich zweier linearer Funktionen

Aus der Fernsehsendung kennen Sie das folgende Problem. Auf welche Weise kommt man preisgünstiger zum Flughafen: mit einem Taxi oder mit einem Ein-Weg-Mietwagen? Das Taxi kostet 3,60 DM Grundgebühr und 2,00 DM pro Kilometer. Der Mietwagen kostet 75,00 DM Grundgebühr und 0,95 DM pro Kilometer.
Klar ist sofort, daß das Taxi bei geringen Entfernungen, der Mietwagen bei großen Entfernungen günstiger ist. Wie aber ist es bei einer mittleren Entfernung?
Bezeichnet man die Fahrtkosten mit y und die Anzahl der Kilometer mit x, so gilt
für das Taxi $y_T = 3{,}60 + 2{,}00 \cdot x$ und
für den Mietwagen $y_M = 75{,}00 + 0{,}95 \cdot x$.

Wie Sie aus Lektion 4 des vorhergehenden Bandes wissen, stellen beide Gleichungen lineare Funktionen dar, die für $x \in \mathbb{R}$ definiert sind. Hier sind nur Werte aus $\mathbb{R}_+$ interessant, da keine negativen Kilometer gefahren werden und auch keine negativen Geldbeträge bezahlt werden. Für beide Funktionen kann man sich die Graphen aufzeichnen.

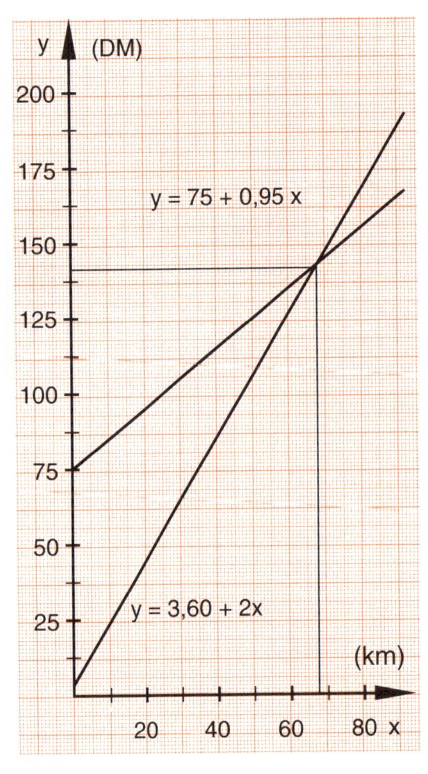

Man erhält das nebenstehende Bild. Daraus kann man ablesen, daß bis zu einer Entfernung zwischen 60 und 70 km die Taxifahrt günstiger ist als die Fahrt mit dem Mietwagen. Bei größerer Entfernung ist der Mietwagen günstiger. Der Schnittpunkt der Graphen gibt die Stelle an, an der beide Transportmittel die gleichen Kosten verursachen: Der Schnittpunkt S (x_S I y_S) liegt auf beiden Geraden, seine Koordinaten müssen beide Funktionsgleichungen erfüllen.

$y_S = 3{,}6 + 2 \cdot x_S$ **und** $y_S = 75 + 0{,}95 \cdot x_S$

Anders ausgedrückt: Die Funktionsterme beider Funktionen müssen an der Stelle x_S gleich sein. Um den Wert von x_S auszurechnen, kann man also die beiden Funktionsterme gleichsetzen:

$$\begin{aligned} 3{,}6 + 2 \cdot x &= 75 + 0{,}95 \cdot x \quad && | -0{,}95\,x - 3{,}6 \\ 2\,x - 0{,}95\,x &= 75 - 3{,}6 \\ 1{,}05\,x &= 71{,}4 && | : 1{,}05 \\ x &= 68 \end{aligned}$$

Bei 68 km Entfernung sind also beide Verkehrsmittel gleich teuer. Wie hoch sind bei dieser Entfernung die Kosten? Zur Berechnung dieser Kosten muß man 68 in eine der ursprünglichen Gleichungen einsetzen:

$$\begin{aligned} y &= 3{,}6 + 2 \cdot 68 \\ y &= 139{,}60 \end{aligned}$$

Die Kosten für 68 km sind daher bei beiden Verkehrsmitteln jeweils 139,60 DM. Daß das gefundene Zahlenpaar (68 I 139,6) auch die andere Gleichung erfüllt, prüft man durch die **Punktprobe**, indem man die Werte in die andere Gleichung einsetzt:

$$\begin{aligned} y &= 75 + 0{,}95 \cdot x \\ 139{,}6 &= 75 + 0{,}95 \cdot 68 \\ 139{,}6 &= 75 + 64{,}6 \\ 139{,}6 &= 139{,}6 \end{aligned}$$

Die Frage, auf welchem Wege man bestimmt, ab welcher km-Zahl der Mietwagen günstiger als das Taxi ist, hat also zu dem Ergebnis geführt, daß man zwei Gleichungen mit den beiden Variablen x und y betrachten und ein Zahlenpaar (x_S I y_S) suchen muß, das beide Gleichungen gleichzeitig erfüllt. Wenn es ein solches Zahlenpaar gibt, spricht man von einem **Gleichungssystem aus zwei Gleichungen mit zwei Variablen** und nennt das Zahlenpaar, das beide Gleichungen gleichzeitig erfüllt, die Lösung des Gleichungssystems.

Ein zweites Beispiel: Eine Familie mit zwei Erwachsenen und zwei Kindern (6 und 9 Jahre) will prüfen, ob die Anreise zum Flughafen günstiger mit einem Einweg-Mietwagen oder mit der Bahn durchgeführt wird. Sie vergleicht dazu einen besonders günstigen Mietwagentarif (75 DM Grundgebühr, 0,50 DM pro Kilometer) mit den Preisen des Sonderangebots „Rail & Fly". Die Bahn bietet an:

Stufe 1 - bis 251 km	2. Klasse
Einzelreisende	DM 90,--
jede weitere Person	DM 45,--
mitreisende Kinder je Kind von 4 bis 11	DM 10,--

Stufe 2 - ab 252 km	2. Klasse
Einzelreisende	DM 127,--
jede weitere Person	DM 64,--
mitreisende Kinder je Kind von 4 bis 11	DM 10,--

Schreibt man wieder x für die Anzahl der Kilometer und y für die Kosten in DM, dann werden die Bahnkosten für die Familie durch die folgende Funktionsgleichung (einer abschnittweise definierten Funktion) beschrieben:

$$y = \begin{cases} 155 & \text{für } 0 \leq x \leq 251 \\ 211 & \text{für } x > 251 \end{cases}$$

Die Funktionsgleichung für den Mietwagen lautet

$$y = 75 + 0{,}5\,x \quad \text{für } x \geq 0$$

An den Graphen der beiden Funktionen kann man wieder ablesen, in welchen Bereichen die Bahn bzw. der Mietwagen günstiger ist.

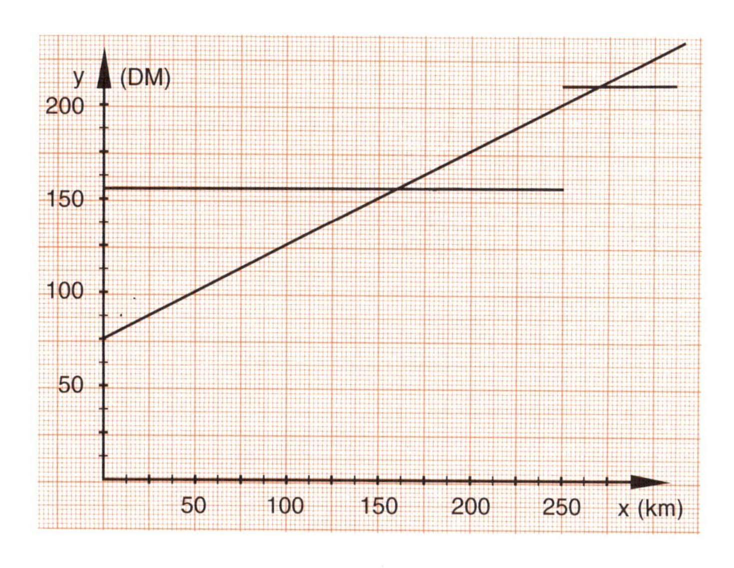

An der Zeichnung erkennt man zwei Schnittpunkte. Rechnerisch kann man die Punkte bestimmen, an denen die gleichen Kosten für Bahn und Mietwagen entstehen. Man setzt die Funktionsterme gleich:
Für den ersten Punkt:
$75 + 0{,}5\,x = 155$
Für den zweiten Punkt:
$75 + 0{,}5\,x = 211$

Die Rechnung verläuft jetzt so:

Für den ersten Punkt:

$$\begin{aligned} 75 + 0{,}5\,x &= 155 \quad | -75 \\ 0{,}5\,x &= 80 \quad | \cdot 2 \\ x &= 160 \\ y &= 155 \end{aligned}$$

Für den zweiten Punkt:

$$\begin{aligned} 75 + 0{,}5\,x &= 211 \quad | -75 \\ 0{,}5\,x &= 136 \quad | \cdot 2 \\ x &= 272 \\ y &= 211\ . \end{aligned}$$

Die y -Werte sind ja fest, nämlich $y = 155$ bzw. $y = 211$.

Die Lösungen sind die Zahlenpaare $(160 \mid 155)$ und $(272 \mid 211)$.

Ob die zu diesen Zahlenpaaren gehörigen Punkte tatsächlich auch auf der Geraden für den Mietwagen liegen, läßt sich wieder durch die Punktprobe überprüfen. Man setzt die Werte in die Gleichung $y = 75 + 0{,}5\,x$ ein:

Für das erste Zahlenpaar ergibt sich:

$$\begin{aligned} y &= 75 + 0{,}5 \cdot x \\ 155 &= 75 + 0{,}5 \cdot 160 \\ 155 &= 75 + 80 \\ 155 &= 155 \end{aligned}$$

Für das zweite Zahlenpaar ergibt sich:

$$\begin{aligned} y &= 75 + 0{,}5 \cdot x \\ 211 &= 75 + 0{,}5 \cdot 272 \\ 211 &= 75 + 136 \\ 211 &= 211 \end{aligned}$$

Aufgaben zu 1.1

1. Für die geplante Busfahrt eines Kegelklubs bietet das Omnibusunternehmen A an: 60,00 DM Grundgebühr und 1,50 DM für jeden gefahrenen Kilometer. Das Omnibusunternehmen B offeriert: 90,00 DM Grundgebühr und 0,90 DM für jeden gefahrenen Kilometer. Bei welcher Kilometerzahl sind die beiden Angebote gleich günstig? Lösen Sie diese Aufgabe graphisch und rechnerisch. Machen Sie die Probe.

2. Bei den Tarifverhandlungen wird von zwei Möglichkeiten gesprochen: a) 4 % Lohnerhöhung und zusätzlich ein Sockelbetrag von 50 DM, b) 6 % Lohnerhöhung ohne Sockelbetrag. Für welche Lohnempfänger ist die erste, für welche die zweite Möglichkeit günstiger? (Graphische und rechnerische Lösung)

1.2 Graphische Lösung von Gleichungssystemen

Das folgende Problem entspricht dem zweiten Beispiel aus der Fernsehsendung: Die Damen des Gymnastikklubs „Erwachende Blüten" planen ihren Jahresausflug. Im Prospekt des Hotels Alpenrose finden sie die Angabe: 39 Zimmer mit insgesamt 70 Betten. Es stellt sich die Frage, ob das Hotel auch Einzelzimmer hat und wenn ja, wieviele.
Hätte das Hotel lauter Doppelzimmer, so müßten es 78 Betten sein, hätte es lauter Einzelzimmer, so wären es 39 Betten. Die tatsächliche Verteilung liegt also irgendwo dazwischen. Das Problem läßt sich lösen, wenn man die Bedingungen in mathematischer Form notiert. Nennt man die Anzahl der Doppelzimmer x und die Anzahl der Einzelzimmer y, so kann man die Angaben aus dem Prospekt folgendermaßen schreiben:

Anzahl der Doppelzimmer	+	Anzahl der Einzelzimmer	=	Gesamtzahl der Zimmer	
x	+	y	=	39	(1)
Anzahl der Betten in Doppelzimmern	+	Anzahl der Betten in Einzelzimmern	=	Gesamtzahl der Betten	
$2x$	+	y	=	70	(2)

Beide Gleichungen lassen sich als Funktionen in der Form $y = f(x)$ schreiben:

$$y = 39 - x \qquad (1)$$
$$y = 70 - 2x \qquad (2)$$

Wenn nichts besonderes gesagt wird, soll künftig für Funktionen stets die Definitionsmenge IR der reellen Zahlen gelten. Diese beiden Funktionen sind jedoch auf der Definitionsmenge IN zu betrachten, da es keine Bruchteile von Zimmern gibt. Stellt man für eine Funktion eine Wertetabelle auf, so erhält man die Zahlenpaare, die die Funktionsgleichung erfüllen.
Berechnen Sie die Wertetabelle für die Funktionsgleichung (1) für $x = 0$ bis $x = 10$. → ①

Für die Wertetabelle der Funktionsgleichung (2) ergibt sich:

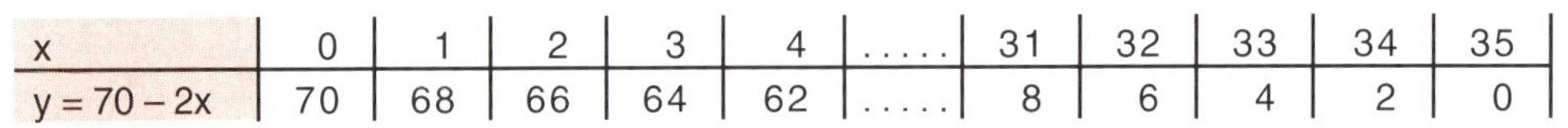

x	0	1	2	3	4	.....	31	32	33	34	35
$y = 70 - 2x$	70	68	66	64	62	.....	8	6	4	2	0

Die Menge der Zahlenpaare, die die Funktionsgleichung (2) erfüllen, nennt man die Lösungsmenge L_2 der Gleichung. Hier ist also
$L_2 = \{(0 | 70), (1 | 68), (2 | 66), (3 | 64), \ldots, (31 | 8), (32 | 6), (33 | 4), (34 | 2), (35 | 0)\}$.
Für die Funktionsgleichung (1) haben Sie einige Paare berechnet. Die Lösungsmenge ist
$L_1 = \{(0 | 39), (1 | 38), (2 | 37), \ldots, (31 | 8), (32 | 7), (33 | 6), \ldots, (38 | 1), (39 | 0),\}$.
Ein Zahlenpaar steht in beiden Lösungsmengen: $(31 | 8)$ ist die Lösung des Gleichungssystems aus den beiden Gleichungen.

Zusammenfassend kann man festhalten:

Die Zahlenpaare, die eine Gleichung mit zwei Variablen erfüllen, bilden die **Lösungsmenge** der Gleichung.
Die Zahlenpaare, die gleichzeitig zwei Gleichungen mit zwei Variablen erfüllen, heißen die **Lösungen des Gleichungssystems** aus zwei Gleichungen.

Lassen sich die Bedingungen, die in einem Sachproblem gegeben sind, mit zwei Funktionsgleichungen der Form $y = f(x)$ beschreiben, so kann man das Problem graphisch lösen:
Man stellt die beiden Gleichungen des Gleichungssystems auf und zeichnet die Graphen der beiden Funktionen. Der Schnittpunkt der beiden Graphen gibt das Zahlenpaar an, das die Lösung des Gleichungssystems ist, wobei mehrere Schnittpunkte mehrere Lösungen bedeuten.

Für das Sachproblem der Doppel- und Einzelzimmer hat man die beiden Funktionsgleichungen

$$y = 39 - x$$

und

$$y = 70 - 2x ,$$

die das Gleichungssystem bilden. Man zeichnet die beiden Graphen der Funktionen. In diesem Fall sind dies zwei Geraden, deren Schnittpunkt bei $(31 \mid 8)$ liegt. Das Zahlenpaar $(31 \mid 8)$ ist also Lösung des Gleichungssystems. Man schreibt dies auch in der Form

$$\left| \begin{array}{l} x = 31 \\ y = 8 \end{array} \right| .$$

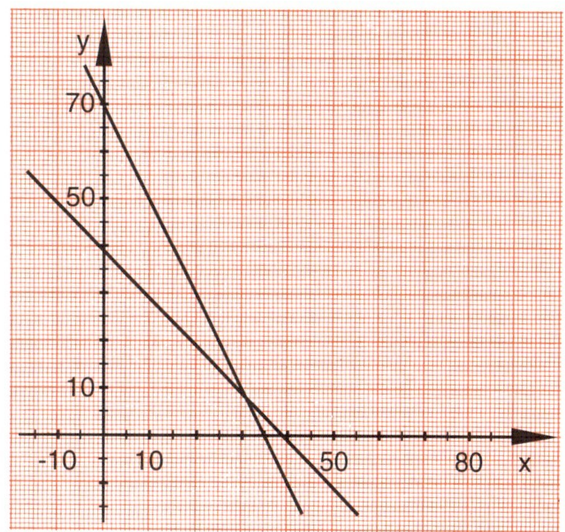

Das Hotel hat 31 Doppelzimmer und 8 Einzelzimmer.

Ein weiteres Beispiel: Ein Wanderer (1) geht vom Ort A in Richtung B. Ein zweiter (2) geht von B nach A. Die Entfernung der Orte beträgt 33 km. Der Wanderer, der von A aufbricht, legt in der Stunde 5 km zurück. Der Wanderer, der zur selben Zeit von B weggeht, legt in der Stunde 6 km zurück. Wann und wo treffen sich die beiden?

Bezeichnet man die Zeit mit x und die Entfernung mit y, so lassen sich die Funktionsgleichungen aufstellen. Der Ort A liege bei 0 km, der Ort B bei 33 km.
Für den Wanderer (1) gilt $y = 5 \cdot x$,
für den Wanderer (2) gilt $y = 33 - 6 \cdot x$,
da er zur Zeit 0 in B ist, also am Ort 33 km, und in die entgegengesetzte Richtung wie Wanderer (1) geht.
Nun zeichnet man die Graphen der beiden Funktionen und bestimmt den Schnittpunkt mit den Koordinaten $(3 \mid 15)$. Die beiden Wanderer treffen sich nach 3 Stunden 15 km von A entfernt. Die Lösung ist

$$\left| \begin{array}{l} x = 3 \\ y = 15 \end{array} \right| .$$

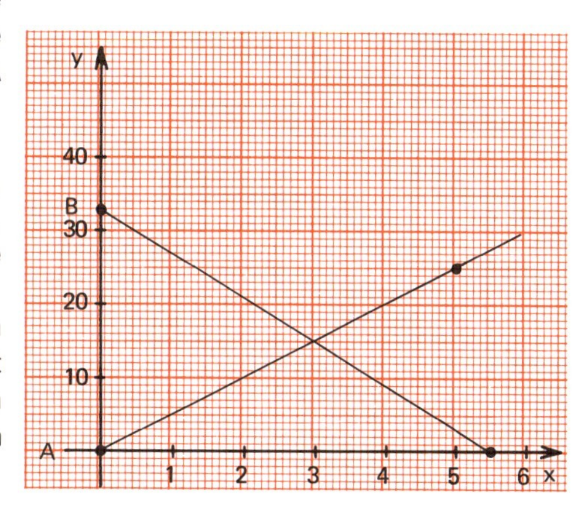

Aufgaben zu 1.2

Lösen Sie die folgenden Aufgaben graphisch. Machen Sie jeweils die Probe, indem Sie die gefundenen Werte für x und y in die beiden aufgestellten Gleichungen einsetzen.

1. Ein Wanderer geht um 9^{00} Uhr in A weg. In der Stunde legt er 4,5 km zurück. Ein Radfahrer startet um 9^{50} Uhr ebenfalls in A und fährt dem Wanderer nach. Seine Geschwindigkeit ist $12 \frac{\text{km}}{\text{Std.}}$. Nach wieviel Stunden und wieweit von A entfernt holt der Radfahrer den Wanderer ein?

*2. Der Schnelldampfer auf dem Rhein fährt um 7^{00} Uhr in Köln ab und ist um 13^{50} Uhr im 100 km entfernten Koblenz. Das Tragflügelboot Rheinpfeil verläßt Köln um 9^{00} Uhr und kommt um 11^{00} Uhr in Koblenz an. Nach wieviel Kilometern überholt das Tragflügelboot den Schnelldampfer?

3. Für eine Reisegruppe von 16 Personen stehen für eine Übernachtung 6 Zimmer zur Verfügung. Wieviele können als Zweibett- und wieviele müssen als Dreibettzimmer belegt werden?

1.3 Das Gleichsetzungsverfahren

Wegen der Ungenauigkeit von Zeichnungen liefert das graphische Lösungsverfahren nicht immer den exakten Wert der Lösung eines Gleichungssystems. Daher sucht man einen rechnerischen Weg. Hat man die beiden Gleichungen des Gleichungssystems gefunden (oder sind sie gegeben), dann kann man die Lösung nach folgendem Verfahren ermitteln.

$$\begin{aligned} -3x + y &= 10 \quad (1) \\ 2x + y &= 5 \quad (2) \end{aligned}$$

↓ Man stellt beide Gleichungen als Funktionsgleichungen der Form y = f(x) dar.

$$\begin{aligned} y &= 3x + 10 \quad (1) \\ y &= -2x + 5 \quad (2) \end{aligned}$$

↓ Man setzt die Funktionsterme, das heißt die rechten Seiten der beiden Gleichungen, gleich.

$$3x + 10 = -2x + 5$$

↓ Man löst die erhaltene Gleichung mit einer Variablen nach x auf.

$$x = -1$$

↓ Man setzt den x-Wert in eine der obigen Gleichungen ein.

$$y = 3 \cdot (-1) + 10$$

↓ Man berechnet y.

$$y = 7$$

↓ Man führt die Probe aus.

$$\begin{aligned} -3 \cdot (-1) + 7 &= 10 \\ 2 \cdot (-1) + 7 &= 5 \end{aligned}$$

Für die Lösung von Gleichungssystemen verwendet man häufig folgende übersichtliche Schreibweise. (Die seitlichen Längsstriche machen deutlich, daß die beiden Gleichungen ein Gleichungs*system* bilden.)

Gleichungssystem	Umformung	Erläuterung
$\left\lvert \begin{array}{rcl} -3x + y &=& 4 \\ 10x - 2y &=& 8 \end{array} \right\rvert$	$\begin{array}{l} \mid +3x \\ \mid -10x \end{array}$	Man rechnet in die Form $y = f(x)$ um.
$\left\lvert \begin{array}{rcl} y &=& +3x + 4 \\ -2y &=& -10x + 8 \end{array} \right\rvert$	$\begin{array}{l} \\ \mid : (-2) \end{array}$	
$\left\lvert \begin{array}{rcl} y &=& 3x + 4 \\ y &=& 5x - 4 \end{array} \right\rvert$		Man setzt die Terme auf den rechten Seiten gleich.
$\left\lvert \begin{array}{rcl} 3x + 4 &=& 5x - 4 \\ y &=& 5x - 4 \end{array} \right\rvert$	$\mid -5x - 4$	Um deutlich zu machen, daß es sich nach wie vor um ein Gleichungs*system* handelt, und weil die zweite Variable durch Einsetzen in eine der Gleichungen ermittelt werden muß, führt man eine der beiden Gleichungen, z. B. die zweite, weiter mit.
$\left\lvert \begin{array}{rcl} -2x &=& -8 \\ y &=& 5x - 4 \end{array} \right\rvert$	$\mid : (-2)$	
$\left\lvert \begin{array}{rcl} x &=& 4 \\ y &=& 5x - 4 \end{array} \right\rvert$		Man setzt den für x gefundenen Wert in die zweite Gleichung ein.
$\left\lvert \begin{array}{rcl} x &=& 4 \\ y &=& 5 \cdot 4 - 4 \end{array} \right\rvert$		
$\left\lvert \begin{array}{rcl} x &=& 4 \\ y &=& 16 \end{array} \right\rvert$		Man erhält die Lösung.

Das Zahlenpaar $(4 \mid 16)$ ist die Lösung des Gleichungssystems.

Lösen Sie mit diesem Verfahren das Gleichungssystem (aus der Fernsehsendung)

$$\left\lvert \begin{array}{rcl} 4x - 2y &=& 5 \\ 3x + 6y &=& 30 \end{array} \right\rvert \longrightarrow ②$$

Zusammenfassend kann man festhalten:

> Ein 2 x 2 - Gleichungssystem ist ein System aus zwei Gleichungen mit zwei Variablen .

> Ein lineares 2 x 2 - Gleichungssystem ist ein System aus zwei linearen Gleichungen mit zwei Variablen. In einer linearen Gleichung dürfen die Variablen höchstens in der 1. Potenz vorkommen.

> Lassen sich die beiden Gleichungen eines 2 x 2 - Gleichungssystems in die Form $y = f(x)$ bringen, so kann das Gleichsetzungsverfahren angewendet werden. Dazu setzt man die beiden Terme rechts vom Gleichheitszeichen gleich und löst die so entstehende Gleichung mit einer Variablen. Durch Einsetzen des ermittelten Wertes in eine der ursprünglichen Gleichungen erhält man den Wert für die zweite Variable. Das Paar aus den ermittelten Werten ist die Lösung des Gleichungssystems.

Wenn nichts anderes vermerkt ist, wird stets die Menge IR (reelle Zahlen) zugrunde gelegt.

Aufgaben zu 1.3

Lösen Sie die folgenden Gleichungssysteme.

1. a) $\left| \begin{array}{l} y = 2x - 3 \\ y = 3x - 8 \end{array} \right|$ b) $\left| \begin{array}{l} y = -4x + 23 \\ y = 3x - 12 \end{array} \right|$ c) $\left| \begin{array}{l} x + y = 10 \\ x - y = 4 \end{array} \right|$

2. a) $\left| \begin{array}{l} 3x - 8y = 49 \\ 5x + 2y = 5 \end{array} \right|$ b) $\left| \begin{array}{l} 5x + 4y = 19 \\ 3x - 2y = 7 \end{array} \right|$ c) $\left| \begin{array}{l} 3x - 2y - 5 = 0 \\ x - 2y - 6 = 0 \end{array} \right|$

*3. Lösen Sie die beiden Gleichungssysteme von Seite 11 rechnerisch.

1.4 Sonderfälle linearer Gleichungssysteme

Aus der Fernsehsendung kennen Sie das Problem: Ein Versandhaus will ein Geschenkset aus Kerzen und Kerzenhaltern zusammenstellen.
Die Nettokosten des Sets sollen 8,40 DM betragen, das Gewicht soll wegen der Portogebühren 420 g sein.
Die Tabelle zeigt die Nettopreise und Gewichte. Wieviele Kerzen und wieviele Ständer sollen in ein Set gepackt werden?

	1 Kerze	1 Ständer	Gesamt
Kosten in DM	0,24	0,56	8,40
Gewicht in g	9	21	420

Bezeichnet man die Anzahl der Kerzen mit x und die Anzahl der Ständer mit y, so müssen die folgenden Gleichungen gelten: für die Kosten $0{,}24 \cdot x + 0{,}56 \cdot y = 8{,}40$
für das Gewicht $9 \cdot x + 21 \cdot y = 420$

Die Lösung dieses Gleichungssystems ergibt:

$$\left| \begin{array}{r} 0{,}24x + 0{,}56y = 8{,}40 \\ 9x + 21y = 420 \end{array} \right| \begin{array}{l} \mid -0{,}24x \\ \mid -9x \end{array}$$

$$\left| \begin{array}{r} 0{,}56y = -0{,}24x + 8{,}40 \\ 21y = -9x + 420 \end{array} \right| \begin{array}{l} \mid :0{,}56 \\ \mid :21 \end{array}$$

$$\left| \begin{array}{r} y = -\frac{0{,}24}{0{,}56}x + \frac{8{,}40}{0{,}56} \\ y = -\frac{9}{21}x + \frac{420}{21} \end{array} \right|$$

$$\left| \begin{array}{r} y = -\frac{3}{7}x + 15 \\ y = -\frac{3}{7}x + 20 \end{array} \right| \begin{array}{l} \\ \mid \text{Gleichsetzen} \end{array}$$

$$\left| \begin{array}{r} -\frac{3}{7}x + 15 = -\frac{3}{7}x + 20 \\ y = -\frac{3}{7}x + 20 \end{array} \right| \begin{array}{l} \mid +\frac{3}{7}x - 15 \\ \end{array}$$

$$\left| \begin{array}{r} 0 = 5 \\ y = -\frac{3}{7}x + 20 \end{array} \right|$$

$0 = 5$ stellt offensichtlich einen Widerspruch dar. Was bedeutet diese Gleichung? Eigentlich ja $0 \cdot x = 5$. Man suche eine Zahl x, die mit 0 multiplziert 5 ergibt. Eine solche Zahl gibt es nicht. Das heißt: Das Gleichungssystem hat keine Lösung.

Sie können sich dieses Ergebnis auch graphisch klar machen. Dazu zeichnet man die Graphen der beiden Funktionen

$$y = -\frac{3}{7}x + 15$$

$$y = -\frac{3}{7}x + 20$$

in ein Koordinatensystem und sucht nach dem Schnittpunkt der entstehenden Geraden. Sie erkennen an der Zeichnung rechts, daß die beiden Geraden parallel sind, also keinen Schnittpunkt haben.

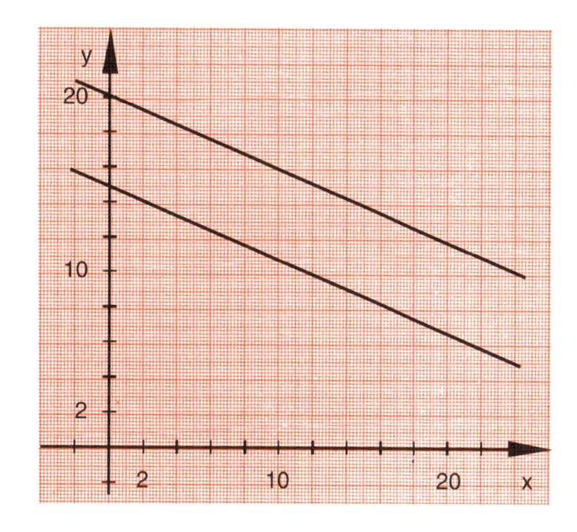

Die Parallelität zweier Geraden können Sie bereits an den Funktionsgleichungen $y = mx + c$ ablesen. Für die Richtung der Geraden ist ja die Steigung m maßgebend.
Haben zwei Geradengleichungen dieselbe Steigung, dann sind die Geraden parallel.

Ein weiteres Beispiel: Zwei Zahlen unterscheiden sich um 1. Subtrahiert man vom Doppelten der größeren Zahl das Doppelte der kleineren, so ergibt sich 6.

Nennt man die größere Zahl y und die kleinere x, so werden die beiden genannten Bedingungen durch folgende Gleichungen beschrieben:

$$\left| \begin{array}{r} y - x = 1 \\ 2y - 2x = 6 \end{array} \right| \quad \begin{array}{l} | + x \\ | + 2x \end{array}$$

$$\left| \begin{array}{r} y = x + 1 \\ 2y = 2x + 6 \end{array} \right| \quad \begin{array}{l} \\ | : 2 \end{array}$$

$$\left| \begin{array}{r} y = x + 1 \\ y = x + 3 \end{array} \right|$$

$$\left| \begin{array}{r} x + 1 = x + 3 \\ y = x + 3 \end{array} \right| \quad \begin{array}{l} | - x - 1 \\ \end{array}$$

$$\left| \begin{array}{r} 0 = 2 \\ y = x + 3 \end{array} \right|$$

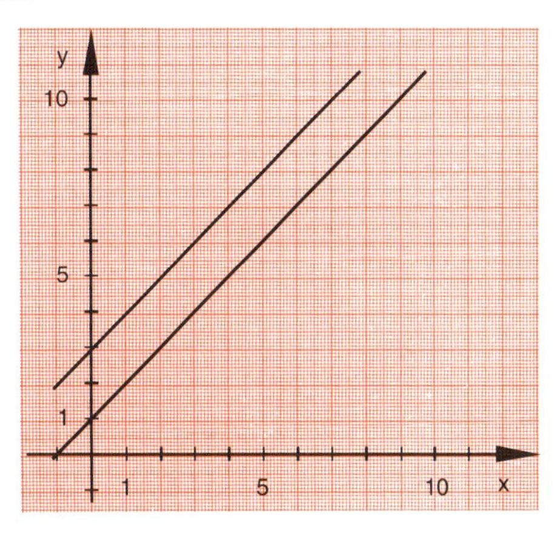

Die Zeichnung der Graphen (vgl. rechts oben) zu $y = x + 1$ und $y = x + 3$ liefert zwei zueinander parallele Geraden, die selbstverständlich keinen Schnittpunkt haben.
Auch hier erkennen Sie an der Steigung in den Geradengleichungen, daß die Graphen parallele Geraden sein müssen. Die Steigung m ist in beiden Fällen gleich 1. Die y-Achsenabschnitte sind allerdings verschieden: $b_1 = 1$ und $b_2 = 3$. Die Geraden gehen an der Stelle 1 bzw. an der Stelle 3 durch die y-Achse.

Das Gleichungssystem hat keine Lösung. (Dies hätte man natürlich der Aufgabenstellung schon ansehen können, denn wenn zwei Zahlen sich um eins unterscheiden, dann müssen ihre doppelten Werte sich um zwei unterscheiden.)

Ändert man nun die Bedingung so, wie es der Satz in der Klammer angibt, also: „Zwei Zahlen unterscheiden sich um 1. Subtrahiert man vom Doppelten der größeren Zahl das Doppelte der kleineren, so ergibt sich 2.“, dann ergeben sich die Gleichungen, wie sie auf der nächsten Seite angegeben sind.

$$\left|\begin{array}{rcl} y - x & = & 1 \\ 2y - 2x & = & 2 \end{array}\right| \begin{array}{l} \mid + x \\ \mid + 2x \end{array}$$

$$\left|\begin{array}{rcl} y & = & x + 1 \\ 2y & = & 2x + 2 \end{array}\right| \begin{array}{l} \\ \mid :2 \end{array}$$

$$\left|\begin{array}{rcl} y & = & x + 1 \\ y & = & x + 1 \end{array}\right|$$

$$\left|\begin{array}{rcl} x + 1 & = & x + 1 \\ y & = & x + 1 \end{array}\right| \begin{array}{l} \mid - x - 1 \\ \end{array}$$

$$\left|\begin{array}{rcl} 0 & = & 0 \\ y & = & x + 1 \end{array}\right|$$

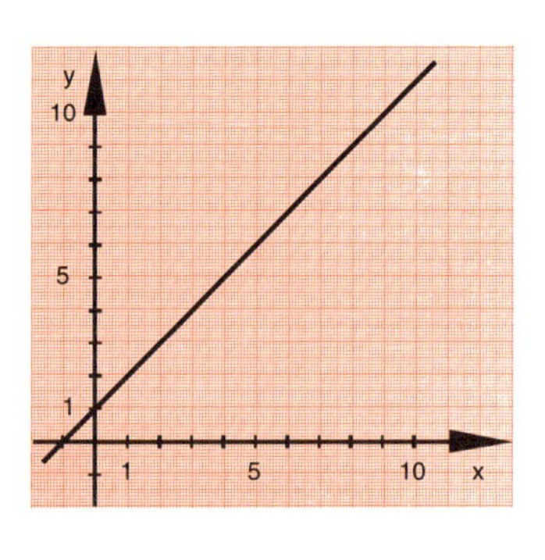

Da beide Gleichungen $y = x + 1$ lauten, haben sie dieselbe Gerade als Graphen. Das heißt: alle Zahlenpaare, die die eine Gleichung erfüllen, erfüllen auch die andere Gleichung. Dies zeigt auch das rechnerische Ergebnis: Die Gleichung $0 = 0$ bzw. $0 \cdot x = 0$ erfüllen alle Zahlen $x \in \mathbb{R}$. Lösungen dieses Gleichungssystems sind alle Zahlenpaare $(x \mid x + 1)$ mit $x \in \mathbb{R}$.

Jetzt können Sie auch dem Versandhaus weiterhelfen. Das Set aus Kerzen und Ständern kann man zusammenstellen, wenn man statt der Gesamt-Nettokosten von 8,40 DM den Betrag von 11,20 DM zuläßt. Dann ergibt sich nämlich:

$$\left|\begin{array}{rcl} 0{,}24x + 0{,}56y & = & 11{,}20 \\ 9x + 21y & = & 420 \end{array}\right| \begin{array}{l} \mid - 0{,}24x \\ \mid - 9x \end{array}$$

$$\left|\begin{array}{rcl} 0{,}56y & = & -0{,}24x + 11{,}20 \\ 21y & = & -9x + 420 \end{array}\right| \begin{array}{l} \mid : 0{,}56 \\ \mid : 21 \end{array}$$

$$\left|\begin{array}{rcl} y & = & -\frac{0{,}24}{0{,}56}x + \frac{11{,}20}{0{,}56} \\ y & = & -\frac{9}{21}x + \frac{420}{21} \end{array}\right|$$

$$\left|\begin{array}{rcl} y & = & -\frac{3}{7}x + 20 \\ y & = & -\frac{3}{7}x + 20 \end{array}\right| \begin{array}{l} \\ \mid \text{Gleichsetzen} \end{array}$$

$$\left|\begin{array}{rcl} -\frac{3}{7}x + 20 & = & -\frac{3}{7}x + 20 \\ y & = & -\frac{3}{7}x + 20 \end{array}\right| \begin{array}{l} \mid +\frac{3}{7}x - 20 \\ \end{array}$$

$$\left|\begin{array}{rcl} 0 & = & 0 \\ y & = & -\frac{3}{7}x + 20 \end{array}\right|$$

Lösungspunkte sind die Punkte von $y = -\frac{3}{7}x + 20$

Rein mathematisch gesehen, gibt es auf der Menge der reellen Zahlen unendlich viele Lösungen der Form $(x \mid -\frac{3}{7}x + 20)$ mit $x \in \mathbb{R}$. Um dem Sachproblem gerecht zu werden, müssen die Lösungen Zahlenpaare natürlicher Zahlen sein, da keine gebrochenen oder negativen Kerzen bzw. Kerzenständer verschickt werden. Man darf also für x nur Vielfache von 7 einsetzen und auch nur soweit, solange y nicht negativ wird. Die möglichen Lösungen zeigt die Wertetabelle.

Anzahl der Kerzen x	0	7	14	21	28	35	42
Anzahl der Ständer y	20	17	14	11	8	5	2

Da man mindestens soviele Kerzen wie Ständer verschickt, wird man nochmals auswählen.

Bei der Lösung eines linearen 2 x 2 - Gleichungssystems gibt es (mathematisch gesehen) drei mögliche Fälle:

Das Gleichungssystem hat genau eine Lösung.

Zum Beispiel:

$$\left| \begin{array}{l} x - y = 2 \\ 2x + y = 5 \end{array} \right|$$

$$\left| \begin{array}{l} y = x - 2 \\ y = -2x + 5 \end{array} \right|$$

Die Gleichungen haben verschiedene Steigungen.

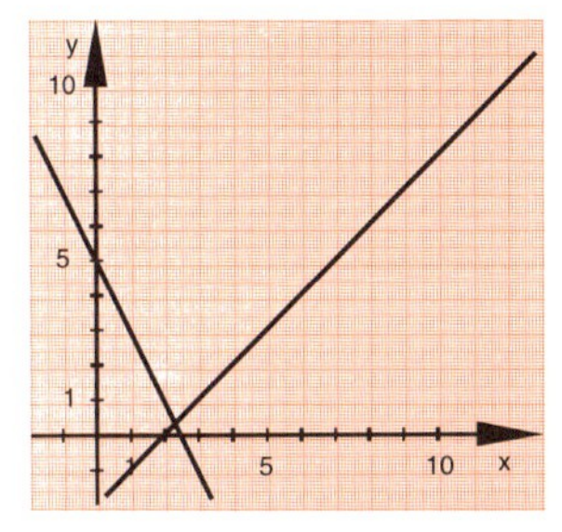

Die zugehörigen Geraden schneiden sich in einem Punkt. Das diesem Punkt entsprechende Zahlenpaar erfüllt beide Gleichungen.

Das Gleichungssystem hat keine Lösung.

Zum Beispiel:

$$\left| \begin{array}{l} x - 2y = -3 \\ 0{,}3\,x - 0{,}6\,y = -1{,}5 \end{array} \right|$$

$$\left| \begin{array}{l} y = \frac{1}{2}x + \frac{3}{2} \\ y = \frac{1}{2}x + \frac{5}{2} \end{array} \right|$$

Die Gleichungen haben dieselbe Steigung, aber verschiedene y-Achsen-Abschnitte.

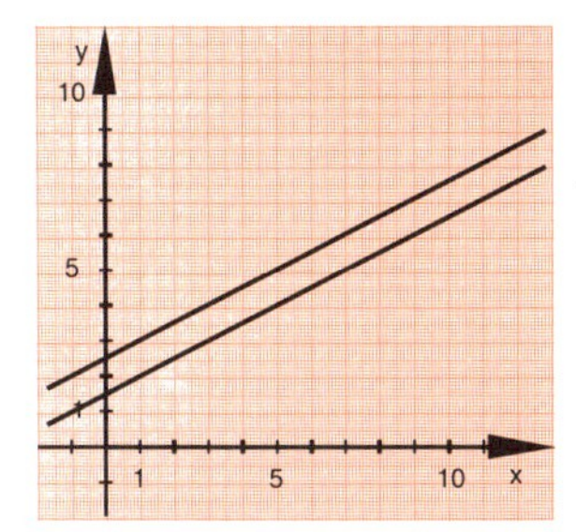

Die zugehörigen Geraden verlaufen parallel zueinander. Es gibt kein Zahlenpaar, das beide Gleichungen zugleich erfüllt.

Das Gleichungssystem hat unendlich viele Lösungen.

Zum Beispiel:

$$\left| \begin{array}{l} x - 2y = -3 \\ 0{,}3\,x - 0{,}6\,y = -0{,}9 \end{array} \right|$$

$$\left| \begin{array}{l} y = \frac{1}{2}x + \frac{3}{2} \\ y = \frac{1}{2}x + \frac{3}{2} \end{array} \right|$$

Die Gleichungen haben dieselbe Steigung und denselben y-Achsen-Abschnitt.

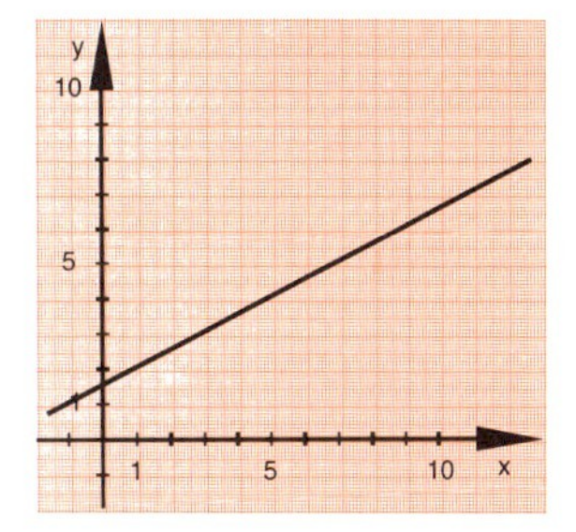

Die zugehörigen Geraden liegen aufeinander. Unendliche viele Zahlenpaare erfüllen beide Gleichungen.

Die Art der Lösbarkeit läßt sich folgendermaßen feststellen:

Man rechnet das Gleichungssystem um in die Form

$$y = m_1\,x + b_1$$
$$y = m_2\,x + b_2$$

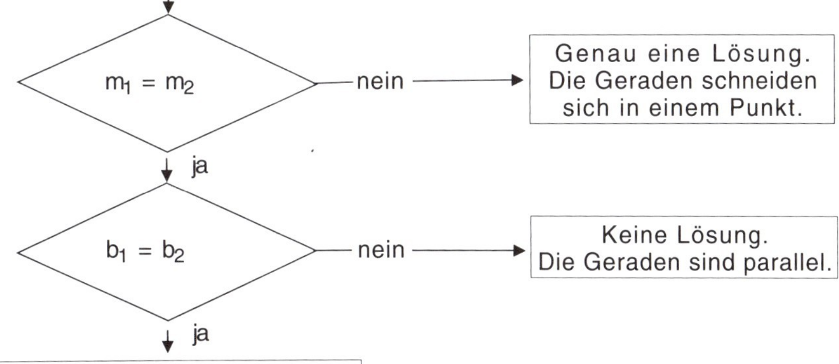

Aufgaben zu 1.4

1. Wieviele Lösungen haben die folgenden Gleichungssysteme? Lösen Sie die Systeme graphisch und rechnerisch.

   a) $\begin{vmatrix} y - x = 1 \\ 2y - 2x = 6 \end{vmatrix}$ b) $\begin{vmatrix} y - x = 1 \\ 2y - 2x = 2 \end{vmatrix}$ c) $\begin{vmatrix} y - x = 1 \\ y + 2x = 5 \end{vmatrix}$

2. Bestimmen Sie die Lösungen der folgenden Gleichungssysteme.

   a) $\begin{vmatrix} 3x - y = 2 \\ -6x + 2y = -4 \end{vmatrix}$ b) $\begin{vmatrix} \frac{1}{2}x + y = 2 \\ x + 2y = 4 \end{vmatrix}$ c) $\begin{vmatrix} -2x + 3y = 4 \\ x - 1{,}5y = -2 \end{vmatrix}$

*3. a) Zeigen Sie, daß das folgende Gleichungssystem mindestens eine Lösung hat.

   $\begin{vmatrix} ax + by = 0 \\ cx + dy = 0 \end{vmatrix}$ mit $b \neq 0$ und $d \neq 0$.

   b) Wie müssen die Koeffizienten a, b, c, d gewählt werden, damit das Gleichungssystem unendlich viele Lösungen besitzt?

Wiederholungsaufgaben

1. Ein LKW fährt um 8^{00} Uhr von Frankfurt in Richtung Hannover. Seine Durchschnittsgeschwindigkeit beträgt $60\,\frac{\text{km}}{\text{Std.}}$. Ein zweiter LKW fährt um 9^{00} Uhr mit $80\,\frac{\text{km}}{\text{Std.}}$ ebenfalls von Frankfurt in Richtung Hannover. Wann und nach wieviel Kilometern überholt er den zuerst gestarteten LKW? (Graphische und rechnerische Lösung)

2. Ein D-Zug mit einer Durchschnittsgewindigkeit von $80\,\frac{\text{km}}{\text{Std.}}$ fährt um 10^{30} Uhr ab A nach B. Die Entfernung beträgt 70 km. Zur selben Zeit fährt ein Güterzug mit $50\,\frac{\text{km}}{\text{Std.}}$ von B ab ihm entgegen. Wann und wo treffen die Züge sich? (Graphische und rechnerische Lösung)

3. Bestimmen Sie die Lösungen der folgenden Gleichungssysteme graphisch.

   a) $\begin{vmatrix} 2x + 3y = 0 \\ 2x - 3y = -24 \end{vmatrix}$ b) $\begin{vmatrix} 10x - 5y = 9 \\ 5y = 11 \end{vmatrix}$ c) $\begin{vmatrix} x - y = -1 \\ 7x - 5y = 25 \end{vmatrix}$

4. Bestimmen Sie die Lösungen der folgenden Gleichungssysteme rechnerisch.

   a) $\begin{vmatrix} x = \frac{3}{4}y - 1 \\ x = \frac{5}{4}y - 5 \end{vmatrix}$ b) $\begin{vmatrix} \frac{3}{4}x + \frac{7}{5}y = 20 \\ \frac{7}{2}x + \frac{3}{5}y = 34 \end{vmatrix}$ c) $\begin{vmatrix} -3x + 6y = 2 \\ 1{,}5x - 3y = -1 \end{vmatrix}$

*5. Bestimmen Sie für das untenstehende Gleichungssystem u und v so, daß das System keine Lösungen hat.

   $$\begin{vmatrix} 3x + u \cdot y = 6 \\ -5x + v \cdot y = 8 \end{vmatrix}$$

*6. Zeigen Sie: Wenn das untenstehende Gleichungssystem unendlich viele Lösungen haben soll, muß gelten $a \cdot e = b \cdot d$ und $c \cdot e = b \cdot f$.

   $$\begin{vmatrix} ax + by = c \\ dx + ey = f \end{vmatrix}$$

2. Einsetzungsverfahren

Vor der Sendung

Nachdem Sie in der vorhergehenden Lektion Gleichungssysteme graphisch und mit dem Gleichsetzungsverfahren gelöst haben, lernen Sie jetzt ein weiteres Verfahren zur Lösung von Gleichungssystemen kennen. Das Einsetzungsverfahren hat den Vorteil, daß es bei sehr vielen Gleichungssystemen angewandt werden kann. Die Fernsehsendung wird Ihnen daher nicht nur Beispiele für lineare Gleichungssysteme und ihre Lösung durch das Einsetzungsverfahren zeigen, sondern auch nicht-lineare Gleichungssysteme vorstellen und diese lösen. Achten Sie besonders auf die graphischen Darstellungen, die Ihnen den Zusammenhang von Lösungen eines Gleichungssystems und Schnittpunkten der Graphen von Funktionen verdeutlichen.

Übersicht

1. Manche Sachprobleme führen auf ein lineares 2 x 2 - Gleichungssystem, bei dem **eine der Gleichungen in der Form $y = f(x)$** auftritt. Statt wie beim Gleichsetzungsverfahren auch die andere Gleichung in die Form $y = f(x)$ zu überführen, kommt man häufig schneller zum Ziel, wenn man den Term $f(x)$ für y in die andere Gleichung einsetzt.

2. Ist eine der beiden Gleichungen eines 2 x 2 - Gleichungssystems in der Form $y = f(x)$ gegeben oder läßt sie sich leicht in diese Form bringen, verwendet man zur Lösung des Gleichungssystems das **Einsetzungsverfahren**. Für dieses Verfahren kann man einen festen Ablauf, den Kalkül des Einsetzungsverfahrens, entwickeln. Sind beide Gleichungen in der Form $y = f(x)$ gegeben, so entspricht das Einsetzungsverfahren genau dem Gleichsetzungsverfahren. Läßt sich eine der Gleichungen leichter nach der Variablen x als nach der Variablen y auflösen, das heißt in die Form $x = f(y)$ bringen, so läßt sich das Einsetzungsverfahren ebenfalls anwenden, indem man den Term für x aus der einen Gleichung in die andere einsetzt.

3. Die **Sonderfälle linearer Gleichungssysteme**, bei denen keine oder unendlich viele Lösungen vorhanden sind, lassen sich auch mit dem Einsetzungsverfahren erkennen.

4. Nicht alle Sachprobleme führen auf lineare Gleichungssysteme. Manchmal ergeben sich Gleichungen, in denen eine oder gar beide Variablen in einer höheren Potenz, zum Beispiel im Quadrat, oder auch im Nenner eines Bruchs auftreten. Man nennt solche Systeme **nicht-lineare Gleichungssysteme**. In vielen Fällen kann man auch dann die Lösungen mit dem Einsetzungsverfahren ermitteln. Unter Umständen muß man dabei eine quadratische Gleichung lösen.

5. Die **graphische Lösung nicht-linearer Gleichungssysteme** erfolgt im Prinzip wie die der linearen Systeme: Man zeichnet die Graphen der Funktionen, die durch die Gleichungen des Systems dargestellt werden. Als Graph einer nicht-linearen Gleichung kann zum Beispiel eine Parabel oder eine Hyperbel auftreten. Auch eine Exponentialkurve wäre möglich. Da bei nicht-linearen Systemen mindestens ein Graph keine Gerade ist, können jetzt zwei (oder mehrere) Schnittpunkte vorkommen, also zwei (oder mehrere) Lösungen für das Gleichungssystem existieren.

2.1 Beispiele für lineare Gleichungssysteme

Der Inhaber eines Radiogeschäftes erzählt, er habe 200 Kofferradios eingekauft und zu einem Sonderpreis angeboten. Er verlangt als Verkaufspreis nur 125 % des Einkaufspreises. Dadurch habe er bereits 150 der Radios verkaufen können. Um den Einkaufspreis zu decken, fehlten ihm jetzt insgesamt nur noch 2250 DM.
Aus dieser Information kann man Einkaufspreis und Verkaufspreis errechnen. Schreibt man für den Einkaufspreis die Variable x und für den Verkaufspreis die Variable y, so ist der Aufwand für den Einkauf $200 \cdot x$ DM. Die 150 verkauften Radios bringen eine Einnahme von $150 \cdot y$ DM. Die Differenz zwischen dem Aufwand für den Einkauf und den Einnahmen aus dem Verkauf ist 2250 DM. Das bedeutet

$$200 \cdot x - 150 \cdot y = 2250$$

Außerdem weiß man, daß der Verkaufspreis 125 % vom Einkaufspreis beträgt:

$$y = 1{,}25 \cdot x$$

Man hat also das obenstehende Gleichungssystem zu lösen. Da die zweite Gleichung in der Form $y = f(x)$ vorliegt, kann man den Term für y, nämlich $1{,}25 \cdot x$ in die erste Gleichung einsetzen und erhält

$$200 \cdot x - 150 \cdot (1{,}25 \cdot x) = 2250$$

Dies ist eine Gleichung in einer Variablen, die man nach x auflösen kann.

$$200 \cdot x - 187{,}5 \cdot x = 2250$$
$$12{,}5 \cdot x = 2250 \quad | : 12{,}5$$
$$x = 180$$

Der Wert für x wird in die zweite Gleichung eingesetzt:

$$y = 1{,}25 \cdot 180$$
$$y = 225$$

Der Einkaufspreis beträgt also 180 DM, der Verkaufspreis 225 DM.

Eine ganz ähnliche Aufgabe haben Sie in der Fernsehsendung gesehen. Der „Heimwerker", der dort seine Zimmer tapezierte, hat für 4 Rollen Wohnzimmertapete und für 3 Rollen Schlafzimmertapete insgesamt 149,10 DM bezahlt. Er erinnerte sich, daß die Wohnzimmertapete pro Rolle 10,50 DM teurer war als die Schlafzimmertapete. Daraus kann man den Preis pro Rolle der beiden Tapetenarten berechnen.
x sei der Preis für eine Rolle Schlafzimmer-, y der Preis für eine Rolle Wohnzimmertapete.
Dann gilt

$$3 \cdot x + 4 \cdot y = 149{,}1$$

und

$$y = x + 10{,}5$$

Den Term für y aus der zweiten Gleichung kann man in die erste Gleichung einsetzen:

$$3 \cdot x + 4 \cdot (x + 10{,}5) = 149{,}1$$

Die Gleichung in einer Variablen löst man:

$$3 \cdot x + 4 \cdot x + 42 = 149{,}1$$
$$7 \cdot x + 42 = 149{,}1 \quad | -42$$
$$7 \cdot x = 107{,}1 \quad | : 7$$
$$x = 15{,}3$$

Den Wert für x setzt man in die zweite Gleichung ein. Bitte berechnen Sie den Wert für y.

Eine Rolle Schlafzimmertapete hat 15,30 DM, eine Rolle Wohnzimmertapete 25,80 DM gekostet.

Die Aufgaben wurden dadurch gelöst, daß man den Term für y aus einer der beiden Gleichungen in die andere Gleichung für y eingesetzt hat. Ein solches Verfahren nennt man daher **Einsetzungsverfahren**.
In der hier gewählten Schreibweise wird nicht deutlich, daß es sich stets um ein System mit zwei Gleichungen handelt. Deswegen normiert man die Schreibweise folgendermaßen.

Erstes Beispiel:

$$\left|\begin{array}{r} 30\cdot x - 5\cdot y = 30 \\ y = 3\cdot x \end{array}\right|$$

$$\left|\begin{array}{r} 30x - 5\cdot 3x = 30 \\ y = 3x \end{array}\right|$$

$$\left|\begin{array}{r} 30x - 15x = 30 \\ y = 3x \end{array}\right|$$

$$\left|\begin{array}{r} 15x = 30 \\ y = 3x \end{array}\right| \quad | :15$$

$$\left|\begin{array}{r} x = 2 \\ y = 3x \end{array}\right|$$

$$\left|\begin{array}{r} x = 2 \\ y = 3\cdot 2 \end{array}\right|$$

$$\left|\begin{array}{r} x = 2 \\ y = 6 \end{array}\right|$$

Zweites Beispiel:

$$\left|\begin{array}{r} 3\cdot x + 4\cdot y = 75 \\ y = x + 10 \end{array}\right|$$

$$\left|\begin{array}{r} 3x + 4\cdot(x + 10) = 75 \\ y = x + 10 \end{array}\right|$$

$$\left|\begin{array}{r} 3x + 4x + 40 = 75 \\ y = x + 10 \end{array}\right|$$

$$\left|\begin{array}{r} 7x + 40 = 75 \\ y = x + 10 \end{array}\right| \quad | -40$$

$$\left|\begin{array}{r} 7x = 35 \\ y = x + 10 \end{array}\right| \quad | :7$$

$$\left|\begin{array}{r} x = 5 \\ y = x + 10 \end{array}\right|$$

$$\left|\begin{array}{r} x = 5 \\ y = 5 + 10 \end{array}\right|$$

$$\left|\begin{array}{r} x = 5 \\ y = 15 \end{array}\right|$$

Verwenden Sie bitte stets die hier gezeigte Schreibweise.

Aufgaben zu 2.1

1. Herr Graf kauft bei seinem Weinhändler ein. Für 30 Flaschen Weißwein und 50 Flaschen Rotwein zahlt er insgesamt 744 DM. Der Rotwein kostet pro Flasche 2,40 DM mehr als der Weißwein. Welches sind die Einzelpreise?

2. In einem Dreieck ist ein Winkel 90^0. Der zweite Winkel ist fünfmal so groß wie der dritte. Wie groß sind die beiden Dreieckswinkel? (Beachten Sie, daß die Winkelsumme im Dreieck 180^0 beträgt.)

3. Der Umfang eines Rechtecks ist 160 cm. Die Länge ist dreimal so groß wie die Breite. Wie lang und wie breit ist das Rechteck?

*4. Vater und Sohn sind zusammen 60 Jahre alt. Der Vater ist viermal so alt wie der Sohn. Bestimmen Sie das Alter des Sohnes und das Alter des Vaters.

2.2 Der Kalkül des Einsetzungsverfahrens

Natürlich ist nicht bei jedem Sachverhalt eine der beiden Gleichungen schon in der Form $y = f(x)$ vorgegeben. Es kann vorkommen, daß eine der beiden Gleichungen in der Form $x = f(y)$ gegeben ist. Dann setzt man einfach den Term $f(y)$ aus der einen Gleichung in die andere Gleichung ein und berechnet zuerst den Wert für die Variable y. Zum Beispiel:

$$\left|\begin{array}{r} 3x + 4y = 12 \\ x = 2y - 4 \end{array}\right| \qquad \left|\begin{array}{r} 3\cdot(2y - 4) + 4y = 12 \\ x = 2y - 4 \end{array}\right|$$

Lösen Sie! ⟶ (4)

Ist keine der beiden Gleichungen schon in einer aufgelösten Form vorgegeben, dann muß man zuerst eine der beiden Formen $y = f(x)$ oder $x = f(y)$ herstellen. Damit ergibt sich der vollständige Kalkül für das Einsetzungsverfahren.

$$\left| \begin{aligned} 3x - 4y &= 22 \\ 9x + 3y &= 6 \end{aligned} \right|$$

$\downarrow$ Eine der Gleichungen nach y auflösen.

$$\left| \begin{aligned} 3x - 4y &= 22 \\ y &= 2 - 3x \end{aligned} \right|$$

$\downarrow$ Term für y in die andere Gleichung einsetzen.

$$\left| \begin{aligned} 3x - 4 \cdot (2 - 3x) &= 22 \\ y &= 2 - 3x \end{aligned} \right|$$

$\downarrow$ Diese Gleichung nach x auflösen.

$$\left| \begin{aligned} 3x - 8 + 12x &= 22 \\ y &= 2 - 3x \end{aligned} \right|$$

$\downarrow$

$$\left| \begin{aligned} 15x &= 30 \\ y &= 2 - 3x \end{aligned} \right|$$

$\downarrow$

$$\left| \begin{aligned} x &= 2 \\ y &= 2 - 3x \end{aligned} \right|$$

$\downarrow$ Wert für x in den Term für y einsetzen.

$$\left| \begin{aligned} x &= 2 \\ y &= 2 - 3 \cdot 2 \end{aligned} \right|$$

$\downarrow$ y berechnen.

$$\left| \begin{aligned} x &= 2 \\ y &= -4 \end{aligned} \right|$$

$\downarrow$ Probe ausführen.

$$\left| \begin{aligned} 3 \cdot 2 - 4 \cdot (-4) &= 22 \\ 9 \cdot 2 + 3 \cdot (-4) &= 6 \end{aligned} \right|$$

Löst man zunächst eine der beiden Gleichungen nach x auf, so wird in allen Anweisungen x durch y und y durch x ersetzt:

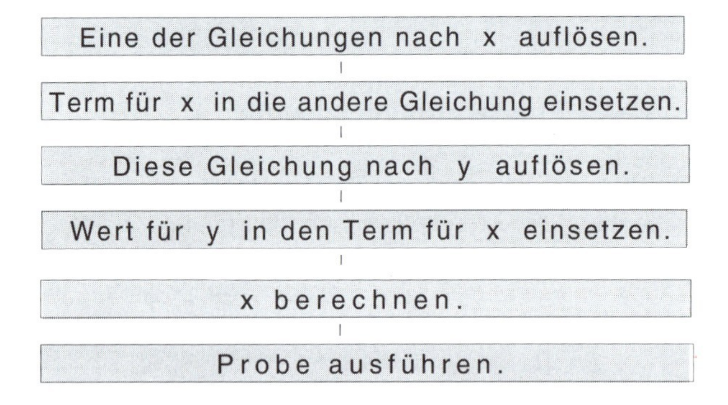

Hier zunächst nochmals ein schrittweise durchgerechnetes Beispiel für das Auflösen einer der beiden Gleichungen nach y.

$$\left|\begin{array}{rcl} 3x - 2y &=& -9 \\ 2x + 3y &=& 7 \end{array}\right|$$

Will man eine der beiden Gleichungen nach y auflösen, wählt man hier besser die erste Gleichung dafür aus, da mit dem Nenner 2 leichter zu rechnen ist als mit dem Nenner 3 . Man kann dann zum Beispiel mit Dezimalzahlen rechnen.

$$\left|\begin{array}{rcl} 3x - 2y &=& -9 \\ 2x + 3y &=& 7 \end{array}\right| \qquad \begin{array}{l} \mid -3x \\ \end{array}$$

$$\left|\begin{array}{rcl} -2y &=& -3x - 9 \\ 2x + 3y &=& 7 \end{array}\right| \qquad \begin{array}{l} \mid : (-2) \\ \end{array}$$

$$\left|\begin{array}{rcl} y &=& 1{,}5x + 4{,}5 \\ 2x + 3y &=& 7 \end{array}\right|$$

| y wird in die zweite Gleichung eingesetzt.

$$\left|\begin{array}{rcl} y &=& 1{,}5x + 4{,}5 \\ 2x + 3 \cdot (1{,}5x + 4{,}5) &=& 7 \end{array}\right|$$

| Klammer ausmultiplizieren.

$$\left|\begin{array}{rcl} y &=& 1{,}5x + 4{,}5 \\ 2x + 4{,}5x + 13{,}5 &=& 7 \end{array}\right| \qquad \begin{array}{l} \\ \mid -13{,}5 \end{array}$$

$$\left|\begin{array}{rcl} y &=& 1{,}5x + 4{,}5 \\ 2x + 4{,}5x &=& 7 - 13{,}5 \end{array}\right|$$

| Die Summen links und rechts vom Gleichheitszeichen berechnen.

$$\left|\begin{array}{rcl} y &=& 1{,}5x + 4{,}5 \\ 6{,}5x &=& -6{,}5 \end{array}\right| \qquad \begin{array}{l} \\ \mid : 6{,}5 \end{array}$$

$$\left|\begin{array}{rcl} y &=& 1{,}5x + 4{,}5 \\ x &=& -6{,}5 : 6{,}5 \end{array}\right|$$

| Ausdividieren

$$\left|\begin{array}{rcl} y &=& 1{,}5x + 4{,}5 \\ x &=& -1 \end{array}\right|$$

| Der berechnete Wert $x = -1$ wird in die erste Gleichung eingesetzt.

$$\left|\begin{array}{rcl} y &=& 1{,}5 \cdot (-1) + 4{,}5 \\ x &=& -1 \end{array}\right|$$

| Ausrechnen

$$\left|\begin{array}{rcl} y &=& -1{,}5 + 4{,}5 \\ x &=& -1 \end{array}\right|$$

| Ausrechnen

$$\left|\begin{array}{rcl} y &=& 3 \\ x &=& -1 \end{array}\right|$$

Das Lösungspaar ist also $(-1 \mid 3)$. Nun führt man die Probe aus, indem man die gefundenen Werte in die Ausgangsgleichungen einsetzt.

$$\left|\begin{array}{rcl} 3 \cdot (-1) - 2 \cdot 3 &=& -9 \\ 2 \cdot (-1) + 3 \cdot 3 &=& 7 \end{array}\right|$$

| Man rechnet aus.

$$\left|\begin{array}{rcl} -3 - 6 &=& -9 \\ -2 + 9 &=& 7 \end{array}\right|$$

| Man rechnet aus.

$$\left|\begin{array}{rcl} -9 &=& -9 \\ 7 &=& 7 \end{array}\right|$$

Die Probe zeigt die Richtigkeit der Lösung.

Mitunter ist die Berechnung einfacher, wenn man eine Gleichung nach x auflöst und das Einsetzungsverfahren so anwendet. Dies gilt insbesondere, wenn beim Auflösen nach y Brüche auftreten. Das folgende Beispiel zeigt dies.

Auflösen nach y.

$$\left| \begin{aligned} 3x + 2y &= 7 \\ 2x - 6y &= 4 \end{aligned} \right|$$

$$\left| \begin{aligned} 3x + 2y &= 7 \\ y &= \tfrac{1}{3}x - \tfrac{2}{3} \end{aligned} \right|$$

$$\left| \begin{aligned} 3x + 2\cdot(\tfrac{1}{3}x - \tfrac{2}{3}) &= 7 \\ y &= \tfrac{1}{3}x - \tfrac{2}{3} \end{aligned} \right|$$

$$\left| \begin{aligned} 3x + \tfrac{2}{3}x - \tfrac{4}{3} &= 7 \\ y &= \tfrac{1}{3}x - \tfrac{2}{3} \end{aligned} \right|$$

$$\left| \begin{aligned} \tfrac{11}{3}x - \tfrac{4}{3} &= 7 \\ y &= \tfrac{1}{3}x - \tfrac{2}{3} \end{aligned} \right| \quad | + \tfrac{4}{3}$$

$$\left| \begin{aligned} \tfrac{11}{3}x &= 7 + \tfrac{4}{3} \\ y &= \tfrac{1}{3}x - \tfrac{2}{3} \end{aligned} \right|$$

$$\left| \begin{aligned} \tfrac{11}{3}x &= \tfrac{21}{3} + \tfrac{4}{3} \\ y &= \tfrac{1}{3}x - \tfrac{2}{3} \end{aligned} \right|$$

$$\left| \begin{aligned} \tfrac{11}{3}x &= \tfrac{25}{3} \\ y &= \tfrac{1}{3}x - \tfrac{2}{3} \end{aligned} \right| \quad | \cdot \tfrac{3}{11}$$

$$\left| \begin{aligned} x &= \tfrac{25}{11} \\ y &= \tfrac{1}{3}x - \tfrac{2}{3} \end{aligned} \right|$$

$$\left| \begin{aligned} x &= \tfrac{25}{11} \\ y &= \tfrac{1}{3}\cdot\tfrac{25}{11} - \tfrac{2}{3} \end{aligned} \right|$$

$$\left| \begin{aligned} x &= \tfrac{25}{11} \\ y &= \tfrac{25}{33} - \tfrac{22}{33} \end{aligned} \right|$$

$$\left| \begin{aligned} x &= \tfrac{25}{11} \\ y &= \tfrac{1}{11} \end{aligned} \right|$$

Auflösen nach x.

$$\left| \begin{aligned} 3x + 2y &= 7 \\ 2x - 6y &= 4 \end{aligned} \right|$$

$$\left| \begin{aligned} 3x + 2y &= 7 \\ x &= 3y + 2 \end{aligned} \right|$$

$$\left| \begin{aligned} 3\cdot(3y + 2) + 2y &= 7 \\ x &= 3y + 2 \end{aligned} \right|$$

$$\left| \begin{aligned} 9y + 6 + 2y &= 7 \\ x &= 3y + 2 \end{aligned} \right|$$

$$\left| \begin{aligned} 11y + 6 &= 7 \\ x &= 3y + 2 \end{aligned} \right| \quad | -6$$

$$\left| \begin{aligned} 11y &= 7 - 6 \\ x &= 3y + 2 \end{aligned} \right|$$

$$\left| \begin{aligned} 11y &= 1 \\ x &= 3y + 2 \end{aligned} \right| \quad | :11$$

$$\left| \begin{aligned} y &= \tfrac{1}{11} \\ x &= 3y + 2 \end{aligned} \right|$$

$$\left| \begin{aligned} y &= \tfrac{1}{11} \\ x &= 3\cdot\tfrac{1}{11} + 2 \end{aligned} \right|$$

$$\left| \begin{aligned} y &= \tfrac{1}{11} \\ x &= \tfrac{3}{11} + \tfrac{22}{11} \end{aligned} \right|$$

$$\left| \begin{aligned} y &= \tfrac{1}{11} \\ x &= \tfrac{25}{11} \end{aligned} \right|$$

Führen Sie die Probe durch. → (2)

Aufgaben zu 2.2

Lösen Sie die Gleichungssysteme.

1. a) $\left| \begin{aligned} x + y &= 3 \\ y &= -2x + 2 \end{aligned} \right|$ b) $\left| \begin{aligned} 3x - 2y + 8 &= 0 \\ x &= y + 3 \end{aligned} \right|$ c) $\left| \begin{aligned} 2x - y - 8 &= 0 \\ 2x - 2y - 6 &= 0 \end{aligned} \right|$

2. a) $\left| \begin{aligned} 3x - 4y - 7 &= 0 \\ 5x - 6y - 13 &= 0 \end{aligned} \right|$ b) $\left| \begin{aligned} 7x - 3y &= 108 \\ 5x + 6y &= 12 \end{aligned} \right|$ c) $\left| \begin{aligned} 8x - 37y &= 10 \\ -13x + 40y &= 24 \end{aligned} \right|$

2.3 Die Sonderfälle bei linearen Gleichungssystemen

In der vorhergehenden Lektion haben Sie gesehen, daß es bei linearen 2 x 2 - Gleichungssystemen Sonderfälle geben kann, nämlich daß das Gleichungssystem keine oder unendlich viele Lösungen hat. Diese Sonderfälle lassen sich auch beim Einsetzungsverfahren erkennen.

Keine Lösung

$$\left| \begin{array}{r} 0{,}5x + 0{,}75y = 5 \\ 2x + 3y = 12 \end{array} \right|$$

$$\left| \begin{array}{r} 0{,}5x + 0{,}75y = 5 \\ x = 6 - 1{,}5y \end{array} \right|$$

$$\left| \begin{array}{r} 0{,}5 \cdot (6 - 1{,}5y) + 0{,}75y = 5 \\ x = 6 - 1{,}5y \end{array} \right|$$

$$\left| \begin{array}{r} 3 - 0{,}75y + 0{,}75y = 5 \\ x = 6 - 1{,}5y \end{array} \right|$$

$$\left| \begin{array}{r} 3 = 5 \\ x = 6 - 1{,}5y \end{array} \right|$$

Kein Zahlenpaar erfüllt beide Gleichungen.
Die Gleichung $3 = 5$ ist nicht zu erfüllen.

Unendlich viele Lösungen

$$\left| \begin{array}{r} y - x = 3 \\ 2y = 2x + 6 \end{array} \right|$$

$$\left| \begin{array}{r} y - x = 3 \\ y = x + 3 \end{array} \right|$$

$$\left| \begin{array}{r} x + 3 - x = 3 \\ y = x + 3 \end{array} \right|$$

$$\left| \begin{array}{r} 3 = 3 \\ y = x + 3 \end{array} \right|$$

Alle Zahlenpaare $(x \mid x + 3)$ erfüllen beide Gleichungen.

Denken Sie an die zeichnerische Lösung. Löst man beide Gleichungen nach y auf, so erhält man

$$y = -\frac{2}{3}x + 6\frac{2}{3} \qquad\qquad y = x + 3$$

$$y = -\frac{2}{3}x + 4 \qquad\qquad y = x + 3$$

also zwei parallele Geraden (ohne Schnittpunkt). also zweimal dieselbe Gerade.

Aufgaben zu 2.3

Prüfen Sie mit dem Einsetzungsverfahren, ob die Gleichungssysteme genau eine Lösung, keine Lösung oder unendlich viele Lösungen haben.

1. a) $\left| \begin{array}{r} 3x + 4y = 5 \\ -1{,}5x = 2{,}5 - 2y \end{array} \right|$ b) $\left| \begin{array}{r} x = 3y - 2 \\ y - \frac{x}{3} = \frac{2}{3} \end{array} \right|$ c) $\left| \begin{array}{r} x - y - 1 = 0 \\ y = x + 2 \end{array} \right|$

2. a) $\left| \begin{array}{r} y = 10 - x \\ x = 12 - y \end{array} \right|$ b) $\left| \begin{array}{r} 2x + 3y = 1 \\ x + y = 0 \end{array} \right|$ c) $\left| \begin{array}{r} x = y - 1 \\ x + y = -1 \end{array} \right|$

2.4 Nicht-lineare Gleichungssysteme

Bei der Lösung vieler Sachprobleme kommt man zu Gleichungssystemen, aber bei weitem nicht immer sind dies lineare Gleichungssysteme. Ein Beispiel dafür haben Sie in der Fernsehsendung gesehen: Ein „Hobby-Schäfer" will ein Grundstück von 1800 m^2 Flächeninhalt für seine Schafe abzäunen. Er hat noch einen alten Maschendrahtzaun von 130 m Länge. Da das Grundstück an einem Fluß liegt, braucht er nur drei Seiten eines Rechtecks mit dem Zaun zu versehen. Für dieses Rechteck muß also gelten:

und zugleich $\left| \begin{array}{r} x \cdot y = 1800 \\ 2x + y = 130 \end{array} \right|$, wenn x die Breite und y die Länge ist.

Ob dieses System Lösungen hat, kann man mit dem Einsetzungsverfahren prüfen.

$$\begin{vmatrix} x \cdot y = 1800 \\ 2x + y = 130 \end{vmatrix}$$ I Man löst die zweite Gleichung nach y auf

$$\begin{vmatrix} x \cdot y = 1800 \\ y = 130 - 2x \end{vmatrix}$$ I und setzt den Term für y in die erste Gleichung ein.

$$\begin{vmatrix} x \cdot (130 - 2x) = 1800 \\ y = 130 - 2x \end{vmatrix}$$ I Man erhält eine *quadratische* Gleichung.

$$\begin{vmatrix} 130x - 2x^2 = 1800 \\ y = 130 - 2x \end{vmatrix}$$

$$\begin{vmatrix} x^2 - 65x + 900 = 0 \\ y = 130 - 2x \end{vmatrix}$$ I Diese Gleichung kann man mit Hilfe der Formel für quadratische Gleichungen lösen.

$$\begin{vmatrix} x_{1/2} = +\frac{65}{2} \pm \sqrt{\frac{65^2}{4} - 900} \\ y = 130 - 2x \end{vmatrix}$$

$$\begin{vmatrix} x_{1/2} = +32{,}5 \pm \sqrt{1056{,}25 - 900} \\ y = 130 - 2x \end{vmatrix}$$

$$\begin{vmatrix} x_{1/2} = +32{,}5 \pm \sqrt{156{,}25} \\ y = 130 - 2x \end{vmatrix}$$

$$\begin{vmatrix} x_{1/2} = +32{,}5 \pm 12{,}5 \\ y = 130 - 2x \end{vmatrix}$$

1. Lösung

$$\begin{vmatrix} x_1 = +32{,}5 + 12{,}5 \\ y_1 = 130 - 2x \end{vmatrix}$$

$$\begin{vmatrix} x_1 = 45 \\ y_1 = 130 - 2x \end{vmatrix}$$

$$\begin{vmatrix} x_1 = 45 \\ y_1 = 130 - 2 \cdot 45 \end{vmatrix}$$

$$\begin{vmatrix} x_1 = 45 \\ y_1 = 40 \end{vmatrix}$$

2. Lösung

$$\begin{vmatrix} x_2 = +32{,}5 - 12{,}5 \\ y_2 = 130 - 2x \end{vmatrix}$$

$$\begin{vmatrix} x_2 = 20 \\ y_2 = 130 - 2x \end{vmatrix}$$

$$\begin{vmatrix} x_2 = 20 \\ y_2 = 130 - 2 \cdot 20 \end{vmatrix}$$

$$\begin{vmatrix} x_2 = 20 \\ y_2 = 90 \end{vmatrix}$$

Das Gleichungssystem ist also lösbar. Es hat zwei Lösungen, nämlich die Zahlenpaare (45 I 40) und (20 I 90). Die Probe zeigt dies nochmals:

für die 1. Lösung

$$\begin{vmatrix} 45 \cdot 40 = 1800 \\ 2 \cdot 45 + 40 = 130 \end{vmatrix}$$

für die 2. Lösung

$$\begin{vmatrix} 20 \cdot 90 = 1800 \\ 2 \cdot 20 + 90 = 130 \end{vmatrix}$$

Ein nicht-lineares 2 x 2 - Gleichungssystem ist ein System aus zwei Gleichungen mit zwei Variablen, wobei mindestens eine der beiden Gleichungen nicht-linear ist.

Das Einsetzungsverfahren eignet sich auch für nicht-lineare Gleichungssysteme. Am Verfahren selbst ändert sich fast nichts, nur ist mindestens eine nicht-lineare Gleichung zu lösen. In dem obigen Beispiel war dies eine quadratische Gleichung.

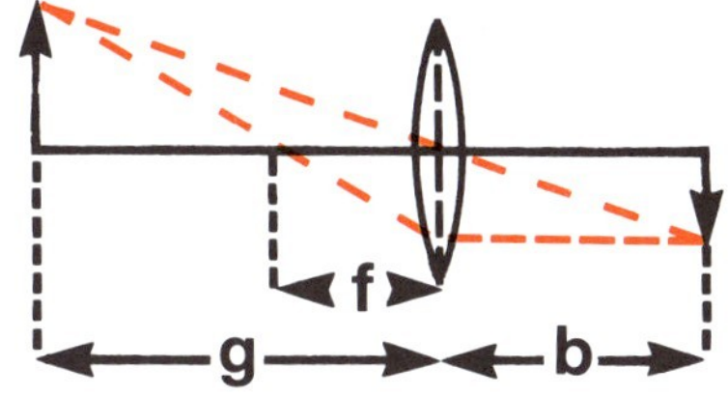

Ein weiteres Beispiel bietet die Linsenformel, die Sie in Lektion 10.4 des Bandes „Funktionen in Anwendungen" kennengelernt haben. Für die Brennweite f, die Gegenstandsweite g und die Bildweite b gilt die Formel: $\frac{1}{f} = \frac{1}{g} + \frac{1}{b}$ $(f \neq 0; g \neq 0; b \neq 0)$

Haben Sie eine Linse mit einer Brennweite f von 2,1 cm und sollen Gegenstands- und Bildweite zusammen 10 cm betragen, so läßt sich errechnen, an welcher Stelle die Linse aufgestellt werden muß. Das folgende Gleichungssystem beschreibt die gestellten Bedingungen. Seine Lösungen sind zu bestimmen.

$$\left| \begin{array}{rcl} \frac{1}{2{,}1} & = & \frac{1}{g} + \frac{1}{b} \\ g + b & = & 10 \end{array} \right|$$
| $\cdot 2{,}1 \cdot g \cdot b$ (um die Nenner zu beseitigen)
| Man löst die zweite Gleichung nach g auf.

$$\left| \begin{array}{rcl} g \cdot b & = & 2{,}1 \cdot b + 2{,}1 \cdot g \\ g & = & 10 - b \end{array} \right|$$
| Man setzt den Term für g in die erste Gleichung ein.

$$\left| \begin{array}{rcl} (10 - b) \cdot b & = & 2{,}1 \cdot b + 2{,}1 \cdot (10 - b) \\ g & = & 10 - b \end{array} \right|$$

$$\left| \begin{array}{rcl} 10b - b^2 & = & 2{,}1b + 21 - 2{,}1b \\ g & = & 10 - b \end{array} \right|$$

$$\left| \begin{array}{rcl} b^2 - 10b + 21 & = & 0 \\ g & = & 10 - b \end{array} \right|$$
| Man löst die quadratische Gleichung.

$$\left| \begin{array}{rcl} b_{1/2} & = & 5 \pm \sqrt{25 - 21} \\ g & = & 10 - b \end{array} \right|$$

1. Lösung

$$\left| \begin{array}{rcl} b_1 & = & 5 + \sqrt{4} \\ g_1 & = & 10 - b_1 \end{array} \right|$$
$$\left| \begin{array}{rcl} b_1 & = & 7 \\ g_1 & = & 10 - b_1 \end{array} \right|$$
$$\left| \begin{array}{rcl} b_1 & = & 7 \\ g_1 & = & 10 - 7 \end{array} \right|$$
$$\left| \begin{array}{rcl} b_1 & = & 7 \\ g_1 & = & 3 \end{array} \right|$$

2. Lösung

$$\left| \begin{array}{rcl} b_2 & = & 5 - \sqrt{4} \\ g_2 & = & 10 - b_2 \end{array} \right|$$
$$\left| \begin{array}{rcl} b_2 & = & 3 \\ g_2 & = & 10 - b_2 \end{array} \right|$$
$$\left| \begin{array}{rcl} b_2 & = & 3 \\ g_2 & = & 10 - 3 \end{array} \right|$$
$$\left| \begin{array}{rcl} b_2 & = & 3 \\ g_2 & = & 7 \end{array} \right|$$

Die Lösungspaare sind also $(3 \mid 7)$ und $(7 \mid 3)$. Führen Sie bitte die Probe durch.

→ ⑤

Aufgaben zu 2.4

1. Lösen Sie die Gleichungssysteme.

a) $\left| \begin{array}{rcl} x \cdot y & = & 300 \\ y & = & 3x \end{array} \right|$ b) $\left| \begin{array}{rcl} x + \frac{2}{y} & = & 5 \\ x + y & = & 6 \end{array} \right|$ c) $\left| \begin{array}{rcl} x^2 - y & = & x \\ y - x & = & -1 \end{array} \right|$

*2. a) Ein Rechteck hat den Flächeninhalt $9\ \text{cm}^2$ und den Umfang 20 cm. Wie lang sind die Seiten des Rechtecks?

b) Zwei Zahlen unterscheiden sich um 5. Ihr Produkt ist 14. Wie heißen die beiden Zahlen?

c) Zwei Zahlen unterscheiden sich um 5. Ihre Kehrwerte unterscheiden sich um $\frac{1}{10}$. Wie heißen die Zahlen?

2.5 Graphische Lösung nicht-linearer Gleichungssysteme

Nicht-lineare Gleichungssysteme lassen sich ebenfalls graphisch lösen. Genau wie bei den linearen Gleichungssystemen muß man dafür jede der Gleichungen in der Form $y = f(x)$ als Funktion darstellen und die Graphen dieser Funktionen zeichnen. Die Schnittpunkte der Graphen geben die Lösungen des Gleichungssystems an. Das Verfahren soll an den Beispielen des Abschnitts 2.4 erläutert werden.

Für die Einzäunung der Schafweide gelten die beiden Gleichungen

$$\left| \begin{aligned} x \cdot y &= 1800 \\ 2x + y &= 130 \end{aligned} \right|$$

Die Umrechnung in die Form $y = f(x)$ ergibt

$$\left| \begin{aligned} y &= \frac{1800}{x} \\ y &= 130 - 2x \end{aligned} \right| \qquad (x \neq 0)$$

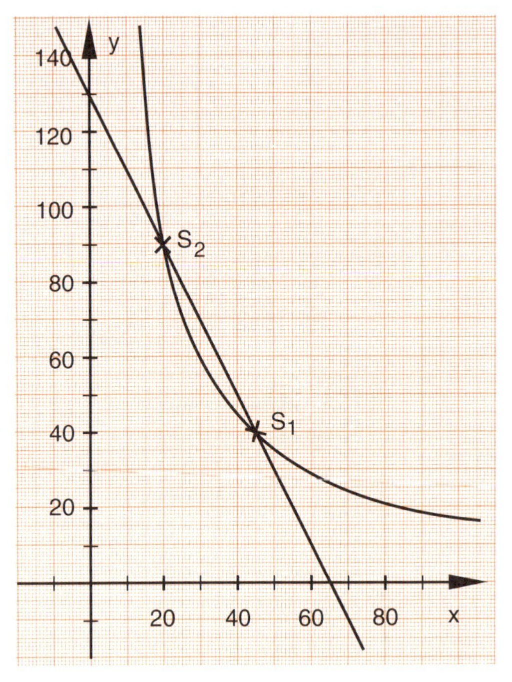

Der Graph der ersten Funktion ist eine *Hyperbel*, der der zweiten eine *Gerade*. Zeichnet man diese Graphen wie hier rechts, dann kann man die Schnittpunkte ablesen: $S_1\,(45 \mid 40)$ und $S_2\,(20 \mid 90)$. Diese Schnittpunkte entsprechen den oben errechneten Lösungspaaren. An der Zeichnung wird auch deutlich, warum es bei diesem Problem zwei Lösungen geben kann: Es werden ja nicht zwei Geraden, sondern eine Gerade und eine Hyperbel zum Schnitt gebracht.

Für das Problem der Abbildung durch eine Linse gelten die beiden Gleichungen

$$\left| \begin{aligned} \frac{1}{2{,}1} &= \frac{1}{g} + \frac{1}{b} \\ g + b &= 10 \end{aligned} \right| \qquad (g \neq 0\,;\, b \neq 0)$$

Stellt man die beiden Gleichungen in der Form $g = f(b)$ dar, so erhält man die Funktionsgleichungen

$$\left| \begin{aligned} g &= \frac{2{,}1\,b}{b - 2{,}1} \\ g &= 10 - b \end{aligned} \right| \qquad (b \neq 2{,}1)$$

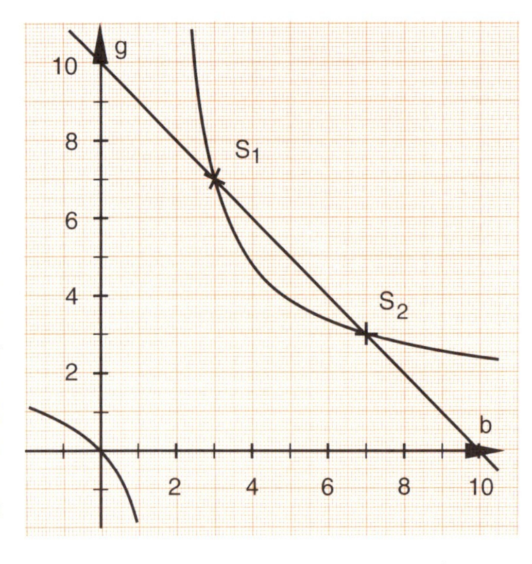

Der Graph der ersten Funktion ist eine *Hyperbel*, die man entsprechend Lektion 10 von „Funktionen in Anwendungen" mit Hilfe einer Wertetabelle zeichnen kann. Der Graph der zweiten Funktion ist eine *Gerade*. Die Schnittpunkte sind $S_1\,(3 \mid 7)$ und $S_2\,(7 \mid 3)$. Die Schnittpunkte stellen die Lösungen des Gleichungssystems dar. Wieder liegt ein Schnitt einer Geraden mit einer Hyperbel vor.

Natürlich müssen nicht immer Hyperbeln auftreten. Die folgenden Beispiele zeigen Gleichungssysteme, bei denen der Graph einer Funktion eine Parabel ist.

1. Beispiel

$$\left| \begin{aligned} x^2 - y &= 3x \\ y &= x + 5 \end{aligned} \right|$$

$$\left| \begin{aligned} y &= x^2 - 3x \\ y &= x + 5 \end{aligned} \right|$$

$$\left| \begin{aligned} y &= (x - 1{,}5)^2 - 2{,}25 \\ y &= x + 5 \end{aligned} \right|$$

Der Graph der ersten Funktion stellt eine *Parabel* dar, die um 1,5 in x-Richtung und um − 2,25 in y-Richtung verschoben ist. (Vgl. Lektion 11.4 des Bandes „Funktionen in Anwendungen".) Der Graph der zweiten Funktion ist eine *Gerade*.

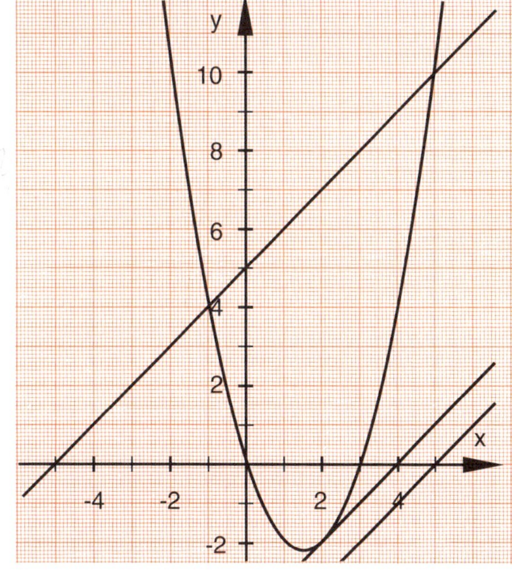

2. Beispiel

$$\left| \begin{aligned} y &= (x - 1{,}5)^2 - 2{,}25 \\ y &= x - 4 \end{aligned} \right|$$

3. Beispiel

$$\left| \begin{aligned} y &= (x - 1{,}5)^2 - 2{,}25 \\ y &= x - 5 \end{aligned} \right|$$

Bei den Graphen handelt es sich stets um dieselbe Parabel, die Geraden sind unterschiedlich. An den Zeichnungen, die für alle Beispiele in dasselbe Koordinatensystem eingetragen wurden, sehen Sie, daß durchaus nicht immer zwei Schnittpunkte und damit zwei Lösungen vorhanden sein müssen. Im zweiten Beispiel gibt es nur eine Lösung, denn die Gerade berührt die Parabel in genau einem Punkt. Im dritten Beispiel gibt es keine Lösung, denn die Gerade verläuft an der Parabel vorbei. Diese drei Fälle kennen Sie im Grunde schon von den Lösungsmöglichkeiten der quadratischen Gleichungen. → (3)
Geben Sie die Schnitt- bzw. Berührpunkte an.

Sie haben auch schon im Band „Funktionen in Anwendungen" Gleichungssysteme graphisch gelöst, ohne daß dies dort ausdrücklich so genannt wurde. Erinnern Sie sich bitte an den Vergleich des linearen Wachstums mit dem exponentiellen Wachstum aus Kapitel 5.4 des genannten Buches: Was ist günstiger: für ein Darlehen von 1000 DM über 10 Jahre hin jährlich 100 DM oder Zinseszinszahlung mit dem Zinssatz von 8 % zu erhalten? Die den Sachverhalt beschreibenden Funktionen sind

$$y = 1000 + 100 \cdot x$$
$$y = 1000 \cdot 1{,}08^x$$

Der Graph der ersten Funktion ist eine *Gerade*, der der zweiten eine *Exponentialkurve*. Die Schnittpunkte der beiden Graphen geben die Zeiten an, zu denen beide Zahlungsweisen gleich günstig sind.

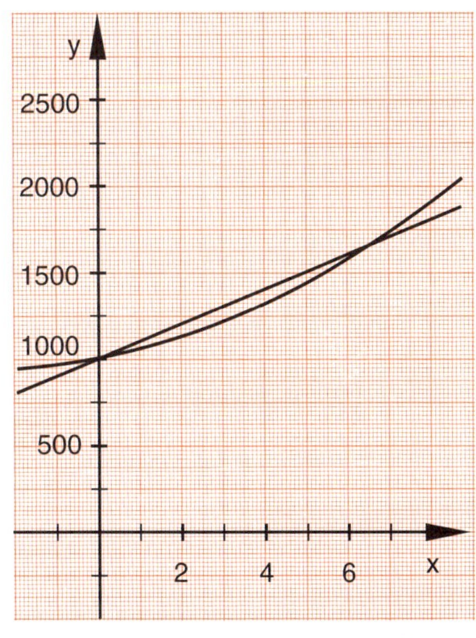

Aufgaben zu 2.5

1. Lösen Sie die Aufgaben zu 2.4 Nr. 1 graphisch.

*2. Lösen Sie die Aufgaben zu 2.4 Nr. 2 graphisch.

Wiederholungsaufgaben

1. Lösen Sie nach dem Einsetzungsverfahren.
   a) $\left| \begin{array}{l} 2x + 2y = -16 \\ 2x - 2y = 4 \end{array} \right|$ b) $\left| \begin{array}{l} 7y - 3x = 6 \\ 3x + 2y = 3 \end{array} \right|$ c) $\left| \begin{array}{r} x = 3y - 4 \\ 3x - 5y = -4 \end{array} \right|$

2. Lösen Sie nach dem Einsetzungsverfahren.
   a) $\left| \begin{array}{r} 0{,}5x + 2y - 5 = 0 \\ \frac{1}{4}x - \frac{3}{2}y - 2 = 0 \end{array} \right|$ b) $\left| \begin{array}{l} y = 1{,}5x + 2 \\ y + 1{,}25x + 3 = 0 \end{array} \right|$ c) $\left| \begin{array}{l} y = 3{,}57x - 1{,}11 \\ y = 1{,}35x + 3{,}55 \end{array} \right|$

3. Herr Weber legt bei einer Sparkasse 15 000 DM und bei einer Bank 12 000 DM an. Der Zinssatz bei der Bank ist zur Zeit um 1 % höher als bei der Sparkasse. Herr Weber erhält von der Sparkasse und von der Bank jährlich den gleichen Betrag an Zinsen. Wie hoch ist der Zinssatz bei der Sparkasse, wie hoch bei der Bank?

4. Jemand kauft beim Weinhändler Weißwein für 8,40 DM und Rotwein für 10,20 DM pro Flasche. Er bezahlt für 28 Flaschen insgesamt 256,80 DM. Wieviele Flaschen Weißwein und wieviele Flaschen Rotwein hat er gekauft?

5. Die Messingsorte I enthält 65 % Kupfer, die Messingsorte II enthält 90 % Kupfer. Aus beiden Sorten sollen 200 kg Messing mit 80 % Kupfergehalt hergestellt werden. Wieviele Kilogramm werden von jeder Sorte benötigt?

6. Frau M hat ein Darlehen zu 8 % Zinsen aufgenommen. Es wurde eine feste Tilgungsrate vereinbart. Im ersten Jahr zahlt sie insgesamt 1400 DM, im zweiten Jahr 1325 DM. Wie hoch ist das Darlehen und wie hoch die jährliche Tilgungsrate?

*7. Ein PKW wird abzüglich einem prozentualen Nachlaß zu 28 800 DM verkauft. Wäre der Nachlaß um 5 % niedriger, so hätte der Autohändler 1800 DM mehr eingenommen. Wie hoch war der ursprüngliche Preis? Wieviel Prozent Nachlaß wurde gewährt?

*8. Werden zwei elektrische Widerstände R_1 und R_2 parallelgeschaltet, so ist der Gesamtwiderstand R dieser Schaltung gegeben durch $\frac{1}{R} = \frac{1}{R_1} + \frac{1}{R_2}$. Durch Parallelschaltung zweier Widerstände soll ein Gesamtwiderstand von 21 Ohm erreicht werden. Die Einzelwiderstände R_1 und R_2 sind aus einem Widerstandsdraht von insgesamt 100 Ohm zu bilden, der (wegen der Strombelastung) vollständig verwendet werden muß.

Lösen Sie die Aufgabe 9 rechnerisch und graphisch, die Aufgaben 10 und 11 nur rechnerisch.

*9. a) $\left| \begin{array}{l} y = x^2 + 11x - 1 \\ x = y - 10 \end{array} \right|$ b) $\left| \begin{array}{r} x \cdot y = 36 \\ y = x - 5 \end{array} \right|$ c) $\left| \begin{array}{r} x^2 - 4 = y \\ x + y = -5 \end{array} \right|$

*10. In einem rechtwinkligen Dreieck ist die Summe der Längen der Katheten (Seiten, die am rechten Winkel anliegen) gleich 20 cm. Der Flächeninhalt des Dreiecks ist 48 cm^2. Wie lang sind die Katheten?

*11. Der Quotient zweier Zahlen ist 3. Ihr Produkt ist 48. Wie lauten die Zahlen?

Lösen Sie graphisch.

*12. a) $\left| \begin{array}{r} x \cdot y = 10 \\ y = x^2 - 2 \end{array} \right|$ b) $\left| \begin{array}{r} y - x^2 - 2x + 5 = 0 \\ y + x^2 - 6 = 0 \end{array} \right|$ c) $\left| \begin{array}{r} y - 2 = 2^x \\ y + x^2 - 6 = 0 \end{array} \right|$

3. Additionsverfahren

Vor der Sendung

Mit den bisher dargestellten Verfahren können Sie jedes lineare 2 x 2 - Gleichungssystem lösen, sofern es lösbar ist. Trotzdem werden Sie in dieser Lektion ein weiteres Verfahren vorgestellt bekommen, das Additionsverfahren. Dieses Verfahren ist in manchen Fällen praktischer als das Gleichsetzungs- oder das Einsetzungsverfahren. Außerdem läßt sich dieses Verfahren leichter schematisieren, so daß es von einem Computer angewandt werden kann. Die Fernsehsendung zeigt Ihnen einige Beispiele für Sachprobleme, die zu einem linearen Gleichungssystem führen, das sich gut mit dem Additionsverfahren lösen läßt. Für die Durchführung des Additionsverfahrens braucht man Kenntnisse über das kleinste gemeinschaftliche Vielfache (kgV). Falls Ihnen diese nicht mehr präsent sind, sollten Sie sich darüber informieren.

Übersicht

1. An **Beispielen linearer Gleichungssysteme** erkennt man, daß man verhältnismäßig einfach zur Lösung kommt, wenn bei der Addition der (beiden) Gleichungen eine Variable herausfällt. Dann läßt sich der Wert für die andere Variable leicht berechnen.

2. Zur Durchführung des Additionsverfahrens für lineare Gleichungssysteme kann man eine feste Abfolge der Rechenschritte, den **Kalkül des Additionsverfahrens**, angeben. Für das Additionsverfahren müssen die Gleichungen in der Standardform $a_1 x + b_1 y = c_1$ und $a_2 x + b_2 y = c_2$ vorliegen oder in diese umgewandelt werden.

3. Die **Sonderfälle linearer Gleichungssysteme**, nämlich daß keine Lösung oder unendlich viele Lösungen vorliegen, lassen sich auch beim Additionsverfahren im Laufe der Rechnung erkennen.

4. Zum **Lösen von Sachaufgaben** kann man sich ein Schema für das Vorgehen entwickeln. Ein solches Lösungsschema kann insbesondere bei etwas komplizierten Zusammenhängen hilfreich sein.

3.1 Beispiele für Gleichungssysteme

Beim Getränkeeinkauf kommt es vor, daß man sich die Einzelpreise nicht so genau merkt, aber die Gesamtsumme des Einkaufs noch weiß. Will dann ein Nachbar einen Teil der Getränke abkaufen, muß man sich die Einzelpreise errechnen können. Zum Beispiel: Bei einem Einkauf hat man vier Kästen Wasser und drei Kästen Bier erstanden und insgesamt dafür 58 DM bezahlt. Ein andermal hat man zwei Kästen Wasser und drei Kästen Bier für insgesamt 44 DM gekauft. Wieviel muß man nun dem Nachbarn für einen Kasten Bier berechnen?

Nennt man den Preis für einen Kasten Wasser x und für einen Kasten Bier y, so läßt sich folgendes Gleichungssystem aufstellen.

$$\left| \begin{array}{l} 4x + 3y = 58 \\ 2x + 3y = 44 \end{array} \right|$$

Man multipliziert die zweite Gleichung mit (-1)

$$\left|\begin{array}{r} 4x + 3y = 58 \\ -2x - 3y = -44 \end{array}\right|$$

Man addiert die erste Gleichung zur zweiten.

$$\left|\begin{array}{r} 4x + 3y = 58 \\ 2x = 14 \end{array}\right|$$

In der 2. Gleichung ist das Glied mit y weggefallen. Aus dieser Gleichung errechnet man leicht x.

$$\left|\begin{array}{r} 4x + 3y = 58 \\ x = 7 \end{array}\right|$$

Durch Einsetzen des Wertes 7 für x in die 1. Gleichung ermittelt man y .

$$\left|\begin{array}{r} 4 \cdot 7 + 3y = 58 \\ x = 7 \end{array}\right|$$

$$\left|\begin{array}{r} 28 + 3y = 58 \\ x = 7 \end{array}\right| \quad | -28$$

$$\left|\begin{array}{r} 3y = 30 \\ x = 7 \end{array}\right| \quad | :3$$

$$\left|\begin{array}{r} y = 10 \\ x = 7 \end{array}\right|$$

Ein Kasten Wasser kostet 7,00 DM und ein Kasten Bier 10,00 DM. Machen Sie die Probe.

→ ①

Die Fernsehsendung hat Ihnen Schiffahrten mit der Strömung und gegen die Strömung gezeigt. Ein solcher Sachverhalt liegt bei folgendem Beispiel vor.
Ein Motorschiff braucht für die Strecke Bingen - Koblenz (60 km) 2 Std. 30 Min. Für die Strecke Koblenz - Bingen braucht es 4 Std. 10 Min. Wie groß ist die Eigengeschwindigkeit des Schiffes und die Strömungsgeschwindigkeit des Rheins, wenn beide als gleichbleibend angenommen werden?
Fährt das Schiff rheinabwärts, so addieren sich die Eigengeschwindigkeit und die Strömungsgeschwindigkeit. Rheinaufwärts allerdings muß man von der Eigengeschindigkeit des Schiffes die Strömungsgeschwindigkeit abziehen. Nennt man die Eigengeschwindigkeit x und die Strömungsgeschwindigkeit y , so ergibt sich folgendes Gleichungssystem.

$$\left|\begin{array}{r} x + y = v_{rheinabwärts} \\ x - y = v_{rheinaufwärts} \end{array}\right|$$

Hier muß man vor dem Weiterrechnen noch die Geschwindigkeiten bestimmen.

$$v_{rheinabwärts} = \frac{60 \text{ km}}{150 \text{ min}} \qquad v_{rheinaufwärts} = \frac{60 \text{ km}}{250 \text{ min}}$$

$$\left|\begin{array}{r} x + y = 0{,}4 \\ x - y = 0{,}24 \end{array}\right|$$

Man addiert die beiden Gleichungen.

$$\left|\begin{array}{r} 2x = 0{,}64 \\ x + y = 0{,}4 \end{array}\right| \quad | :2$$

$$\left|\begin{array}{r} x = 0{,}32 \\ x + y = 0{,}4 \end{array}\right|$$

Man setzt den x-Wert in die andere Gleichung ein.

$$\left|\begin{array}{r} x = 0{,}32 \\ 0{,}32 + y = 0{,}4 \end{array}\right| \quad | -0{,}32$$

$$\left|\begin{array}{r} x = 0{,}32 \\ y = 0{,}08 \end{array}\right|$$

Die Eigengeschwindigkeit des Schiffes beträgt $0{,}32 \frac{\text{km}}{\text{min}} = 19{,}2 \frac{\text{km}}{\text{Std.}}$, die Strömungsgeschwindigkeit des Rheines $0{,}08 \frac{\text{km}}{\text{min}} = 4{,}8 \frac{\text{km}}{\text{Std.}}$. Machen Sie die Probe.

→ ④

Mitunter ist es einfacher, das Addieren der beiden Gleichungen zweimal vorzunehmen. Bei dem vorliegenden Beispiel braucht man dann nur die zweite Gleichung für die zweite Addition mit (-1) zu multiplizieren.

$$\left| \begin{array}{l} x + y = 0{,}4 \\ x - y = 0{,}24 \end{array} \right| \qquad \left| \begin{array}{l} x + y = 0{,}4 \\ -x + y = -0{,}24 \end{array} \right|$$

$$2x = 0{,}64 \qquad 2y = 0{,}16$$

$$x = 0{,}32 \qquad y = 0{,}08$$

3

Aufgaben zu 3.1

1. Ein Sportflugzeug braucht für eine 60 km lange Strecke mit dem Wind 15 Minuten. Für den Rückflug gegen den Wind benötigt es 20 Minuten. Wie groß sind Windgeschwindigkeit und Geschwindigkeit des Flugzeugs?

2. Frau L bringt zwei Filme zum Entwickeln und läßt davon insgesamt 60 Abzüge machen. Für die Fotoarbeiten zahlt sie insgesamt 28,60 DM. Ein andermal zahlt sie für das Entwickeln zweier Filme und 72 Abzüge 32,80 DM. Wieviel kostet das Entwickeln eines Filmes, wieviel ein Abzug?

*3. Ein Polizeihubschrauber stellt die Länge einer Autokolonne auf der Autobahn und deren Geschwindigkeit fest, indem er die Kolonne sowohl in Fahrtrichtung als auch in Gegenrichtung abfliegt und die dafür benötigte Zeit mißt. Da die Hubschrauberbesatzung die Geschwindigkeit, mit der sie fliegt, kennt, kann sie daraus die zurückgelegte Strecke berechnen. Bei einer Autokolonne wurden folgende Daten gemessen: Geschwindigkeit des Hubschraubers $3\,\frac{\text{km}}{\text{min}}$, Zeit für das Überfliegen der Kolonne in Fahrtrichtung 3 min, gegen die Fahrtrichtung 2 min. Berechnen Sie aus diesen Angaben die Länge der Autoschlange und ihre Geschwindigkeit.

3.2 Der Kalkül des Additionsverfahrens

Die Zahlenwerte in den Beispielen aus Abschnitt 3.1 waren so beschaffen, daß man die Addition der Gleichungen direkt vornehmen konnte oder vorher nur eine der Gleichungen mit (-1) zu multiplizieren brauchte. Das muß natürlich nicht immer so sein. Betrachten Sie dazu dieses Beispiel:

$$\left| \begin{array}{l} 2x + 3y = 4 \\ 4x - 4y = 3 \end{array} \right|$$

Direkte Addition würde nicht weiterhelfen, da dann die Gleichung $6x - y = 7$ entstünde, in der weiterhin beide Variablen auftreten.

$$\left| \begin{array}{l} 2x + 3y = 4 \\ 4x - 4y = 3 \end{array} \right| \begin{array}{l} \mid \cdot 4 \\ \mid \cdot 3 \end{array}$$

Damit die Variable y beim Addieren herausfällt, muß man die erste Gleichung mit 4 und die zweite mit 3 multiplizieren.

$$\left| \begin{array}{l} 8x + 12y = 16 \\ 12x - 12y = 9 \end{array} \right|$$

Jetzt kann man addieren.

$$20x = 25$$

$$x = 1{,}25$$

Will man die Variable x herausfallen lassen, muß man die erste Gleichung mit 2 und die zweite mit (-1) multiplizieren. Führen Sie das aus und berechnen Sie so den Wert für y. → (2)

Auch bei einem Gleichungssystem wie diesem
$$\left|\begin{array}{l} 7x + 11y = 35 - 8x - 9y \\ 39y + 5x = -7x + 11y + 4 \end{array}\right|$$
kann man nicht sofort addieren. Auch eine Multiplikation der Gleichungen führt nicht weiter. Hier muß man zunächst eine Form herstellen, die die Anwendung des Additionsverfahrens erlaubt. Dazu bringt man die beiden Gleichungen auf die Standardform

$$\left|\begin{array}{l} a_1x + b_1y = c_1 \\ a_2x + b_2y = c_2 \end{array}\right|,$$
möglichst mit ganzen Zahlen a_1, b_1, c_1, a_2, b_2, c_2.

Für das obige Gleichungssystem geht dies folgendermaßen:

$$\left|\begin{array}{l} 7x + 11y = 35 - 8x - 9y \\ 39y + 5x = -7x + 11y + 4 \end{array}\right| \quad \begin{array}{l} \mid +8x + 9y \\ \mid +7x - 11y \end{array}$$

$$\left|\begin{array}{l} 15x + 20y = 35 \\ 12x + 28y = 4 \end{array}\right| \quad \begin{array}{l} \mid :5 \\ \mid :(-4) \end{array}$$

Nun gibt es zwei Möglichkeiten:

$$\left|\begin{array}{l} 3x + 4y = 7 \\ -3x - 7y = -1 \end{array}\right|$$
$$-3y = 6$$
$$y = -2$$

$$\left|\begin{array}{l} 3x + 4y = 7 \\ -3x - 7y = -1 \end{array}\right| \quad \begin{array}{l} \mid \cdot 7 \\ \mid \cdot 4 \end{array}$$
$$\left|\begin{array}{l} 21x + 28y = 49 \\ -12x - 28y = -4 \end{array}\right|$$
$$9x = 45$$
$$x = 5$$

Aus diesen Überlegungen läßt sich der **Kalkül für das Additionsverfahren** entwickeln.

$$\begin{array}{l} 5x + 5(1 + y) = 3x + 10y \\ 4(x + 3) - 2y = x - 6y + 39 \end{array}$$

↓ Beide Gleichungen auf die Standardform bringen.

$$\begin{array}{l} 2x - 5y = -5 \\ 3x + 4y = 27 \end{array}$$

↓ Beide Gleichungen mit geeigneten Zahlen multiplizieren, so daß die Faktoren vor x den gleichen Betrag, aber verschiedene Vorzeichen haben.

$$\begin{array}{l} 6x - 15y = -15 \\ -6x - 8y = -54 \end{array}$$

↓ Zur zweiten Gleichung die erste addieren. Es entsteht eine Gleichung, in der x nicht mehr auftritt.

$$-23y = -69$$

↓ Diese Gleichung nach y auflösen.

$$y = 3$$

↓ Wert für y in die erste Gleichung einsetzen und diese nach x auflösen.

$$\begin{array}{l} 2x - 15 = -5 \\ 2x = 10 \\ x = 5 \end{array}$$

↓ Probe durchführen.

$$\begin{array}{l} 25 + 5(1 + 3) = 15 + 30 \\ 4(5 + 3) - 6 = 5 - 18 + 39 \end{array}$$

Wie Sie schon oben gesehen haben, kann man auch *beide* Variablen durch Addieren der Gleichungen erhalten. Das Ablaufschema sieht dann (in einem Beispiel) so aus.

$$\left| \begin{array}{r} 7x - 2(y-3) = 2x - 5y + 10 \\ 2(x+4) = y + 3 \end{array} \right|$$

Beide Gleichungen auf die Standardform bringen.

$$\left| \begin{array}{rl} 5x + 3y = & 4 \\ 2x - y = & -5 \end{array} \right| \quad \begin{array}{l} |\cdot 2 \\ |\cdot(-5) \end{array} \quad \begin{array}{l} |\cdot 1 \\ |\cdot 3 \end{array}$$

Beide Gleichungen mit geeigneten Zahlen multiplizieren, so daß die Faktoren vor x bzw. vor y den gleichen Betrag, aber verschiedene Vorzeichen haben.

$$\left| \begin{array}{rl} 10x + 6y = & 8 \\ -10x + 5y = & 25 \end{array} \right| \qquad \left| \begin{array}{rl} 5x + 3y = & 4 \\ 6x - 3y = & -15 \end{array} \right|$$

Zur zweiten Gleichung die erste addieren. Es entsteht eine Gleichung, in der x nicht mehr auftritt.	Zur zweiten Gleichung die erste addieren. Es entsteht eine Gleichung, in der y nicht mehr auftritt.
$11y = 33$	$11x = -11$
Diese Gleichung nach y auflösen.	Diese Gleichung nach x auflösen.
$y = 3$	$x = -1$

Probe durchführen.

$$\left| \begin{array}{r} 7\cdot(-1) - 2\cdot(3-3) = 2\cdot(-1) - 5\cdot 3 + 10 \\ 2\cdot(-1+4) = 3 + 3 \end{array} \right|$$

$$\left| \begin{array}{r} -7 = -2 - 15 + 10 \\ 2\cdot 3 = 6 \end{array} \right|$$

$$\left| \begin{array}{r} -7 = -7 \\ 6 = 6 \end{array} \right|$$

Wie findet man die „geeigneten" Zahlen, mit denen man die Gleichungen multiplizieren muß? Meistens werden Sie intuitiv damit zurechtkommen. Betrachten Sie das Gleichungssystem

$$\left| \begin{array}{rl} 3x - 4y = & 4 \\ 4x + 6y = & 28 \end{array} \right|$$

Womit würden Sie die Gleichungen multiplizieren, damit erst x, dann y herausfällt? → (5)

Damit x herausfällt, muß ein Faktor positiv, der andere negativ sein. Sie multiplizieren die erste Gleichung mit dem Koeffizienten von x in der zweiten Gleichung, also 4 , und die zweite Gleichung mit dem negativen Koeffizienten von x in der ersten Gleichung, also -3. Sie kommen immer zurecht, wenn Sie den Koeffizienten der Variablen aus der jeweils anderen Gleichung als (positiven bzw. negativen) Faktor nehmen. Mitunter kommt man aber mit kleineren Faktoren aus. Um in den obigen Gleichungen y herausfallen zu lassen, genügt es, die erste Gleichung mit 3 und die zweite Gleichung mit 2 zu multiplizieren. So kommt man jeweils auf die Zahl 12. (Im anderen Fall käme man auf die Zahl 24.) Die Zahl 12 ist das **kleinste gemeinschaftliche Vielfache**, kurz kgV genannt, der Zahlen 4 und 6. Es reicht also jeweils aus, auf das kleinste gemeinschaftliche Vielfache zu kommen. Der Begriff des kgV ist Ihnen sicher noch aus der Bruchrechnung bekannt.

Aufgaben zu 3.2

Lösen Sie bitte die folgenden Aufgaben entsprechend einem der Ablaufschemata.

1. a) $\left|\begin{array}{l} -x + y + 9 = 0 \\ x + 5y + 15 = 0 \end{array}\right|$ b) $\left|\begin{array}{l} 2y - 4x = 2 \\ 2y + 4x = 10 \end{array}\right|$ c) $\left|\begin{array}{l} 2x + 5y = 3 \\ x - 5y = 9 \end{array}\right|$

2. a) $\left|\begin{array}{l} 12x - 25y = 50 \\ 36x + 100y = -20 \end{array}\right|$ b) $\left|\begin{array}{l} 12x + 7y + 16 = 0 \\ 8x - 21y + 31{,}2 = 0 \end{array}\right|$ c) $\left|\begin{array}{l} 20x - 15y = 45 \\ 4x + 3y = 15 \end{array}\right|$

*3. a) $\left|\begin{array}{l} \frac{2}{3}x + y - 4 = 0 \\ 2x + \frac{9}{2}y - 18 = 0 \end{array}\right|$ b) $\left|\begin{array}{l} 2{,}0x + 0{,}3y = 26{,}4 \\ 0{,}4x + 1{,}5y = 2{,}4 \end{array}\right|$ c) $\left|\begin{array}{l} \frac{x}{2} = \frac{3}{2} + \frac{y+1}{3} \\ \frac{x-1}{3} = \frac{9}{2} + \frac{y}{2} \end{array}\right|$

3.3 Die Sonderfälle beim Additionsverfahren

Vor der Anwendung des Additionsverfahrens brauchen Sie nicht nach dem Verfahren von Lektion 1.4 (Seite 17) zu prüfen, ob das Gleichungssystem eine Lösung, keine Lösung oder unendlich viele Lösungen hat. Dies läßt sich auch beim Additionsverfahren erkennen.

Keine Lösung — **Unendlich viele Lösungen**

$\left|\begin{array}{l} 2x + 3y = 5 \\ x + 1{,}5y = 3 \end{array}\right| \begin{array}{l} \\ \mid \cdot 2 \end{array}$ $\qquad$ $\left|\begin{array}{l} 2x + 3y = 5 \\ x + 1{,}5y = 2{,}5 \end{array}\right| \begin{array}{l} \\ \mid \cdot 2 \end{array}$

Beide Gleichungen auf die Standardform bringen.

$\left|\begin{array}{l} 2x + 3y = 5 \\ 2x + 3y = 6 \end{array}\right|$ $\qquad$ $\left|\begin{array}{l} 2x + 3y = 5 \\ 2x + 3y = 5 \end{array}\right|$

Wenn man die Standardform mit ganzen Zahlen herstellt, erkennt man oft schon an dieser Stelle, daß im Falle links keine Lösung und im Falle rechts unendlich viele Lösungen vorhanden sind. Denn die Terme auf den linken Seiten der beiden Gleichungen unterscheiden sich nicht. Im linken Fall unterscheiden sich jedoch die Zahlen auf der rechten Seite der Gleichungen. Also kann es keine Lösung geben. Im Falle rechts sind auch die Zahlen auf der rechten Seite der Gleichungen gleich. Also sind alle Zahlenpaare, die die erste Gleichung erfüllen auch Lösungspaare für die zweite Gleichung. Bei der graphischen Lösung ergeben sich im Falle „keine Lösung" zwei parallele Geraden (also ohne Schnittpunkte), im Falle „unendlich viele Lösungen" zweimal dieselbe Gerade.
Auf jeden Fall aber zeigt das weitere Additionsverfahren den jeweiligen Sonderfall an.

$\left|\begin{array}{l} 2x + 3y = 5 \\ 2x + 3y = 6 \end{array}\right| \begin{array}{l} \\ \mid \cdot (-1) \end{array}$ $\qquad$ $\left|\begin{array}{l} 2x + 3y = 5 \\ 2x + 3y = 5 \end{array}\right| \begin{array}{l} \\ \mid \cdot (-1) \end{array}$

Beide Gleichungen mit geeigneten Zahlen multiplizieren, so daß die Faktoren vor x den gleichen Betrag, aber verschiedene Vorzeichen haben.

$\left|\begin{array}{l} 2x + 3y = 5 \\ -2x - 3y = -6 \end{array}\right|$ $\qquad$ $\left|\begin{array}{l} 2x + 3y = 5 \\ -2x - 3y = -5 \end{array}\right|$

Die zweite Gleichung zur ersten addieren.

$\left|\begin{array}{l} 0 = -1 \\ -2x - 3y = -6 \end{array}\right|$ $\qquad$ $\left|\begin{array}{l} 0 = 0 \\ -2x - 3y = -5 \end{array}\right|$

Widerspruch $\qquad$ Für $y = -\frac{2}{3}x + \frac{5}{3}$ stets erfüllt.

Zwei weitere Beispiele sollen das Verfahren nochmals verdeutlichen. Zur Anwendung des Additionsverfahrens muß immer zuerst die Standardform des Gleichungssystems hergestellt werden.

1. Beispiel:

$$\left|\begin{aligned} \tfrac{x}{2} - 5y - 30 &= 0 \\ 50y - 5x + 150 &= 0 \end{aligned}\right| \quad \begin{aligned} &\mid +\ 30 \\ &\mid -\ 150 \end{aligned}$$

$$\left|\begin{aligned} \tfrac{x}{2} - 5y &= 30 \\ 50y - 5x &= -150 \end{aligned}\right| \quad \begin{aligned} &\mid \cdot 10 \\ & \end{aligned}$$

$$\left|\begin{aligned} 5x - 50y &= 300 \\ -5x + 50y &= -150 \end{aligned}\right| \quad \begin{aligned} & \\ &\mid \text{1. zur 2. Gleichung addieren} \end{aligned}$$

$$\left|\begin{aligned} 5x - 50y &= 300 \\ 0 &= 150 \end{aligned}\right| \quad \begin{aligned} & \\ &\text{Widerspruch} \end{aligned}$$

Das Gleichungssystem besitzt also keine Lösungen.

2. Beispiel:

$$\left|\begin{aligned} 3(2x - 3) + 4(y - 2) &= 7 \\ 2x - 3 &= -\tfrac{4}{3}\cdot(y - 2) + 2\tfrac{1}{3} \end{aligned}\right| \quad \begin{aligned} &\mid \text{Klammern ausmulti-} \\ &\ \ \text{plizieren} \end{aligned}$$

$$\left|\begin{aligned} 6x - 9 + 4y - 8 &= 7 \\ 2x - 3 &= -\tfrac{4}{3}y + \tfrac{8}{3} + \tfrac{7}{3} \end{aligned}\right| \quad \begin{aligned} &\mid \text{Zusammenfassen} \\ &\mid \cdot 3 \end{aligned}$$

$$\left|\begin{aligned} 6x + 4y - 17 &= 7 \\ 6x - 9 &= -4y + 8 + 7 \end{aligned}\right| \quad \begin{aligned} &\mid +17 \\ &\mid +9 + 4y \end{aligned}$$

$$\left|\begin{aligned} 6x + 4y &= 24 \\ 6x + 4y &= 24 \end{aligned}\right|$$

Daran, daß zweimal dieselbe Gleichung entsteht, kann man bereits erkennen, daß das Gleichungssystem unendlich viele Lösungen hat. Die Rechnung führt man folgendermaßen fort:

$$\left|\begin{aligned} 6x + 4y &= 24 \\ 6x + 4y &= 24 \end{aligned}\right| \quad \begin{aligned} & \\ &\mid \cdot(-1) \end{aligned}$$

$$\left|\begin{aligned} 6x + 4y &= 24 \\ -6x - 4y &= -24 \end{aligned}\right| \quad \begin{aligned} & \\ &\mid \text{1. zur 2. Gleichung addieren} \end{aligned}$$

$$\left|\begin{aligned} 6x + 4y &= 24 \\ 0 &= 0 \end{aligned}\right|$$

Die zweite Gleichung ist also stets erfüllt. Nun löst man die erste Gleichung nach y auf und erhält:

$$\begin{aligned} 6x + 4y &= 24 & &\mid -6x \\ 4y &= 24 - 6x & &\mid :4 \\ y &= 6 - \tfrac{3}{2}x \end{aligned}$$

Lösungen sind alle Zahlenpaare $(x \mid 6 - \frac{3}{2}x)$.

Man kann also für x eine beliebige Zahl wählen und errechnet dann y aus dem Term $6 - \frac{3}{2}x$, indem man in dem Term die gewählte Zahl für x einsetzt.

Wählt man zum Beispiel für $x = 0$, so berechnet man y als $y = 6 - \frac{3}{2} \cdot 0$ und erhält das Lösungspaar $(0 \mid 6)$; für $x = 1$ erhält man $y = 6 - \frac{3}{2} \cdot 1$ und somit das Paar $(1 \mid 4\frac{1}{2})$; für $x = 2$

erhält man $y = 6 - \frac{3}{2} \cdot 2$, also das Paar $(2 \mid 3)$, für $x = 4$ das Paar $(4 \mid 0)$, für $x = -2$ das Paar $(-2 \mid 9)$ usw.

Aufgaben zu 3.3

Lösen Sie die Aufgaben zu 2.3 Nr. 1 und Nr. 2 (Seite 25) mit dem Additionsverfahren.

3.4 Das Lösen von Sachaufgaben

In den Lektionen über Gleichungssysteme haben Sie immer wieder Sachprobleme kennengelernt, zu denen die Gleichungen aufzustellen waren, die zur Lösung des Problems führen konnten. Bei der Umsetzung eines Sachproblems in mathematische Beziehungen kann man sich in etwa an ein Schema halten, das oft hilfreich zur Lösung solcher Aufgaben ist. Man geht dazu so vor:

1. Welche Größen sind in dem Sachproblem vorgegeben?

↓

2. Welche Größen sind gesucht? Man bezeichnet sie mit Variablen.

↓

3. Wie stehen diese Größen miteinander in Beziehung?

↓

4. Aus diesen Beziehungen werden die Gleichungen aufgestellt.

↓

5. Welche Zahlenmenge muß man dem Sachproblem zugrunde legen?

↓

6. Handelt es sich um ein Gleichungssystem, so wird es mit einem der jetzt bekannten Verfahren gelöst.

↓

7. Die Lösung wird in das Gleichungssystem eingesetzt und damit die Richtigkeit der Rechnung überprüft.

↓

8. Die Lösung wird anhand des Aufgabentextes überprüft und damit die Richtigkeit der aufgestellten Gleichungen, des „Ansatzes“, kontrolliert.

Dieses Verfahren können Sie an den folgenden Beispielen nachvollziehen.

1. Beispiel:

Ein Hotel hat 50 Betten in Einbett- und Zweibettzimmern. Es besitzt doppelt soviele Zweibettzimmer wie Einbettzimmer. Wieviele Einbettzimmer und wieviele Zweibettzimmer stehen zur Verfügung?

1. Vorgegeben sind: Es sind 50 Betten.
Ein Einbettzimmer hat 1 Bett.
Ein Zweibettzimmer hat 2 Betten.

	Die Anzahl der Zweibettzimmer ist doppelt so groß wie die Anzahl der Einbettzimmer.
2. Gesucht sind:	Die Anzahl der Einbettzimmer: x Die Anzahl der Zweibettzimmer: y
3. Beziehungen:	Es gibt $1 \cdot x$ Betten in Einbettzimmern. Es gibt $2 \cdot y$ Betten in Zweibettzimmern. $1 \cdot x$ Betten und $2 \cdot y$ Betten ergeben zusammen 50 Betten. y ist doppelt so groß wie x.
4. Gleichungen:	$\left\| \begin{aligned} 1 \cdot x + 2 \cdot y &= 50 \\ y &= 2 \cdot x \end{aligned} \right\|$
5. Zahlenmenge:	Die Menge der natürlichen Zahlen IN, da keine negativen und keine gebrochenen Zimmer existieren.
6. Lösungen:	Zum Beispiel mit dem Einsetzungsverfahren. $x + 2 \cdot 2 \cdot x = 50$ $\quad$ $y = 2 \cdot 10$ $5x = 50$ $\quad$ $y = 20$ $x = 10$
7. Rechnerische Probe:	$10 + 2 \cdot 20 = 50$ $50 = 50$
8. Sachliche Prüfung:	20 Zweibettzimmer ist die doppelte Anzahl wie 10 Einbettzimmer. In 20 Zweibettzimmern sind 40 Betten, in 10 Einbettzimmern 10 Betten, also zusammen 50 Betten.

2. Beispiel:

Aus 90 %igem und 36 %igem Alkohol sollen 30 Liter 60 %igen Alkohols gemischt werden. Wieviel Liter von jeder Sorte sind zu verwenden?

1. Vorgegeben sind:	In der ersten Alkoholsorte sind $\frac{90}{100}$ reiner Alkohol. In der zweiten Alkoholsorte sind $\frac{36}{100}$ reiner Alkohol. In der Mischsorte sollen $\frac{60}{100}$ reiner Alkohol sein. Von der Mischsorte sollen 30 Liter hergestellt werden. In den 30 l sind also $\frac{60}{100} \cdot 30$ Liter = 18 Liter reiner Alkohol.
2. Gesucht ist:	Anzahl der Liter der ersten Sorte: x Anzahl der Liter der zweiten Sorte: y
3. Beziehungen:	In x Litern der ersten Sorte sind $\frac{90}{100} \cdot x$ Liter reiner Alkohol. In y Litern der zweiten Sorte sind $\frac{36}{100} \cdot y$ Liter reiner Alkohol. Zusammen müssen dies 18 Liter reiner Alkohol sein. x Liter der ersten Sorte und y Liter der zweiten Sorte müssen 30 Liter ergeben.
4. Gleichungen:	$\left\| \begin{aligned} \frac{90}{100} \cdot x + \frac{36}{100} \cdot y &= 18 \\ x + y &= 30 \end{aligned} \right\|$

5. Zahlenmenge: Für das Sachproblem ist die Menge der positiven rationalen Zahlen $\mathbb{Q}_+^*$ angemessen.

6. Lösungen: Um die Brüche zu vermeiden, kann man die 1. Gleichung mit 100 multiplizieren und durch 18 dividieren. So erhält man zum Beispiel mit dem Additionsverfahren:

$$\left|\begin{array}{r} 5x + 2y = 100 \\ x + y = 30 \end{array}\right| \quad |\cdot(-5) \qquad |\cdot(-2)$$

$$\left|\begin{array}{r} 5x + 2y = 100 \\ -5x - 5y = -150 \end{array}\right| \qquad \left|\begin{array}{r} 5x + 2y = 100 \\ -2x - 2y = -60 \end{array}\right|$$

$$\left|\begin{array}{r} 5x + 2y = 100 \\ -3y = -50 \end{array}\right| \qquad \left|\begin{array}{r} 5x + 2y = 100 \\ 3x = 40 \end{array}\right|$$

$$y = 16\tfrac{2}{3} \qquad\qquad x = 13\tfrac{1}{3}$$

7. Rechnerische Probe:

$$\left|\begin{array}{r} 0{,}9 \cdot 13\tfrac{1}{3} + 0{,}36 \cdot 16\tfrac{2}{3} = 18 \\ 13\tfrac{1}{3} + 16\tfrac{2}{3} = 30 \end{array}\right|$$

$$\left|\begin{array}{r} 12 + 6 = 18 \\ 30 = 30 \end{array}\right|$$

8. Sachliche Prüfung: Durch $13\frac{1}{3}$ Liter der ersten Sorte werden 12 Liter reinen Alkohols und durch $16\frac{2}{3}$ Liter der zweiten 6 Liter reinen Alkohols in die 30 Liter Mischung eingebracht. Enthalten 30 Liter Flüssigkeit 18 Liter reinen Alkohol, so handelt es sich um eine 60 %ige Lösung.

3. Beispiel:

Jemand hat bei einer Bank zwei Geldbeträge angelegt; den ersten zu 4 %, den zweiten zu 5 %. Er erhält jährlich 320 DM Zinsen. Hätte er den ersten Betrag zu 5 % und den zweiten Betrag zu 4 % angelegt, so erhielte er jährlich 10 DM Zinsen weniger. Wie hoch sind die Geldbeträge?

1. Vorgegeben sind: Der erste Geldbetrag wird mit 4 % verzinst.
Der zweite Geldbetrag wird mit 5 % verzinst.
Die jährlichen Zinseinnahmen insgesamt sind 320 DM.
Wird der erste Geldbetrag mit 5 % verzinst und der zweite mit 4 %, so sind die jährlichen Zinsen insgesamt 310 DM.

2. Gesucht ist: Die Höhe des ersten Geldbetrags: x
Die Höhe des zweiten Geldbetrags: y

3. Beziehungen: $\frac{4}{100}$ vom ersten Geldbetrag und $\frac{5}{100}$ vom zweiten Geldbetrag sind zusammen 320 DM.
$\frac{5}{100}$ vom ersten Geldbetrag und $\frac{4}{100}$ vom zweiten Geldbetrag sind zusammen 310 DM.

4. Gleichungen:

$$\begin{array}{r} 0{,}04x + 0{,}05y = 320 \\ 0{,}05x + 0{,}04y = 310 \end{array}$$

5. Zahlenmenge: Für Geldbeträge in DM ist die Menge der rationalen Zahlen $\mathbb{Q}_+^*$ angemessen.

6. Lösungen: Nach Multiplikation beider Gleichungen mit 100 zum Beispiel mit der Additionsmethode.

$$\left| \begin{array}{l} 4x + 5y = 32000 \\ 5x + 4y = 31000 \end{array} \right| \quad \begin{array}{ll} | \cdot 5 & | \cdot 4 \\ | \cdot (-4) & | \cdot (-5) \end{array}$$

$$\left| \begin{array}{r} 20x + 25y = 160000 \\ -20x - 16y = -124000 \end{array} \right| \quad \left| \begin{array}{r} 16x + 20y = 128000 \\ -25x - 20y = -155000 \end{array} \right|$$

$$\begin{array}{r} 9y = 36000 \\ y = 4000 \end{array} \qquad \begin{array}{r} -9x = -27000 \\ x = 3000 \end{array}$$

7. Rechnerische Probe:

$$\left| \begin{array}{l} 0{,}04 \cdot 3000 + 0{,}05 \cdot 4000 = 320 \\ 0{,}05 \cdot 3000 + 0{,}04 \cdot 4000 = 310 \end{array} \right|$$

$$\left| \begin{array}{r} 120 + 200 = 320 \\ 150 + 160 = 310 \end{array} \right|$$

8. Sachliche Prüfung: Die Geldbeträge sind 3 000 DM und 4 000 DM. Die rechnerische Probe mit diesen und den im Text vorgegebenen Werten bestätigt das Ergebnis.

Aufgaben zu 3.4

1. Zwei Freunde gewinnen zusammen 45 000 DM. Der erste legt sein Geld zu $4\frac{1}{2}$ %, der zweite zu 5 % an. Sie erhalten gleichviel Zinsen jährlich. Wie groß ist der Gewinnanteil eines jeden?

*2. Herr A hat von der Bank ein Darlehen zu 7 % und von einem Privatgläubiger ein weiteres Darlehen zu 5 % erhalten. Nach einem Jahr zahlt er insgesamt 2 200 DM Zinsen. Außerdem zahlt er der Bank 3 000 DM zurück. Im nächsten Jahr erhöht sich der Zinssatz bei der Bank auf $7\frac{1}{2}$ %. Die Jahreszinsen für beide Darlehen betragen nun zusammen 2 075 DM. Wie hoch waren die Darlehen?

*3. Zwei Zahnräder greifen ineinander. Wenn das größere sich zweimal dreht, dreht sich das kleinere dreimal. Das größere hat 15 Zähne mehr als das kleinere. Berechnen Sie die Anzahl der Zähne der Zahnräder.

4. Ein Weinfaß enthält 8 l weniger als ein zweites. Werden 28 l aus dem zweiten in das erste Faß gegossen, so enthält dieses dreimal soviel Wein wie das zweite. Wieviel Liter Wein waren anfangs in den Fässern?

*5. Ein Landwirt hat $2\frac{1}{2}$mal soviel Hühner wie Schweine. Die Hühner und Schweine haben zusammen 90 Beine. Wieviel Hühner, wieviel Schweine sind es?

6. Aus dem Rechenbuch des Adam Ries (1574).
Zween wöllen ein pferdt kauffen / als A. und B. für 15 fl.* Spricht A. zum B. gib mir deines gelts ein drittheil / so wil ich meins darzu thun / und das pferdt bezahlen. Spricht B. zum A. gib mir von deinem gelt ein viertheil / so will ich mit meinem gelt hinzugethan das pferdt bezahlen. Nun frage ich / wie viel jeglicher in sonderheit gelts hab? *(fl. = florentiner Gulden)

Wiederholungsaufgaben

Lösen Sie die Gleichungssysteme.

1. a) $\left| \begin{aligned} 2x - 2y - 6 &= 0 \\ x + 2y &= 0 \end{aligned} \right|$ b) $\left| \begin{aligned} 5x - 3y &= -4 \\ 12x + 3y &= -3 \end{aligned} \right|$ c) $\left| \begin{aligned} 9x + 208y - 15 &= 0 \\ -9x + 72y - 55 &= 0 \end{aligned} \right|$

2. a) $\left| \begin{aligned} 5x - 3y &= 10 \\ x - 20 &= -\tfrac{3}{2}y \end{aligned} \right|$ b) $\left| \begin{aligned} x - 4(1 - y) &= 3 + 3y \\ 3(x + 1) - y &= 6 + 2x \end{aligned} \right|$ c) $\left| \begin{aligned} 1{,}21x &= 45{,}2y + 13{,}1 \\ 1{,}21x &= 20{,}4y + 11{,}7 \end{aligned} \right|$

3. a) $\left| \begin{aligned} 2y + 4 &= 2x \\ 4x + y &= 2 \end{aligned} \right|$ b) $\left| \begin{aligned} 3x - y - 1{,}5(x - y) &= 41 \\ 1{,}5(2x - y) + 2(x - 2y) &= 43{,}5 \end{aligned} \right|$ c) $\left| \begin{aligned} 8x - 9y &= 20 \\ 12x - 6y &= 5 \end{aligned} \right|$

*4. Lösen Sie $\left| \begin{aligned} 3(2x - 1) - 4(y - 3) - 7 &= 0 \\ 5(2x - 1) - 6(y - 3) - 13 &= 0 \end{aligned} \right|$

5. Eine Stiftung unterstützt 8 Schüler und 12 Studenten mit einem monatlichen Betrag. Zur Zeit stehen für die Förderung insgesamt 7 560 DM im Monat zur Verfügung. Wegen der höheren Aufwendungen soll der Förderbetrag für einen Studenten 80 DM höher sein als der Förderbetrag für einen Schüler. Wie hoch können die Beträge für einen Studenten, wie hoch für einen Schüler sein?

6. Ein Hotel hat 50 Zimmer und 110 Betten. Es sind nur Zwei- und Dreibettzimmer vorhanden. Wieviele jeweils?

7. Ein Winzer bietet die Flasche frei Haus zu 8 DM an. Holt man sie selbst ab, so braucht man nur 7,50 DM zu bezahlen. Ab wieviel Flaschen lohnt sich das Selbst-Abholen, wenn die Fahrkosten zum Winzer 30 DM betragen?

8. Ein Elektrizitätswerk bietet für eine Wohnung zwei Tarife an.
Tarif I : Grundgebühr monatlich 28,00 DM und 18 Pfennige je kWh.
Tarif II : Grundgebühr monatlich 24,00 DM und 28 Pfennige je kWh.
Welcher Tarif ist bei einem Monatsverbrauch von 100 kWh (200 kWh, 500 kWh) günstiger?

9. In einer Schule waren im letzten Jahr 600 Schüler, in diesem Jahr sind es 688 Schüler. Die Zahl der Jungen erhöhte sich um 10 %, die Zahl der Mädchen um 20 %. Wieviele Jungen und wieviele Mädchen sind in der Schule?

*10. Der Schnelldampfer von Köln nach Bonn benötigt für die 30 km lange Strecke auf dem Rhein 2 Stunden 20 Minuten (Bergfahrt). Für die Talfahrt von Bonn nach Köln braucht er nur 1 Stunde 25 Minuten. Wie groß sind die Eigengeschwindigkeit des Dampfers und die Strömungsgeschwindigkeit des Rheins?

11. Aus dem Rechenbuch des Adam Ries (1574): 21 Personen / Männer und Frauwen / haben vertruncken 81 d*. ein Mann soll geben 5 d. und eine Frauw 3 d. Nun frag ich wie viel jeglicher in sonderheit gewesen seind. (*d. = Pfennig.)
Berechnen Sie, wieviele Frauen, wieviele Männer es waren.

*12. Aus dem Rechenbuch des Adam Ries (1574): Einer dinget einen Arbeyter 30 tag / wenn er arbeyt so gibt er ihm siben pfennig / So er aber feiret / rechnet er ihm ab fünff d. und da die dreissig tag verschienen sind / ist keiner dem andern schuldig blieben. Die frag wieviel tag er gearbeyt / und auch wieviel tag er gefeiert hab.

4. Systeme mit drei Gleichungen

Vor der Sendung

Die Fernsehsendung wird Ihnen Sachverhalte vorführen, die auf Gleichungssysteme mit drei Gleichungen und drei Variablen führen. Um die Lösung solcher Probleme genau verfolgen zu können, sollten Sie das Additionsverfahren für die Lösung von linearen 2 x 2 - Gleichungssystemen beherrschen. Zum Abschluß sehen Sie die graphische Darstellung für lineare 3 x 3 - Gleichungssysteme, die im Buch nicht so gut wie in der Sendung zu verdeutlichen ist. Man braucht dafür nämlich eine dreidimensionale Veranschaulichung. Sie sehen daran, daß in der Mathematik räumliches Vorstellungsvermögen sehr hilfreich sein kann .

4

Übersicht

1. Komplexere Sachprobleme führen häufig zu Gleichungssystemen mit mehr als zwei Gleichungen und mehr als zwei Variablen. In diesem ersten Abschnitt finden Sie Fragestellungen, aus denen sich **lineare 3 x 3 - Gleichungssysteme** ergeben. Zur Lösung solcher Systeme kann man wieder das Additionsverfahren anwenden.

2. Der **Kalkül des Additionsverfahrens** ist für lineare 3 x 3 - Gleichungssysteme in gleicher Weise zu verwenden wie in den bisherigen Lektionen. Man sorgt durch entsprechende Multiplikation der Gleichungen und nachfolgende Addition dafür, daß zunächst die Variable x in der zweiten und dritten Gleichung wegfällt, sodann die Variable y in der dritten Gleichung. Durch Einsetzen des gefundenen Wertes für z in die zweite Gleichung findet man den Wert für y und schließlich durch Einsetzen der Werte für y und z in die erste Gleichung den Wert für x.

3. In der Regel erhält man beim Lösen eines linearen 3 x 3 - Gleichungssystems ein Zahlentripel als Lösung. Es gibt aber auch hier **Sonderfälle**: Es kann sein, daß keine Lösung vorhanden ist, und es kann vorkommen, daß unendlich viele Lösungen auftreten.

4. 3 x 3 - Gleichungssysteme können auch **nicht-linear** sein. Solche Systeme löst man am besten mit Hilfe des Einsetzungsverfahrens. Führt das Lösungsverfahren letztlich auf eine Gleichung zweiten Grades, so ist die Lösung mit der Formel für quadratische Gleichungen bestimmbar. Erhält man kompliziertere Gleichungen, so lassen sich rechnerisch meist nur Näherungslösungen bestimmen.

4.1 Beispiele für lineare 3 x 3 - Gleichungssysteme

Für Gleichungssysteme mit zwei Gleichungen und zwei Variablen haben Sie mehrfach das „Hotelzimmerproblem" gelöst. Eine entsprechende Aufgabe kann man auch für drei Variablen stellen: „Ein Hotel hat 170 Ein-, Zwei- und Dreibettzimmer mit insgesamt 330 Betten. Die Zahl der Zweibettzimmer ist um 10 größer als die der Einbettzimmer und der Hälfte der Dreibettzimmer zusammen. Wieviel Ein-, Zwei- und Dreibettzimmer sind vorhanden?"
Nennt man die Zahl der Einbettzimmer x, die der Zweibettzimmer y und die der Dreibettzimmer z, so kommt man zu folgenden Gleichungen:

$$\left| \begin{aligned} x + y + z &= 170 \\ x + 2y + 3z &= 330 \\ x + 0{,}5z + 10 &= y \end{aligned} \right| \quad \text{oder} \quad \left| \begin{aligned} x + y + z &= 170 \\ x + 2y + 3z &= 330 \\ x - y + 0{,}5z &= -10 \end{aligned} \right|$$

Um dieses Gleichungssystem mit drei Gleichungen und drei Variablen zu lösen, sucht man es auf ein solches mit zwei Gleichungen und zwei Variablen zurückzuführen. Dies gelingt wieder durch Addition, wenn man die Gleichungen vorher mit den passenden Faktoren multipliziert hat.

$$\left| \begin{aligned} x + y + z &= 170 \\ x + 2y + 3z &= 330 \\ x - y + 0{,}5z &= -10 \end{aligned} \right| \quad \begin{aligned} & \\ & | \cdot (-1) \\ & | \cdot (-1) \end{aligned}$$

$$\left| \begin{aligned} x + y + z &= 170 \\ -x - 2y - 3z &= -330 \\ -x + y - 0{,}5z &= 10 \end{aligned} \right|$$

| Man addiert die erste Gleichung zur zweiten und anschließend die erste zur dritten.

$$\left| \begin{aligned} x + y + z &= 170 \\ -y - 2z &= -160 \\ 2y + 0{,}5z &= 180 \end{aligned} \right| \quad \begin{aligned} & \\ & | \cdot 2 \\ & \end{aligned}$$

Die 2. und 3. Gleichung haben nur y und z.

$$\left| \begin{aligned} x + y + z &= 170 \\ -2y - 4z &= -320 \\ 2y + 0{,}5z &= 180 \end{aligned} \right|$$

| Man addiert die zweite zur dritten Gleichung.

$$\left| \begin{aligned} x + y + z &= 170 \\ -2y - 4z &= -320 \\ -3{,}5z &= -140 \end{aligned} \right| \quad \begin{aligned} & \\ & \\ & | : (-3{,}5) \end{aligned}$$

$$\left| \begin{aligned} x + y + z &= 170 \\ -2y - 4z &= -320 \\ z &= 40 \end{aligned} \right|$$

| Den für z gefundenen Wert setzt man in die zweite Gleichung ein

$$\left| \begin{aligned} x + y + z &= 170 \\ -2y - 4 \cdot 40 &= -320 \\ z &= 40 \end{aligned} \right| \quad \begin{aligned} & \\ & | + 160 \qquad | : (-2) \\ & \end{aligned}$$

| und bestimmt den Wert für y.

$$\left| \begin{aligned} x + y + z &= 170 \\ y &= 80 \\ z &= 40 \end{aligned} \right|$$

| Die für y und z gefundenen Werte setzt man in die erste Gleichung ein und bestimmt den Wert für x.

$$\left| \begin{aligned} x + 80 + 40 &= 170 \\ y &= 80 \\ z &= 40 \end{aligned} \right| \quad \begin{aligned} & | - 120 \\ & \\ & \end{aligned}$$

$$\left|\begin{array}{rcl} x & = & 50 \\ y & = & 80 \\ z & = & 40 \end{array}\right|$$

Das Hotel hat demnach 50 Einzelzimmer, 80 Zweibettzimmer und 40 Dreibettzimmer.

Aus der Fernsehsendung kennen Sie das Problem des Energiebedarfs für die Herstellung von Werkstücken. Da die Produktionsmaschine die Nacht über drei verschiedene Produkte herstellt und man nur abends und morgens den elektrischen Energiezähler ablesen will (um durch die Differenz der Meßwerte den Energieverbrauch während der Nacht festzustellen), muß man dreimal die beiden Messungen machen und die jeweils hergestellte Anzahl von Werkstücken feststellen, um den Energiebedarf zur Herstellung eines Werkstücks berechnen zu können. Die Tabelle gibt die Anzahl der Werkstücke für jede Nachtschicht und den jeweiligen Energieverbrauch an.

	Teile A	Teile B	Teile C	Energie [kWh]
1. Schicht	4	2	9	30
2. Schicht	4	7	4	32
3. Schicht		5	8	28
Energieverbrauch pro Stück	x	y	z	

Daraus ergibt sich das Gleichungssystem:

$$\left|\begin{array}{rcl} 4x + 2y + 9z & = & 30 \\ 4x + 7y + 4z & = & 32 \\ 5y + 8z & = & 28 \end{array}\right|$$

Da in der dritten Gleichung x gar nicht auftritt, entfernt man mit dem Additionsverfahren sofort die Variable x aus der zweiten Gleichung.

$$\left|\begin{array}{rcl} 4x + 2y + 9z & = & 30 \\ -4x - 7y - 4z & = & -32 \\ 5y + 8z & = & 28 \end{array}\right|$$

$$\left|\begin{array}{rcl} 4x + 2y + 9z & = & 30 \\ -5y + 5z & = & -2 \\ 5y + 8z & = & 28 \end{array}\right|$$

Die Addition der zweiten zur dritten Gleichung ergibt

$$\left|\begin{array}{rcl} 4x + 2y + 9z & = & 30 \\ -5y + 5z & = & -2 \\ 13z & = & 26 \end{array}\right|$$

Daraus läßt sich der Wert für z bestimmen und durch „rückwärts einsetzen" das Gleichungssystem lösen. Führen Sie diese Rechnung bitte zu Ende.

→ ①

Aufgaben zu 4.1

1. Eine Konzertveranstaltung ist mit 560 Plätzen ausverkauft. Die Plätze im 1. Parkett kosten 14 DM, die im 2. Parkett 12 DM und die auf dem Rang 9 DM. Insgesamt wurden 6370 DM eingenommen. Wieviele Plätze stehen in jeder Kategorie zur Verfügung, wenn im Rang und im 2. Parkett zusammen 420 Plätze sind?

2. Ein Winzer bietet zu Weihnachten drei Geschenkpakete mit je 10 Flaschen aus drei Weinsorten an. Die Tabelle zeigt die Zusammenstellung der Pakete. Was kostet die Flasche einer jeden Sorte?

Sorte	A	B	C	Preis
1.Paket	2	5	3	88 DM
2.Paket	3	2	5	94 DM
3.Paket	5	3	2	78 DM

4.2 Das Additionsverfahren für lineare 3 x 3 - Gleichungssysteme

Wie Sie im letzten Abschnitt gesehen haben, läßt sich auch für Gleichungssysteme mit mehr als zwei Gleichungen und zwei Variablen das Additionsverfahren durchführen. Dies soll jetzt noch etwas präzisiert werden. Damit das Verfahren auch für Gleichungssysteme mit mehr als drei Variablen verwendet werden kann, werden die Variablen als x_1, x_2, x_3, . . . usw. durchgezählt. Als Beispiel wird ein Gleichungssystem mit drei Gleichungen und drei Variablen gewählt.

$$\left| \begin{array}{rcl} x_1 + x_2 &=& x_3 + 7 \\ 2x_1 - x_2 &=& 8 - x_3 \\ 3x_1 + 2x_2 &=& x_3 + 20 \end{array} \right|$$

Die Gleichungen auf die Standardform bringen.

$$\left| \begin{array}{rcr} x_1 + x_2 - x_3 &=& 7 \\ 2x_1 - x_2 + x_3 &=& 8 \\ 3x_1 + 2x_2 - x_3 &=& 20 \end{array} \right| \begin{array}{l} \mid \cdot 3 \\ \\ \mid \cdot (-1) \end{array}$$

↓

Die erste und die letzte Gleichung mit geeigneten Zahlen multiplizieren, so daß die Faktoren vor x_1 den gleichen Betrag, aber entgegengesetzte Vorzeichen haben.

$$\left| \begin{array}{rcr} 3x_1 + 3x_2 - 3x_3 &=& 21 \\ 2x_1 - x_2 + x_3 &=& 8 \\ -3x_1 - 2x_2 + x_3 &=& -20 \end{array} \right|$$

↓

Die erste zur letzten Gleichung addieren. Es entsteht eine Gleichung, in der x_1 nicht mehr auftritt.

$$\left| \begin{array}{rcr} 3x_1 + 3x_2 - 3x_3 &=& 21 \\ 2x_1 - x_2 + x_3 &=& 8 \\ x_2 - 2x_3 &=& 1 \end{array} \right| \begin{array}{l} \mid \cdot 2 \\ \mid \cdot (-3) \\ \\ \end{array}$$

↓

Die erste und die vorletzte Gleichung mit geeigneten Zahlen multiplizieren, so daß die Faktoren vor x_1 den gleichen Betrag, aber entgegengesetzte Vorzeichen haben.

$$\left| \begin{array}{rcr} 6x_1 + 6x_2 - 6x_3 &=& 42 \\ -6x_1 + 3x_2 - 3x_3 &=& -24 \\ x_2 - 2x_3 &=& 1 \end{array} \right|$$

↓

Die erste zur vorletzten Gleichung addieren. Es entsteht eine Gleichung, in der x_1 nicht mehr auftritt.

$$\left| \begin{array}{rcr} 6x_1 + 6x_2 - 6x_3 &=& 42 \\ 9x_2 - 9x_3 &=& 18 \\ x_2 - 2x_3 &=& 1 \end{array} \right| \begin{array}{l} \\ \\ \mid \cdot (-9) \end{array}$$

↓

Falls mehr als drei Gleichungen vorhanden sind: Die erste und die drittletzte Gleichung mit geeigneten Zahlen multiplizieren, so daß die Faktoren vor x_1 den gleichen Betrag, aber entgegengesetzte Vorzeichen haben.

So fährt man fort, bis in allen Gleichungen, außer der ersten, x_1 nicht mehr auftritt. . . . . . .

Dann: Die zweite und die letzte Gleichung mit geeigneten Zahlen multiplizieren, so daß die Faktoren vor x_2 den gleichen Betrag, aber entgegengesetzte Vorzeichen haben.

$$\left| \begin{aligned} 6x_1 + 6x_2 - 6x_3 &= 42 \\ 9x_2 - 9x_3 &= 18 \\ -9x_2 + 18x_3 &= -9 \end{aligned} \right|$$

↓

Die zweite zur letzten Gleichung addieren. Es entsteht eine Gleichung, in der x_2 nicht mehr auftritt.

$$\left| \begin{aligned} 6x_1 + 6x_2 - 6x_3 &= 42 \\ 9x_2 - 9x_3 &= 18 \\ 9x_3 &= 9 \end{aligned} \right| \quad | :9$$

↓

Falls mehr als drei Variable vorhanden sind: Mit diesem Verfahren fortfahren, bis in der letzten Gleichung nur noch eine Variable steht. Nach dieser Variablen auflösen.

$$\left| \begin{aligned} 6x_1 + 6x_2 - 6x_3 &= 42 \\ 9x_2 - 9x_3 &= 18 \\ x_3 &= 1 \end{aligned} \right|$$

↓

Den Wert für die letzte Variable in die vorletzte Gleichung einsetzen und diese nach der vorletzten Variablen auflösen.

$$\left| \begin{aligned} 6x_1 + 6x_2 - 6x_3 &= 42 \\ 9x_2 - 9 \cdot 1 &= 18 \\ x_3 &= 1 \end{aligned} \right| \quad | +9$$

$$\left| \begin{aligned} 6x_1 + 6x_2 - 6x_3 &= 42 \\ 9x_2 &= 27 \\ x_3 &= 1 \end{aligned} \right| \quad | :9$$

↓

$$\left| \begin{aligned} 6x_1 + 6x_2 - 6x_3 &= 42 \\ x_2 &= 3 \\ x_3 &= 1 \end{aligned} \right|$$

Den Wert für die letzte und für die vorletzte Variable in die drittletzte Gleichung einsetzen und diese nach der drittletzten Variablen auflösen.

$$\left| \begin{aligned} 6x_1 + 6 \cdot 3 - 6 \cdot 1 &= 42 \\ x_2 &= 3 \\ x_3 &= 1 \end{aligned} \right| \quad | -12$$

Bei drei Variablen kommt man jetzt zum Abschluß.

$$\left| \begin{aligned} 6x_1 &= 30 \\ x_2 &= 3 \\ x_3 &= 1 \end{aligned} \right| \quad | :6$$

$$\left| \begin{aligned} x_1 &= 5 \\ x_2 &= 3 \\ x_3 &= 1 \end{aligned} \right|$$

Hat man mehr Gleichungen, muß man das Verfahren fortsetzen.

Die Lösung ist also das Zahlentripel $(5 \mid 3 \mid 1)$. Machen Sie bitte die Probe.

→ (4)

Sie sehen an dem Beispiel, daß man mit dem Additionsverfahren so weit rechnet, bis man das Gleichungssystem in der Form

$$\left| \begin{aligned} 6x_1 + 6x_2 - 6x_3 &= 42 \\ 9x_2 - 9x_3 &= 18 \\ x_3 &= 1 \end{aligned} \right| \quad \text{erhalten hat.}$$

Diese Form nennt man aufgrund ihrer Gestalt die **Dreiecksform** des Gleichungssystems. Hat man sie erst einmal erreicht, läßt sich mit dem Einsetzungsverfahren weiter arbeiten.
Sie können an dem Beispiel noch etwas erkennen: Hat man die Gleichungen erst einmal auf die Standardform gebracht, braucht man bis zur Herstellung der Dreiecksform nicht mehr auf die Variablen zu achten; man rechnet ja nur mit den Koeffizienten der Variablen. Man kann sich daher viel Schreibarbeit ersparen, wenn man nur die Koeffizienten, das heißt die Zahlen aufschreibt. Statt

$$\left| \begin{aligned} x_1 + x_2 - x_3 &= 7 \\ 2x_1 - x_2 + x_3 &= 8 \\ 3x_1 + 2x_2 - x_3 &= 20 \end{aligned} \right| \quad \text{braucht man nur} \quad \begin{pmatrix} 1 & 1 & -1 & 7 \\ 2 & -1 & 1 & 8 \\ 3 & 2 & -1 & 20 \end{pmatrix} \quad \text{zu schreiben.}$$

Ein solches Zahlenschema schreibt man in eine große Klammer und nennt es eine **Matrix**. Mit dieser Matrix kann man nun so weiterrechnen, als stünde das gesamte Gleichungssystem da. Dies soll an einem anderen Beispiel, nämlich an einem Gleichungssystem mit vier Gleichungen und vier Variablen gezeigt werden.

$$\left| \begin{aligned} 3x_1 + 4x_2 - 5x_3 + 6x_4 &= 26 \\ 6x_1 + 5x_2 - 6x_3 + 5x_4 &= 27 \\ 9x_1 - 4x_2 + 2x_3 + 3x_4 &= 52 \\ 2x_2 - 3x_3 + x_4 &= -2 \end{aligned} \right|$$

Statt des ganzen Systems, das schon in Standardform gegeben ist, schreibt man nur die Koeffizientenmatrix auf (wo eine Variable nicht auftritt, schreibt man den Koeffizienten 0):

$$\begin{pmatrix} 3 & 4 & -5 & 6 & 26 \\ 6 & 5 & -6 & 5 & 27 \\ 9 & -4 & 2 & 3 & 52 \\ 0 & 2 & -3 & 1 & -2 \end{pmatrix} \quad \begin{matrix} | \cdot 3 \\ \\ | \cdot (-1) \\ \\ \end{matrix}$$

Um die Dreiecksgestalt (hier eine Dreiecksmatrix) herzustellen, muß man durch das Additionsverfahren dafür sorgen, daß in der ersten Spalte, außer in der ersten Zeile, nur Nullen stehen.

$$\begin{pmatrix} 9 & 12 & -15 & 18 & 78 \\ 6 & 5 & -6 & 5 & 27 \\ -9 & 4 & -2 & -3 & -52 \\ 0 & 2 & -3 & 1 & -2 \end{pmatrix} \quad | \text{ Man addiert die erste Zeile zur dritten Zeile.}$$

$$\begin{pmatrix} 9 & 12 & -15 & 18 & 78 \\ 6 & 5 & -6 & 5 & 27 \\ 0 & 16 & -17 & 15 & 26 \\ 0 & 2 & -3 & 1 & -2 \end{pmatrix} \quad \begin{matrix} | \cdot \frac{2}{3} \\ | \cdot (-1) \\ \\ \\ \end{matrix}$$

$$\begin{pmatrix} 6 & 8 & -10 & 12 & 52 \\ -6 & -5 & 6 & -5 & -27 \\ 0 & 16 & -17 & 15 & 26 \\ 0 & 2 & -3 & 1 & -2 \end{pmatrix}$$

| Man addiert die erste Zeile zur zweiten.
Nun sollen in der zweiten Spalte (außer in der ersten und zweiten Zeile) nur Nullen stehen.

$$\begin{pmatrix} 6 & 8 & -10 & 12 & 52 \\ 0 & 3 & -4 & 7 & 25 \\ 0 & 16 & -17 & 15 & 26 \\ 0 & 2 & -3 & 1 & -2 \end{pmatrix}$$

| $\cdot 2$ (zweite Zeile)

| $\cdot(-3)$ (vierte Zeile)

$$\begin{pmatrix} 6 & 8 & -10 & 12 & 52 \\ 0 & 6 & -8 & 14 & 50 \\ 0 & 16 & -17 & 15 & 26 \\ 0 & -6 & 9 & -3 & 6 \end{pmatrix}$$

| Man addiert die zweite Zeile zur vierten.

$$\begin{pmatrix} 6 & 8 & -10 & 12 & 52 \\ 0 & 6 & -8 & 14 & 50 \\ 0 & 16 & -17 & 15 & 26 \\ 0 & 0 & 1 & 11 & 56 \end{pmatrix}$$

| $\cdot 8$ (zweite Zeile)

| $\cdot(-3)$ (dritte Zeile)

$$\begin{pmatrix} 6 & 8 & -10 & 12 & 52 \\ 0 & 48 & -64 & 112 & 400 \\ 0 & -48 & 51 & -45 & -78 \\ 0 & 0 & 1 & 11 & 56 \end{pmatrix}$$

| Man addiert die zweite Zeile zur dritten.

$$\begin{pmatrix} 6 & 8 & -10 & 12 & 52 \\ 0 & 48 & -64 & 112 & 400 \\ 0 & 0 & -13 & 67 & 322 \\ 0 & 0 & 1 & 11 & 56 \end{pmatrix}$$

| $\cdot 13$ (vierte Zeile)

$$\begin{pmatrix} 6 & 8 & -10 & 12 & 52 \\ 0 & 48 & -64 & 112 & 400 \\ 0 & 0 & -13 & 67 & 322 \\ 0 & 0 & 13 & 143 & 728 \end{pmatrix}$$

| Man addiert die dritte Zeile zur vierten.

$$\begin{pmatrix} 6 & 8 & -10 & 12 & 52 \\ 0 & 48 & -64 & 112 & 400 \\ 0 & 0 & -13 & 67 & 322 \\ 0 & 0 & 0 & 210 & 1050 \end{pmatrix}$$

Man hat eine Dreiecksmatrix erhalten.

| $: 210$ (vierte Zeile)

$$\begin{pmatrix} 6 & 8 & -10 & 12 & 52 \\ 0 & 48 & -64 & 112 & 400 \\ 0 & 0 & -13 & 67 & 322 \\ 0 & 0 & 0 & 1 & 5 \end{pmatrix}$$

$$\left| \begin{array}{rcl} 6x_1 + 8x_2 - 10x_3 + 12x_4 & = & 52 \\ 0 + 48x_2 - 64x_3 + 112x_4 & = & 400 \\ 0 + 0 - 13x_3 + 67x_4 & = & 322 \\ 0 + 0 + 0 + x_4 & = & 5 \end{array} \right|$$

| x_4 in die 3. Gleichung einsetzen.

$$\left| \begin{array}{rcl} 6x_1 + 8x_2 - 10x_3 + 12x_4 & = & 52 \\ 0 + 48x_2 - 64x_3 + 112x_4 & = & 400 \\ -13x_3 + 67 \cdot 5 & = & 322 \\ x_4 & = & 5 \end{array} \right|$$

| -335 | $:(-13)$

$$\left| \begin{array}{rcl} 6x_1 + 8x_2 - 10x_3 + 12x_4 & = & 52 \\ 0 + 48x_2 - 64x_3 + 112x_4 & = & 400 \\ x_3 & = & 1 \\ x_4 & = & 5 \end{array} \right|$$

| x_3 und x_4 in die 2. Gleichung einsetzen.

4

$$\left|\begin{array}{rcr} 6x_1 + 8x_2 - 10x_3 + 12x_4 & = & 52 \\ 48x_2 - 64\cdot 1 + 112\cdot 5 & = & 400 \\ x_3 & = & 1 \\ x_4 & = & 5 \end{array}\right| \quad \begin{array}{l} \\ \mid +64 - 560 \qquad \mid :48 \\ \\ \\ \end{array}$$

$$\left|\begin{array}{rcr} 6x_1 + 8x_2 - 10x_3 + 12x_4 & = & 52 \\ x_2 & = & -2 \\ x_3 & = & 1 \\ x_4 & = & 5 \end{array}\right| \quad \begin{array}{l} \\ \\ \\ \mid x_2, x_3 \text{ und } x_4 \text{ in die 1. Gleichung einsetzen.} \end{array}$$

$$\left|\begin{array}{rcr} 6x_1 + 8\cdot(-2) - 10\cdot 1 + 12\cdot 5 & = & 52 \\ x_2 & = & -2 \\ x_3 & = & 1 \\ x_4 & = & 5 \end{array}\right| \quad \begin{array}{l} \mid +16 + 10 - 60 \qquad \mid :6 \\ \\ \\ \\ \end{array}$$

$$\left|\begin{array}{rcr} x_1 & = & 3 \\ x_2 & = & -2 \\ x_3 & = & 1 \\ x_4 & = & 5 \end{array}\right| \quad \begin{array}{l} \\ \\ \\ \text{Das Lösungsquadrupel ist } (3 \mid -2 \mid 1 \mid 5) \end{array}$$

Bitte machen Sie die Probe, indem Sie die gefundenen Werte in die vier ursprünglichen Gleichungen einsetzen.

→ ②

Aufgaben zu 4.2

Lösen Sie die Gleichungssysteme.

1. a) $\left|\begin{array}{rcr} 2x + 3y + 4z & = & 20 \\ -2x - 2y + 3z & = & 3 \\ -x - 3y + 4z & = & 5 \end{array}\right|$ b) $\left|\begin{array}{rcr} 3x - 5y + 10z + 8 & = & 0 \\ x + y + z - 48 & = & 0 \\ -x + y - z - 2 & = & 0 \end{array}\right|$ c) $\left|\begin{array}{rcl} x + y & = & z \\ y + z & = & x \\ z + x & = & y \end{array}\right|$

2. a) $\left|\begin{array}{rcr} 3x_1 + 4x_2 - 5x_3 + 6x_4 & = & 33 \\ 6x_1 + 5x_2 - 6x_3 + 5x_4 & = & 38 \\ 9x_1 - 4x_2 + 2x_3 + 3x_4 & = & 21 \\ 2x_2 - 3x_3 + x_4 & = & 8 \end{array}\right|$ b) $\left|\begin{array}{rcr} 2x_1 + 5x_2 - 2x_3 + 3x_4 & = & 54 \\ x_1 - 5x_2 - 3x_3 + 2x_4 & = & 9 \\ 2x_1 + x_2 - 2x_3 + 3x_4 & = & 36 \\ x_1 + 2x_2 - 2x_3 + x_4 & = & 24 \end{array}\right|$

4.3 Sonderfälle bei linearen 3 x 3 - Gleichungssystemen

Auch bei Gleichungssystemen mit mehr als zwei Variablen können die Sonderfälle auftreten, daß keine Lösung existiert oder daß es unendlich viele Lösungen gibt. Falls **keine Lösung** vorhanden ist, muß bei der Rechnung ein Widerspruch entstehen, wie bei diesem Beispiel:

$$\left|\begin{array}{rcr} 2x - 3y + 2z & = & 1 \\ -4x + 6y - 4z & = & -2 \\ x - 1{,}5y + z & = & 1 \end{array}\right| \quad \begin{array}{l} \\ \\ \mid \cdot(-2) \end{array}$$

$$\left|\begin{array}{rcr} 2x - 3y + 2z & = & 1 \\ -4x + 6y - 4z & = & -2 \\ -2x + 3y - 2z & = & -2 \end{array}\right| \quad \begin{array}{l} \\ \\ \mid \text{Erste zur dritten Gleichung addieren.} \end{array}$$

$$\left|\begin{array}{rcl} 2x - 3y + 2z &=& 1 \\ -4x + 6y - 4z &=& -2 \\ 0 + 0 + 0 &=& -1 \end{array}\right|$$

Der Widerspruch $0 = -1$ zeigt die Unlösbarkeit.

Das nächste Beispiel zeigt ein Gleichungssystem mit **unendlich vielen Lösungen**.

$$\left|\begin{array}{rcl} 2x - 3y + 2z &=& 1 \\ -4x + 6y - 4z &=& -2 \\ x - 1{,}5y + z &=& \frac{1}{2} \end{array}\right| \quad \mid \cdot(-2)$$

$$\left|\begin{array}{rcl} 2x - 3y + 2z &=& 1 \\ -4x + 6y - 4z &=& -2 \\ -2x + 3y - 2z &=& -1 \end{array}\right|$$

| Die erste zur dritten Gleichung addieren.

$$\left|\begin{array}{rcl} 2x - 3y + 2z &=& 1 \\ -4x + 6y - 4z &=& -2 \\ 0 + 0 + 0 &=& 0 \end{array}\right|$$

Das Gleichungssystem aus drei Gleichungen ist also für alle Zahlentripel erfüllt, die die beiden ersten Gleichungen erfüllen.

$$\left|\begin{array}{rcl} 2x - 3y + 2z &=& 1 \\ -4x + 6y - 4z &=& -2 \end{array}\right| \quad \mid :2$$

$$\left|\begin{array}{rcl} 2x - 3y + 2z &=& 1 \\ -2x + 3y - 2z &=& -1 \end{array}\right|$$

| Die erste zur zweiten Gleichung addieren.

$$\left|\begin{array}{rcl} 2x - 3y + 2z &=& 1 \\ 0 + 0 + 0 &=& 0 \end{array}\right|$$

Das Gleichungssystem aus drei Gleichungen ist also für alle Zahlentripel erfüllt, die die erste Gleichung erfüllen. Die Lösungen sind die Tripel $(\,x \mid y \mid z = 0{,}5 - x + 1{,}5y\,)$.

Soweit zeigen sich die Sonderfälle ähnlich wie im Falle von zwei Gleichungen mit zwei Variablen. Bei 3 x 3 - Gleichungssystemen gibt es aber noch einen weiteren Fall, zum Beispiel:

$$\left|\begin{array}{rcl} 2x - 3y + 2z &=& 1 \\ -4x + 7y - 3z &=& -1 \\ x - 1{,}5y + z &=& \frac{1}{2} \end{array}\right|$$

| Der erste Schritt ist wie eben.

$$\left|\begin{array}{rcl} 2x - 3y + 2z &=& 1 \\ -4x + 7y - 3z &=& -1 \\ 0 + 0 + 0 &=& 0 \end{array}\right| \quad \mid \cdot 2$$

$$\left|\begin{array}{rcl} 4x - 6y + 4z &=& 2 \\ -4x + 7y - 3z &=& -1 \\ 0 + 0 + 0 &=& 0 \end{array}\right|$$

| Die erste zur zweiten Gleichung addieren.

$$\left|\begin{array}{rcl} 4x - 6y + 4z &=& 2 \\ 0 + y + z &=& 1 \\ 0 + 0 + 0 &=& 0 \end{array}\right| \quad \mid :2$$

$$\left|\begin{array}{rcl} 2x - 3y + 2z &=& 1 \\ z &=& 1 - y \\ 0 &=& 0 \end{array}\right|$$

| Einsetzen in die erste Gleichung.

$$\left|\begin{array}{rcl} 2x - 3y + 2(1-y) &=& 1 \\ z &=& 1 - y \\ 0 + 0 + 0 &=& 0 \end{array}\right|$$

$$\left|\begin{array}{rcl} 2x - 3y + 2 - 2y &=& 1 \\ z &=& 1 - y \\ 0 &=& 0 \end{array}\right|$$

$$\left|\begin{array}{rcl} y &=& 0{,}4\,x + 0{,}2 \\ z &=& 0{,}8 - 0{,}4\,x \\ 0 &=& 0 \end{array}\right|$$

Die Lösungstripel sind also von der Form $(\,x \mid 0{,}4\,x + 0{,}2 \mid 0{,}8 - 0{,}4\,x\,)$.
Sie können auch hier die Probe machen, indem Sie die Terme x, $0{,}4\,x + 0{,}2$ und $0{,}8 - 0{,}4\,x$ in die Ausgangsgleichungen einsetzen.

→ (5)

Vergleichen Sie diesen Fall mit dem vorhergehenden, so erkennen Sie, daß es in beiden Fällen unendlich viele Lösungen gibt. Im ersten Fall können Sie jedoch x und y völlig frei wählen, nur z ist dann durch x und y festgelegt. Im zweiten Fall aber können Sie nur die Variable x frei wählen; damit sind dann schon y und z festgelegt.

Aufgaben zu 4.3

Bestimmen Sie die Lösungen, falls vorhanden.

1. $$\left|\begin{array}{rcl} 2x - 4y + 6z &=& 10 \\ -3x + 6y - 9z &=& -10 \\ 8x - 5y + z &=& -6 \end{array}\right|$$

2. $$\left|\begin{array}{rcl} 3x - 2y + 6z &=& 9 \\ -6x + 4y - 12z &=& -18 \\ x - \frac{2}{3}y + 2z &=& 3 \end{array}\right|$$

4.4 Nicht-lineare 3 x 3 - Gleichungssysteme

Nicht alle Fragestellungen führen zu linearen Gleichungssystemen. Das kennen Sie bereits von den 2 x 2 - Systemen. Hier ist ein Beispiel für ein nicht-lineares 3 x 3 - System:
Von drei Zahlen weiß man, daß die dritte gleich dem Produkt der beiden ersten ist. Die erste Zahl ist um 5 größer als die Differenz der zweiten und dritten. Subtrahiert man die zweite und dritte Zahl von 15, so erhält man das dreifache der ersten Zahl.
Aus diesen Angaben kann man die Bedingungen aufstellen. Nennt man die erste Zahl x, die zweite Zahl y und die dritte Zahl z, so gilt:

$$\left|\begin{array}{rcl} z &=& x \cdot y \\ x &=& y - z + 5 \\ 15 - y - z &=& 3x \end{array}\right|$$

Umrechnen in die Standardform liefert

$$\left|\begin{array}{rcl} x \cdot y - z &=& 0 \\ x - y + z &=& 5 \\ 3x + y + z &=& 15 \end{array}\right|$$

Addiert man die zweite Gleichung zur dritten, so ergibt sich

$$\left|\begin{array}{rcl} x \cdot y - z &=& 0 \\ x - y + z &=& 5 \\ 4x + 2z &=& 20 \end{array}\right|$$

und daraus $z = 10 - 2x$

Setzt man diesen Term $10 - 2x$ für z in die zweite Gleichung ein, so kann man auch y durch x ausdrücken.

$$\left|\begin{array}{rcl} x \cdot y - z & = & 0 \\ x - y + (10 - 2x) & = & 5 \\ z & = & 10 - 2x \end{array}\right|$$

$$\left|\begin{array}{rcl} x \cdot y - z & = & 0 \\ x - y + 10 - 2x & = & 5 \\ z & = & 10 - 2x \end{array}\right|$$

$$\left|\begin{array}{rcl} x \cdot y - z & = & 0 \\ y & = & 5 - x \\ z & = & 10 - 2x \end{array}\right|$$

Die Terme für y und für z setzt man schließlich in die erste Gleichung ein.

$$\left|\begin{array}{rcl} x \cdot (5 - x) - (10 - 2x) & = & 0 \\ y & = & 5 - x \\ z & = & 10 - 2x \end{array}\right|$$

$$\left|\begin{array}{rcl} 5x - x^2 - 10 + 2x & = & 0 \\ y & = & 5 - x \\ z & = & 10 - 2x \end{array}\right|$$

$$\left|\begin{array}{rcl} x^2 - 7x + 10 & = & 0 \\ y & = & 5 - x \\ z & = & 10 - 2x \end{array}\right|$$

Diese Gleichung kann man nach der Formel für quadratische Gleichungen auflösen.

$$\left|\begin{array}{rcl} x_{1/2} & = & \frac{7}{2} \pm \sqrt{\frac{49}{4} - 10} \\ y & = & 5 - x \\ z & = & 10 - 2x \end{array}\right|$$

$$\left|\begin{array}{rcl} x_{1/2} & = & \frac{7}{2} \pm \frac{3}{2} \\ y & = & 5 - x \\ z & = & 10 - 2x \end{array}\right|$$

$$\left|\begin{array}{rcl} x_1 & = & 5 \\ y & = & 5 - x \\ z & = & 10 - 2x \end{array}\right| \qquad \left|\begin{array}{rcl} x_2 & = & 2 \\ y & = & 5 - x \\ z & = & 10 - 2x \end{array}\right|$$

$$\left|\begin{array}{rcl} x_1 & = & 5 \\ y_1 & = & 0 \\ z_1 & = & 0 \end{array}\right| \qquad \left|\begin{array}{rcl} x_2 & = & 2 \\ y_2 & = & 3 \\ z_2 & = & 6 \end{array}\right|$$

Es ergeben sich zwei Lösungstripel: $(5 \mid 0 \mid 0)$ und $(2 \mid 3 \mid 6)$. Führen Sie die Probe durch.

→ (3)

Da sich beim Einsetzen letztlich eine quadratische Gleichung ergab, konnten Sie das Gleichungssystem lösen. Hätte sich zum Beispiel eine Gleichung dritten Grades ergeben, wie in folgendem Beispiel, wäre eine Lösung erst mit dem Wissen aus Lektion 12 möglich: „Von drei Zahlen ist die dritte das Produkt aus dem Quadrat der ersten und der zweiten; die Summe der drei Zahlen ist 17; das Dreifache der ersten Zahl ist um 15 größer als die Differenz der zweiten und dritten Zahl." Bezeichnet man die Zahlen mit x, y und z, so ergibt sich

$$\left|\begin{array}{rcl} z & = & x^2 \cdot y \\ x + y + z & = & 17 \\ 3x & = & y - z + 15 \end{array}\right|$$

Dies System führt auf die Gleichung 3. Grades
$x^3 + x^2 + 2x - 16 = 0$.

Ein weiteres Beispiel:
Von einer dreistelligen Zahl weiß man, daß die Zehnerziffer doppelt so groß ist wie die Einerziffer und daß die Hunderterziffer gleich dem Quadrat der Zehnerziffer vermehrt um die Einerziffer ist. Vertauscht man die Hunderterziffer mit der Zehnerziffer, so entsteht eine um 270 kleinere Zahl als die ursprüngliche Zahl.

Zur Lösung muß man zunächst die Gleichungen aufstellen. Man setzt dafür
die Hunderterziffer x, die Zehnerziffer y, die Einerziffer z.
Die dreistellige Zahl ist dann $100x + 10y + z$. (Wäre die Zahl zum Beispiel 742, so wäre $742 = 100 \cdot 7 + 10 \cdot 4 + 2$). Die Auswertung der oben angegebenen Bedingungen ergibt:

Hunderterziffer gleich Quadrat der Zehnerziffer vermehrt um die Einerziffer: $x = y^2 + z$
Zehnerziffer doppelt so groß wie Einerziffer: $y = 2z$
Vertauscht man die Hunderter- und die Zehnerziffer, so entsteht aus der Zahl
$100x + 10y + z$ die Zahl $100y + 10x + z$.
Da die neu entstandene Zahl um 270 kleiner ist als die ursprüngliche, muß gelten:
$$100x + 10y + z - 270 = 100y + 10x + z$$

Das Gleichungssystem lautet demnach

$$\left|\begin{aligned} x &= y^2 + z \\ y &= 2z \\ 100x + 10y + z - 270 &= 100y + 10x + z \end{aligned}\right| \quad | - 100y - 10x - z$$

$$\left|\begin{aligned} x &= y^2 + z \\ y &= 2z \\ 90x - 90y - 270 &= 0 \end{aligned}\right| \quad | :90$$

$$\left|\begin{aligned} x &= y^2 + z \\ y &= 2z \\ x - y - 3 &= 0 \end{aligned}\right|$$
| Wert für y in die 1. Gleichung einsetzen.

$$\left|\begin{aligned} x &= (2z)^2 + z \\ y &= 2z \\ x - y - 3 &= 0 \end{aligned}\right|$$
| Werte für x und y in die 3. Gleichung einsetzen.

$$\left|\begin{aligned} x &= 4z^2 + z \\ y &= 2z \\ 4z^2 + z - 2z - 3 &= 0 \end{aligned}\right|$$
| Die entstandene quadratische Gleichung lösen.

$$4z^2 - z - 3 = 0$$
| Nach der Formel auflösen.

$$z_{1/2} = \frac{1 \pm \sqrt{1 - 4 \cdot 4 \cdot (-3)}}{2 \cdot 4}$$

$$z_{1/2} = \frac{1 \pm \sqrt{49}}{8}$$

$$z_{1/2} = \frac{1 \pm 7}{8}$$

$z_1 = 1$ $\qquad z_2 = -\frac{3}{4}$

Nur die ganze Zahl 1 kann Lösung sein, da x, y und z natürliche Zahlen sind.

Durch Einsetzen erhält man
$$\left|\begin{aligned} x &= 5 \\ y &= 2 \\ z &= 1 \end{aligned}\right|$$

Die Zahl ist 521.

Aufgaben zu 4.4

1. Von drei Zahlen x, y und z gilt, daß $z = x \cdot y + x$, $5x = 4 - y + z$ und die Summe aller drei Zahlen 6 ist. Stellen Sie das Gleichungssystem auf und bestimmen Sie die Lösungen.

*2. Lösen Sie $\left| \begin{aligned} z^2 &= x \cdot y \\ x + y + z &= 14 \\ 3x - y + z &= 2 \end{aligned} \right|$

Wiederholungsaufgaben

Lösen Sie die folgenden Gleichungssysteme.

1. a) $\left| \begin{aligned} 2x + 2y - 2z &= 14 \\ 2x - y + z &= 8 \\ 3x + 2y - z &= 20 \end{aligned} \right|$ b) $\left| \begin{aligned} 3x - 5y + 10z &= 17 \\ x + y + z &= 43 \\ -x + y - z &= -3 \end{aligned} \right|$ c) $\left| \begin{aligned} 3x - y + 4z &= 24 \\ x - y + z &= 8 \\ 6x - 4y + 5z &= 40 \end{aligned} \right|$

2. a) $\left| \begin{aligned} 2x + y - z &= 7 \\ x - 3y - 2z &= -3 \\ 5x + 3y + z &= 2 \end{aligned} \right|$ b) $\left| \begin{aligned} 2x + y - z &= 0 \\ 3x - 2y + z &= 11 \\ x - y + 2z &= 9 \end{aligned} \right|$ c) $\left| \begin{aligned} 4x - 3y + 2z &= 208 \\ 8x - 6y + 5z &= 481 \\ 2x + 5y - 8z &= 390 \end{aligned} \right|$

*3. a) $\left| \begin{aligned} 4x + 5y + 6z &= 1184 \\ 2x - 3y + 5z &= 407 \\ 4x + y - 6z &= 444 \end{aligned} \right|$ b) $\left| \begin{aligned} x_1 + x_2 + x_3 + x_4 &= 10 \\ x_1 + x_2 &= 3 \\ x_2 + x_3 &= 5 \\ x_3 + x_4 &= 7 \end{aligned} \right|$

*4. a) $\left| \begin{aligned} -3x + 4y + z &= 4 \\ -x + y &= 4 \\ 2x + y + 3z &= 1 \end{aligned} \right|$ b) $\left| \begin{aligned} 3x - 2y + 6z &= 18 \\ -6x + 4y - 12z &= -36 \\ x - \tfrac{2}{3}y + 2z &= 6 \end{aligned} \right|$ c) $\left| \begin{aligned} 2x - 3y + 2z &= 1 \\ -4x + 6y - 4z &= -2 \\ 3x - 4y + 5z &= 4 \end{aligned} \right|$

5. Ein Kaffee-Versandhaus stellt drei Geschenkpakete aus Kaffee, Tee und Schokolade zusammen. Im ersten sind drei Päckchen Kaffee, zwei Päckchen Tee und fünf Tafeln Schokolade; es kostet 40 DM. Das zweite hat einen Preis von 32 DM und enthält zwei Päckchen Kaffee, drei Päckchen Tee und zwei Tafeln Schokolade. Das dritte zu 59 DM besteht aus fünf Päckchen Kaffee, einem Päckchen Tee und zehn Tafeln Schokolade. Wie hoch sind die Einzelpreise für Kaffee, Tee und Schokolade?

6. Zwei Ehepaare sind zusammen 135 Jahre alt. Die beiden Damen sind gleich alt. Das Alter der beiden Herren ergibt zusammen 75 Jahre und das eine Ehepaar ist zusammen fünf Jahre älter als das andere. Wie alt sind die einzelnen Personen?

*7. Von einer dreistelligen Zahl weiß man, daß ihre Quersumme 15 ist. Das Doppelte der mittleren Ziffer ist dreimal so groß wie die Summe der äußeren Ziffern. Streicht man die erste Ziffer, so erhält man eine Zahl, die fünfmal so groß ist wie die Zahl, die sich durch Streichung der letzten Ziffer ergibt. Wie heißt die Zahl?

5. Satz des Pythagoras

Vor der Sendung

Mit der Lektion 5 beginnt - nach den linearen Gleichungssystemen - ein neues Kapitel innerhalb dieses Telekollegs. Inhaltlich miteinander verbunden sind die Lektionen 5, 6 und 7, in denen es um die Handhabung von Formeln und um das Rechnen mit Variablen geht. Das Rechnen mit Variablen wird stärker in den Folgen 6 und 7 berücksichtigt. Formeln benötigt man zum Beispiel bei der Berechnung von Oberfläche und Volumen von Körpern. Zusammenhänge zwischen Seiten, Höhen und Diagonalen in diesen Körpern zeigen sich meist an rechtwinkligen Dreiecken. Sie sind von besonderer Bedeutung.
Eine zentrale Rolle spielt in dieser Lektion der **Satz des Pythagoras**. Mit Hilfe dieses Satzes kann die Länge der Seiten im rechtwinkligen Dreieck berechnet werden.

Übersicht

1. Im ersten Kapitel wird der **Satz des Pythagoras** vorgestellt und bewiesen.
2. Sachprobleme, deren Lösung zu rechtwinkligen Dreiecken führt, bilden die **Anwendungen des Satzes von Pythagoras**.
3. In der **Umkehrung des Satzes von Pythagoras** wird gezeigt, daß man von der Länge der Seiten auf die Art des Dreiecks schließen kann.
4. Über rechtwinklige Dreiecke in Verbindung mit dem **Kreis** lassen sich Strecken innerhalb des Kreises berechnen und die Kreisgleichung entwickeln.
5. Rechtwinklige Dreiecke in **Pyramide** und **Kegel** werden benutzt, um verschiedene Streckenlängen dieser Körper zu berechnen.

5.1 Der Satz des Pythagoras

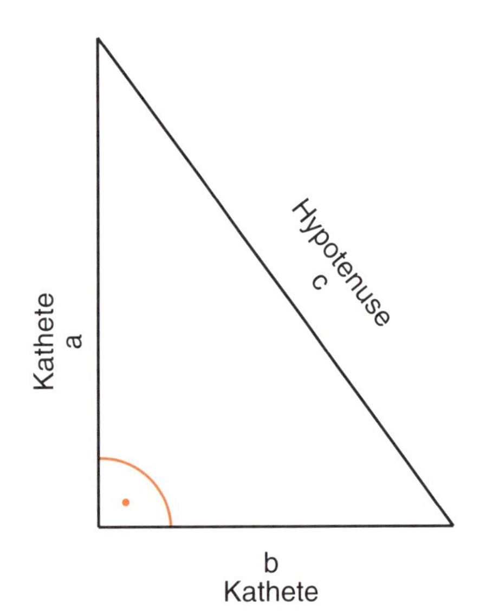

Wenn einer der Winkel in einem Dreieck 90^0 beträgt, dann ist dieses Dreieck ein rechtwinkliges Dreieck. Der rechte Winkel wird üblicherweise mit ⊾ gekennzeichnet. Die dem rechten Winkel gegenüberliegende Seite heißt **Hypotenuse**, die beiden anderen Seiten sind die **Katheten**. Die Benennung der Seiten mit Variablen erfolgt entgegen dem Uhrzeigersinn. Wenn also die Hypotenuse mit c bezeichnet wird, dann ist die Anordnung der Katheten a und b so wie in der nebenstehenden Skizze.

Den Satz des Pythagoras kennen Sie schon aus der Fernsehsendung. Er lautet:

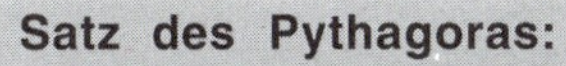

Satz des Pythagoras:
In einem rechtwinkligen Dreieck ist die Summe der Flächeninhalte der beiden Kathetenquadrate gleich dem Flächeninhalt des Hypotenusenquadrates.

$$a^2 + b^2 = c^2$$

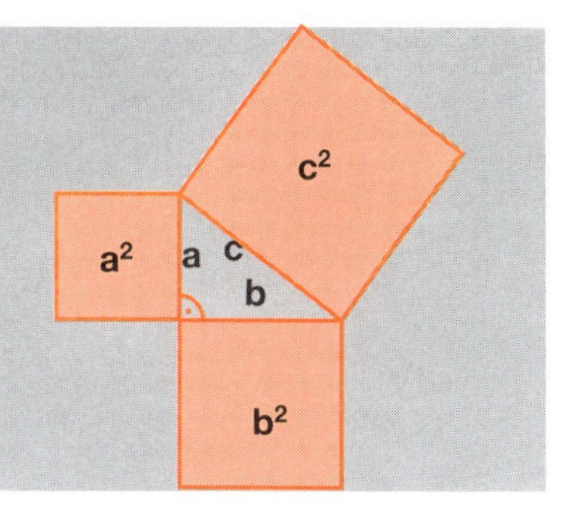

Die geläufige Abkürzung dieses Satzes: $a^2 + b^2 = c^2$ gilt allerdings nur für ein rechtwinkliges Dreieck, in dem die Hypotenuse mit c und die beiden Katheten mit a und b bezeichnet sind.

Pythagoras, dem dieser Satz zugeschrieben wird, lebte von etwa 580 bis 500 v. Chr. in Samos, Phönizien, Ägypten und Süditalien. Nachdem er seinen Geburtsort auf der Insel Samos verlassen hatte, wurde er in Milet von dem bedeutenden Mathematiker Thales ausgebildet. Während langer Aufenthalte in Ägypten und Babylon lernte er die hochentwickelte babylonische und altägyptische Mathematik und Astronomie kennen. Es wird vermutet, daß er von dort den nach ihm benannten Satz mitbrachte. Sein Verdienst ist es, diesen Satz wohl als erster bewiesen zu haben.

Die Bedeutung, die dem Satz des Pythagoras beigemessen wird, zeigt sicher auch die Tatsache, daß es zu diesem Satz mehr als 100 verschiedene Beweise gibt. Viele dieser Beweise beruhen auf dem Vergleich von Flächen. Ein solcher Beweis soll auch hier gezeigt werden:

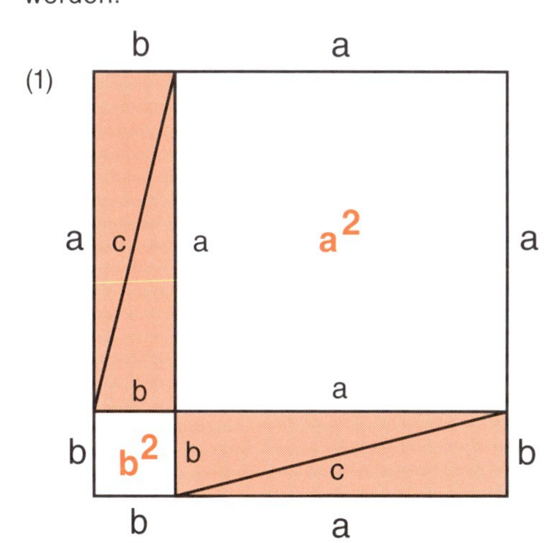

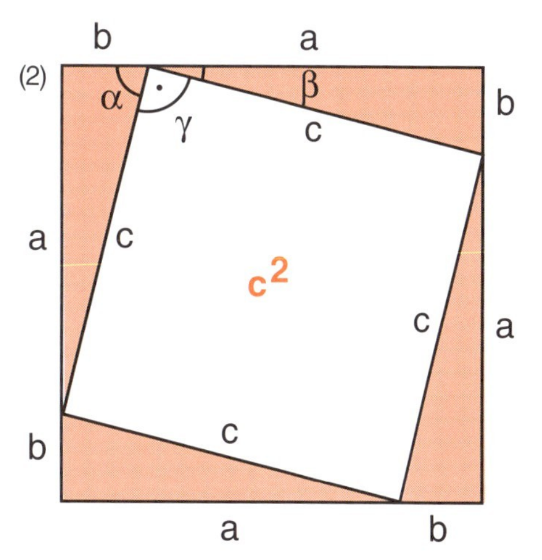

Zwei Quadrate mit dem gleichen Flächeninhalt $(a + b)^2$ werden unterschiedlich zerlegt:

Nimmt man in (1) und (2) die vier schraffierten Dreiecke weg, so bleiben die nicht schraffierten Vierecke übrig. (Alle Dreiecke sind gleich groß, denn sie stimmen in drei Seiten überein.)
In (1) sind dies zwei Quadrate, die zusammen den Flächeninhalt $a^2 + b^2$ haben.

In (2) ist es ein Quadrat mit dem Flächeninhalt c^2. Daß es sich bei dem Viereck in (2) tatsächlich um ein Quadrat handelt läßt sich so begründen:

Die Winkel dieses Vierecks betragen je 90^0, denn:

Im rechtwinkligen Dreieck ist $\alpha + \beta + 90^0 = 180^0$

und damit $\alpha + \beta = 90^0$

Der Winkel des Vierecks ergänzt sich jeweils mit α und β zu 180^0:

$$\alpha + \beta + \gamma = 180^0$$
$$90^0 + \gamma = 180^0$$

und damit gilt $\gamma = 90^0$

Da die Winkel des Vierecks 90^0 betragen und die Seiten alle gleich lang sind, ist dieses Viereck ein Quadrat mit dem Flächeninhalt c^2.

Die nicht schraffierten Quadrate in (1) und (2) müssen insgesamt den gleichen Flächeninhalt haben. Es muß daher gelten:

$$\mathbf{a^2 + b^2 = c^2}$$

Mit diesem durch den Satz des Pythagoras beschriebenen Zusammenhang soll nun ein Beispiel für eine Berechnung durchgeführt werden:

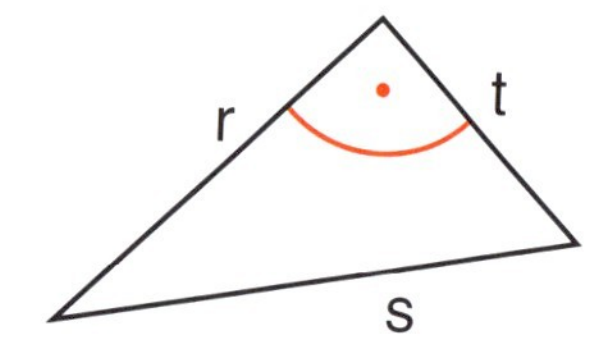

In diesem Dreieck ist gegeben: $r = 15$ cm , $s = 17$ cm .

Berechnen Sie die Länge der Seite t .

Für den Ansatz muß zunächst einmal festgestellt werden, welche Seite in diesem rechtwinkligen Dreieck die Hypotenuse ist. Die Seite s liegt dem rechten Winkel gegenüber, es gilt also:

$$r^2 + t^2 = s^2 \quad | -r^2$$

Da t gesucht ist, muß nach t aufgelöst werden. $t^2 = s^2 - r^2$

Einsetzen der gegebenen Werte: $t^2 = 17^2 - 15^2$

$$t^2 = 64$$

Es gilt: $t = 8$

Die zweite Lösung $t = -8$ kommt nicht in Betracht, da für die Seite t gilt: $t > 0$.

Aufgaben zu 5.1

1. Formulieren Sie den Satz des Pythagoras mit den gegebenen Variablen:

a)

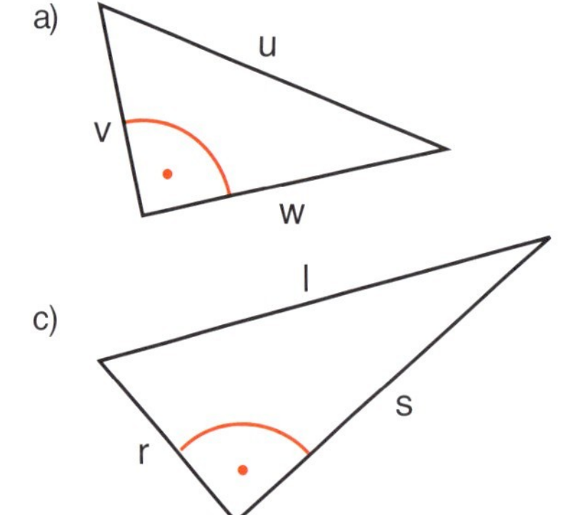

b)

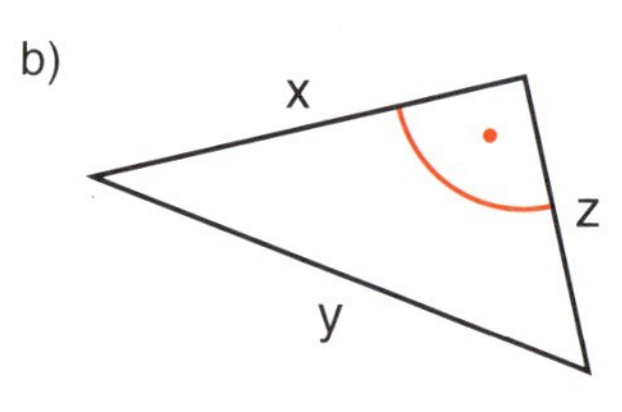

d)

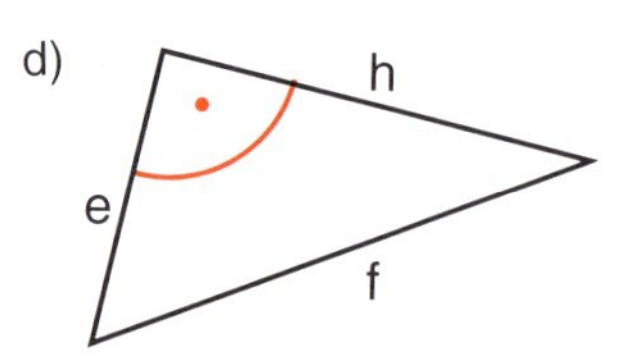

2. Berechnen Sie die fehlende Seite:

a) $a = 6$ cm ; $c = 8$ cm

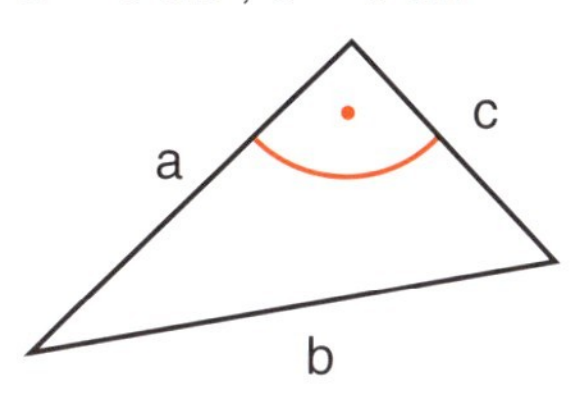

b) $c = 13$ cm ; $e = 12$ cm

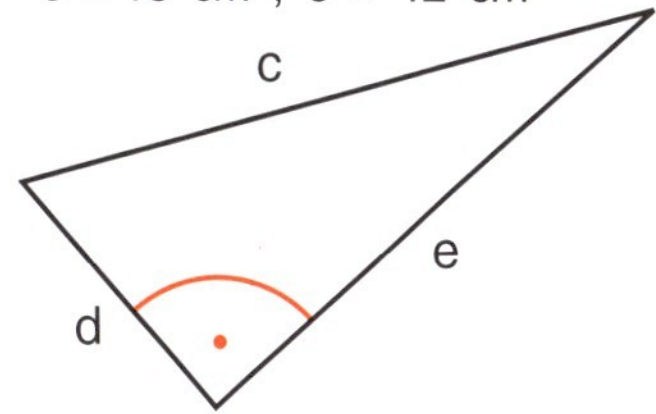

c) $g = 1{,}1$ cm ; $h = 6{,}1$ cm

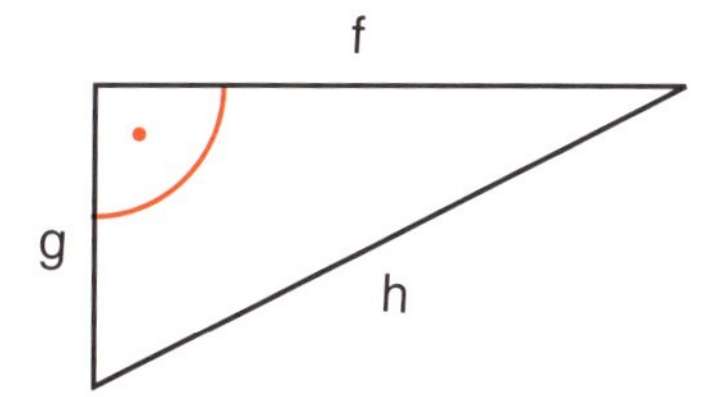

d) $m = 2{,}1$ cm ; $l = 2$ cm

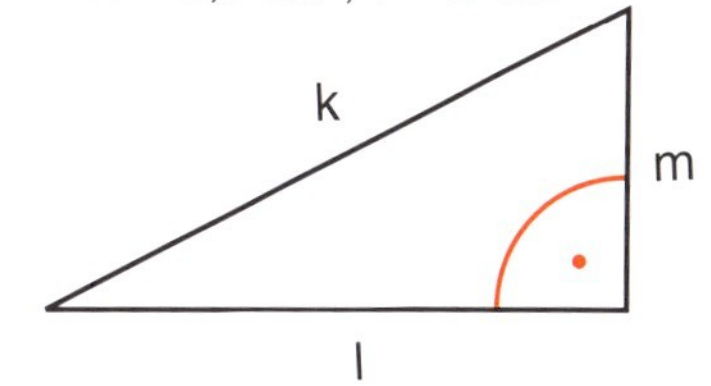

5.2 Anwendungen des Satzes von Pythagoras

Immer dann, wenn Sachverhalte modellhaft durch ein rechtwinkliges Dreieck beschrieben werden können, bei dem zwei Seiten gegeben sind und die dritte Seite gesucht ist, läßt sich der Satz des Pythagoras anwenden. In diesem Kapitel sollen dazu einige Beispiele vorgestellt werden.

Beispiel 1
Zum Dach eines Hauses sollen auf einem Förderband Ziegel transportiert werden. Das Förderband soll 3 m von der Hauswand entfernt beginnen und auf 7,20 m Höhe hinaufführen. Wie lang muß das Förderband sein?

Lösung:
Das in der Skizze gezeigte Modell für diese Aufgabenstellung ist ein rechtwinkliges Dreieck.
In diesem Fall ist mit der Länge des Förderbandes die Hypotenuse des rechtwinkligen Dreiecks gesucht.
Der Ansatz lautet: $7{,}2^2 + 3^2 = x^2$
$60{,}84 = x^2$
Für die gesuchte Länge kommt nur eine positive Lösung in Betracht, also $7{,}8 = x$
Das Förderband muß 7,8 m lang sein.

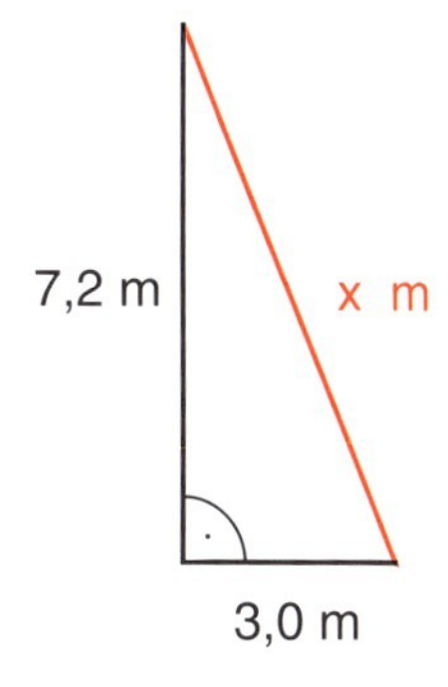

Beispiel 2
Ein Schlepplift ist 1220 m lang; er überwindet eine Höhe von 220 m. Mit welcher Länge muß dieser Lift in eine Karte mit dem Maßstab 1:50 000 eingetragen werden?

Lösung:
In einer Landkarte wird von einer anzugebenden Strecke die Projektion auf die Ebene eingezeichnet. Gesucht ist also die horizontale Länge x. Diese muß anschließend nach angegebenem Maßstab umgerechnet werden.

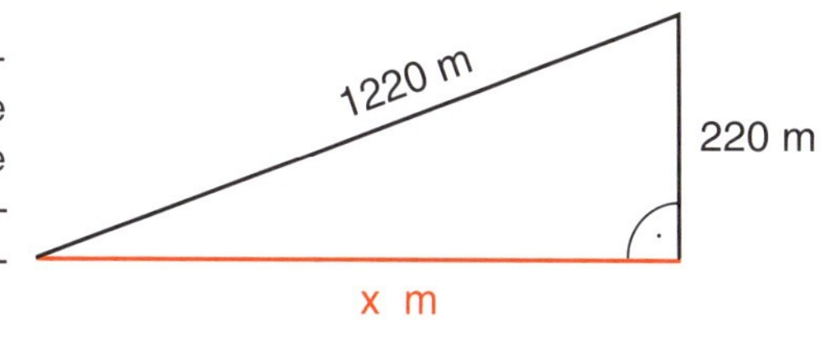

Berechnung von x : In dem skizzierten Dreieck ist die Hypotenuse 1220 m lang.

Der Ansatz ist daher:

$$x^2 + 220^2 = 1220^2 \qquad | -220^2$$
$$x^2 = 1220^2 - 220^2$$
$$x^2 = 1\,440\,000$$

Die gesuchte horizontale Länge ist: $x = 1200$ m

Berücksichtigung des Maßstabes: Der Maßstab 1 : 50 000 bedeutet, daß eine wirkliche Länge von 50 000 cm 1 cm in der Karte entspricht. Diese Proportion muß auch für die errechneten 1200 m = 120 000 cm gelten:

$$\frac{1}{50\,000} = \frac{y}{120\,000} \qquad | \cdot 120000$$
$$2{,}4 = y$$

Der Lift wird mit einer Länge von 2,4 cm in die Karte eingetragen.

Rechtwinklige Dreiecke lassen sich auch als Teilfiguren anderer bekannter geometrischer Figuren entdecken und berechnen. Hierfür zwei Beispiele:

Beispiel 3

a) Wie lang ist die Diagonale eines Quadrates mit der Seitenlänge 30 cm ?

b) Wie lang ist allgemein die Diagonale eines Quadrates mit der Seitenlänge a ?

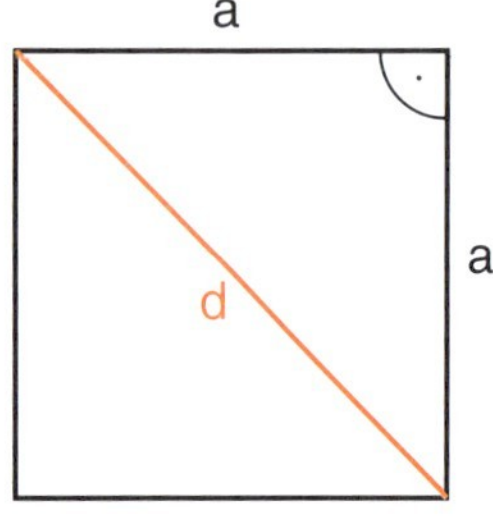

Lösung:

Die Diagonale bildet in einem Quadrat zusammen mit zwei Seiten ein rechtwinkliges Dreieck. Dabei ist die Diagonale d die Hypotenuse und die beiden Seiten mit der gleichen Seitenlänge a sind die Katheten.

Für eine Seitenlänge von 30 cm gilt:

$d^2 = 30^2 + 30^2 = 1800$ und damit $d = \sqrt{1800}$

$d \approx 42{,}43$ cm

Wählt man allgemein für die Seitenlänge die Variable a , dann gilt:

$$d^2 = a^2 + a^2 = 2 \cdot a^2 \,; \qquad d = \sqrt{2 \cdot a^2} = a \cdot \sqrt{2}$$

Diese „Formel" für die Berechnung der Diagonale eines Quadrates: $d = a \cdot \sqrt{2}$
gilt selbstverständlich auch für das Beispiel mit $a = 30$ cm :

$$d = \sqrt{1800} = \sqrt{900 \cdot 2} = 30 \cdot \sqrt{2} \approx 42{,}43 \text{ cm}.$$

Beispiel 4

Der Flächeninhalt eines gleichschenkligen Dreiecks mit der Grundseite $g = 9{,}6$ cm und der Seitenlänge $a = 8$ cm soll berechnet werden.

Lösung:

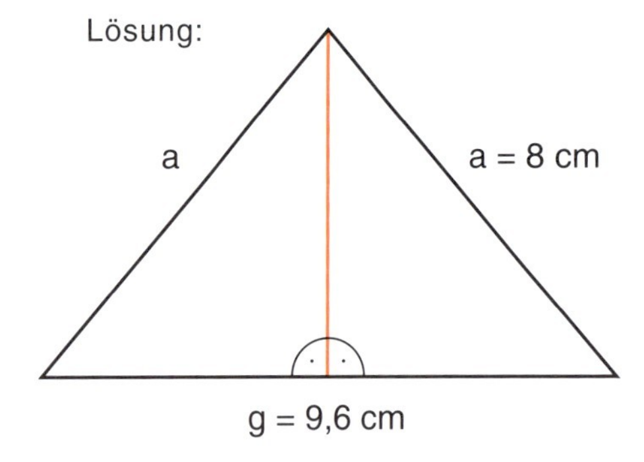

Der Flächeninhalt eines Dreiecks wird berechnet durch: $F = \frac{1}{2} \cdot g \cdot h$

Mit Hilfe der gegebenen Maße muß bei diesem Dreieck also erst die Höhe bestimmt werden.
Bei einem gleichschenkligen Dreieck ist die Höhe zugleich Mittelsenkrechte und teilt daher die Grundseite g genau in der Mitte.

So gilt für dieses Dreieck nach dem Satz des Pythagoras:

$$\left(\frac{9{,}6}{2}\right)^2 + h^2 = 8^2 \qquad | - \left(\frac{9{,}6}{2}\right)^2$$
$$h^2 = 40{,}96$$
$$h = 6{,}4 \text{ cm}$$

Mit Hilfe der Höhe läßt sich nun der Flächeninhalt ausrechnen:

$$F = \frac{1}{2} \cdot 9{,}6 \cdot 6{,}4 \text{ cm}^2 = 30{,}72 \text{ cm}^2$$

Aufgaben zu 5.2

1. Eine Leiter von 2,60 m Länge lehnt an einer Wand. Ihr Fußende ist 1 m von der Wand entfernt. Wie hoch reicht die Leiter?

2. Bei einem 12 m breiten Haus soll der First des Daches 2,50 m vom Dachboden entfernt sein. Wie lang müssen die Dachsparren sein, wenn sie 40 cm überstehen sollen?

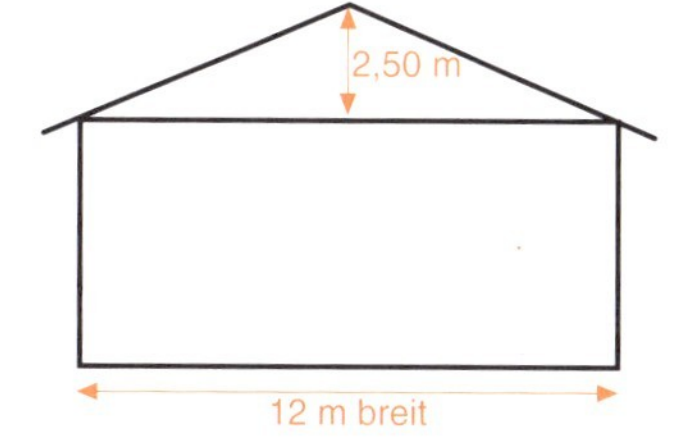

3. Auf einer Landkarte im Maßstab 1:100 000 ist eine Zahnradbahnstrecke mit 3,6 cm angegeben. Aus den Höhenlinien der Karte kann man erkennen, daß die Bahn einen Höhenunterschied von 1050 m überwindet. Wie lang ist die Bahnstrecke?

*4. Welchen Flächeninhalt hat ein Quadrat, dessen Diagonale $d = 3 \cdot \sqrt{2}$ cm lang ist?

5. Berechnen Sie den Flächeninhalt eines gleichseitigen Dreiecks mit der Seite $a = 6$ cm.

5.3 Umkehrung des Satzes von Pythagoras

Nach einer alten Überlieferung wurde in Ägypten bereits 1000 v. Chr. zur Vermessung folgende Vorrichtung verwendet: In einem Seil sind in regelmäßigen Abständen Knoten angebracht, die das Seil in 12 Einheiten unterteilen. Wird das Seil so aufgespannt, daß damit ein Dreieck mit Seitenlängen von 3 Einheiten, 4 Einheiten und 5 Einheiten gebildet wird, dann entsteht ein rechter Winkel.

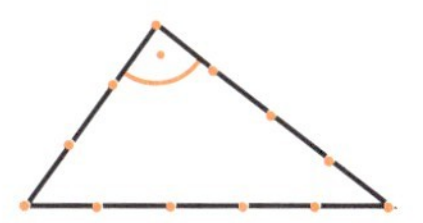

Diese Methode geht den umgekehrten Weg wie der Satz des Pythagoras. Im Satz des Pythagoras ist ein rechtwinkliges Dreieck gegeben. Daraus wird gefolgert, daß die Seiten dieses rechtwinkligen Dreiecks den Zusammenhang $a^2 + b^2 = c^2$ haben.

Im Fall des „ägyptischen Seils" ist irgendein Dreieck gegeben, von dem die Länge der Seiten bekannt ist. Man überprüft anhand der gegebenen Seitenlängen, ob der Zusammenhang $a^2 + b^2 = c^2$ besteht. Falls die Seitenlängen diesen Zusammenhang aufweisen, ist das Dreieck rechtwinklig. Es gilt: $3^2 + 4^2 = 25 = 5^2$. Das Dreieck ist also rechtwinklig.

Diese Methode des Seilspannens beruht auf der Umkehrung des Satzes von Pythagoras.

Umkehrung des Satzes von Pythagoras:
Gilt in einem Dreieck mit den Seiten a, b und c ($c > a$, $c > b$) der Zusammenhang: $a^2 + b^2 = c^2$, dann ist das Dreieck rechtwinklig.

Schon Pythagoras hat diese Umkehrung gekannt; er beschäftigte sich unter anderem mit der Suche nach solchen Zahlen, zwischen denen der Zusammenhang $a^2 + b^2 = c^2$ besteht. Die nach den Pythagoräern benannten „pythagoreischen Zahlentripel", wie zum Beispiel (3 | 4 | 5) , (6 | 8 | 10) , (8 | 15 | 17) , bestehen nur aus natürlichen Zahlen.

Man kann jedoch durch eine einfache Methode aus einem solchen bekannten Zahlentripel beliebig viel weitere Seitenlängen für ein rechtwinkliges Dreieck folgern:
In dem bekannten Zahlentripel (3 | 4 | 5) werden die Zahlen 3 und 4 mit einer beliebigen positiven Zahl n multipliziert und dann quadriert:

$$\begin{aligned}(3 \cdot n)^2 + (4 \cdot n)^2 &= 9 \cdot n^2 + 16 \cdot n^2 \\ &= (9 + 16) \cdot n^2 \\ &= 25 \cdot n^2 \\ &= (5 \cdot n)^2\end{aligned}$$

Die Summe der Quadrate von 3 n und 4 n ergibt das Quadrat von 5 n . Als Beispiel zur Bestätigung für diesen Zusammenhang wählen wir $n = 1{,}2$.

Dann muß gelten:

$$\begin{aligned}(3 \cdot 1{,}2)^2 + (4 \cdot 1{,}2)^2 &= (5 \cdot 1{,}2)^2 \\ 3{,}6^2 + 4{,}8^2 &= 6^2 \\ 12{,}96 + 23{,}04 &= 36\end{aligned}$$

Aufgabe zu 5.3

Überprüfen Sie, ob die Dreiecke mit den angegebenen Seiten rechtwinklig sind:

a) a = 9 cm , b = 40 cm , c = 41 cm
b) a = 37,5 cm , b = 10,5 cm , c = 36 cm
c) a = 20 cm , b = 28 cm , c = 21 cm
d) a = 1,5 cm , b = 0,9 cm , c = 1,2 cm
e) a = 1,3 cm , b = 6 cm , c = 6,1 cm
f) a = 2,4 cm , b = 2,6 cm , c = 1 cm

5.4 Rechtwinklige Dreiecke in Verbindung mit dem Kreis

In diesem Kapitel soll die Kreisgleichung entwickelt werden, die einen Kreis beschreibt, dessen Mittelpunkt im Koordinatenursprung liegt. Zur Vorbereitung beschäftigen wir uns mit folgender Anwendung des Satzes von Pythagoras im Koordinatensystem:

Welchen Abstand r hat der Punkt P (12 | 3,5) vom Koordinatenursprung? Trägt man die Koordinaten 12 und 3,5 als Streckenlängen in das Koordinatensystem ein, dann entsteht ein rechtwinkliges Dreieck mit der gesuchten Länge r als Hypotenuse und den Koordinaten des Punktes als Katheten. Für die Länge von r gilt dann nach dem Satz des Pythagoras:

$$\begin{aligned}12^2 + 3{,}5^2 &= r^2 \\ 156{,}25 &= r^2 \\ 12{,}5 &= r\end{aligned}$$

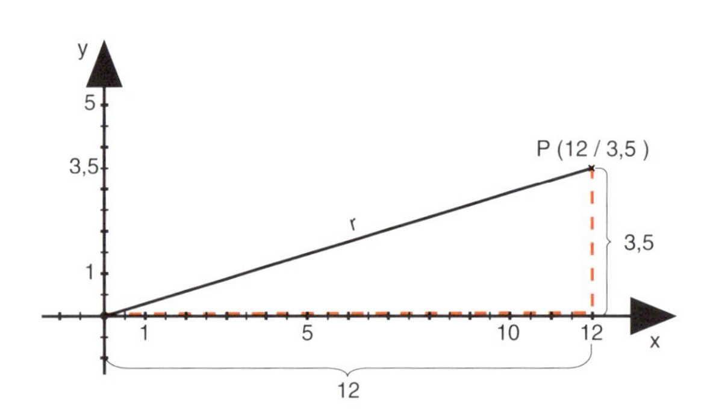

Nur die positive Lösung kommt in Betracht.

Mit Hilfe der Koordinaten x und y eines Punktes P(x I y) kann man also den Abstand dieses Punktes vom Nullpunkt errechnen.

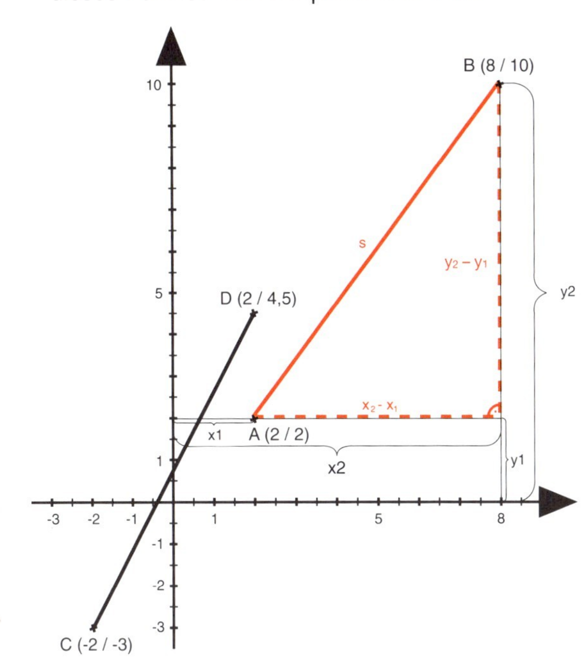

Betrachten wir nun die Länge einer Strecke IABI mit A (2 I 2) und B (8 I 10). Auch hier kann wieder ein rechtwinkliges Dreieck gebildet werden, dessen Hypotenuse die gesuchte Strecke s darstellt. Die Länge der Katheten des rechtwinkligen Dreiecks kann man bestimmen durch die Differenz der Koordinatenlängen von A und B :

$$x_2 - x_1 = 8 - 2 = 6$$
$$y_2 - y_1 = 10 - 2 = 8$$

Mit Hilfe dieser Werte kann man nun die Länge der Hypotenuse s ausrechnen:

$$6^2 + 8^2 = s^2$$
$$100 = s^2$$
$$10 = s$$

Für die Streckenlänge kommt nur die positive Lösung in Betracht.

Der eben beschriebene Rechenweg gilt auch für den Fall, daß die Endpunkte der Strecke in verschiedenen Quadranten des Koordinatensystems liegen, wie hier beim Beispiel der Strecke ICDI:

$$x_2 - x_1 = 2 - (-2) = 4$$
$$y_2 - y_1 = 4{,}5 - (-3) = 7{,}5$$

Berechnen Sie nun die Länge der Strecke ICDI:

→ ④

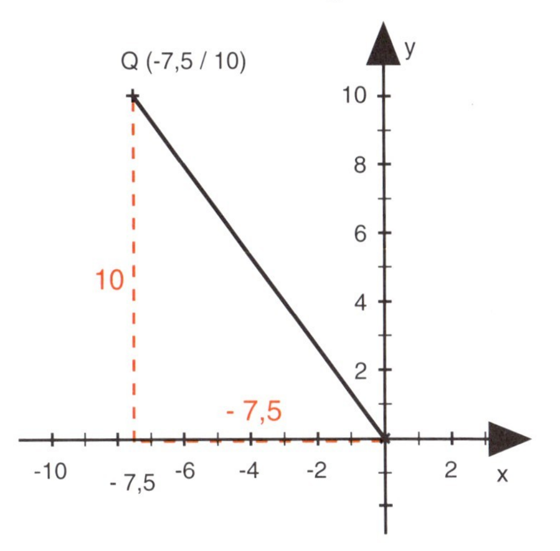

Kehren wir zurück zum Ausgangsproblem: Bestimmung des Abstandes eines Punktes im Koordinatensystem vom Koordinatenursprung. Wenn hier, wie im Beispiel des Punktes Q (–7,5 I 10), die Koordinaten durch negative Zahlen gegeben sind, dann betrachtet man als Koordinatenlänge den Betrag der Zahl. Für den Abstand des Punktes Q vom Koordinatenursprung gilt:

$$7{,}5^2 + 10^2 = r^2$$
$$156{,}25 = r^2$$
$$12{,}5 = r$$

Damit hat der Punkt Q den gleichen Abstand vom Koordinatenursprung wie der Punkt P. Für die Koordinaten beider Punkte gilt: $x^2 + y^2 = 12{,}5^2$. Die Punkte P und Q liegen beide auf demselben Kreis, dessen Mittelpunkt im Koordinatenursprung liegt und dessen Radius r = 12,5 Einheiten beträgt.

Bestimmen Sie rechnerisch zwei weitere Punkte auf diesem Kreis.

→ ③

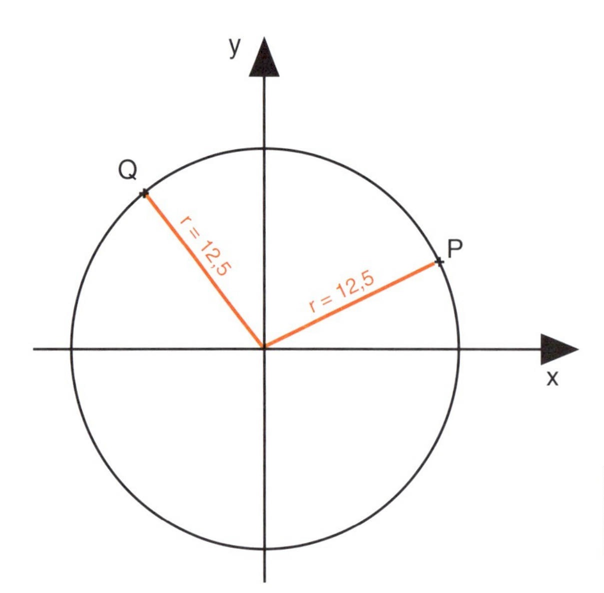

Dieser Kreis wird aus allen Punkten gebildet, deren Koordinaten (x | y) die Gleichung $x^2 + y^2 = 12{,}5^2$ erfüllen.

Für einen Kreis mit dem Mittelpunkt im Koordinatenursprung und dem Radius r = 1, dem **Einheitskreis**, gilt dann die Kreisgleichung:

$$x^2 + y^2 = 1^2$$

Für jeden Kreis, der seinen Mittelpunkt im Koordinatenursprung hat, gilt die

Allgemeine Kreisgleichung:

$\mathbf{x^2 + y^2 = r^2}$, mit $-r \leq x \leq r$

Diese Gleichung beschreibt zwar einen Graphen im Koordinatensystem, nämlich einen Kreis um den Ursprung, ist aber *keine* Funktionsgleichung, denn hier ist nicht jedem x-Wert genau ein y-Wert zugeordnet. Mit Ausnahme der Schnittpunkte mit der x-Achse werden bei dem Kreis jedem x-Wert zwei y-Werte zugeordnet. Zerlegt man den Kreis mit Hilfe der x-Achse in zwei Halbkreise, dann bildet jeder dieser Halbkreise den Graph einer Funktion.

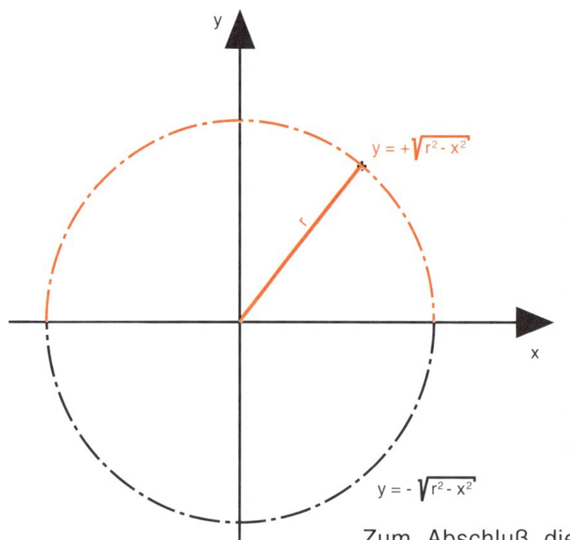

Die zugehörige Funktionsgleichung erhält man, indem man die Kreisgleichung nach y auflöst:

$$x^2 + y^2 = r^2$$
$$y^2 = r^2 - x^2$$

Durch $y = \sqrt{r^2 - x^2}$

wird der obere Halbkreis beschrieben

und durch $y = -\sqrt{r^2 - x^2}$

wird der untere Halbkreis beschrieben.

Der Kreis mit der Gleichung

$$x^2 + y^2 = r^2$$

schneidet die x-Achse in zwei Punkten und die y-Achse in zwei Punkten. Geben Sie bitte diese Schnittpunkte mit den Achsen an. → ①

Zum Abschluß dieses Kapitels soll eine Aufgabe zur Kreisberechnung in Verbindung mit dem rechtwinkligen Dreieck vorgestellt werden:

In einem Kreis vom Umfang U = 81,68 cm ist eine Sehne der Länge 24 cm eingezeichnet. Welchen Abstand hat die Sehne vom Kreismittelpunkt?

Lösung:
Mit Hilfe des gegebenen Umfangs wird zunächst der Radius des Kreises ausgerechnet:

Die Formel zur Berechnung des Umfangs eines Kreises ist $U = 2 \cdot \pi \cdot r$. Diese Formel wird nach r aufgelöst:

$$U = 2 \cdot \pi \cdot r \qquad | :(2 \cdot \pi)$$
$$\frac{U}{2 \cdot \pi} = r$$
$$\frac{81{,}68}{2 \cdot \pi} = 13 = r$$

Der Abstand a vom Mittelpunkt kann nun mit Hilfe des Satzes von Pythagoras berechnet werden:

$$a^2 + (\tfrac{s}{2})^2 = r^2$$
$$a^2 + 12^2 = 13^2 \qquad | - 12^2$$
$$a^2 = 13^2 - 12^2$$
$$a = 5$$

Die Sehne ist 5 cm vom Kreismittelpunkt entfernt.

Aufgaben zu 5.4

1. Bestimmen Sie die Länge der Strecke |AB| im Koordinatensystem:
   a) A (0,8 | 3), B (2 | 6,5) b) A (–6 | 8), B (5 | –1,6)
   c) A (5 | 1,5), B (–3 | –2,4) d) A (–3 | 0,2), B (–4,4 | 5)

2. Der Punkt P liegt auf einem Kreis mit dem Mittelpunkt (0 | 0). Bestimmen Sie die Gleichung des Kreises und die Funktionsgleichung des Halbkreises, auf dem P liegt.
   a) P (2,8 | 4,5) b) P (–1 | –2,4)
   c) P (–1,6 | 3) d) P (4 | –4,2)

3. Der Punkt Q (6 | –4,5) liegt auf einem Kreis um den Koordinatenursprung. Bestimmen Sie die Gleichungen der Tangenten an den Kreis in den Schnittpunkten des Kreises mit der y-Achse.

4. Zwei Kreise mit den Mittelpunkten M_1 und M_2 und den Radien $r_1 = 5{,}3$ cm und $r_2 = 11{,}7$ cm schneiden sich so, daß die Länge der gemeinsamen Sehne s = 9 cm beträgt. Wie weit sind die Mittelpunkte der Kreise voneinander entfernt?

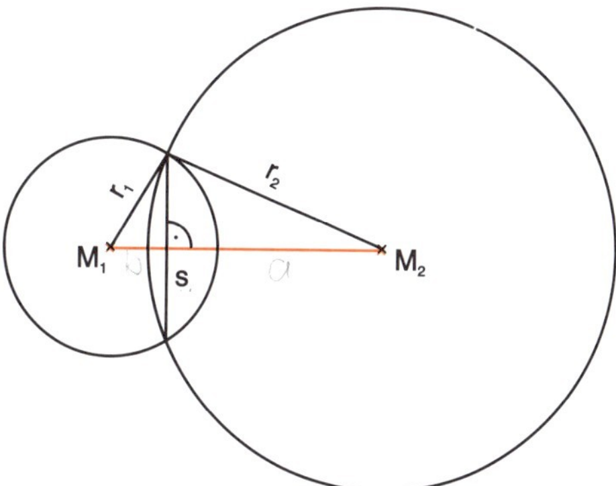

5

5.5 Rechtwinklige Dreiecke in Pyramide und Kegel

Nicht nur bei ebenen Figuren findet der Satz des Pythagoras bei der Berechnung von Seitenlängen seine Anwendung, sondern auch bei geometrischen Körpern. In diesem Kapitel soll dies am Beispiel von Pyramide und Kegel gezeigt werden.

Eines der sieben Weltwunder der Antike, das heute noch zu sehen ist, ist die ägyptische Cheopspyramide. Sie hat eine quadratische Grundfläche, deren Grundkanten a = 230 m betragen. Die Seitenkante s mißt 219 m. Wie groß ist das Volumen der Pyramide?

Die Formel zur Berechnung des Volumens einer Pyramide (und die Formeln zur Berechnung des Volumens und der Oberfläche eines Kegels) kennen Sie aus der Schule. Eine exakte Herleitung erfolgt im Buch „Folgen und Grenzwerte", wenn die dazu nötigen mathematischen Hilfsmittel zur Verfügung stehen. Die Formel lautet:

Volumen einer Pyramide: $V = \frac{1}{3} \cdot G \cdot h$ mit G: Grundfläche; h: Raumhöhe

Bei einer Pyramide mit quadratischer Grundfläche ist $G = a^2$ und damit $V = \frac{1}{3} \cdot a^2 \cdot h$.

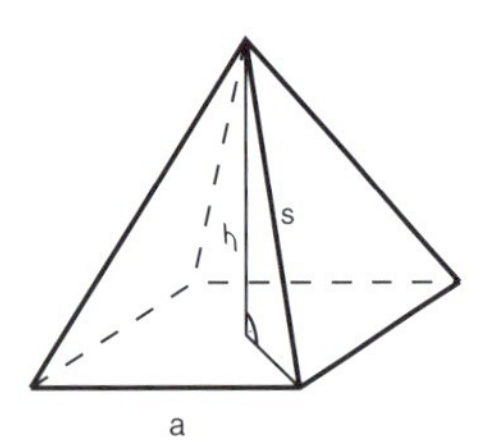

Für die Cheopspyramide ist gegeben: $a = 230$ m und $s = 219$ m. Zur Berechnung des Volumens wird die Raumhöhe h benötigt. Man muß also erst mit Hilfe von a und s diese Höhe bestimmen. Dazu verwendet man das rechtwinklige Dreieck, das aus der Höhe h, der Seitenkante s und der Hälfte der Diagonalen der quadratischen Grundfläche gebildet wird.

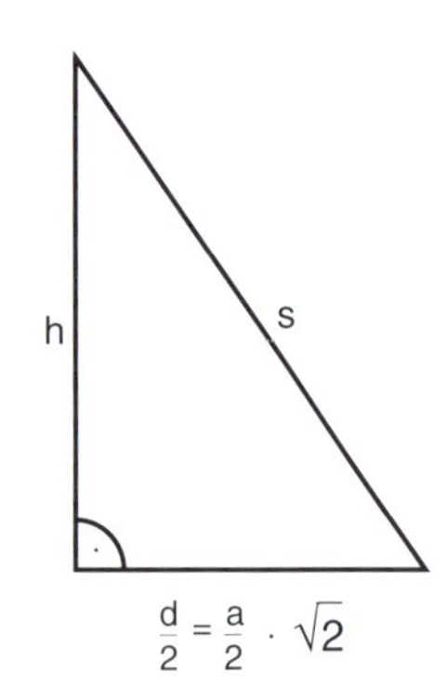

$\frac{d}{2} = \frac{a}{2} \cdot \sqrt{2}$

Wie im Kapitel 5.2 gezeigt, gilt für die Diagonale eines Quadrates $d = a \cdot \sqrt{2}$; für die halbe Diagonale gilt also $\frac{d}{2} = \frac{a}{2} \cdot \sqrt{2}$.

Mit dem Satz des Pythagoras kann nun die Höhe berechnet werden:

$$h^2 + \left(\frac{a}{2} \cdot \sqrt{2}\right)^2 = s^2 \qquad \left| - \left(\frac{a}{2} \cdot \sqrt{2}\right)^2\right.$$

$$h^2 = s^2 - \left(\frac{a}{2} \cdot \sqrt{2}\right)^2$$

$$h^2 = s^2 - \frac{a^2}{2}$$

$$h = \sqrt{s^2 - \frac{a^2}{2}} = \sqrt{219^2 - \frac{230^2}{2}} \approx 146{,}67$$

Das Volumen dieser Pyramide läßt sich also berechnen mit: $V = \frac{1}{3} \cdot a^2 \cdot 146{,}67$

Mit den angegebenen Zahlen ist das $V = \frac{1}{3} \cdot 230^2 \cdot 146{,}67$

$V \approx 2\,586\,281 \text{ m}^3$

Das Volumen der Cheops-Pyramide beträgt also etwa $2\,586\,281 \text{ m}^3$.

Will man ein Modell dieser Pyramide aus Papier oder Pappe, etwa im Maßstab 1 : 1000, herstellen und den Materialverbrauch für dieses Modell berechnen, so muß man die Oberfläche der Pyramide bestimmen. Sie besteht aus der Grundfläche a^2 und vier gleichschenkligen Dreiecken mit je $A = \frac{1}{2} \cdot a \cdot h_a$, also ist $O = a^2 + 4 \cdot \frac{1}{2} \cdot a \cdot h_a = a^2 + 2 \cdot a \cdot h_a$

Hier muß aus den gegebenen Größen a und s erst die Höhe h_a der Seitenflächen bestimmt werden.

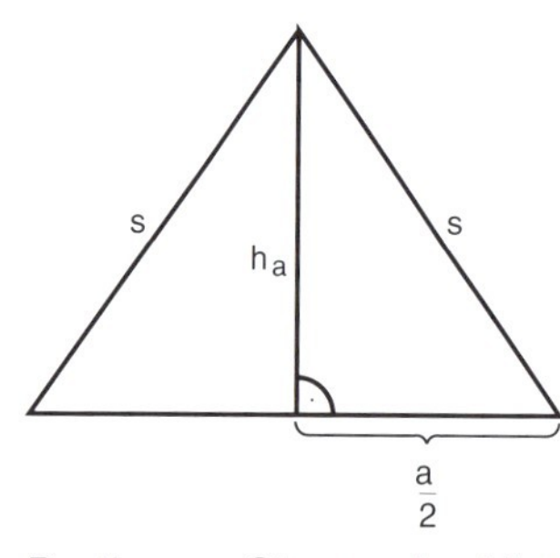

Jede Seitenfläche der Pyramide ist ein gleichschenkliges Dreieck mit den Schenkeln s und der Basis a . Zur Berechnung der Höhe h_a benutzt man das rechtwinklige Dreieck, das aus s, h_a und der Hälfte der Basis a gebildet wird:

$$h_a^2 + \left(\frac{a}{2}\right)^2 = s^2 \qquad \left| - \left(\frac{a}{2}\right)^2\right.$$

$$h_a^2 = s^2 - \left(\frac{a}{2}\right)^2$$

$$h_a = \sqrt{s^2 - \left(\frac{a}{2}\right)^2}$$

Bestimmen Sie nun den Materialverbrauch für ein Papiermodell im Maßstab 1:1000.

Da bei einer Pyramide die Grundfläche nicht immer ein Quadrat sein muß, sondern auch aus anderen geometrischen Figuren bestehen kann, läßt sich für die Oberfläche keine feste Formel angeben. Anders ist dies beim Kreiskegel. Hier ist die Grundfläche immer ein Kreis, so daß die Oberfläche des Kegels aus dieser Kreisfläche und dem Kegelmantel besteht. Hier ein Überblick über bekannte Formeln, die bei Berechnungen zum Kegel benötigt werden:

Kreis	Kreisfläche:	$A = \pi \cdot r^2$
	Kreisumfang:	$U = 2 \cdot \pi \cdot r$
Kreiskegel	Volumen:	$V = \frac{1}{3} \cdot \pi \cdot r^2 \cdot h$
	Kegelmantel:	$M = \pi \cdot r \cdot s$
	Oberfläche:	$O = \pi \cdot r^2 + \pi \cdot r \cdot s = \pi \cdot r \cdot (r + s)$

Das aus den Seitenlängen h, r und s gebildete rechtwinklige Dreieck wird häufig für Berechnungen am Kegel benötigt. Hier ein Beispiel:

Ein kegelförmiges Zelt soll 10 m^2 Bodenfläche haben und 2,40 m hoch werden. Wieviel m^2 Zeltstoff werden benötigt?

Da der Stoffverbrauch für den Zeltboden schon bekannt ist, muß noch der Kegelmantel $M = \pi \cdot r \cdot s$ ausgerechnet werden.

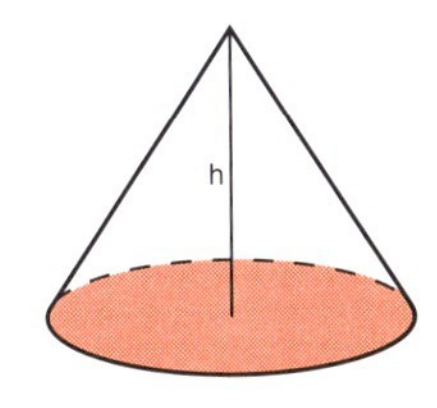

$A = \pi \cdot r^2$

Gegeben ist die Bodenfläche $A = \pi \cdot r^2$ und die Höhe h. Aus der Angabe für die Bodenfläche läßt sich der Radius r bestimmen:

$$A = \pi \cdot r^2 \qquad | : \pi$$
$$\frac{A}{\pi} = r^2$$
$$3{,}18 \approx r^2$$
$$\sqrt{\frac{A}{\pi}} = r$$
$$1{,}78 \approx r$$

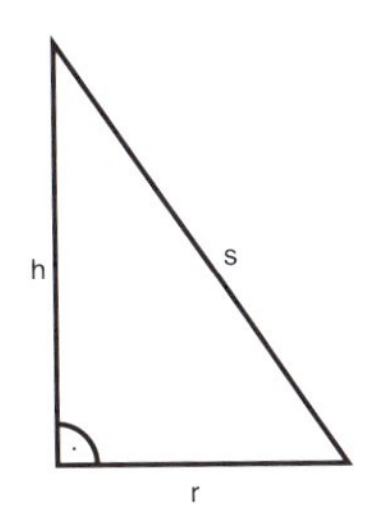

Mit Hilfe des rechtwinkligen Dreiecks wird die fehlende Länge s berechnet:

$$s^2 = h^2 + r^2$$
$$s^2 = h^2 + 3{,}18$$
$$s = \sqrt{5{,}76 + 3{,}18} \approx 2{,}99$$

Setzt man dies in die Formel für den Kegelmantel ein, dann ergibt sich:

$$M = \pi \cdot 1{,}78 \cdot 2{,}99 \approx 16{,}72 \text{ m}^2$$

Mit den gegebenen Zahlen berechnet man $M = 16{,}72$ m^2 und damit einen Stoffverbrauch von 26,72 m^2.

Aufgaben zu 5.5

1. Mit Hilfe von vier Stäben von je 2,50 m Länge soll ein (pyramidenförmiges) Zelt aufgebaut werden. Die quadratische Grundfläche soll eine Seitenlänge von 2 m haben. Wie hoch wird das Zelt?

2. Ein kegelförmiges Turmdach hat die Höhe $h = 5{,}5$ m. Der Durchmesser des Dachbodens beträgt $d = 9{,}6$ m. Wieviel m^2 Dachplatten werden für dieses Dach benötigt?

3. Wieviel Liter Flüssigkeit faßt ein kegelförmiges Kelchglas, dessen Seitenkante $s = 6{,}8$ cm lang ist und bei dem der Durchmesser der kreisförmigen Öffnung 6,4 cm beträgt? (Beachten Sie: 1 l = 1 dm^3).

Wiederholungsaufgaben

1. Wie lang ist die Diagonale eines Rechtecks mit den Seiten $a = 2{,}8$ cm und $b = 4{,}5$ cm?

2. Geben Sie jeweils den Abstand a des Punktes P vom Koordinatenursprung an:
   a) P (3,6 | 4,8) b) P (−0,9 | 4) c) P (2,1 | −2)

3. Berechnen Sie die Länge der Raumdiagonale eines Würfels mit der Kantenlänge $a = 8$ cm.

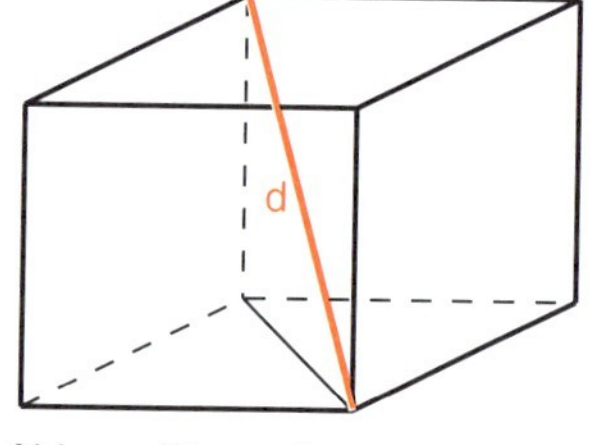

Abb. zu Frage 3

4. Wie lang müssen die Dachsparren des Pultdaches über einer Garage mit den angegebenen Maßen sein, wenn sie auf jeder Seite 35 cm überstehen sollen?

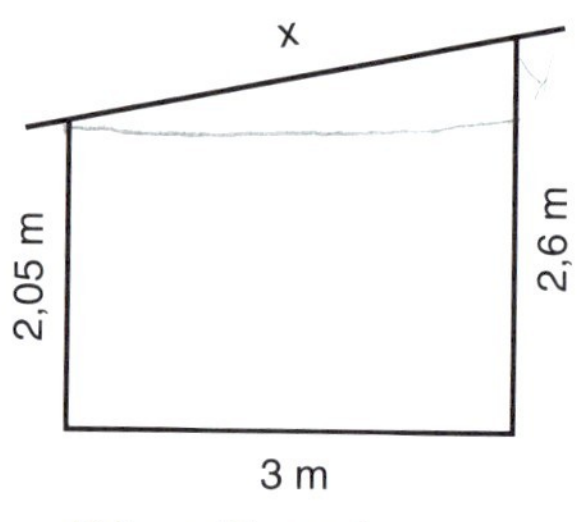

Abb. zu Frage 4

5. Eine Sehne in einem Kreis mit dem Flächeninhalt $A = 78{,}54\ cm^2$ ist 6 cm lang. Welchen Abstand hat die Sehne vom Mittelpunkt des Kreises?

6. Welches Volumen hat ein Kegel, dessen Durchmesser und dessen Seitenlinie s beide 12 cm lang sind?

7. Berechnen Sie den Flächeninhalt eines gleichseitgen Dreiecks, dessen Höhe $h = 4$ cm lang ist.

8. Bei einem pyramidenförmigen Dach ist die Länge der quadratischen Grundfläche $a = 8{,}4$ m. Das Dach ist 5,6 m hoch. Wieviel m^2 Dachplatten benötigt man für dieses Dach?

9. Der Punkt Q (1,5 | −2) liegt auf einem Kreis um den Koordinatenursprung.
   a) Bestimmen Sie die Gleichung des Halbkreises, auf dem Q liegt.
   b) In den Schnittpunkten des Kreises mit den Koordinatenachsen werden Tangenten an den Kreis errichtet. Bestimmen Sie die Schnittpunkte der Tangenten.

6. Umgang mit Formeln

Vor der Sendung

In dieser Lektion geht es um das Auflösen, Einsetzen und Verknüpfen von Formeln. Im Mittelpunkt stehen Formeln aus der Stereometrie und aus dem Bereich der Physik. Die konkrete Berechnung mit Zahlen ist gegenüber der allgemeinen Berechnung mit Variablen von untergeordneter Bedeutung.
Am Ende des Buches sind Formeln zusammengestellt, von denen einige auch in der Sendung benutzt werden. Diese Zusammenstellung von Formeln soll zum Nachschlagen dienen.

Übersicht

1. Grundlage für das **Auflösen von Formeln** ist die Benennung der Lösungsvariablen innerhalb einer Formel.
2. Zum Lösen komplexerer Sachprobleme benötigt man mehr als eine Formel. Dazu wird das **Einsetzungsverfahren zur Verknüpfung zweier Formeln** gebraucht.
3. Ein Beispiel für die Verknüpfung von Formeln ist die Herleitung von **Höhensatz und Kathetensatz** aus dem Satz des Pythagoras.

6

6.1 Auflösen von Formeln

Immer dann, wenn eine Rechenoperation mit unterschiedlichen Zahlenwerten häufig wiederholt wird (wie die Berechnung der Mehrwertsteuer), lohnt sich das Aufstellen einer Formel, die diese Rechenoperation mit Variablen beschreibt. Solche Formeln, zugeschnitten auf die jeweilige Fragestellung, sind die Kernpunkte von Rechenprogrammen, die im Rahmen der Datenverarbeitung eingesetzt werden.

Das Auflösen nach einer gesuchten Variablen haben Sie bisher kennengelernt im Zusammenhang mit linearen oder quadratischen Gleichungen. Die gesuchte Variable wurde in der Regel mit x bezeichnet. In den Formeln erfolgt die Bezeichnung der Variablen aus dem Sachzusammenhang, wie zum Beispiel h für Höhe, s für Seitenkante oder p für Prozentsatz. Es besteht in der Bezeichnung kein Unterschied zwischen der **Lösungsvariablen**, die die gesuchte Größe beschreibt, und den Variablen, die für die gegebenen Größen stehen.

Beispiel 1

Als erstes Beispiel für das Auflösen einer Formel nach der Lösungsvariablen soll eine Sachaufgabe dienen, die Sie in ähnlicher Form schon in Lektion 5 kennengelernt haben:

Ein Trichter in Form eines Kreiskegels soll 0,3 l Flüssigkeit fassen. Der Radius des Grundkreises beträgt 6 cm. Wie hoch ist der Trichter? Bestimmen Sie die Lösung in allgemeiner Form und für das Zahlenbeispiel.

Für eine Lösung in allgemeiner Form ist es hilfreich, erst einmal den Text in eine allgemeine Form zu übertragen:
Bei einem Kreiskegel sind das Volumen und der Radius des Grundkreises gegeben und die Höhe ist gesucht. Oder kürzer: Gegeben: V, r; gesucht: h.

Den mathematischen Zusammenhang, der diese Variablen verbindet, entnimmt man der Formelsammlung am Ende des Buches:

$$V = \frac{1}{3} \cdot \pi \cdot r^2 \cdot h$$

Die Lösungsvariable (gesuchte Größe) ist h; die Formel muß also nach h aufgelöst werden:

$$V = \frac{1}{3} \cdot \pi \cdot r^2 \cdot h \qquad | \cdot 3 : (\pi \cdot r^2)$$

$$\frac{3 \cdot V}{\pi \cdot r^2} = h$$

Mit dieser allgemeinen Formel kann nun die Höhe jedes Kreiskegels ausgerechnet werden, dessen Volumen und Grundkreisradius gegeben sind. Vor dem Einsetzen der gegebenen Zahlen muß noch auf die Maßeinheiten geachtet werden. Da das Volumen mit 0,3 l gegeben ist, muß der Radius in dm umgerechnet werden.

Eingesetzt wird also: $V = 0{,}3\,l$ und $r = 0{,}6$ dm.

$$\frac{3 \cdot 0{,}3}{\pi \cdot 0{,}6^2} = h$$

$0{,}7958 = h$ Die Höhe beträgt bei diesem Beispiel (gerundet) 8 cm.

Dieses Verfahren - Bestimmen der Lösungsvariablen für ein Sachproblem, Auflösen der Formel nach der Lösungsvariablen, Einsetzen der gegebenen Größen - soll nun an einigen weiteren Beispielen mit steigendem Schwierigkeitsgrad geübt werden. Die benötigten Formeln finden Sie am Ende des Buches.

Beispiel 2
Wieviel Kapital müßte man mit 6 % Verzinsung festlegen, um monatlich 3000 DM Zinsen zu erhalten?

Die zur Lösung dieser Aufgabe erforderliche Formel ist die Zinsformel:

$$z = \frac{K \cdot i \cdot p}{100}$$

In unserem Fall ist das Kapital K gesucht.

Die Formel soll zunächst nach der Lösungsvariablen K aufgelöst werden:

$$z = \frac{K \cdot i \cdot p}{100} \qquad | \cdot 100 : (i \cdot p)$$

$$\frac{100 \cdot z}{i \cdot p} = K$$

In diese so umgestellte Formel können nun die Zahlen des Beispiels eingesetzt werden: Zur Bestimmung des gesuchten Kapitals müssen z, i, p gegeben sein. Aus der Aufgabenstellung entnimmt man $z = 3000$ DM, $p = 6\,\%$. Die Variable i bedeutet „im Jahr". Durch die Angabe „monatlich" ist i mit $i = \frac{1}{12}$ gegeben.

$$\frac{100 \cdot 3000}{\frac{1}{12} \cdot 6} = K$$

$$\frac{100 \cdot 3000}{0{,}5} = K$$

$600\,000 = K$ Bei einem Kapital von 600 000 DM, das man zu 6% anlegt, bekommt man 3000 DM Zinsen im Monat.

In den bisher vorgestellten Beispielen konnten die benötigten Formeln durch einfache Äquivalenzumformungen nach der Lösungsvariablen aufgelöst werden. Einige Variablen sind in den Formeln aber auch in quadratischer Form enthalten. Um nach einer solchen Lösungsvariablen aufzulösen, benötigt man einen Schritt mehr. Eines dieser Beispiele ist die Formel zum freien Fall: $s = \frac{1}{2} \cdot g \cdot t^2$.

Als Veranschaulichung stellen wir uns hier einen Sprung vom Zehnmeterturm eines Schwimmbades vor, wobei wir davon ausgehen, daß dieser „Sprung" nur aus einem „Fallenlassen" des Körpers besteht.

Beispiel 3

Wie lange dauert es, bis man bei einem Sprung vom Zehnmeterturm auf die Wasseroberfläche trifft?

Die zur Berechnung der Aufgabe benötigte Formel wurde oben schon genannt: $s = \frac{1}{2} \cdot g \cdot t^2$. Gesucht ist die Zeit, also ist t die Lösungsvariable.

Die Formel muß nach t aufgelöst werden:

$$s = \frac{1}{2} \cdot g \cdot t^2 \quad | \cdot 2 \; : g$$

$$\frac{2 \cdot s}{g} = t^2$$

Zur Bestimmung von t muß nun die Wurzel gezogen werden. Dies ist keine Äquivalenzumformung, da sowohl der positive Wert der Wurzel wie auch der negative Wert der Wurzel Lösungen für t sind. Für das Sachbeispiel kommt aber nur der positive Wert in Betracht, da die Definitionsmenge für t nur aus positiven Zahlen besteht:

$$\sqrt{\frac{2 \cdot s}{g}} = t$$

In diese Form können nun die gegebenen Größen eingesetzt werden. Der Weg ist mit $s = 10$ m gegeben. Die konstante Fallbeschleunigung g ist eine feste Zahl: $g \approx 9{,}81 \ \frac{m}{s^2}$.

Man erhält:

$$\sqrt{\frac{2 \cdot 10}{9{,}81}} = t$$

$$1{,}43 \approx t$$

Bei einem Sprung vom Zehnmeterturm trifft man also nach etwa 1,4 Sekunden auf die Wasseroberfläche.

Beim nächsten Beispiel soll lediglich das Auflösen nach der Lösungsvariablen geübt werden. Hier gibt es nämlich zwei Möglichkeiten, die Sie miteinander vergleichen können.

Beispiel 4

Bei einer Konservendose ist der Materialbedarf O und der Radius des Grundkreises r bekannt. Die Höhe h der Dose ist gesucht.

Da eine Konservendose die Form eines Zylinders hat und mit dem Materialbedarf die Oberfläche gegeben ist, muß hier diese Formel angewendet werden:

$$O = 2 \cdot \pi \cdot r^2 + 2 \cdot \pi \cdot r \cdot h$$

Die Lösungsvariable ist h. Eine Möglichkeit, nach h aufzulösen, besteht darin, zunächst den gemeinsamen Faktor $2 \cdot \pi \cdot r$ auszuklammern: $O = 2 \cdot \pi \cdot r \cdot (r + h) \quad | : (2 \cdot \pi \cdot r)$

durch diesen Faktor zu dividieren: $\frac{O}{2 \cdot \pi \cdot r} = r + h \quad | -r$

und r zu subtrahieren: $\frac{O}{2 \cdot \pi \cdot r} - r = h$

Mit der so umgestellten Formel kann nun die Höhe eines Zylinders bei gegebener Oberfläche und gegebenem Grundkreisradius berechnet werden.[1]

Eine zweite Möglichkeit, diese Formel nach h aufzulösen, besteht darin, zunächst den Summanden $2 \cdot \pi \cdot r^2$ auf beiden Seiten zu subtrahieren. Führen Sie als Übung diesen Weg zu Ende: $0 = 2 \cdot \pi \cdot r^2 + 2 \cdot \pi \cdot r \cdot h \quad | - 2 \cdot \pi \cdot r^2$ ⟶ (2)

Zum Abschluß dieses Kapitels soll noch eine Formel behandelt werden, die sich dadurch von den anderen Formeln unserer Zusammenstellung unterscheidet, daß die Variablen im Nenner eines Bruches stehen.

Von der Handhabung eines Diaprojektors oder eines Overheadprojektors wissen wir, daß die Schärfe des erzeugten Bildes abhängt von der Entfernung des Projektors von der Leinwand und von der Entfernung des Gegenstandes (Dia, Folie) vom Objektiv. Ein scharfes Bild entsteht, wenn diese Abstände in einem bestimmten Zusammenhang mit der Brennweite der benutzten Linse stehen. Dieser Zusammenhang ist durch das „Linsengesetz" gegeben.

Beispiel 5
In welcher Entfernung erscheint das Bild eines Dias scharf, das 5,2 cm von einer Linse mit der Brennweite 50 mm entfernt ist?

Die oben erwähnte Formel für das Linsengesetz lautet: $\frac{1}{g} + \frac{1}{b} = \frac{1}{f}$

Gegeben ist in der Aufgabenstellung die Brennweite f der Linse und die Entfernung g des Gegenstandes von der Linse. Gesucht ist die Entfernung des projizierten Bildes von der Linse. Die Lösungsvariable ist b. (Vgl. „Funktionen in Anwendungen", 10.4) Die Formel muß nach b aufgelöst werden.

$$\frac{1}{g} + \frac{1}{b} = \frac{1}{f} \qquad | - \frac{1}{g}$$

$$\frac{1}{b} = \frac{1}{f} - \frac{1}{g}$$

Um den Kehrwert b von $\frac{1}{b}$ zu bestimmen, muß die rechte Seite der Gleichung in einen Bruch umgeformt werden. Die Brüche müssen so erweitert werden, daß sie beide den gleichen Nenner haben:

$$\frac{1}{b} = \frac{1 \cdot g}{f \cdot g} - \frac{1 \cdot f}{g \cdot f}$$

$$\frac{1}{b} = \frac{g - f}{g \cdot f}$$

Wenn die Brüche $\frac{1}{b}$ und $\frac{g - f}{g \cdot f}$ gleich sind, dann müssen auch ihre Kehrwerte übereinstimmen. Also gilt: $b = \frac{g \cdot f}{g - f}$

Zur Berechnung von b mit den gegebenen Zahlen setzt man ein:

$g = 5{,}2$ cm; $f = 50$ mm $= 5$ cm $\qquad b = \frac{5{,}2 \cdot 5}{5{,}2 - 5}$ cm $= 130$ cm

Die Projektion des Dias ist also in 130 cm Entfernung von der Linse scharf.

[1] Eine Aufgabenstellung, bei der diese Oberflächenformel nach der Variablen r aufgelöst werden soll, führt auf eine quadratische Gleichung, bei der die Lösungsformel für quadratische Gleichungen angewendet werden müßte. Aufgaben dieser Art werden in Lektion 7 behandelt.

Aufgaben zu 6.1

1. Lösen Sie die folgenden Formeln nach der angegebenen Lösungsvariablen auf:

   a) $O = 4 \cdot \pi \cdot r^2$ gesucht: r

   b) $v = \frac{s}{t}$ gesucht: t

   c) $O = \pi \cdot r^2 + \pi \cdot r \cdot s$ gesucht: s

   d) $s = \frac{1}{2} \cdot a \cdot t^2$ gesucht: t

   e) $\frac{1}{g} + \frac{1}{b} = \frac{1}{f}$ gesucht: f

   Bestimmen Sie bei den folgenden Aufgaben die Lösung erst in der allgemeinen Form, dann mit den gegebenen Zahlen:

2. Ein Zug fährt 25 min lang mit einer konstanten Geschwindigkeit von 120 $\frac{km}{h}$. Welchen Weg legt er in dieser Zeit zurück?

3. Wie lange dauert es, bis ein Kapital von 10 000 DM bei einer Verzinsung von 8 % Zinsen von 600 DM erbringt?

4. Ein kegelförmiges Gefäß von 15 cm Höhe soll 1 l Flüssigkeit fassen. Wie groß muß der Radius des Grundkreises gewählt werden?

5. Ein kugelförmiger Fesselballon benötigt 40 m^3 Gas. Welchen Durchmesser muß die Ballonhülle haben?

6

6.2 Einsetzungsverfahren zur Verknüpfung zweier Formeln

Zur Lösung vieler Sachprobleme ist es erforderlich, zwei oder mehr Formeln miteinander zu kombinieren oder nacheinander anzuwenden, um die Lösungsvariable berechnen zu können.
Die grundlegenden Schritte sind die gleichen wie in Abschnitt 6.1:

- Bestimmen der geeigneten Formel(n),
- Entnehmen der gegebenen Größen und der Lösungsvariablen aus dem Sachzusammenhang,
- Auflösen nach den Lösungsvariablen,
- Beachten der Maßeinheiten beim Einsetzen von Zahlen.

Hinzu kommen die Schritte, die durch die „Kombination" zweier Formeln entstehen.
Diese Schritte sollen nun wieder an einigen Beispielen verdeutlicht und kommentiert werden:

Beispiel 1

Eine Dose soll 0,5 l eines Getränks enthalten. Um sie mit anderen Dosen gut stapeln zu können, soll der Durchmesser des Dosenbodens 7,5 cm betragen. Wieviel Material benötigt man zur Herstellung einer solchen Dose?

Da eine Dose die Form eines Zylinders hat, sind die Formeln zum Zylinder anzuwenden.
Gesucht ist der Materialbedarf und damit die Oberfläche eines Zylinders:

$$O = 2 \cdot \pi \cdot r^2 + 2 \cdot \pi \cdot r \cdot h$$ O ist die Lösungsvariable.

Gegeben ist der Durchmesser des Dosenbodens $d = 7{,}5$ cm und damit der Radius als halber Durchmesser: $r = 3{,}75$ cm.
Zur Berechnung von O müßte auch noch die Höhe h bekannt sein. Diese ist aber im Text nicht gegeben. Statt dessen ist das Volumen des Zylinders bekannt mit $V = 0{,}5$ l.

In einem Zwischenschritt muß also erst h über die Formel für V bestimmt werden:

$$V = \pi \cdot r^2 \cdot h \qquad | : (\pi \cdot r^2)$$

$$\frac{V}{\pi \cdot r^2} = h$$

Die Höhe h ist durch diesen Term mit Hilfe der gegebenen Größen V und r bestimmt. Den Term $\frac{V}{\pi \cdot r^2}$ setzt man nun für h in die Formel zur Berechnung von O ein:

$$O = 2 \cdot \pi \cdot r^2 + \frac{2 \cdot \pi \cdot r \cdot V}{\pi \cdot r^2}$$

Durch Kürzen des Bruches erhält man für O: $\quad O = 2 \cdot \pi \cdot r^2 + \frac{2 \cdot V}{r}$

Nun kann der Oberflächeninhalt O mit Hilfe der gegebenen Größen V und r berechnet werden. Vor dem Einsetzen der Zahlen muß noch auf die Maßeinheiten geachtet werden:

Der Radius r ist gegeben mit $r = 3{,}75$ cm. V ist in der Maßeinheit Liter mit $V = 0{,}5$ l gegeben; das entspricht $V = 0{,}5\ dm^3$. Zur Vereinheitlichung der Maße muß nun entweder r in dm umgerechnet werden oder V in cm^3. Meist ist es für die Rechnung günstiger, alles einheitlich in die kleinste Maßeinheit umzurechnen: $r = 3{,}75$ cm; $V = 0{,}5\ dm^3 = 500\ cm^3$.

Diese Zahlen werden nun in die für O erarbeitete Formel eingesetzt:

$$O = 2 \cdot \pi \cdot 3{,}75^2 + \frac{2 \cdot 500}{3{,}75}\ cm^2$$

$$O = 355{,}02\ cm^2$$

Betrachten wir die Vorgehensweise bei diesem Beispiel aus einer allgemeineren Sicht: Zur Lösung des Problems wurden zwei Formeln benötigt: $O = 2 \cdot \pi \cdot r^2 + 2 \cdot \pi \cdot r \cdot h$ und $V = \pi \cdot r^2 \cdot h$. Dies sind zwei Gleichungen mit den zwei nicht gegebenen Variablen O und h. Das hier angewendete Lösungsverfahren entspricht dem Einsetzungsverfahren bei einem Gleichungssystem: Eine der Gleichungen wird nach der einen Variablen aufgelöst und der dieser Variablen entsprechende Term wird in die zweite Gleichung eingesetzt. (Vgl. Lektion 2 in diesem Buch.)

Dieses Verfahren soll nun noch an einem zweiten Beispiel nachvollzogen werden.

Beispiel 2

Mit welcher Geschwindigkeit trifft man nach einem Sprung vom Zehnmeterturm auf die Wasseroberfläche?

Aus Kapitel 1 ist bekannt, daß für diese Aufgabenstellung die Formel für den freien Fall angewendet werden kann. Der freie Fall ist eine beschleunigte Bewegung mit der Fallbeschleunigung $g \approx 9{,}81 \frac{m}{s^2}$.

Gefragt ist nach der Geschwindigkeit v. Für die Berechnung der Geschwindigkeit beim freien Fall gilt: $\quad v = g \cdot t$.

Die Zeit t muß mit Hilfe einer weiteren Formel aus der gegebenen Größe s bestimmt werden. Zwischen s und t besteht die Beziehung (mit $g = 9{,}81 \frac{m}{s^2}$):

$$s = \frac{1}{2} \cdot g \cdot t^2 \qquad | \cdot 2 \ :g$$

$$\frac{2 \cdot s}{g} = t^2$$

$$\Rightarrow \qquad \sqrt{\frac{2 \cdot s}{g}} = t$$

Dieser für t ermittelte Term wird nun in die Formel für die Geschwindigkeit v eingesetzt:

$$v = g \cdot \sqrt{\frac{2 \cdot s}{g}}$$

Diese Formel kann noch etwas vereinfacht werden, indem man den Faktor g in den Wurzelterm einbezieht: $\quad v = g \cdot \sqrt{\frac{2 \cdot s}{g}} = \sqrt{\frac{g^2 \cdot 2 \cdot s}{g}} = \sqrt{g \cdot 2 \cdot s}$

Setzt man nun noch für g die feststehende Zahl $g = 9{,}81 \frac{m}{s^2}$ ein, so erhält man den Zusammenhang: $v = \sqrt{19{,}62 \cdot s}$

Das Einsetzen der gegebenen Größe $s = 10$ m
ergibt eine Geschwindigkeit von $v = 14 \frac{m}{s}$

Da als Maß für Geschwindigkeiten die Einheit $\frac{km}{h}$ im Alltag gebräuchlicher ist, soll zum Abschluß dieses Beispiels der errechnete Wert $14 \frac{m}{s}$ noch in die Einheit $\frac{km}{h}$ umgerechnet werden.

Wenn in einer Sekunde 14 m zurückgelegt werden, dann wird in einer Stunde das 3600fache dieses Weges zurückgelegt: $v = 14 \frac{m}{s} = 14 \cdot 3600 \frac{m}{h} = 50\,400 \frac{m}{h} = 50{,}4 \frac{km}{h}$

Oft kann man am Anfang des Lösungswegs nicht überschauen, welche und wieviele Formeln verknüpft werden müssen. Dies hängt davon ab, welche Größen in der Sachaufgabe bekannt sind und welche Größe berechnet werden soll. Folgendes Beispiel zeigt, wie man schrittweise weitere Formeln einbeziehen muß.

Beispiel 3

Es geht um die Dicke der Wand einer hohlen Glaskugel. Dabei wollen wir der Einfachheit halber von einer äußeren und einer inneren Kugel sprechen: Das Volumen der äußeren Kugel umschließt auch die Ausdehnung der Wand, das Volumen der inneren Kugel tut das nicht. Die äußere Kugel hat einen Durchmesser von 8,6 cm. Die Glaskugel wiegt insgesamt 12,5 g. Die Dichte von Glas beträgt $\rho = 2{,}23 \frac{g}{cm^3}$. Wie dick ist die Wand der Glaskugel?

Die Wanddicke der Glaskugel berechnet sich aus der Differenz der Radien von äußerer und innerer Kugel. $w = r_2 - r_1$

Da r_2 über den Durchmesser der äußeren Kugel von 8,6 cm gegeben ist ($r_2 = 4{,}3$ cm), ist mit $w = 4{,}3 - r_1$ die Variable r_1 gesucht.

Gegeben ist die Masse der Kugel mit $m = 12{,}5$ g und die Dichte mit $\rho = 2{,}23 \frac{g}{cm^3}$.

Ein direkter Zusammenhang zwischen m, ρ und r_1 kann nicht hergestellt werden. Für die Dichte eines Materials gibt es die Formel: $\rho = \frac{m}{V}$

Mit Hilfe der Dichte kann also das zugehörige Volumen V ausgerechnet werden.

$$\rho = \frac{m}{V} \qquad | \cdot V \; : \rho$$

$$V = \frac{m}{\rho}$$

Dieses so berechenbare Volumen ist jedoch nur das Volumen, das von der Glaswand eingenommen wird. Es besteht aus der Differenz der Volumina der äußeren und der inneren Kugel. $V = \frac{m}{\rho} = V_2 - V_1$

Hier wird die Formel für das Volumen einer Kugel eingesetzt

$$\frac{m}{\rho} = \frac{4}{3} \cdot \pi \cdot r_2^3 - \frac{4}{3} \cdot \pi \cdot r_1^3 \qquad | - \frac{4}{3} \cdot \pi \cdot r_2^3$$

und nach r aufgelöst.

$$\frac{m}{\rho} - \frac{4}{3} \cdot \pi \cdot r_2^3 = -\frac{4}{3} \cdot \pi \cdot r_1^3 \qquad | : (-\frac{4}{3} \cdot \pi)$$

Nach dem Kürzen

$$-\frac{3 \cdot m}{\rho \cdot 4 \cdot \pi} + r_2^3 = r_1^3$$

muß noch die dritte Wurzel gezogen werden

$$\sqrt[3]{\frac{-3 \cdot m}{\rho \cdot 4 \cdot \pi} + r_2^3} = r_1$$

6

Mit Hilfe dieses Zusammenhangs läßt sich r_1 nun durch m, ρ und r_2 bestimmen. Da die Maße der gegebenen Größen des Sachbeispiels nicht umgerechnet werden müssen, kann gleich eingesetzt werden:

$$\sqrt[3]{\frac{-3 \cdot 12{,}5}{2{,}23 \cdot 4 \cdot \pi} + 4{,}3^3} = r_1$$

$$4{,}276\ \text{cm} = r_1$$

Damit beträgt die Dicke der Wand dieser Glaskugel (mit $w = 4{,}3 - r_1$) 0,024 cm = 0,24 mm.

Läßt man die Formeln für V_1 und V_2 als eigene Gleichungen gelten, dann wurde die gesuchte Variable r_1 in diesem Beispiel mit Hilfe von vier Gleichungen mit den vier unbekannten Variablen V, V_1, V_2 und r_1 bestimmt. Anders als bei einem Gleichungssystem müssen jedoch bei einer solchen Kombination von Formeln die übrigen Variablen nicht mehr ausgerechnet werden.

Zum Abschluß dieses Kapitels soll nochmals ein Beispiel aus Abschnitt 6.1 aufgegriffen und fortgesetzt werden.

Beispiel 4

Ein Projektor, dessen Objektiv eine Brennweite von 50 mm hat, soll im Maßstab 30 : 1 vergrößern. Welchen Projektionsabstand muß man wählen, damit das Bild in dieser Vergrößerung scharf erscheint? Welcher Abstand muß für einen Maßstab 50 : 1 gewählt werden?

Zur Berechnung der Entfernung eines erzeugten Bildes von einer Linse muß das Linsengesetz herangezogen werden:

$$\frac{1}{b} + \frac{1}{g} = \frac{1}{f}$$

Gesucht ist der Abstand b des Bildes.

Gegeben ist die Brennweite f mit $f = 50$ mm und der Abbildungsmaßstab A mit $A = 30:1$. Mit Hilfe der vorhandenen Formel kann b noch nicht ausgerechnet werden, da g nicht gegeben ist. Die Variable g muß also mit Hilfe von A bestimmt und dann eingesetzt werden:

$$A = \frac{b}{g} \qquad | \cdot g : A$$

$$g = \frac{b}{A} \qquad \text{und damit} \qquad \frac{1}{g} = \frac{A}{b}$$

In die Linsengleichung wird nun $\frac{A}{b}$ für $\frac{1}{g}$ eingesetzt:

$$\frac{1}{b} + \frac{A}{b} = \frac{1}{f}$$

$$\frac{1+A}{b} = \frac{1}{f} \qquad \text{und damit} \qquad \frac{b}{1+A} = f \qquad | \cdot (1+A)$$

$$b = f \cdot (1+A)$$

Mit Hilfe dieser Formel kann man nun die beiden gestellten Fragen des Aufgabentextes beantworten. Berechnen Sie bitte die für beide genannten Abbildungsmaßstäbe erforderlichen Bildabstände.

→ (1)

Aufgaben zu 6.2

1. Welches Volumen hat ein kugelförmiger Fesselballon, dessen Hülle aus $100\ \text{m}^2$ Stoff besteht?

2. 100 m Kupferdraht wiegen 1,75 kg. Die Dichte dieses Materials beträgt $8{,}93\ \frac{\text{g}}{\text{cm}^3}$. Wie dick ist der Draht?

*3. Ein Diaprojektor soll im Maßstab 40 : 1 vergrößern. Welche Brennweite muß das Objektiv haben, wenn die Vorrichtung zum Einschieben der Dias 6 cm von der Linse entfernt ist? In welchem Abstand vom Projektor erscheint dann das Bild scharf auf der Leinwand?

4. Ein Auto beschleunigt gleichförmig mit $a = 2{,}5\ \frac{\text{m}}{\text{s}^2}$ auf einer Strecke von 180 m. Welche Geschwindigkeit hat es am Ende der Strecke erreicht? Welche Zeit wurde dafür benötigt?

6.3 Höhensatz und Kathetensatz

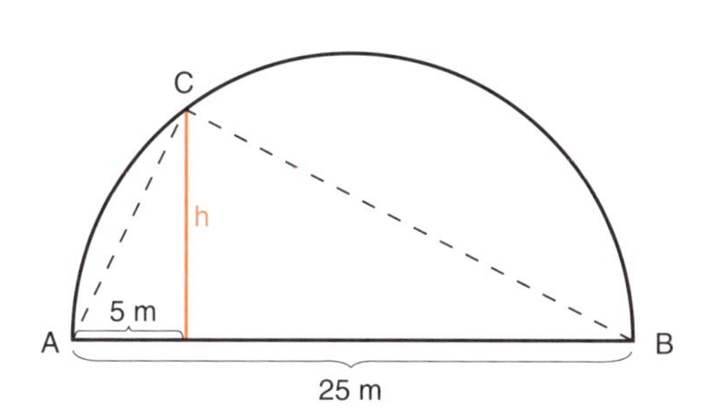

Eine Sporthalle hat einen halbkreisförmigen Querschnitt, dessen Durchmesser 25 m beträgt. 5 m davon sollen durch eine Wand für Umkleidekabinen und sanitäre Anlagen abgeteilt werden. Wie hoch wird diese Wand?

In der Skizze, die einen Querschnitt der Halle zeigen soll, ist die gesuchte Höhe der Wand als Strecke h eingezeichnet.

Im Punkt C trifft die zu bauende Wand auf das Dach der Halle. Verbindet man diesen Punkt C mit den Endpunkten A und B des Durchmessers der Halle, so entsteht ein Dreieck mit den Eckpunkten A, B und C. Dieses Dreieck ist nach dem Satz des Thales rechtwinklig.

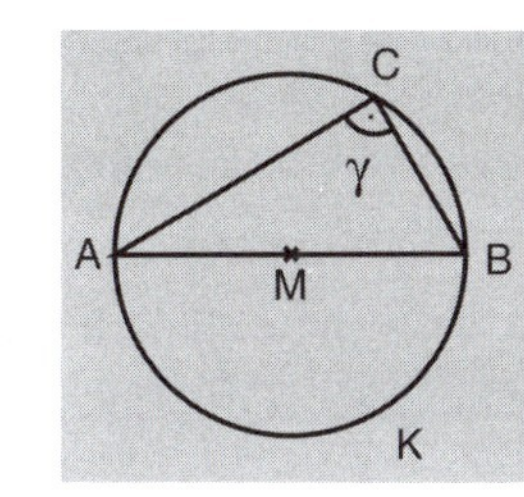

Satz des Thales:

Die Seite AB eines Dreiecks ABC sei Durchmesser eines Kreises k. Wenn der Punkt C des Dreiecks auch auf k liegt, dann gilt für den Winkel γ bei c: $\gamma = 90°$.

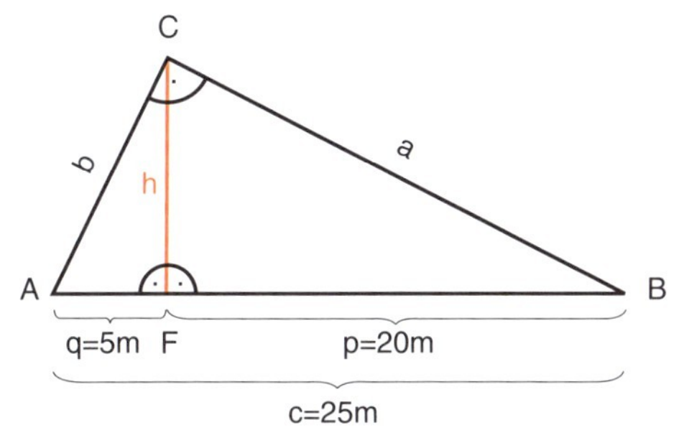

Das Modell zur Lösung dieses „Hallenproblems" ist also ein rechtwinkliges Dreieck, bei dem die Höhe (auf der Hypotenuse) gesucht ist. Gegeben sind die beiden Hypotenusenabschnitte p und q mit q = 5 m und p = 20 m sowie c = 25 m. (Mit q wird stets der an die Seite b angrenzende Abschnitt bezeichnet; mit p der an die Seite a angrenzende Abschnitt.)

Zur Berechnung von Seitenlängen im rechtwinkligen Dreieck steht uns der Satz des Pythagoras zur Verfügung. Diesen kann man auf das gesamte Dreieck Δ ABC anwenden. Durch das Einzeichnen der Höhe mit dem Fußpunkt F entstehen zwei weitere rechtwinklige Dreiecke: Δ AFC und Δ CFB. Mit Hilfe dieser drei rechtwinkligen Dreiecke läßt sich die Länge von h folgendermaßen bestimmen:

im Δ ABC gilt:	$a^2 + b^2 = c^2$	$a^2 + b^2 = 25^2$
im Δ AFC gilt:	$h^2 + q^2 = b^2$	$h^2 + 5^2 = b^2$
im Δ CFB gilt:	$h^2 + p^2 = a^2$	$h^2 + 20^2 = a^2$

Nun wendet man wieder das Einsetzungsverfahren an und setzt in die erste Gleichung a^2 und b^2 aus den beiden anderen Gleichungen ein:

$$a^2 + b^2 = 25^2$$
$$h^2 + 20^2 + h^2 + 5^2 = 25^2$$
$$2 \cdot h^2 + 425 = 625 \quad | - 425$$

$$2 \cdot h^2 = 200 \quad | : 2$$
$$h^2 = 100$$

Damit ist $h = 10$, da $h > 0$.

Durch dreimaliges Anwenden des Satzes von Pythagoras konnte also der Wert 10 m für die Höhe h und damit für die zu errichtende Wand ermittelt werden. Gegeben waren für die Ermittlung dieses Wertes die Größen $p = 20$ m und $q = 5$ m. Vergleicht man das Maß von h^2 (100) mit den Maßen von p und q, so fällt auf, daß hier der Zusammenhang $h^2 = p \cdot q$ besteht. Dieser Zusammenhang gilt in jedem rechtwinkligen Dreieck; er wird durch den Höhensatz beschrieben:

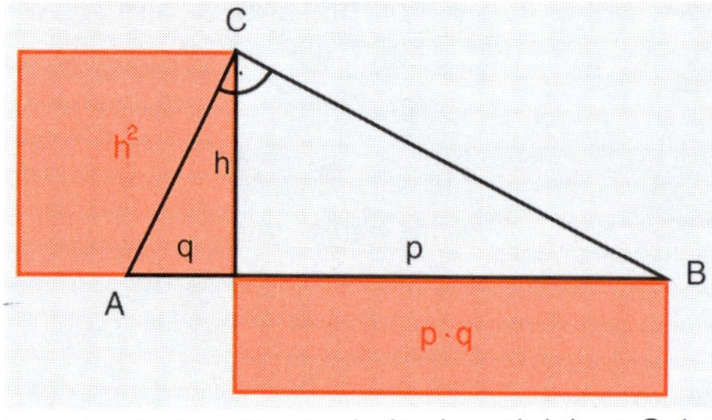

Höhensatz:

In jedem rechtwinkligen Dreieck hat das Quadrat über der Höhe den gleichen Flächeninhalt wie das Rechteck aus den Hypotenusenabschnitten p und q.

$$h^2 = p \cdot q$$

Dies läßt sich allgemein in den gleichen Schritten nachweisen wie im Zahlenbeispiel:

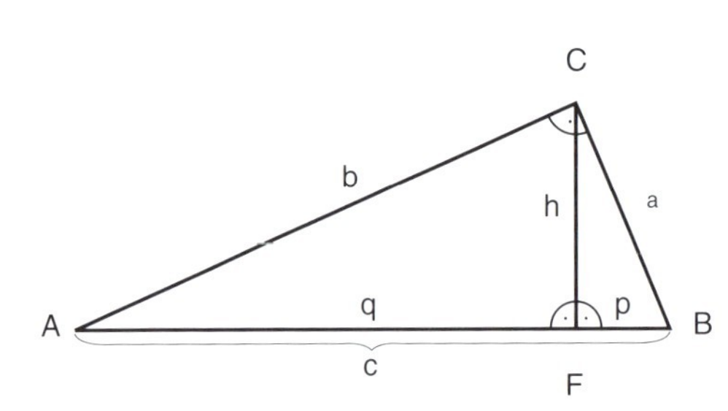

In einem rechtwinkligen Dreieck Δ ABC mit der Hypotenuse c, der Höhe h und dem Höhenfußpunkt F gelten nach dem Satz des Pythagoras folgende Zusammenhänge:

im Δ ABC gilt: $a^2 + b^2 = c^2$
im Δ AFC gilt: $h^2 + q^2 = b^2$
im Δ CFB gilt: $h^2 + p^2 = a^2$
außerdem gilt: $p + q = c$

In die erste Gleichung wird aus den drei anderen Gleichungen eingesetzt:

$$a^2 + b^2 = c^2$$
$$h^2 + p^2 + h^2 + q^2 = (p + q)^2$$
$$2 \cdot h^2 + p^2 + q^2 = p^2 + q^2 + 2 \cdot p \cdot q \quad | - p^2 - q^2$$
$$2 \cdot h^2 = 2 \cdot p \cdot q \quad | : 2$$
$$h^2 = p \cdot q$$

Mit Hilfe dieses Höhensatzes läßt sich ein weiterer Satz im rechtwinkligen Dreieck nachweisen, der ebenfalls den Flächeninhalt eines Quadrates mit dem eines Rechteckes vergleicht:

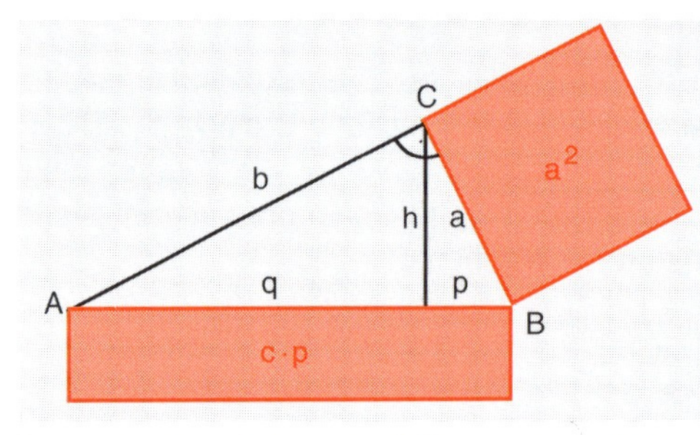

Kathetensatz:

In jedem rechtwinkligen Dreieck hat das Quadrat über einer Kathete den gleichen Flächeninhalt wie das Rechteck aus der Hypotenuse und dem der Kathete anliegenden Hypotenusenabschnitt.

$$a^2 = c \cdot p \quad \text{und} \quad b^2 = c \cdot q$$

Diese beiden Sätze, der Höhensatz und der Kathetensatz, werden nach dem griechischen Mathematiker Euklid (365 - 300 v. Chr.) benannt: die Sätze des Euklid. Sein Werk „Die Elemente" ist wohl das einflußreichste Mathematikbuch bisher. Länger als 2000 Jahre war es die Grundlage der Mathematikausbildung. In diesem Werk faßt Euklid die bis zu seiner Zeit erworbenen mathematischen Erkenntnisse in einem streng systematischen Aufbau zusammen.

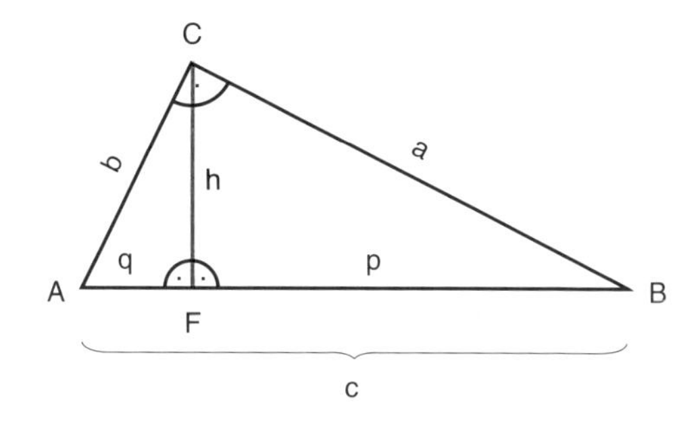

Ist einer der beiden Sätze des Euklid bekannt, so läßt sich mit ihm und dem Satz des Pythagoras der jeweils andere Satz recht schnell nachweisen. Als Beispiel soll hier der Kathetensatz mit Hilfe des Höhensatzes und des Satzes von Pythagoras nachgewiesen werden.

Im Δ CFB gilt $a^2 = h^2 + p^2$

Eingesetzt in den Höhensatz gilt $a^2 = p \cdot q + p^2$

$a^2 = p \cdot (q + p)$

Mit $p + q = c$ gilt: $a^2 = p \cdot c$

Aufgaben zu 6.3

1. In einem rechtwinkligen Dreieck ist gegeben: $h = 6$ cm, $p = 8$ cm. Bestimmen Sie die Seiten a und b erst allgemein, dann mit den gegebenen Zahlen.

2. In einem rechtwinkligen Dreieck ist $a = 12$ cm, $p = 6$ cm. Bestimmen Sie q erst allgemein, dann mit den gegebenen Zahlen.

3. In einem rechtwinkligen Dreieck ist $c = 10{,}25$ cm und $p = 4$ cm. Berechnen Sie h erst allgemein, dann mit den gegebenen Zahlen.

*4. Weisen Sie mit Hilfe des Höhensatzes und des Satzes von Pythagoras nach, daß in jedem rechtwinkligen Dreieck gilt: $b^2 = c \cdot q$.

Wiederholungsaufgaben

Bestimmen Sie bei den Aufgaben 3–7 die gesuchten Größen erst allgemein und dann mit den gegebenen Zahlenwerten.

1. Lösen Sie folgende Formeln nach der angegebenen Variablen auf:
a) $z = \frac{K \cdot i \cdot p}{100}$ gesucht: p b) $V = \pi \cdot r^2 \cdot h$ gesucht: r c) $s = \frac{1}{2} \cdot a \cdot t^2$ gesucht: a

2. Wie hoch müßte ein Zylinder sein, der das gleiche Volumen wie eine Kugel gleichen Durchmessers haben soll?

*3. In einem rechtwinkligen Dreieck ist $a = 5$ cm und $h = 3$ cm. Bestimmen Sie c.

*4. Eine quadratische Pyramide ist 20 m hoch und hat ein Volumen von 4335 m^3. Wie lang ist eine Grundseite?

5. Ein Kreiskegel besitzt eine Oberfläche von 3,6 dm^2. Der Grundkreisradius beträgt 5 cm. Wie lang ist die Seitenkante des Kegels?

6. Ein Auto beschleunigt mit einer konstanten Beschleunigung von $a = 2 \frac{m}{s^2}$ bis zu einer Geschwindigkeit von 100 km/h. In welcher Zeit beschleunigt dieses Auto auf 100 km/h und welchen Weg legt es dabei zurück? Bestimmen Sie t und s.

*7. Aus Gold (Dichte: 19,3 $\frac{g}{cm^3}$) läßt sich besonders dünner Draht mit einem Durchmesser von $\frac{1}{100}$ mm herstellen. Man benötigt solche Drähte bei Chips, die in der Elektronik Verwendung finden. a) Wieviel wiegt 1 km dieses Drahtes? b) Aus 10 km dieses Drahtes soll ein Goldbarren hergestellt werden. Er soll doppelt so lang wie breit und halb so hoch wie breit werden. Welche Maße (Länge, Breite, Höhe) hat dieser Goldbarren?

6

7. Gleichungen mit Parametern

Vor der Sendung

In dieser Lektion finden Sie eine Wiederholung der bisher behandelten Gleichungslehre auf einer allgemeineren Stufe: Die Schritte zum Bestimmen der Lösungsmenge einer Gleichung oder eines Gleichungssystems werden hier nicht nur auf Zahlen, sondern überwiegend auf Parameter angewendet.
Anders als in Lektion 6, wo das Auflösen von Formeln stets mit einem Sachproblem verbunden werden konnte, haben hier die Sachbeispiele nur einführenden Charakter. Den Schwerpunkt dieser Lektion bildet das Rechnen mit Variablen.

Übersicht

1. Im Kapitel **Lineare Gleichungen mit Parametern** wird gezeigt, daß bei der Anwendung von Äquivalenzumformungen auf Parameter Fallunterscheidungen nötig sind.
2. Die Kenntnisse aus dem ersten Kapitel werden vertieft und auf **Lineare Gleichungssysteme mit Parametern** übertragen.
3. Die Anwendung der Lösungsformel auf Formvariablen bildet den Schwerpunkt im Kapitel: **Quadratische Gleichungen mit Parametern.**

7.1 Lineare Gleichungen mit Parametern

Für Säfte aus Früchten gibt es auf dem Markt unterschiedliche Bezeichnungen, die sich nach dem in den Getränken enthaltenen Fruchtanteil richten. Dabei darf „Fruchtsaft" nur ein Getränk genannt werden, das aus 100 % Fruchtanteil besteht; „Fruchtnektar" muß 25 % bis 50 % Fruchtgehalt aufweisen. Ein „Fruchtsaftgetränk" hat 6 % bis 30 % Fruchtanteil, und der Fruchtgehalt von „Limonade" beträgt 3 % bis 15 %.

Nun kann man aus 1 Liter Fruchtsaft durch Hinzufügen von Wasser alle anderen genannten Getränkesorten herstellen: z.B. Fruchtnektar mit 25 % Fruchtanteil oder Limonade mit 4 % Fruchtanteil oder Fruchtsaftgetränk mit 10 % Fruchtanteil.

Zu bestimmen ist dabei, wieviel Liter Wasser benötigt werden, um das Getränk mit dem gewünschten Fruchtanteil zu erhalten. Die Lösungsvariable x bestimmt die Menge des hinzugefügten Wassers.
Eine Einheit des genannten Fruchtnektars erhält man, indem man zu 1 l Fruchtsaft soviel Wasser hinzugibt, bis die erhaltene Flüssigkeitsmenge einen Fruchtanteil von 25 % aufweist.

Die zugehörige Gleichung für den Fruchtnektar mit 25 % Fruchtanteil lautet:

$$(1 + x) \cdot \frac{25}{100} = 1$$

Um aus 1 l Fruchtsaft durch Hinzufügen von Wasser eine Limonade mit 4 % Fruchtanteil zu erhalten, muß man die Wassermenge berechnen durch:

$$(1 + x) \cdot \frac{4}{100} = 1$$

Die Berechnung der Wassermenge für das Fruchtsaftgetränk mit 10 % Fruchtanteil führt zu der Gleichung:

$$(1 + x) \cdot \frac{10}{100} = 1$$

Alle drei Gleichungen sind von derselben Form. Damit man nicht für jeden der genannten Fälle eine eigene Gleichung lösen muß, führen wir für den Fruchtanteil den Parameter p ein und verallgemeinern die Fragestellung:
Wieviel Liter Wasser muß man zu 1 Liter Fruchtsaft hinzufügen, um ein Getränk mit p % Fruchtanteil zu erhalten? Die Gleichung mit dem Parameter p lautet dann:

$$(1 + x) \cdot \frac{p}{100} = 1 \qquad | \cdot 100$$

Diese Gleichung wird nun nach der Lösungsvariablen x aufgelöst
Die Division durch p ist nur dann eine Äquivalenzumformung, wenn $p \neq 0$ ist.

$$(1 + x) \cdot p = 100 \qquad | : p, \text{ mit } p \neq 0$$

$$1 + x = \frac{100}{p} \qquad | - 1$$

$$x = \frac{100}{p} - 1$$

Mit der Lösung $x = \frac{100}{p} - 1$ sind alle Fälle erfaßt, bei denen $p \neq 0$ ist. Im Zusammenhang mit dem Sachbeispiel ist klar, daß sich aus 1 Liter Fruchtsaft durch Hinzufügen von Wasser kein Getränk von 0 % Fruchtanteil ergeben kann. Für die anderen genannten Getränke kann man nun mit Hilfe der Lösung $x = \frac{100}{p} - 1$ die benötigte Menge Wasser bestimmen:

Für Nektar mit 25 % Fruchtanteil: $x = \frac{100}{25} - 1 = 3$ Liter Wasser.

Bestimmen Sie bitte die Lösung für die beiden anderen genannten Getränkesorten. → ②

Vergleicht man den Lösungsweg für dieses Einführungsbeispiel zu linearen Gleichungen mit Parametern mit dem bisher durchgeführten Lösen von linearen Gleichungen, so entdeckt man zwei Unterschiede: Als Lösung ergibt sich (in der Regel) ein **Lösungsterm**, der außer Zahlen noch den Parameter enthält.

Jede Umformung, die mit Hilfe des Parameters durchgeführt wird, muß daraufhin geprüft werden, ob es sich für jede Einsetzung des Parameters um eine Äquivalenzumformung handelt. Diese Überprüfung führt zu **Fallunterscheidungen**. In der Regel werden für die Lösungen bestimmte Einsetzungen für den Parameter ausgenommen, wie hier der Fall $p = 0$. Für die bei der Umformung ausgeschlossenen Fälle kann untersucht werden, zu welcher Lösungsmenge diese Fälle führen würden.

Das Bestimmen eines Lösungsterms für eine lineare Gleichung mit Parametern und das Verfahren der Fallunterscheidung soll nun anhand weiterer Beispiele geübt werden.
Dabei beschränken wir uns zunächst auf lineare Gleichungen mit einem Parameter. Grundmenge soll für alle Beispiele die Menge der reellen Zahlen, $\mathbb{R}$, sein. Die Lösungsvariable wird stets mit x bezeichnet.

Beispiel 1
Bestimmen Sie die Lösungen zu: $2 \cdot (a + x) - 4a = (a + 2) \cdot (a - x)$

Lösungsweg:
Das Auflösen nach der Lösungsvariablen x wird wie üblich bei linearen Gleichungen vorgenommen.

Auflösen der Klammern: $2a + 2x - 4a = a^2 - ax + 2a - 2x$

Zusammenfassen: $-2a + 2x = a^2 - ax + 2a - 2x \qquad | + ax + 2x + 2a$

Nun wird eine Äquivalenzumformung vorgenommen, so daß alle Terme mit dem Faktor x auf einer Seite der Gleichung stehen; die Äquivalenzumformung „$+ ax + 2a$" kann für alle Einsetzungen von a durchgeführt werden.

$$ax + 4x = a^2 + 4a$$

Der letzte Schritt - Dividieren durch den Faktor bei x – kann erst durchgeführt werden, wenn die Summe $ax + 4x$ durch Ausklammern von x faktorisiert worden ist:

$$x \cdot (a + 4) = a^2 + 4a \quad | : (a + 4), \text{ falls } a \neq -4$$

Die Division von beiden Seiten einer Gleichung durch dieselbe Zahl ist nur dann eine Äquivalenzumformung, wenn nicht durch 0 dividiert wird.

$$x = \frac{a^2 + 4a}{a + 4} = \frac{a \cdot (a + 4)}{a + 4}$$

(1) $x = a$, falls $a \neq -4$

Die **Fallunterscheidung** soll an diesem Beispiel einmal näher untersucht werden. Welche Lösung ergibt sich für den Fall $a = -4$?

(2) Um auf die Gleichung $x \cdot (a + 4) = a^2 + 4a$ eine Äquivalenzumformung anwenden zu können, mußte der Fall $a = -4$ ausgeschlossen werden.
In diese Gleichung setzen wir nun für den Parameter a die Zahl -4 ein:

$$x \cdot (-4 + 4) = 16 + 4 \cdot (-4)$$
$$x \cdot 0 = 0$$

Diese Aussage ist allgemeingültig, für $a = -4$ gilt daher $L = \mathbb{R}$.

Die Lösungen der Gleichung $2 \cdot (a + x) - 4a = (a + 2) \cdot (a - x)$ sind:
(1) $x = a$ für $a \neq -4$ und (2) $L = \mathbb{R}$ für $a = -4$.

Wie an diesem Beispiel erkennbar ist, reduzieren sich die Überprüfungen der Umformungen von Gleichungen auf die Fälle, in denen mit Termen, die den Parameter enthalten, multipliziert wird oder in denen durch einen solchen Term dividiert wird.

Beispiel 2

Bestimmen Sie in der Gleichung $(4ax + 1) \cdot 2a = ax + 62a$ alle Lösungen für x und einen Wert für a so, daß sich die Lösung $x = 4$ ergibt.

Lösungsweg:

Auflösen der Gleichung nach x.

$$(4ax + 1) \cdot 2a = ax + 62a$$
$$8a^2x + 2a = ax + 62a \quad | -ax - 2a$$
$$8a^2x - ax = 60a$$
$$x \cdot (8a^2 - a) = 60a \quad | : (8a^2 - a) \text{ falls } 8a^2 - a \neq 0$$
$$x = \frac{60a}{8a^2 - a} = \frac{60a}{a \cdot (8a - 1)}$$
$$x = \frac{60}{8a - 1} \quad \text{für } 8a^2 - a \neq 0$$

Fallunterscheidung:

Der Fall $8a^2 - a = 0$ muß noch untersucht werden. Dieser Fall tritt ein, wenn

(2) $a = 0$, dann lautet die Gleichung vor der entsprechenden Äquivalenzumformung:
$x \cdot 0 = 0$ Dies ist wahr für alle x, also $L = \mathbb{R}$.

(3) $a = \frac{1}{8}$, dann lautet diese Gleichung: $x \cdot (\frac{1}{8} - \frac{1}{8}) = \frac{60}{8}$, also $x \cdot 0 = \frac{60}{8}$
Dies ist für keine Einsetzung für x wahr.

Vergleicht man die hier durchgeführte Fallunterscheidung mit der im ersten Beispiel, so fällt eine Gemeinsamkeit auf: Wenn man die für den Parameter ausgeschlossene Zahl in genau die Gleichung einsetzt, deren Äquivalenzumformung zu dieser Fallunterscheidung führt, dann erhält man als linke Seite der Gleichung $x \cdot 0$. Dies muß immer so sein, denn gerade die Division durch den Faktor bei x führt ja zu der Einschränkung für den Parameter. Ist die rechte Seite der Gleichung ebenfalls 0 (wie in Beispiel 1 und im Fall (2) des Beispiels 2), dann führt dies zur Lösungsmenge $\mathbb{R}$ für den untersuchten Fall. Ist dagegen die rechte Seite der Gleichung nicht Null, dann ist die Löunsgsmenge für diesen Fall leer. Es kann also bei der Untersuchung von Fallunterscheidungen nur diese beiden Möglichkeiten geben.

Die gestellte Aufgabe ist damit aber noch nicht vollständig gelöst, denn nun soll noch ein Wert für a so bestimmt werden, daß die Gleichung die Lösung $x = 4$ hat. Dazu setzt man in der berechneten Lösung für x den Wert 4 ein:

$$\begin{aligned} 4 &= \frac{60}{8a-1} && | \cdot (8a-1) \\ 32a - 4 &= 60 && | + 4 \\ 32a &= 64 && | : 32 \\ a &= 2 \end{aligned}$$

Damit hat die Gleichung $(4 \cdot 2x + 1) \cdot 2 \cdot 2 = 2x + 62 \cdot 2$, zusammengefaßt: $(8x + 1) \cdot 4 = 2x + 124$, die Lösung $x = 4$.

Beispiel 3

In einer linearen Gleichung können auch mehrere Parameter vorkommen. Der Lösungsterm enthält dann meist ebenfalls mehrere Parameter. Zu beachten ist die Formulierung der Fallunterscheidungen. Dazu ein Beispiel:

Bestimmen Sie die Lösungen der Gleichung

$$(2x + a)^2 - (2x - b)^2 = 2a^2 + 2ab$$

Lösungsweg:

Beim Auflösen dieser Gleichung nach x müssen die binomischen Formeln angewendet und das Minuszeichen vor der zweiten Klammer beachtet werden.

$$\begin{aligned} 4x^2 + 4ax + a^2 - (4x - 4bx + b^2) &= 2a^2 + 2ab \\ 4x^2 + 4ax + a^2 - 4x^2 + 4bx - b^2 &= 2a^2 + 2ab \\ 4ax + a^2 + 4bx - b^2 &= 2a^2 + 2ab && | - a^2 + b^2 \\ 4ax + 4bx &= a^2 + 2ab + b^2 \end{aligned}$$

Auf den Term rechts vom Gleichheitszeichen kann die 1. binomische Formel angewendet werden:

$$\begin{aligned} x \cdot (4a + 4b) &= (a + b)^2 && | : (4a + 4b) && \text{für } 4a + 4b \neq 0 \\ x &= \frac{(a+b)^2}{4a + 4b} \\ x &= \frac{(a+b)^2}{4 \cdot (a+b)} \\ (1) \qquad x &= \frac{a+b}{4}, && && \text{für } 4a + 4b \neq 0 \end{aligned}$$

Fallunterscheidung:

(2) Der Fall $4a + 4b = 0$ muß noch untersucht werden. Im Unterschied zu den Gleichungen mit einem Parameter tritt dieser Fall nicht nur für *eine* Belegung des Parameters ein, sondern immer dann, wenn $a = -b$ ist. Dies kann man anhand folgender Umformungen berechnen:

$$\begin{aligned} 4a + 4b &= 0 && | - 4b \\ 4a &= -4b && | : 4 \\ a &= -b \end{aligned}$$

Die Lösungsmenge für den Fall $a = -b$ bestimmt man, indem man in der Gleichung, die durch $(4a + 4b)$ dividiert werden sollte, für a nun $-b$ einsetzt:

$$x \cdot (-4b + 4b) = (-b + b)^2$$

$$x \cdot 0 = 0 \quad , \qquad \text{also } L = \mathbb{R}$$

Die gegebene Gleichung hat daher die Lösungen:

(1) $x = \frac{a + b}{4}$ für $a \neq -b$ und (2) $L = \mathbb{R}$ für $a = -b$

Aufgaben zu 7.1

1. Bestimmen Sie die Lösungen der Gleichung
   a) $7 \cdot (5x + a) - 5 \cdot (4x - 3b) = 22a$ b) $(x - 2a) \cdot (x - 4a) = (x - a) \cdot (x - 3a)$

2. Bestimmen Sie in der Gleichung $(x - a) \cdot (a + 1) + 2a = -(a - x)$ die Lösungen für $a = 4$; $a = -3$; $a = 0{,}3$; $a = 0$.

3. Bestimmen Sie die Lösungen der Gleichung $(a - 6) \cdot x - c = c - (6 - c) \cdot x$, sowie einen Wert für c, so daß sich mit $a = 2$ die Lösung $x = 8$ ergibt.

4. Bestimmen Sie die Lösungen zu folgenden Gleichungen:
   a) $(x - a)^2 + (x + a) \cdot (x - a) = (2x + a) \cdot x + 6a^2$
   b) $\frac{1}{a} \cdot (4a + ax) = 7 \cdot (b - x) - b, \; a \neq 0$

7.2 Lineare Gleichungssysteme mit Parametern

Als Einführungsbeispiel zu diesem Kapitel soll folgende Sachaufgabe dienen:
Um durch Mischung verschiedene Alkohollösungen erzeugen zu können, steht ein Vorrat von 15%iger und ein Vorrat von 75%iger Alkohollösung zur Verfügung. Folgende Bestellungen liegen vor:

10 Liter Lösung zu 40 %
5 Liter Lösung zu 70 %
20 Liter Lösung zu 35 %
8 Liter Lösung zu 50 %

Wieviel Liter der 15%igen Alkohollösung und wieviel Liter der 75%igen Alkohollösung müssen für die jeweiligen Bestellungen gemischt werden?

Das mathematische Modell zur Lösung dieser Sachaufgabe ist ein lineares Gleichungssystem. Damit nicht für jedes Zahlenbeispiel ein neues Gleichungssystem gelöst werden muß, verallgemeinert man die Angaben der verschiedenen Bestellungen zu:

a Liter Lösung zu p %

Die Lösungsvariablen x und y des Lösungspaares $(x \mid y)$ werden festgelegt mit: x Liter 15%iger Lösung und y Liter 75%iger Lösung.
Die erste Gleichung des Systems beschreibt den Zusammenhang:
x Liter 15%iger Lösung, gemischt mit y Liter 75%iger Lösung, muß a Liter p%iger Lösung ergeben:

$$x \cdot \frac{15}{100} + y \cdot \frac{75}{100} = a \cdot \frac{p}{100} \qquad | \cdot 100$$

Die Gleichung läßt sich vereinfachen zu $\quad x \cdot 15 + y \cdot 75 = a \cdot p$

Die zweite Gleichung des Systems beschreibt den Zusammenhang: x Liter plus y Liter müssen zusammen a Liter ergeben:

$$x + y = a$$

Damit erhalten wir zur Lösung der Sachaufgabe das folgende lineare Gleichungssystem:

$$\left| \begin{aligned} x \cdot 15 + y \cdot 75 &= a \cdot p \\ x + y &= a \end{aligned} \right|$$

Als Lösungsverfahren für dieses System kann nun das Einsetzungsverfahren oder das Additionsverfahren gewählt werden.
Zur Berechnung dieses Beispiels soll hier das Einsetzungsverfahren gezeigt werden. Zur Übung können Sie dieses Beispiel auch noch einmal mit Hilfe des Additionsverfahrens lösen.
Wenn man die zweite Gleichung des Systems nach y auflöst, dann ergibt sich:

$$\left| \begin{aligned} x \cdot 15 + y \cdot 75 &= a \cdot p \\ y &= a - x \end{aligned} \right|$$

Die rechte Seite der zweiten Gleichung wird für y in die erste Gleichung eingesetzt:

$$x \cdot 15 + (a - x) \cdot 75 = a \cdot p$$

Und diese Gleichung wird nach x aufgelöst:

$$\begin{aligned} 15x + 75a - 75x &= a \cdot p \\ 75a - 60x &= a \cdot p \qquad | + 60x - a \cdot p \\ 75a - a \cdot p &= 60x \qquad | : 60 \\ \frac{75a - a \cdot p}{60} &= x \end{aligned}$$

Der für x erhaltene Wert wird in die zweite Gleichung eingesetzt:

$$\begin{aligned} y &= a - \frac{75a - a \cdot p}{60} \\ y &= \frac{60a - (75a - a \cdot p)}{60} \\ y &= \frac{a \cdot p - 15a}{60} \end{aligned}$$

Das Lösungspaar (x | y) für das lineare Gleichungssystem lautet also:

$$\left(\frac{75a - a \cdot p}{60} \,\middle|\, \frac{a \cdot p - 15a}{60} \right)$$

Mit Hilfe dieser allgemeinen Lösung können nun die Zahlen für die Einzelbeispiele (der Bestellungen) berechnet werden:

10 Liter zu 40 %: $x = \frac{75 \cdot 10 - 10 \cdot 40}{60} = \frac{35}{6}$; $y = \frac{10 \cdot 40 - 15 \cdot 10}{60} = \frac{25}{6}$

Bestimmen Sie nun nach dem gleichen Schema die übrigen Werte:

5 Liter zu 70 %, 20 Liter zu 35 %; 8 Liter zu 50 %. → (1)

Bei den Berechnungen zu diesem Beispiel mußte keine Fallunterscheidung durchgeführt werden, da die Gleichungen weder mit dem Parameter multipliziert wurden noch durch den Parameter dividiert wurden.
Insgesamt sollen in diesem Kapitel die Fallunterscheidungen nur insoweit angesprochen werden, als bestimmte Einsetzungen für die Parameter ausgeschlossen werden. Eine weitere Untersuchung dieser ausgeschlossenen Fälle soll nicht erfolgen.

Beispiel 2

Bestimmen Sie die Lösungsmenge des linearen Gleichungssystems

$$\left| \begin{aligned} 2x - y &= a + 3b \\ ax - ay &= 2ab \end{aligned} \right|$$

Für welche Einsetzungen von a und b ergibt sich das Lösungspaar $(2 \mid 6)$?

Lösungsweg:
Zur Lösung dieses Systems wählen wir wieder das Einsetzungsverfahren und lösen die erste Gleichung nach y auf:

$$\left| \begin{array}{rl} 2x - y &= a + 3b \\ ax - ay &= 2ab \end{array} \right| \quad | + y - a - 3b$$

$$\left| \begin{array}{rl} 2x - a - 3b &= y \\ ax - ay &= 2ab \end{array} \right|$$

Die linke Seite der ersten Gleichung wird für y in die zweite Gleichung eingesetzt:

$$ax - a \cdot (2x - a - 3b) = 2ab$$

Und diese Gleichung wird nach x aufgelöst:

$$\begin{array}{rll} ax - 2ax + a^2 + 3ab &= 2ab & | - a^2 - 3ab \\ -ax &= -a^2 - ab & | : (-a), \text{ für } a \neq 0 \\ x &= a + b & \end{array}$$

Der für x erhaltene Wert wird in die erste Gleichung eingesetzt:

$$\begin{array}{rl} 2 \cdot (a + b) - a - 3b &= y \\ 2a + 2b - a - 3b &= y \\ a - b &= y \end{array}$$

Für $a \neq 0$ ist die Lösungsmenge: $L = \{ (a + b \mid a - b) \}$

Nun muß noch ermittelt werden, für welche Einsetzungen von a und b sich das Lösungspaar $(2 \mid 6)$ ergibt.
Dazu setzt man die Werte 2 und 6 in die für x und y errechneten Lösungen ein:

$$\left| \begin{array}{l} 2 = a + b \\ 6 = a - b \end{array} \right|$$

So erhält man wieder ein lineares Gleichungssystem mit den Lösungsvariablen a und b. Dieses System läßt sich am besten mit Hilfe des Additionsverfahrens lösen. Addiert man beide Gleichungen, so ergibt sich:

$$8 = 2a \quad | : 2$$

und damit:

$$4 = a$$

Der Wert für a wird in die erste Gleichung eingesetzt:

$$\begin{array}{rll} 2 &= 4 + b & | - 4 \\ -2 &= b & \end{array}$$

Für $a = 4$ und $b = -2$ hat das gegebene lineare Gleichungssystem das Lösungspaar $(2 \mid 6)$.

Das hier angesprochene Additionsverfahren ist bei der Lösung von linearen Systemen oft günstiger als das Einsetzungsverfahren. Dies soll im letzten Beispiel dieses Kapitels gezeigt werden.

Beispiel 3
Bestimmen Sie die Lösungsmenge des linearen Gleichungssystems

$$\left| \begin{array}{rl} ax - x - by - y &= 0 \\ 3ax - 3x + 2by + 2y &= 5 \cdot (a - 1) \cdot (b + 1) \end{array} \right|$$

Lösungsweg:
Zur Lösung dieses Beispiels bietet sich das Additionsverfahren an.
Wenn man die erste Gleichung mit 2 multipliziert . . .

$$\left|\begin{array}{rl} ax - x - by - y &= 0 \\ 3ax - 3x + 2by + 2y &= 5\cdot(a-1)\cdot(b+1) \end{array}\right| \quad |\cdot 2$$

$$\left|\begin{array}{rl} 2ax - 2x - 2by - 2y &= 0 \\ 3ax - 3x + 2by + 2y &= 5\cdot(a-1)\cdot(b+1) \end{array}\right| \quad |+$$

. . . und dann beide Gleichungen addiert, erhält man eine Gleichung mit der Lösungsvariablen x:

$$\begin{aligned} 5ax - 5x &= 5\cdot(a-1)\cdot(b+1) \quad |:5 \\ ax - x &= (a-1)\cdot(b+1) \\ x\cdot(a-1) &= (a-1)\cdot(b+1) \quad |:(a-1) \quad \text{für } a \neq 1 \\ x &= b+1 \end{aligned}$$

Den für x erhaltenen Wert setzt man in die erste Gleichung ein . . .

$$a\cdot(b+1) - (b+1) - by - y = 0 \quad | + by + y$$

. . . und löst nach y auf: $a\cdot(b+1) - (b+1) = by + y$

Hier ist es günstig, den Faktor $(b+1)$ auszuklammern.

$$(b+1)\cdot(a-1) = y\cdot(b+1) \quad |:(b+1) \quad \text{für } b \neq -1$$

$$a - 1 = y$$

Für $a \neq 1$ und $b \neq -1$ ist die Lösungsmenge: $L = \{(b+1 \mid a-1)\}$

Aufgaben zu 7.2

1. Bestimmen Sie jeweils die Lösungsmenge der linearen Gleichungssysteme.

a) $\left|\begin{array}{l} 4x + 3y = a \\ 5x + 4y = 2a \end{array}\right|$ b) $\left|\begin{array}{rl} ax - ay &= -5 \\ ax - 2ay &= 3 \end{array}\right|$

2. Bestimmen Sie die Lösungsmenge des linearen Gleichungssystems

$$\left|\begin{array}{rl} (a+b)\cdot x - (a-b)\cdot y &= 4ab \\ (a+b)\cdot x + (a-b)\cdot y &= 2\cdot(a^2+b^2) \end{array}\right|$$

wiederholen

Für welche Einsetzungen von a und b ergibt sich das Lösungspaar $(-4 \mid 7)$?

7.3 Quadratische Gleichungen mit Parametern

In Lektion 6 wurde gezeigt, wie Formeln aus der Geometrie oder Physik nach den in diesen Formeln vorkommenden Parametern aufgelöst werden. Vielleicht ist Ihnen dort schon aufgefallen, daß in keiner Aufgabe verlangt wurde, die Formeln für den Oberflächeninhalt von Zylinder ($O = 2\pi r^2 + 2\pi r h$) oder Kegel ($O = \pi r^2 + \pi r s$) nach der Variablen r aufzulösen.

Betrachtet man in diesen Formeln r als Lösungsvariable, dann handelt es sich jeweils um eine quadratische Gleichung, in der die Lösungsvariable r sowohl in quadratischer Form als auch in linearer Form vorkommt. Eine solche Aufgabenstellung gehört zum Thema „quadratische Gleichungen mit Parametern" und soll deshalb in diesem Kapitel behandelt werden.

Beispiel 1

Bei einem Zylinder sind der Oberflächeninhalt O und die Höhe h bekannt. Bestimmen Sie den Radius r.

Lösungsweg:

Der Zusammenhang zwischen den genannten Größen ist durch die Formel für den Oberflächeninhalt gegeben: $O = 2\pi r^2 + 2\pi r h$

Da es sich bezüglich der Lösungsvariablen r um eine quadratische Gleichung handelt, muß hier die Lösungsformel für quadratische Gleichungen angewendet werden. In der Lektion 13 von „Funktionen in Anwendungen" haben Sie zwei verschiedene Lösungsformeln kennengelernt. Wir werden uns in diesem Kapitel auf eine dieser Formeln beschränken, die hier zur Erinnerung noch einmal genannt sein soll:

> Die Lösungen x_1 und x_2 einer quadratischen Gleichung der Form $x^2 + px + q = 0$ lassen sich berechnen durch:
>
> $$x_{1/2} = -\frac{p}{2} \pm \sqrt{\left(\frac{p}{2}\right)^2 - q}$$

Zurück zum Beispiel: Die Gleichung muß erst in die Form $x^2 + px + q = 0$ gebracht werden:

$$O = 2\pi r^2 + 2\pi r h \qquad | -O$$

$$0 = 2\pi r^2 + 2\pi r h - O \qquad | : 2\pi$$

$$0 = r^2 + rh - \frac{O}{2\pi}$$

Nun kann die Lösungsformel für quadratische Gleichungen angewendet werden. Dabei entspricht in unserem Beispiel die Größe h dem Parameter p in der Formel und der Term $-\frac{O}{2\pi}$ dem Parameter q der Formel.

$$r_{1/2} = -\frac{h}{2} \pm \sqrt{\left(\frac{h}{2}\right)^2 + \frac{O}{2\pi}}$$

Da im Sachzusammenhang für den Radius r nur eine positive Lösung in Frage kommt, und auch h und O nur positive Werte sein können, ergibt sich für den Radius r der Zusammenhang:

$$r = -\frac{h}{2} + \sqrt{\left(\frac{h}{2}\right)^2 + \frac{O}{2\pi}}$$

In den weiteren Beispielen zu diesem Kapitel soll die Lösungsvariable wieder mit x bezeichnet werden. Der Lösungsweg besteht immer darin, die Gleichung zunächst auf die Form $x^2 + px + q = 0$ zu bringen, die Terme innerhalb der Gleichung, die für p und q eingesetzt werden müssen, zu bestimmen und schließlich in die Lösungsformel einzusetzen. Oft kann der sich durch die Lösungsformel ergebende Term noch vereinfacht werden. Dazu noch einige Beispiele:

Beispiel 2

Bestimmen Sie die Lösungen der Gleichung $x \cdot (a + x) - 6a \cdot (a - 1) = 6a$.

Lösungsweg:

In der gegebenen Gleichung müssen zunächst die Klammern aufgelöst werden:

$$ax + x^2 - 6a^2 + 6a = 6a \qquad | -6a$$

Dann wird die Gleichung durch Äquivalenzumformung vereinfacht . . .

$$ax + x^2 - 6a^2 = 0$$

. . . und für die Lösungsformel vorbereitet:

$$x^2 + ax - 6a^2 = 0$$

$$x_{1/2} = -\frac{a}{2} \pm \sqrt{\frac{a^2}{4} + 6a^2}$$

Der Term unter der Wurzel kann noch zusammengefaßt werden:

$$x_{1/2} = -\frac{a}{2} \pm \sqrt{\frac{a^2 + 24a^2}{4}}$$

Die Wurzel kann nun ausgerechnet werden:

$$x_{1/2} = -\frac{a}{2} \pm \frac{5a}{2}$$

Und damit können beide Lösungen bestimmt werden .

$$x_1 = -\frac{a}{2} + \frac{5a}{2} = 2a$$

$$x_2 = -\frac{a}{2} - \frac{5a}{2} = -3a$$

Wenn man den Term unter der Wurzel vereinfachen kann und möglichst noch die Wurzel ziehen kann, dann sind die Lösungen von quadratischen Gleichungen relativ schnell bestimmt. Bleibt dagegen ein Term mit Parametern unter der Wurzel bestehen, dann müssen auch hier Fallunterscheidungen getroffen werden. Dazu ein Beispiel:

Beispiel 3

Die Lösungen von $x^2 + ax + 6a = 0$ sollen bestimmt werden.

Lösungsweg:

Auf diese Gleichung kann sofort die Lösungsformel angewendet werden:

$$x_{1/2} = -\frac{a}{2} \pm \sqrt{\frac{a^2}{4} - 6a}$$

Hier existieren nur dann Lösungen, wenn der Term unter der Wurzel größer oder gleich Null ist, also für $\frac{a^2}{4} - 6a \geq 0 \quad | + 6a$

Dieser Term muß noch so umgeformt werden, daß man eine Bedingung für den Parameter a ablesen kann $\frac{a^2}{4} \geq 6a \quad | \cdot 4$

Dies gilt für alle $a < 0$ $\quad a^2 \geq 24a$

Denn: Wenn a negativ ist, dann ist $24a$ ebenfalls negativ; a^2 ist als positive Zahl dann immer größer als die negative Zahl $24a$.

$$a^2 \geq 24a \quad | : a \quad \text{für } a \neq 0$$

Es gilt ebenfalls für $a > 24$

Der Fall $a = 0$ und $a = 24$ muß getrennt untersucht werden.

Das bedeutet für die Lösungen der Gleichung $x^2 + ax + 6a = 0$:

(1) Für $a > 24$ und $a < 0$ hat die Gleichung zwei Lösungen: $x_{1/2} = -\frac{a}{2} \pm \sqrt{\frac{a^2}{4} - 6a}$

(2) Für $a = 0$ und $a = 24$ hat der Term unter der Wurzel den Wert 0, die Gleichung hat jeweils eine Lösung: $x = 0$ für $a = 0$; $x = -12$ für $a = 24$

(3) Für $0 < a < 24$ hat die Gleichung keine Lösung.

Zum Abschluß dieses Kapitels soll noch ein Beispiel behandelt werden, in dem bei einer quadratischen Gleichung zwei unterschiedliche Parameter vorkommen:

Beispiel 4

Die Lösungen der Gleichung

$(x - a) \cdot (x + a) - b \cdot (2b + x) = a^2 + a \cdot (x - 5b)$ sind zu bestimmen.

Lösungsweg:

Zunächst werden die Klammern aufgelöst . . .

$$x^2 - a^2 - 2b^2 - bx = a^2 + ax - 5ab \qquad | - a^2 - ax + 5ab$$

. . . dann Äquivalenzumformungen so durchgeführt, daß auf der rechten Seite der Gleichung Null steht:

$$x^2 - 2a^2 - 2b^2 - bx - ax + 5ab = 0$$

Nun muß die Gleichung für die Lösungsformel so vorbereitet werden, daß man die für p und q in der Lösungsformel einzusetzenden Terme erkennen kann:

$$x^2 + (-a - b) \cdot x + (-2a^2 - 2b^2 + 5ab) = 0$$

Diese Anordnung entspricht

$$x^2 + p \cdot x + q = 0$$

7

Nun kann die Lösungsformel angewendet werden:

$$x_{1/2} = \frac{a+b}{2} \pm \sqrt{\frac{(a+b)^2}{4} - (-2a^2 - 2b^2 + 5ab)}$$

Der Term unter der Wurzel muß nun zusammengefaßt und vereinfacht werden.

$$x_{1/2} = \frac{a+b}{2} \pm \sqrt{\frac{a^2 + b^2 + 2ab}{4} + 2a^2 + 2b^2 - 5ab}$$

$$x_{1/2} = \frac{a+b}{2} \pm \sqrt{\frac{a^2 + b^2 + 2ab + 8a^2 + 8b^2 - 20ab}{4}}$$

$$x_{1/2} = \frac{a+b}{2} \pm \sqrt{\frac{9a^2 + 9b^2 - 18ab}{4}}$$

Nach Anwendung der zweiten binomischen Formel kann die Wurzel gezogen werden:

$$x_{1/2} = \frac{a+b}{2} \pm \sqrt{\frac{(3a-3b)^2}{4}}$$

$$x_{1/2} = \frac{a+b}{2} \pm \frac{3a-3b}{2}$$

Jetzt kann man beide Lösungen berechnen:

$$x_1 = \frac{a+b}{2} + \frac{3a-3b}{2} = \frac{4a-2b}{2} = 2a - b$$

$$x_2 = \frac{a+b}{2} - \frac{3a-3b}{2} = \frac{-2a+4b}{2} = -a + 2b$$

Aufgabe zu 7.3

Bestimmen Sie die Lösungen folgender quadratischer Gleichungen:

a) $x^2 + 4a^2 = 5ax$

b) $(x-a) \cdot (x+a) = a^2 - 5x^2 + ax$

c) $2x \cdot (x - 2a) + a^2 = 2 - a^2$

d) $a \cdot (a+1) - x \cdot (2a - x) = 20 + x$

e) $33 \cdot (a - x) - 3x \cdot (2a - x) + 3a^2 + 72 = 0$

f) $x^2 + a \cdot (a - 2x) = 2b \cdot (x - a)$

Wiederholungsaufgaben

*1. Bestimmen Sie die Lösungen der folgenden linearen Gleichungen. Nennen Sie die Belegungen der Parameter, die für die berechnete Lösung ausgeschlossen werden müssen.

a) $ax + bc = bx + ac$

b) $3 \cdot (x + 3ab) = a \cdot (3b - x) - 18b$

c) $(x-a) \cdot (x+4a) = (x-2a) \cdot (x+3a)$

d) $a + ax + x + x^2 = (x+1) \cdot (x-1)$

*2. Berechnen Sie die Lösungen zu folgenden linearen Gleichungssystemen. Geben Sie an, für welche Belegung der Parameter die berechnete Lösung nicht zutrifft.

a) $\left| \begin{array}{l} 3x + 2y = 5a + 1 \\ ax - ay = -3a \end{array} \right|$

b) $\left| \begin{array}{l} bx + ay = 3ab + a - b \\ 2bx - ay = 3ab - a - 2b \end{array} \right|$

c) $\left| \begin{array}{l} 7bx - 3ay = ab \\ 7ax + 4ay = a^2 \end{array} \right|$

*3. Bestimmen Sie die Lösungen der folgenden quadratischen Gleichungen.

a) $3a \cdot (a - x) - 2x \cdot (2a - x) = 0$

b) $x \cdot (x - 5) + 6 = a \cdot (a - 1)$

c) $x^2 - b^2 = a \cdot (2x - a)$

*4. Bestimmen Sie in der Gleichung $7b + b(ax - 7) = a(x - 4b) + 11ab$ Werte für die Parameter a und b so, daß die Gleichung die Lösung $x = 5$ hat.

5. Durch welche Zahl muß man in der folgenden Gleichung den Summanden 99 ersetzen, damit man die Lösung 5 erhält? $8 \cdot (x + 4) = 5 \cdot (x - 5) + 99$

6. Bestimmen Sie in $2 \cdot (a - x) = 3 \cdot (x - 2a)$ die Lösung für $a = 1$; $a = 5$; $a = -4$.

7. Bestimmen Sie die Lösungen der folgenden linearen Gleichungen. Welche Belegungen von a müssen jeweils ausgeschlossen werden?

   a) $a^2 \cdot (x - \frac{1}{a^2}) = a \cdot (1 + \frac{1}{a} \cdot x)$

   b) $\frac{1}{2a} \cdot (6ax - 40a^2) - x = a \cdot (7a - x + 3a)$

   c) $3x \cdot (a - b) + b \cdot (4a + 1) = a \cdot (6a + b) - b \cdot (3x - 1)$

8. Berechnen Sie die Lösungen der folgenden linearen Gleichungssysteme. Geben Sie an, für welche Belegung der Parameter die Lösung nicht zutrifft:

   a) $\left| \begin{array}{l} ax + ay = 2a^2 - ab \\ ay + bx = ab \end{array} \right|$

   c) $\left| \begin{array}{l} 2(x + a) - 3(y + b) = 4a + 8b \\ 3(x + b) + 2(y + a) = 5a \end{array} \right|$

   b) $\left| \begin{array}{l} 5x - 2y = 11c - 2 \\ cx + cy = 5c^2 + c \end{array} \right|$

   d) $\left| \begin{array}{l} ax - 2by = -16b \\ 3ax - 4by = -38b \end{array} \right|$

9. Bestimmen Sie die Lösung des folgenden linearen Gleichungssystems zunächst allgemein. Geben Sie dann an, für welche Belegungen von a und b das Gleichungssystem die Lösung $(-3 \mid 8)$ hat.

$$\left| \begin{array}{l} a \cdot (x + 1) - b \cdot (y + 2) = a \cdot (2a + b + 1) - b \cdot (3b + 2) \\ b \cdot (2x - 3) + a \cdot (4 - y) = a \cdot (b + 2a + 4) - b \cdot (2b + 3) \end{array} \right|$$

10. Bestimmen Sie die Lösungen der folgenden quadratischen Gleichungen:

   a) $a \cdot (a + 8) + b \cdot (2ax - ab) = x \cdot (ax + 2a) - a \cdot (2b - a)$

   b) $20ax + 16b^2 = 5 \cdot (x + a)^2 - 4b^2$

   c) $2x \cdot (a^2 + ab) - ab^2 = 2a^2b + ax^2$

   d) $b \cdot (x - 6b) = a \cdot (x^2 - 6b^2) + abx - x^2$

11. Bestimmen Sie in der Gleichung

$$a^2 \cdot (x + 2a) = b \cdot (9ab + 3a^2) - ax \cdot (6b - x)$$

Werte für a und b so, daß diese Gleichung die Lösungen $x_1 = -8$ und $x_2 = 7$ hat.

8. Die Umkehrfunktion

Vor der Sendung

Mit der Lektion 8 rückt der funktionale Aspekt wieder in den Mittelpunkt dieses Lehrgangs. Im vorigen Band, „Funktionen in Anwendungen", haben Sie lineare und quadratische Funktionen kennengelernt. Sachprobleme konnten mit Hilfe der Graphen oder mit Hilfe der Funktionsgleichungen gelöst werden. Diese Kenntnisse benötigen Sie jetzt wieder.
Fragestellungen, die zu linearen oder quadratischen Funktionen führten, werden in dieser Lektion umgekehrt. Die Umkehrung der Fragestellungen führt auch zur Umkehrung der Funktionen und – unter bestimmten Bedingungen – zur **Umkehrfunktion** einer linearen Funktion oder quadratischen Funktion.

Übersicht

1. Die **Umkehrung von linearen Funktionen** wird zunächst anhand der graphischen Darstellung erarbeitet.
2. Die Anwendung des erarbeiteten Verfahrens auf die Funktionsgleichung führt zur **Gleichung der Umkehrfunktion bei linearen Funktionen.**
3. Anhand einiger Beispiele wird festgestellt, daß nicht immer eine Umkehrfunktion existiert. Dies führt zu der Frage nach der **Umkehrbarkeit einer Funktion**.
4. Bei der **Umkehrung von quadratischen Funktionen** erhält man als neue Funktion die Quadratwurzelfunktion.

8.1 Umkehrung von linearen Funktionen

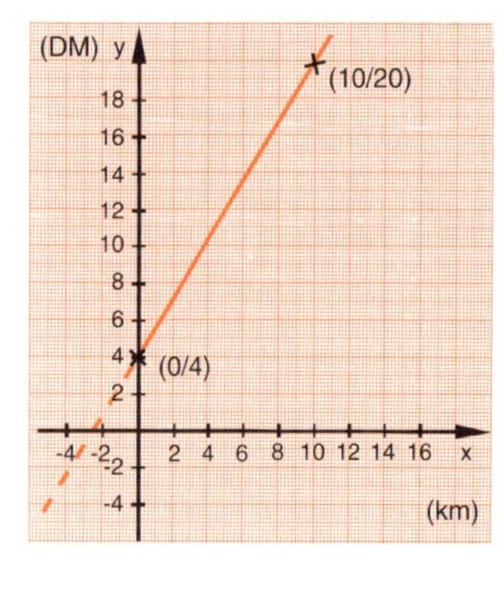

Aus der Sendung zur Lektion 4 des Bandes „Funktionen in Anwendungen" kennen Sie schon als Beispiel für eine lineare Funktion den Graphen zur „Taxifahrt". Hier wird zusätzlich zu einem Grundbetrag von 4 DM für jeden gefahrenen Kilometer 1,60 DM berechnet. Die Funktionsgleichung lautet: $y = 1{,}6x + 4$.
Am Graphen kann man ablesen, wieviel DM man für eine Taxifahrt bezahlen muß, wenn man die Länge der Strecke kennt. In der folgenden Wertetabelle sind einige Punkte des Graphen aufgelistet:

x (km)	0	4	5	6	10
$y = 1{,}6x + 4$ (DM)	4	10,40	12	13,60	20

Kehren wir die Fragestellung „Wieviel DM muß man für x gefahrene Kilometer bezahlen?" um zu: „Wieviel km ist man gefahren, wenn man x DM bezahlt hat?".

Die Zuordnung km $\rightarrow$ DM wird dann zur Zuordnung DM $\rightarrow$ km.

Bei der umgekehrten Zuordnung werden die bisherigen x-Werte (km) zu y-Werten und die bisherigen y-Werte (DM) zu x-Werten. In der Wertetabelle werden also die x- und die y- Spalte vertauscht.

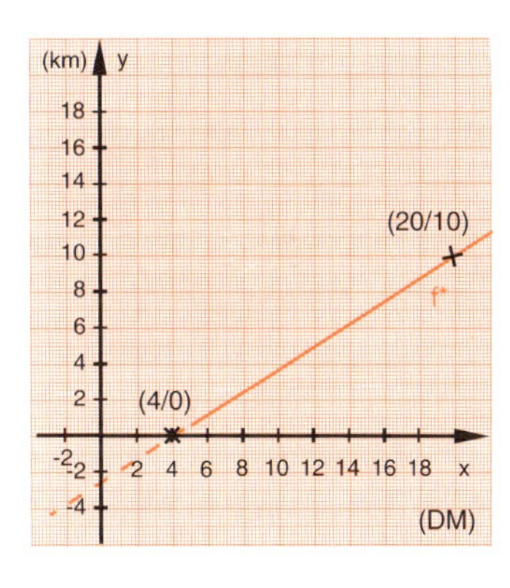

x (DM)	4	10,40	12	13,60	20
y (km)	0	4	5	6	10

Diese umgekehrte Zuordnung DM → km kann man mit Hilfe der umgekehrten Wertetabelle in das Koordinatensystem eintragen. Die eingetragenen Punkte liegen wieder auf einer Geraden, die hier mit f* bezeichnet ist. Diese Gerade hat allerdings einen anderen Verlauf als die ursprüngliche Gerade.
Wie erhält man (ohne den „Umweg" über die Wertetabelle) aus dem Graph der ursprünglich gegebenen Funktion den Graph der umgekehrten Zuordnung?

Das kann man am besten erkennen, wenn man die Graphen von f und f* in *ein* Koordinatensystem einträgt:

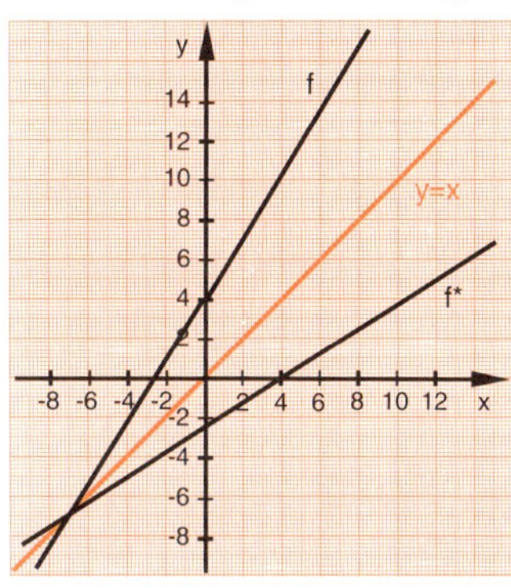

Bei der Umkehrung der Zuordnung wurden die x-Werte und die y-Werte vertauscht. Dies gilt nicht nur für die in der Wertetabelle aufgeführten Punkte. Ebenso wird dadurch die x-Achse auf die y-Achse abgebildet und die y-Achse auf die x-Achse. Diese Abbildung entspricht einer Spiegelung an der 1. Winkelhalbierenden, der Geraden mit der Funktionsgleichung $y = x$.
Genauso wird der Graph der ursprünglichen Funktion f durch Spiegelung an der 1. Winkelhalbierenden auf den Graph f* abgebildet.

8

Den Graph einer Umkehrzuordnung erhält man durch Spiegelung des Graphen der ursprünglichen Funktion an der 1. Winkelhalbierenden.

Mit Hilfe dieser Erkenntnis kann man zu jeder gegebenen Geraden im Koordinatensystem den Graph der Umkehrzuordnung konstruieren:

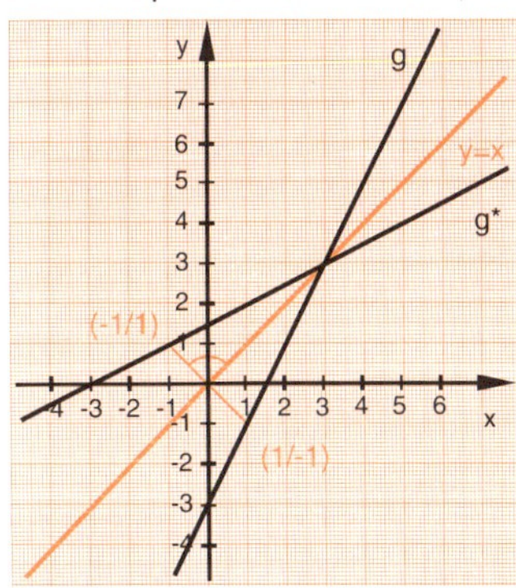

Gegeben ist die Gerade g durch die Funktionsgleichung $y = 2x - 3$. Diese Gerade wird durch die Punkte $(0 \mid -3)$ (y-Achsenabschnitt) und $(1 \mid -1)$ im Koordinatensystem gezeichnet. Dazu wird in das System die 1. Winkelhalbierende eingetragen. Da die Spiegelung einer Geraden wieder eine Gerade ergibt, genügt zum Zeichnen der Umkehrzuordnung die Festlegung zweier Punkte. Einer dieser Punkte ist der Schnittpunkt von g mit der 1. Winkelhalbierenden (er muß als Punkt der Spiegelachse auf sich selbst abgebildet werden).

Den zweiten Punkt für den Graphen der Umkehrzuordnung erhält man durch Spiegelung eines beliebigen Punktes von g. Wenn man die Koordinaten eines weiteren Punktes von g (außer dem Schnittpunkt mit der 1. Winkelhalbierenden) kennt, dann kann man den

zweiten Punkt für den Graphen der Umkehrzuordnung auch durch Vertauschen der Koordinaten erhalten (im Beispiel: (1 | –1) wird zu (–1 | 1)).
Zur Einübung dieses Verfahrens tragen Sie bitte die Gerade g mit der Funktionsgleichung $y = 0{,}5\,x + 1$ in ein Koordinatensystem ein und konstruieren den Graphen der Umkehrzuordnung g* .

→ (3)

Zum Abschluß dieses Kapitels sollen noch einige Sonderfälle, die sich bei der Spiegelung von Geraden an der 1. Winkelhalbierenden ergeben können, erwähnt werden:

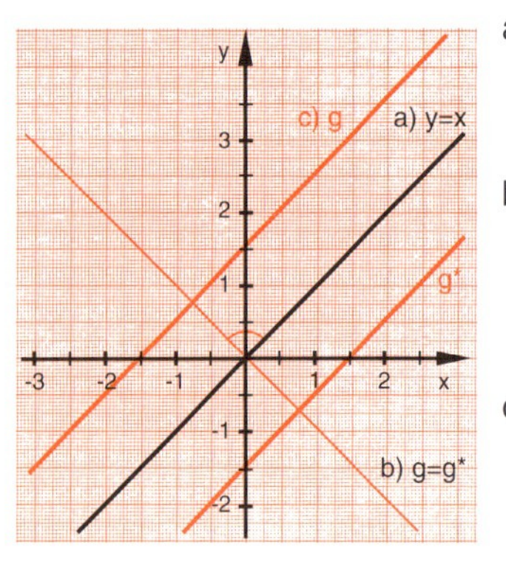

a) Die Umkehrzuordnung der Geraden $y = x$ (1. Winkelhalbierende) ist wieder die Gerade $y = x$. Diese Gerade wird als Spiegelachse auf sich selbst abgebildet.

b) Geraden, die senkrecht zur 1. Winkelhalbierenden verlaufen, werden bei der Spiegelung ebenfalls auf sich abgebildet. Bei diesen Geraden sind die ursprüngliche Funktion und die Umkehrzuordnung identisch.

c) Geraden, die parallel zur 1. Winkelhalbierenden verlaufen, werden auf eine Parallele abgebildet. Bei diesen Geraden haben die ursprüngliche Funktion und die Umkehrzuordnung dieselbe Steigung.

Aufgaben zu 8.1

1. Zeichnen Sie zu den gegebenen Geraden jeweils den Graph der Umkehrzuordnung:

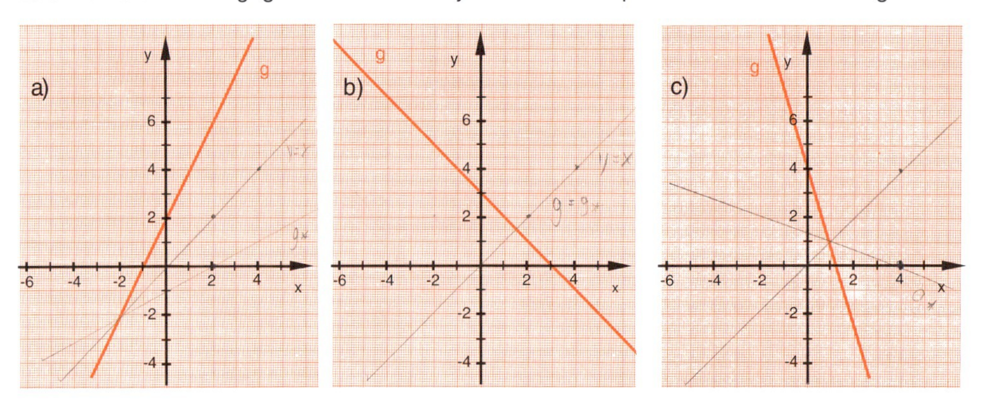

2. Tragen Sie die durch die Funktionsgleichung gegebenen Geraden jeweils in ein Koordinatensystem ein und zeichnen Sie dazu den Graph der Umkehrzuordnung:
   a) $y = -0{,}5\,x + 3$ b) $y = 4\,x$ c) $y = x - 3$

8.2 Die Gleichung der Umkehrfunktion bei linearen Funktionen

Bisher wurde für die Umkehrung einer linearen Funktion der Begriff **Umkehrzuordnung** benutzt. In den bis jetzt behandelten Beispielen waren alle Umkehrzuordnungen ebenfalls lineare Funktionen, so daß für sie auch die Bezeichnung **Umkehrfunktion** zutrifft. Aus der Sendung wissen Sie, daß die konstanten Funktionen hier eine Ausnahme bilden. Sie sollen im nächsten Kapitel behandelt werden, wo die Frage nach der grundsätzlichen Umkehr-

barkeit einer Funktion gestellt wird. Für dieses Kapitel gilt, daß alle behandelten linearen Funktionen eine Umkehrfunktion besitzen, die wieder eine lineare Funktion ist.
Die Fragestellung dieses Kapitels lautet: Wie berechnet man die Funktionsgleichung der Umkehrfunktion f^*, wenn die Funktionsgleichung der ursprünglichen Funktion f bekannt ist?

Im zweiten Beispiel des vorherigen Kapitels war die ursprüngliche Funktion gegeben durch die Funktionsgleichung $y = 2x - 3$. Der Graph der Umkehrfunktion wurde zeichnerisch ermittelt. Aus dieser Zeichnung kann man mittels y-Achsenabschnitt und Steigung die Funktionsgleichung der Umkehrfunktion ablesen: $y = 0{,}5x + 1{,}5$.
Wie aber berechnet man die Gleichung der Umkehrfunktion?

Aus dem ersten Kapitel ist bekannt, daß die Umkehrung einer Funktion einer Vertauschung der x-Werte mit den y-Werten entspricht. Übertragen wir dies auf die Funktionsgleichung:

Gleichung der ursprünglichen Funktion f: $y = 2x - 3$
Durch Vertauschen von x-Werten und y-Werten erhält man die Gleichung der Umkehrfunktion f^*: $x = 2y - 3 \quad | + 3$
Diese Gleichung soll nun noch in die Form $y = mx + b$ gebracht werden: $x + 3 = 2y \quad | : 2$

$$0{,}5x + 1{,}5 = y$$

Damit bestätigt sich durch die Rechnung der durch die Zeichnung gewonnene Graph.

Berechnen Sie nun mit den gleichen Schritten die Umkehrfunktion zu $f: \; y = 0{,}5x + 1$. → (4)

Die Schritte zur Berechnung der Umkehrfunktion einer linearen Funktion $y = mx + b$ (mit $m \neq 0$, um die konstanten Funktionen zunächst auszuschließen) lassen sich auch allgemein nachvollziehen:
Gegeben ist die Funktionsgleichung einer linearen Funktion mit $f: \; y = mx + b$ mit $m \neq 0$
Durch Vertauschen von x und y erhält man $f^*: \; x = my + b \quad | - b$
$x - b = my \quad | : m$
Allgemein lautet die Umkehrfunktion f^* zu $f: \; y = mx + b$: $\frac{1}{m} \cdot x - \frac{b}{m} = y$

Durch die Berechnung der Umkehrfunktion können auch die im vorigen Kapitel genannten Sonderfälle bestätigt werden:

a) Die Umkehrfunktion der 1. Winkelhalbierenden mit f: $y = x$ lautet f^*: $x = y$ und damit ist in diesem Fall $f = f^*$.
b) Geraden, die senkrecht zur 1. Winkelhalbierenden verlaufen, haben alle die Steigung -1. Dies sind also die Geraden mit der Funktionsgleichung: f: $y = -x + b$
Die Gleichung der Umkehrfunktion lautet: f^*: $x = -y + b \quad | + y - x$
f^*: $y = -x + b$
Damit gilt auch für diesen Fall: $f = f^*$.
c) Geraden, die parallel zur 1. Winkelhalbierenden verlaufen, müssen - wie diese - die Steigung $m = 1$ haben. Es handelt sich also um die Geraden mit der Funktionsgleichung: f: $y = x + b$
Die Gleichung der Umkehrfunktion lautet: f^*: $x = y + b \quad | - b$
f^*: $x - b = y$
Funktion und Umkehrfunktion haben beide die gleiche Steigung, die Graphen verlaufen also parallel zueinander.

8

Aufgabe zu 8.2

Berechnen Sie zu den folgenden Funktionen f jeweils die Umkehrfunktion f*.

a) $y = \frac{1}{4}x - 8$ b) $y = -5x + 18$ c) $y = x - 7$

d) $y = -3x - 3{,}6$ e) $y = -x + 2{,}5$ f) $y = 0{,}75x + 12$

8.3 Umkehrbarkeit einer Funktion

In der Sendung wurde Ihnen als Beispiel die graphische Darstellung eines Zugfahrplanes gezeigt. Betrachten wir davon einen Ausschnitt:

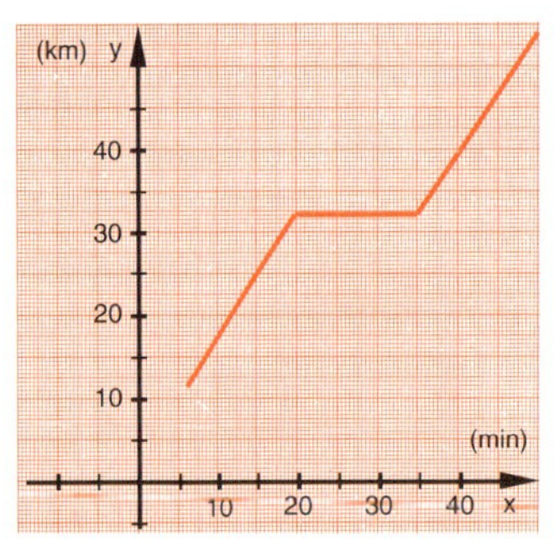

Dieser Graph beschreibt die Bewegung eines Zuges: die Fahrt von einer Station zur anderen, den Aufenthalt auf dem Bahnhof und wieder die Fahrt zur nächsten Station. Wenn man die Fahrtdauer kennt (x-Werte), kann man jeweils ablesen, wo sich der Zug gerade befindet (y-Wert in km).
Die umgekehrte Fragestellung läßt sich nicht eindeutig beantworten. Für die km-Angabe 32 läßt sich nicht genau ablesen, wie lange der Zug schon unterwegs ist.

Der oben skizzierte Graph ist der Graph einer abschnittweise definierten Funktion. Für die Untersuchung der Umkehrzuordnung dieser Funktion ist vor allem der mittlere Abschnitt interessant, denn die Umkehrung der anderen Abschnitte wurden bereits in den ersten beiden Kapiteln untersucht.

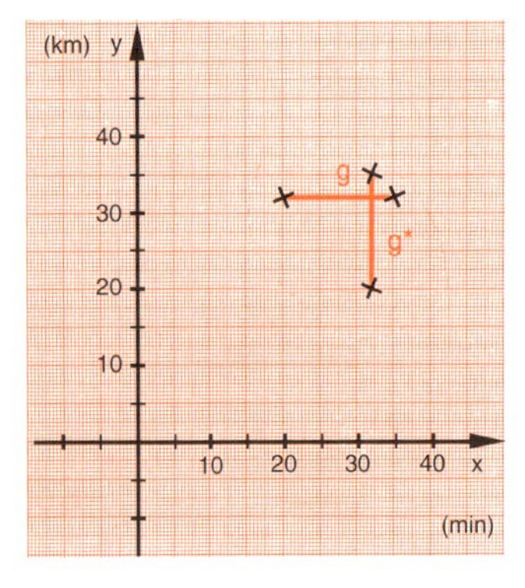

Betrachten wir also hier einmal nur den Graph des mittleren Abschnitts: Es handelt sich um den Graph einer konstanten Funktion mit $f: y = 32$ für $20 \leq x \leq 35$. Die Umkehrzuordnung läßt sich graphisch ermitteln durch Spiegelung dieses Graphen an der 1. Winkelhalbierenden.
An dem durch die Spiegelung erhaltenen Abschnitt ($x = 32$) läßt sich erkennen: Die Umkehrzuordnung der konstanten Funktion ist keine Funktion.

Durch die Umkehrung von konstanten Funktionen mit $y = a$ entstehen jeweils Graphen parallel zur y-Achse mit $x = a$, die keine Funktionsgraphen sind.

Wenn die Umkehrzuordnung keine Funktion ist, dann heißt die ursprüngliche Funktion nicht umkehrbar. Dies gilt dann auch für die gesamte abschnittweise definierte Funktion im oberen Beispiel, da ein Teil der Funktion nicht umkehrbar ist.

Diese Erkenntnis soll in einer Definition zusammengefaßt werden:

Umkehrbarkeit einer Funktion
Ist die Umkehrzuordnung einer Funktion f wieder eine Funktion, so heißt die ursprüngliche Funktion f **umkehrbar**.
Die durch die Umkehrung von f erhaltene Funktion f* heißt **Umkehrfunktion** von f.

Woran aber erkennt man, ob eine Funktion umkehrbar ist?
Um diese Frage beantworten zu können, betrachten wir zwei Beispiele, bei denen jeweils der Graph einer Funktion gegeben ist. Wenn man beide Graphen an der 1. Winkelhalbierenden spiegelt, kann man entscheiden, ob die Umkehrzuordnung eine Funktion ist.
Da dieses zeichnerische Verfahren doch recht aufwendig ist, soll anschließend überlegt werden, ob man schon anhand von Eigenschaften der ursprünglichen Funktion entscheiden kann, ob diese umkehrbar ist.

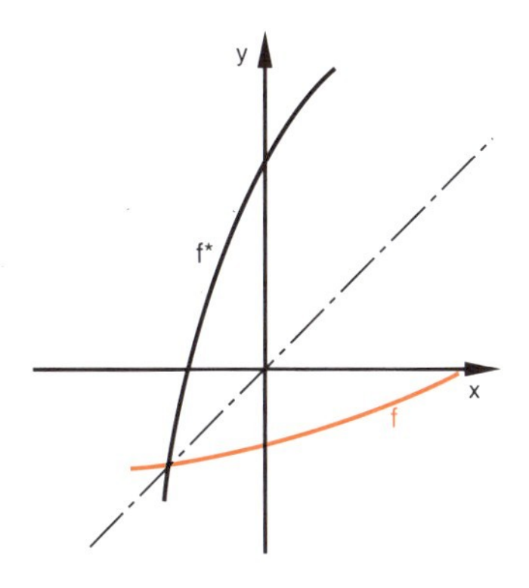

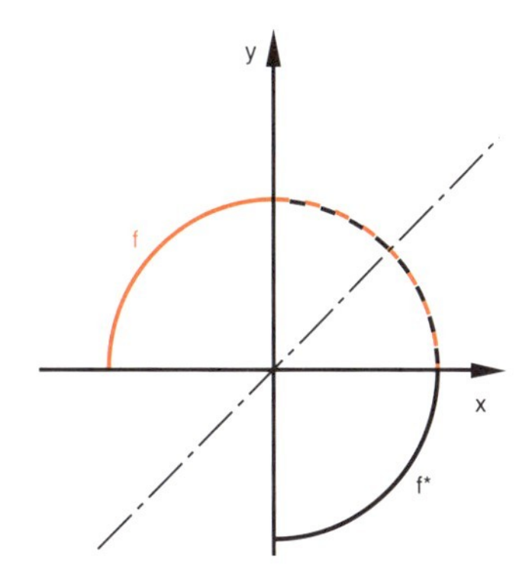

Diese Funktion ist umkehrbar. Der Graph der Umkehrzuordnung ist ein Funktionsgraph.
Damit auch in der Umkehrzuordnung jedem x-Wert genau ein y-Wert zugeordnet wird, muß in der ursprünglichen Funktion schon jedem y-Wert genau ein x-Wert zugeordnet worden sein.

Diese Funktion ist nicht umkehrbar. Der Graph der Umkehrzuordnung ist kein Funktionsgraph. Es gibt x-Werte, denen mehr als ein y-Wert zugeordnet ist. Schon in der ursprünglichen Funktion gab es y-Werte, denen mehr als ein x-Wert zugeordnet war. Am Graphen erkennt man das daran, daß die Kurve sowohl steigt als auch fällt.

8

Fassen wir die Ergebnisse beider Betrachtungen zusammen: Eine Funktion ist dann umkehrbar, wenn jedem y-Wert auch genau ein x-Wert zugeordnet ist. Der Graph der Funktion darf also nicht steigen *und* fallen.
Funktionen, deren Graphen nur steigen - und zwar so, daß zu immer größeren x-Werten auch immer größere Funktionswerte $f(x)$ gehören - , sind umkehrbar. Mit der Forderung nach immer größeren Funktionswerten bei größer werdenden x-Werten sind die konstanten Funktionen ausgeschlossen. Umkehrbar sind ebenfalls die Funktionen, deren Graphen nur fallen.

Diese Eigenschaft einer Funktion nennt man *streng monoton.*

Streng monotone Funktion

Definition:
Eine Funktion f heißt streng monoton steigend, wenn für alle x_1, x_2 aus dem Definitionsbereich gilt: $x_1 < x_2 \Rightarrow f(x_1) < f(x_2)$
und streng monoton fallend, wenn gilt: $x_1 < x_2 \Rightarrow f(x_1) > f(x_2)$

Satz: Jede streng monotone Funktion ist umkehrbar

Aufgabe zu 8.3

Bestimmen Sie anhand der gegebenen Graphen, ob die zugehörige Funktion f umkehrbar ist. Skizzieren Sie dazu in den Aufgaben a), b), und c) den Graph der Umkehrzuordnung.

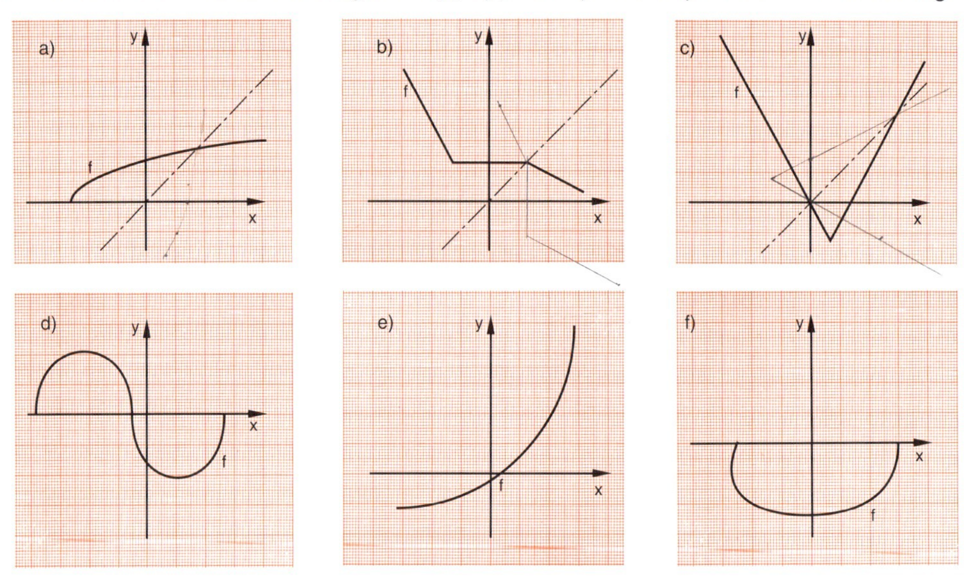

8.4 Umkehrung von quadratischen Funktionen

In der Sendung haben Sie erfahren, daß die Geschwindigkeit eines Fahrzeugs und der zurückgelegte Bremsweg einen Zusammenhang bilden, der durch eine quadratische Funktion beschrieben wird.

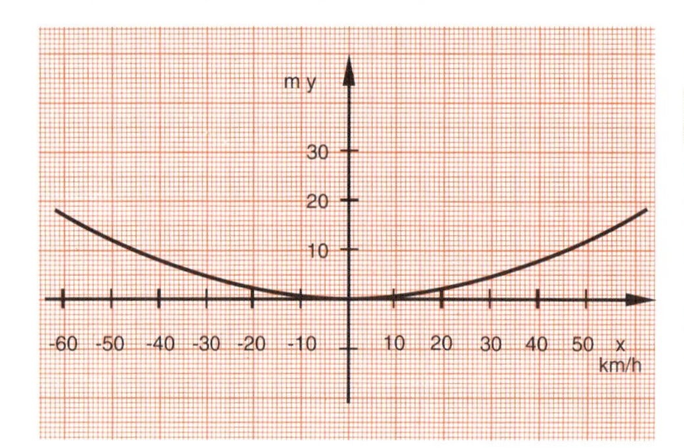

Auf trockener Fahrbahn wird dieser Zusammenhang beschrieben durch die Funktion $y = \frac{1}{200} \cdot x^2$. Der Bremsweg wächst im Quadrat mit steigender Geschwindigkeit. Wenn man die Geschwindigkeit (x) kennt, kann man die Länge des Bremsweges ablesen.

In der Praxis kommt auch diese Fragestellung vor: Von dem gemessenen Bremsweg soll auf die Geschwindigkeit des Fahrzeugs geschlossen werden. Diese Fragestellung zielt auf die Umkehrung der Funktion.

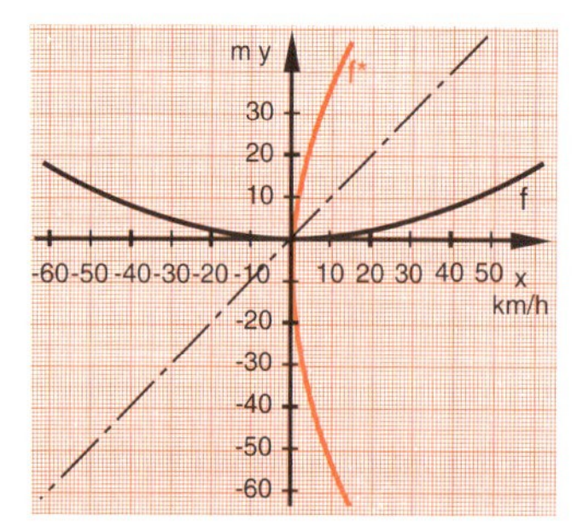

Die Umkehrzuordnung der Funktion $y = \frac{1}{200} \cdot x^2$ kann man graphisch durch Spiegelung an der 1. Winkelhalbierenden darstellen. Diese Umkehrzuordnung ist keine Funktion, da es x-Werte gibt, denen zwei y-Werte zugeordnet sind.

Auch die Ergebnisse des vorangegangenen Kapitels zeigen: Die Funktion $y = \frac{1}{200} \cdot x^2$ ist nicht umkehrbar, da sie nicht streng monoton ist.

Betrachten wir den gegebenen Sachzusammenhang einmal genauer: Die Zuordnung „Geschwindigkeit eines Fahrzeugs $\rightarrow$ Bremsweg" ist nur sinnvoll für positive x-Werte.

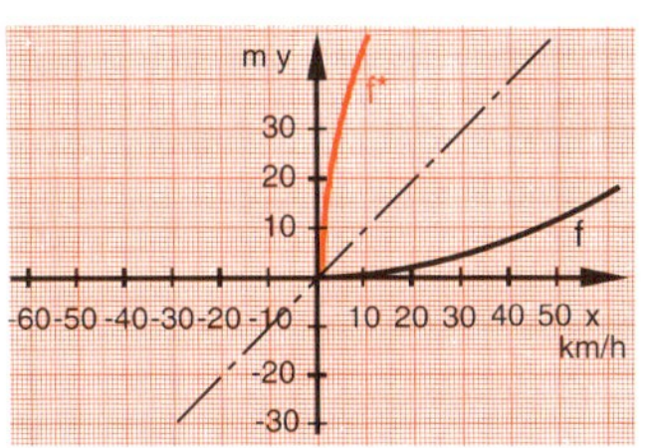

Genaugenommen muß nur diese Funktion betrachtet werden: $y = \frac{1}{200} \cdot x^2$ mit $D = \mathbb{R}_+$. Diese Funktion mit der eingeschränkten Definitionsmenge ist umkehrbar. Der Graph der Umkehrfunktion enthält nur positive y-Werte; die Wertemenge ist $\mathbb{R}_+$.

An diesem Graph kann man zu einem gegebenen Bremsweg die Geschwindigkeit des Fahrzeugs ablesen.

Übertragen wir die am Sachbeispiel gewonnenen Erkenntnisse auf die Normalparabel $y = x^2$ als „Prototyp" einer quadratischen Funktion, dann ergeben sich daraus diese drei Folgerungen:

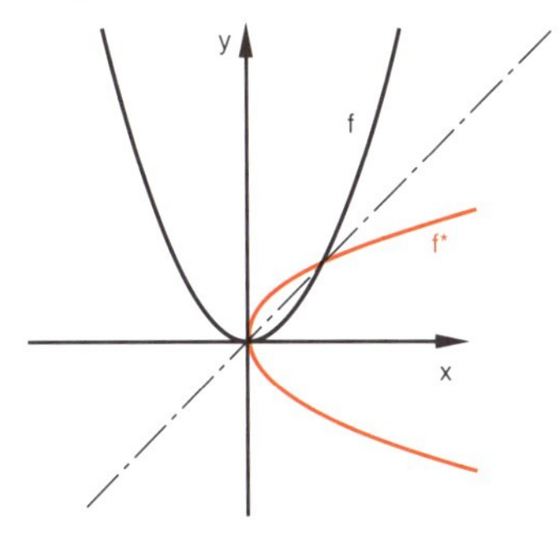

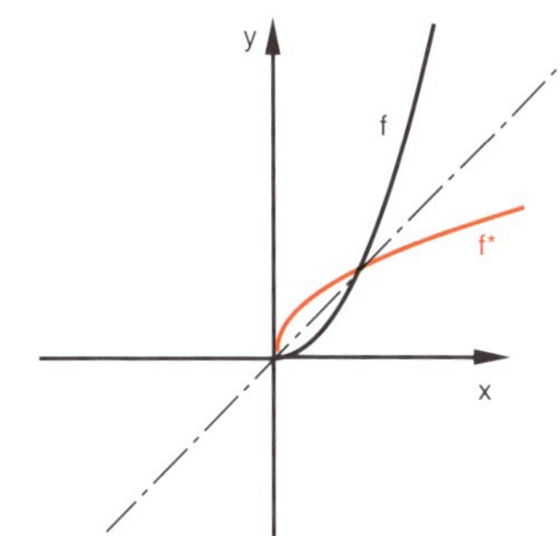

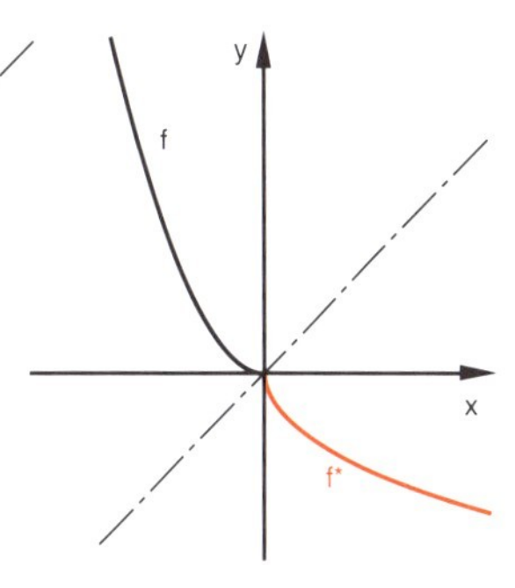

a) Die Funktion $y = x^2$ mit $D = \mathbb{R}$ ist *nicht umkehrbar*.
Der Graph der Umkehrzuordnung ist keine Funktion.

b) Die Funktion $y = x^2$ mit $D = \mathbb{R}_+$ ist *umkehrbar*. Am Graphen kann man erkennen, daß die Wertemenge der Umkehrfunktion $\mathbb{R}_+$ ist.

c) Die Funktion $y = x^2$ mit $D = \mathbb{R}_-$ ist *umkehrbar*. Am Graphen kann man erkennen, daß die Wertemenge der Umkehrfunktion $\mathbb{R}_-$ ist.

Aus früheren Lektionen ist bekannt, daß die Graphen von quadratischen Funktionen stets parabelförmig sind. Quadratische Funktionen sind also nicht streng monoton und damit nicht umkehrbar. In Verbindung mit einer eingeschränkten Definitionsmenge erhält man jedoch eine umkehrbare Funktion, deren Graph ein Teil einer Parabel (ein Parabelast) ist. Diese Funktion ist streng monoton.

Im Folgenden muß noch untersucht werden, wie die Funktionsgleichung der Umkehrfunktion der eben beschriebenen Funktion lautet. Dazu wählen wir zunächst als einfachste Fälle die aus der Normalparabel entwickelten Funktionen, die oben unter b) und c) dargestellt wurden:

b) Die Funktion f ist gegeben mit $f\colon\ y = x^2,\ D = \mathbb{R}_+$.

Die Gleichung der Umkehrfunktion f* erhält man durch Vertauschen der x- und y-Werte: für f* gilt also $x = y^2$.

Durch das Vertauschen der x- und y-Werte wird der Definitionsbereich der ursprünglichen Funktion zum Wertebereich der Umkehrfunktion. Die Beschreibung der Umkehrfunktion f* lautet also vollständig: $f^*\colon\ x = y^2,\ W = \mathbb{R}_+$.

Durch das Ziehen der Quadratwurzel kann man die Gleichung nach y auflösen.

$$f^*\colon\ +\sqrt{x} = y$$

8

Der Wertebereich dieser Funktion enthält nur positive Werte. Da die Wurzel aus einer negativen Zahl nicht definiert ist, enthält auch der Definitionsbereich von f* nur positive Werte: $D = \mathbb{R}_+$.

c) Im Fall c) ist die Funktion f gegeben mit f: $y = x^2$, $D = \mathbb{R}_-$.
Analog zum Fall b) erhält man die Gleichung der Umkehrfunktion durch Vertauschen der x- und y-Werte, wobei wieder der ursprüngliche Definitionsbereich zum Wertebereich wird: f*: $x = y^2$, $W = \mathbb{R}_-$.
Beim Auflösen dieser Gleichung nach y muß besonders beachtet werden, daß der Wertebereich nur negative Werte und die Zahl 0 enthält:

$$f^*: -\sqrt{x} = y.$$

Für f* gilt auch hier: $D = \mathbb{R}_+$. Damit wird die Vertauschung von Wertebereich und Definitionsbereich von f und f* bestätigt.

Die durch diese Beispiele erhaltenen Umkehrfunktionen f* mit den Funktionsgleichungen $y = +\sqrt{x}$ und $y = -\sqrt{x}$ gehören zu einem bisher noch nicht behandelten Funktionstyp, der **Quadratwurzelfunktion**.

In dieser Lektion soll die Quadratwurzelfunktion nur im Zusammenhang mit der Umkehrung von quadratischen Funktionen (mit eingeschränkter Definitionsmenge) behandelt werden.

Die Abfolge der Behandlung von quadratischen Funktionen mit zunehmend komplexeren Funktionsgleichungen übernehmen wir von Lektion 11 in „Funktionen in Anwendungen". Dort können Sie gegebenenfalls Ihre Kenntnisse auffrischen.

Beispiel 1
Der Graph der quadratischen Funktion mit der Funktionsgleichung $y = x^2 - 3$ ist eine entlang der y-Achse verschobene Normalparabel. Dieser Graph besteht aus zwei Parabelästen, von denen jeder zu einer umkehrbaren Funktion gehört:

f_1: $y = x^2 - 3$ mit $D = \mathbb{R}_+$ und f_2: $y = x^2 - 3$ mit $D = \mathbb{R}_-$.

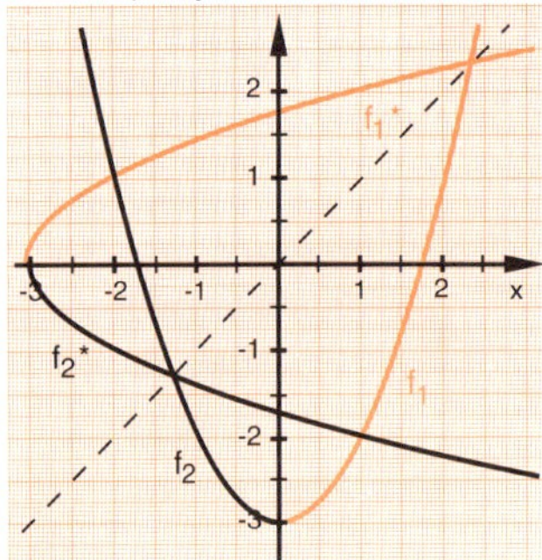

Zur Bestimmung der Funktionsgleichungen der Umkehrfunktionen werden wieder Definitionsbereich und Wertebereich vertauscht:

Zu f_1: $y = x^2 - 3$ mit $D = \mathbb{R}_+$
gehört f_1^*: $x = y^2 - 3$ mit $W = \mathbb{R}_+$.

Durch Auflösen nach y ergibt sich für f_1^*:
$x + 3 = y^2$ und $+\sqrt{x+3} = y$
mit $D = \{ x \in \mathbb{R} \mid x \geq -3 \}$ und $W = \mathbb{R}_+$.

Entsprechend gehört zu f_2: $y = x^2 - 3$ mit $D = \mathbb{R}_-$: f_2^*: $x = y^2 - 3$ mit $W = \mathbb{R}_-$.
Durch Auflösen nach y erhält man f_2^*: $-\sqrt{x+3} = y$
mit $D = \{ x \in \mathbb{R} \mid x \geq -3 \}$ und $W = \mathbb{R}_-$.

Wenn man die Gleichung der Umkehrfunktion nach y auflöst, dann muß man bei der Umformung durch Wurzelziehen genau überlegen, ob man die positive oder die negative Wurzel für die Umkehrung braucht. Man erkennt das an dem Wertebereich, der für die Umkehrfunktion schon bekannt ist.

Überlegen Sie einmal selbst, wie die Umkehrfunktion f* zu f: $y = x^2 + 2$ mit $D = \mathbb{R}_+$ lautet.

→ ①

Beispiel 2

Der Graph der Funktion f: $y = (x - 2)^2$ ist eine entlang der x-Achse verschobene Normalparabel. Die Definitionsmenge soll so bestimmt werden, daß der rechte Parabelast den Graphen der umkehrbaren Funktion bildet. Um die Definitionsmenge geeignet wählen zu können, muß man den Scheitelpunkt der Parabel kennen. Der Scheitelpunkt dieses Beispiels ist $(2 \mid 0)$. Ausschlaggebend für die Festlegung der Definitionsmenge ist der x-Wert des Scheitelpunktes. In unserem Beispiel gehören alle x-Werte, die größer oder gleich 2 sind, zum rechten Parabelast. Die umkehrbare Funktion f heißt also f: $y = (x - 2)^2$ mit $D = \{ x \in \mathbb{R} \mid x \geq 2 \}$.

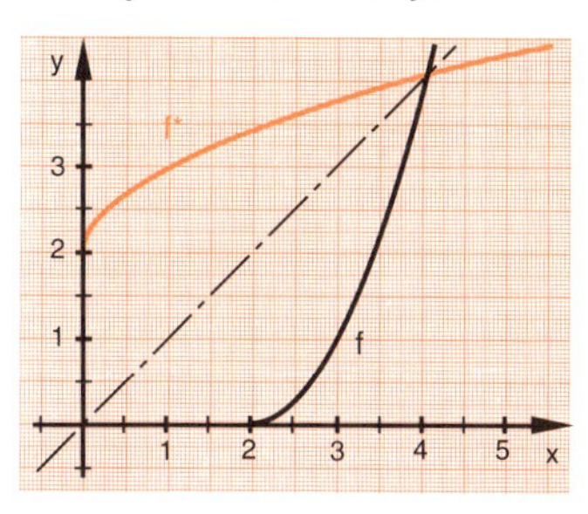

Die Gleichung der Umkehrfunktion erhält man wieder durch Vertauschen von Definitionsbereich und Wertebereich:

$$f^*: x = (y - 2)^2 \text{ mit } W = \{ y \in \mathbb{R} \mid y \geq 2 \}.$$

Bei der Umformung der Gleichung nach y muß beachtet werden, daß der Wertebereich nur positive y-Werte enthält:

$$f^*: \quad +\sqrt{x} = y - 2$$

$$f^*: \quad +\sqrt{x} + 2 = y$$

mit $W = \{ y \in \mathbb{R} \mid y \geq 2 \}$ und $D = \mathbb{R}_+$

Bestimmen Sie nun die Gleichung der Umkehrfunktion zu f: $y = (x + 3)^2$ mit $D = \{ x \in \mathbb{R} \mid x \leq -3 \}$.

→ (2)

Beispiel 3

Gegeben ist die Funktion f: $y = (x + 1)^2 + 2$ mit $D = \{ x \in \mathbb{R} \mid x \leq -1 \}$. Gesucht ist die dazugehörige Umkehrfunktion f*.

Dadurch, daß die Funktionsgleichung in der Scheitelpunktform gegeben ist, kann man leicht ablesen, daß es sich um eine Normalparabel handelt, die um –1 in x-Richtung und um +2 in y-Richtung verschoben wurde. Die Definitionsmenge beschreibt den linken Parabelast ab dem x-Wert –1 des Scheitelpunktes.

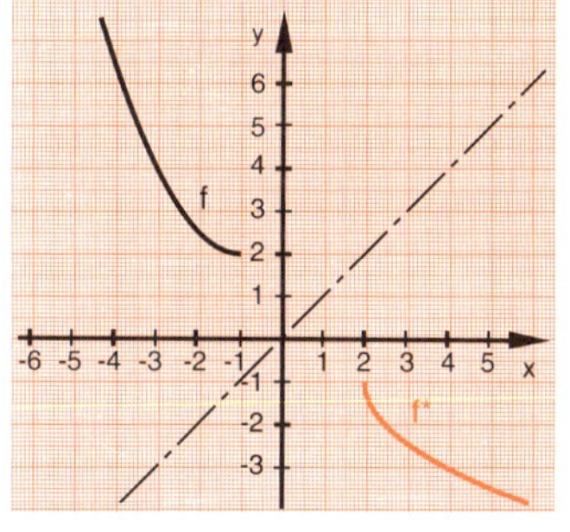

Durch Vertauschen von x und y erhält man die Funktionsgleichung der Umkehrfunktion

$$f^*: \quad x = (y + 1)^2 + 2 \quad \text{mit } W = \{ y \in \mathbb{R} \mid y \leq -1 \}.$$

$$x - 2 = (y + 1)^2$$

Da der Wertebereich nur kleinere y-Werte als –1 enthält, muß weiter umgeformt werden zu:

$$f^*: \quad -\sqrt{x - 2} = y + 1$$

$$-\sqrt{x - 2} - 1 = y \quad \text{mit } D = \{ x \in \mathbb{R} \mid x \geq 2 \}.$$

Der Definitionsbereich von f* ergibt sich dadurch, daß die Quadratwurzel nur für positive Werte definiert ist. Er muß mit dem Wertebereich der ursprünglichen Funktion übereinstimmen.

An dieser Stelle sollen die Überlegungen zur Umkehrfunktion einer quadratischen Funktion mit eingeschränkter Definitionsmenge in allgemeiner Form zusammenfassend dargestellt werden:

a) Die quadratische Funktion f: $y = (x - b)^2 + c$ mit $D = \{ x \in \mathbb{R} \mid x \geq b \}$
hat die Umkehrfunktion f*: $x = (y - b)^2 + c$ mit $W = \{ y \in \mathbb{R} \mid y \geq b \}$
Durch Auflösen nach y $x - c = (y - b)^2$
ergibt sich für f*: $+\sqrt{x - c} + b = y$ mit $D = \{ x \in \mathbb{R} \mid x \geq c \}$.

8

b) Die quadratische Funktion f: $y = (x - b)^2 + c$ mit $D = \{ x \in IR \mid x \leq b \}$
hat die Umkehrfunktion f^*: $x = (y - b)^2 + c$ mit $W = \{ y \in IR \mid y \leq b \}$
Durch Auflösen nach y $x - c = (y - b)^2$
ergibt sich für f^*: $-\sqrt{x - c} + b = y$ mit $D = \{ x \in IR \mid x \geq c \}$.

Aus „Funktionen in Anwendungen", Lektion 11, wissen Sie, daß die Graphen von quadratischen Funktionen nicht immer die Form einer Normalparabel haben. Andere Parabelformen liegen dann vor, wenn in der Funktionsgleichung noch ein „Streckfaktor" a ($a \neq 0$) vorkommt, wie bei f: $y = a \cdot (x - b)^2 + c$. Dieser Faktor muß noch berücksichtigt werden, wenn man die Gleichung der Umkehrfunktion bestimmen soll.
Die Definitionsmenge von f soll $D = \{ x \in IR \mid x \leq b \}$ sein.

Nun kann die Gleichung der Umkehrfunktion bestimmt werden:

$$f^*: \quad x = a \cdot (y - b)^2 + c \qquad \text{mit } W = \{ y \in IR \mid y \leq b \}$$

$$x - c = a \cdot (y - b)^2$$

$$\frac{x - c}{a} = (y - b)^2$$

$$-\sqrt{\frac{x - c}{a}} = y - b$$

$$f^*: \quad -\sqrt{\frac{x - c}{a}} + b = y \qquad \text{mit } D = \{ x \in IR \mid \tfrac{x}{a} \geq \tfrac{c}{a} \}.$$

Bei der Bestimmung der Definitionsmenge der Wurzelfunktion f^* muß man beachten, daß der Faktor a positiv oder negativ sein kann:

Für $a > 0$ gilt für f^*: $D = \{ x \in IR \mid x \geq c \}$.
Für $a < 0$ gilt für f^*: $D = \{ x \in IR \mid x \leq c \}$.

Zum Abschluß dieses Kapitels soll noch ein Beispiel für eine quadratische Funktion betrachtet werden, deren Funktionsgleichung nicht in der Scheitelpunktform vorliegt.

Beispiel 4

Zu der Funktion f: $y = 0{,}5\,x^2 + 2\,x + 3$ soll eine Definitionsmenge so angegeben werden, daß die Funktion umkehrbar ist, und es soll die Gleichung von f^* bestimmt werden.

Um eine geeignete Definitionsmenge festlegen zu können, muß diese Form der Funktionsgleichung erst in die Scheitelpunktform umgewandelt werden.
Dazu wurde in der Lektion 11 von „Funktionen in Anwendungen" gezeigt:

Wenn eine quadratische Funktion der Form $y = a\,x^2 + b\,x + c$ vorliegt, dann kann man mit Hilfe der Koeffizienten a, b und c die Scheitelpunktform $y = a\,(x - x_S)^2 + y_S$ dieser Funktion bestimmen, indem man einen Koeffizientenvergleich durchführt. Dieser Koeffizientenvergleich führte zu folgendem Ergebnis:

Der Parameter x_S der Scheitelpunktform kann berechnet werden durch $x_S = -\frac{b}{2a}$.
Der Parameter y_S der Scheitelpunktform kann berechnet werden durch $y_S = c - \frac{b^2}{4a}$.

In unserem Beispiel sind die Koeffizienten $a = 0{,}5$, $b = 2$ und $c = 3$.

Es ist also $x_S = -\frac{2}{2 \cdot 0{,}5} = -2$ und $y_S = 3 - \frac{2^2}{4 \cdot 0{,}5} = 1$

Die gegebene Form $y = 0{,}5\,x^2 + 2\,x + 3$ läßt sich also umschreiben in die Scheitelpunktform $y = 0{,}5\,(x + 2)^2 + 1$.
Mit Hilfe dieser Form kann man nun eine Definitionsmenge so festlegen, daß die Funktion f umkehrbar ist. Es gibt zwei Möglichkeiten:
$D = \{ x \in IR \mid x \geq -2 \}$ oder $D = \{ x \in IR \mid x \leq -2 \}$

Zur Fortführung der Aufgabe wählen wir die erste Definitionsmenge und bestimmen für die

Funktion f: $y = 0{,}5\,x^2 + 2x + 3$ mit $D = \{ x \in IR \mid x \geq -2 \}$

die Umkehrfunktion f*: $x = 0{,}5\,y^2 + 2y + 3$ mit $W = \{ y \in IR \mid y \geq -2 \}$

Zum Auflösen der Gleichung von f* nach y ist es auch hier günstiger, die Scheitelpunktform zu wählen:

$$
\begin{aligned}
f^*: \quad x &= 0{,}5\,(y+2)^2 + 1 && \mid -1 \\
x - 1 &= 0{,}5\,(y+2)^2 && \mid : 0{,}5 \\
2x - 2 &= (y+2)^2 \\
+\sqrt{2x-2} &= y + 2
\end{aligned}
$$

$$f^*: \quad +\sqrt{2x-2} - 2 = y \qquad \text{mit } D = \{ x \in IR \mid x \geq 1 \}$$

Aufgaben zu 8.4

1. Skizzieren Sie zu den folgenden Graphen jeweils den Graph der Umkehrfunktion:

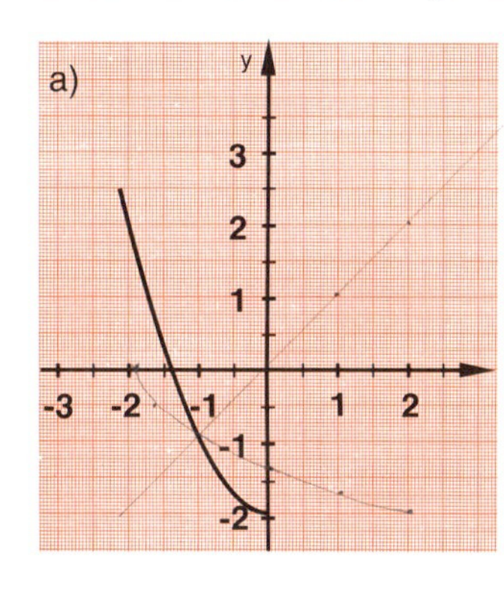

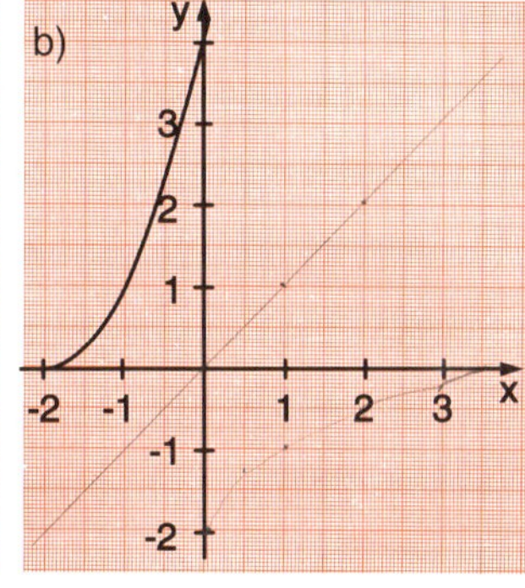

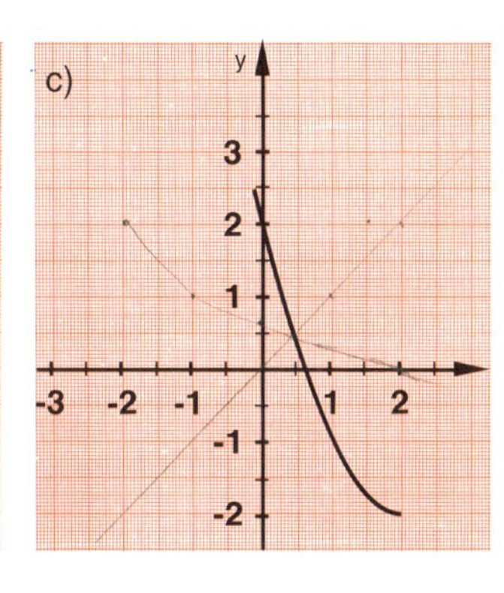

2. Bei den in Aufgabe 1 gegebenen Graphen handelt es sich jeweils um einen Ast einer verschobenen Normalparabel. Bestimmen Sie unter dieser Voraussetzung jeweils die Funktionsgleichung der gegebenen Funktionen f (mit der zugehörigen Definitionsmenge) und die Funktionsgleichung von f* (mit der zugehörigen Definitionsmenge).

3. Bestimmen Sie die Umkehrfunktion f* zu:

   a) f: $y = x^2 + 6x + 5$ mit $D = \{ x \in IR \mid x \geq -3 \}$

   b) f: $y = 4x^2 - 12x - 6$ mit $D = \{ x \in IR \mid x \geq 1{,}5 \}$

   c) f: $y = x^2 - 10x + 30$ mit $D = \{ x \in IR \mid x \leq 5 \}$

   d) f: $y = 3x^2 + 12x + 3$ mit $D = \{ x \in IR \mid x \leq -2 \}$

4. Geben Sie zu den folgenden Funktionen f einen Definitionsbereich so an, daß f umkehrbar ist.

   a) f: $y = x^2 - 8x + 16$ b) f: $y = x^2 + 5x - 8$

   c) f: $y = 2{,}5\,x^2 + 15x - 7{,}5$ d) f: $y = -6x^2 + 18x + 8{,}5$

Wiederholungsaufgaben

1. Entscheiden Sie, ob die Funktionen mit den folgenden Graphen umkehrbar sind. Wenn ja, dann zeichnen Sie den Graphen der Umkehrfunktion ein.

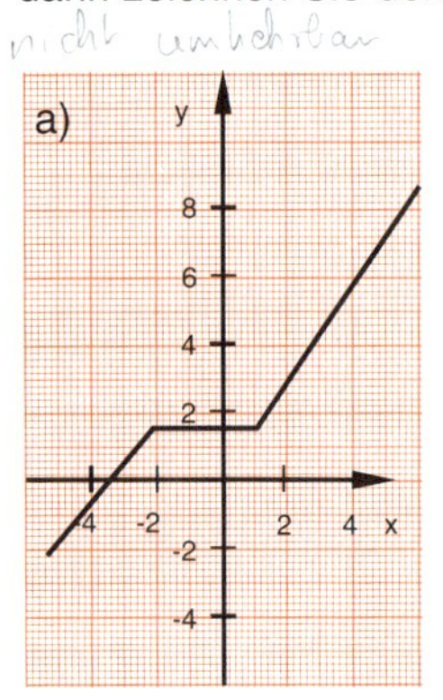

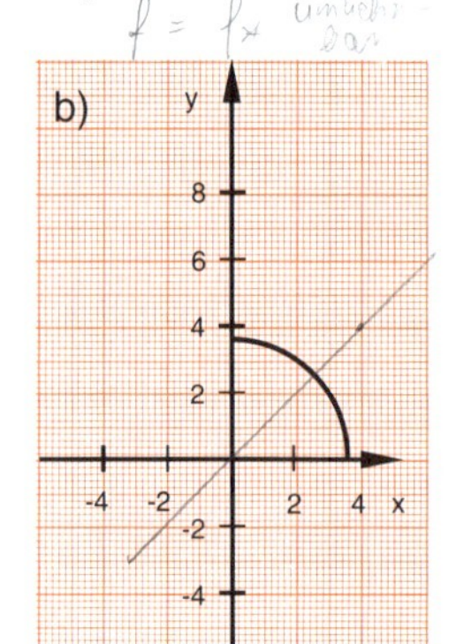

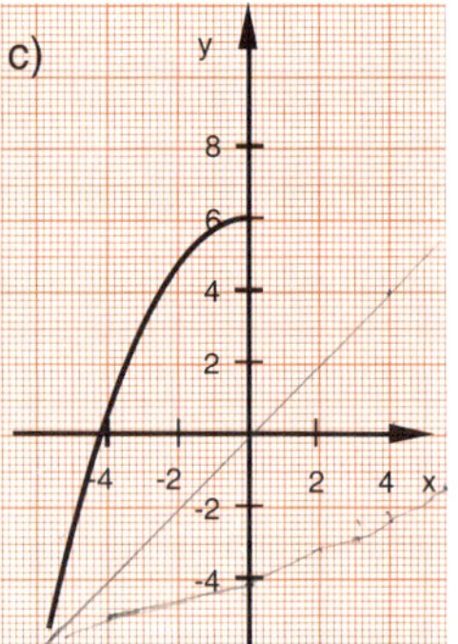

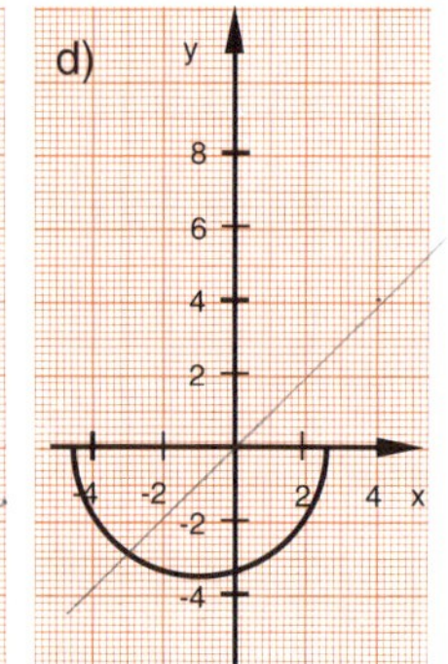

2. Bestimmen Sie jeweils die Funktionsgleichung von f*

a)	f:	$y = -5x + 8$	
b)	f:	$y = (x + 7)^2$	$D = \{ x \in IR \mid x \geq -7 \}$
c)	f:	$y = x^2 + x$	$D = \{ x \in IR \mid x \geq -0{,}5 \}$
d)	f:	$y = 0{,}4x - 6$	
e)	f:	$y = -x^2 + 5$	$D = IR_+$
f)	f:	$y = x^2 - 9x + 20{,}25$	$D = \{ x \in IR \mid x \leq 4{,}5 \}$

3. Geben Sie bei den folgenden quadratischen Funktionen f eine Definitionsmenge so an, daß die Funktion umkehrbar ist. Bestimmen Sie dann die Funktionsgleichung von f* .

a) f: $y = x^2 - 10x + 8$ b) f: $y = 2x^2 + 6x + 4{,}5$

c) f: $y = -0{,}25x^2 - x - 3$

4. Bestimmen Sie zu f: $y = a(x - b)^2 + c$ mit $D = \{ x \in IR \mid x \geq b \}$ die Funktionsgleichung von f .

5. Geben Sie Definitionsbereich und Wertebereich von f* an:

a)	f:	$y = 2(x - 8)^2 + 4$	$D = \{ x \in IR \mid x \leq 8 \}$
b)	f:	$y = x^2 - 6x + 9$	$D = \{ x \in IR \mid x \geq 3 \}$
c)	f:	$y = -x^2 - 3$	$D = IR_+$

9. Logarithmusfunktionen

Vor der Sendung

In der vorhergehenden Lektion haben Sie gelernt, wie man zu einer Funktion die Umkehrfunktion bestimmt und insbesondere, unter welcher Bedingung dies überhaupt möglich ist. Diese Kenntnisse benötigen Sie in dieser Lektion wieder. Da es jetzt um die Umkehrung der Exponentialfunktion geht, sollten Sie das Wichtigste zu diesem Funktionstyp vor der Fernsehsendung wiederholen. Sie finden es im Band „Funktionen in Anwendungen", Abschnitt 8.1. Auch Problemstellungen aus der Lektion 9 dieses Bandes können Ihnen für das Verständnis des folgenden hilfreich sein, insbesondere das dort Gesagte über die exponentielle Abnahme und die Halbwertszeit radioaktiver Stoffe.

Übersicht

1. Will man bei einer Exponentialfunktion $y = b^x$ zu einem gegebenen Funktionswert y den zugehörigen x-Wert bestimmen, so muß man den Exponenten suchen, mit dem die Basis potenziert den gegebenen Funktionswert ergibt. Allgemein gesprochen bedeutet dies, die **Umkehrfunktion einer Exponentialfunktion** zu bestimmen. Für diese Umkehrfunktion gibt es keinen (bereits bekannten) geschlossenen Ausdruck. Man definiert daher die Umkehrfunktion als eine neue Funktion, nämlich als die **Logarithmusfunktion $y = \log_b x$** (Logarithmus x zur Basis b).

2. Aus der Tatsache, daß die Logarithmusfunktion die Umkehrfunktion der Exponentialfunktion ist, ergeben sich **Eigenschaften der Logarithmusfunktion**, die den Eigenschaften der Exponentialfunktion entsprechen. Insbesondere sind dies Monotonieeigenschaften, besondere Punkte des Graphen und die y-Achse als Asymptote. Da die Exponentialfunktion nur positive Funktionswerte annimmt, ist der Definitionsbereich der Logarithmusfunktion die Menge der positiven reellen Zahlen $\mathbb{R}_+^*$.

3. Aus der Definition der Logarithmusfunktion ergibt sich, daß **Logarithmen** spezielle Exponenten sind. Mit dieser Kenntnis lassen sich manche Logarithmen einfach berechnen. Dies gilt insbesondere für einige Logarithmen zur Basis 2 und zur Basis 10. Die meisten der Funktionswerte der Logarithmusfunktionen sind allerdings **irrationale Zahlen**. Praktisch rechnet man mit rationalen Näherungswerten, wie sie der Taschenrechner liefert. Entsprechend den Rechenregeln für Potenzen, die bei der Exponentialfunktion Anwendung finden, gibt es Rechenregeln für Logarithmen, die sogenannten **Logarithmengesetze**. Diese lassen sich durch Rückgriff auf die Potenzgesetze beweisen.

4. Mit Hilfe der Logarithmengesetze lassen sich **Exponentialgleichungen** der Form $a = b^x$ nach x auflösen. Es ist dann $x = \log_b a$. Außerdem kann man **Logarithmen zu einer beliebigen Basis** berechnen, wenn man Logarithmen zu einer bestimmten Basis zur Verfügung hat. Daher genügt es, wenn man mit dem Taschenrechner **Zehnerlogarithmen** bestimmen kann.

5. Zeichnet man die Graphen von Exponentialfunktionen auf Millimeterpapier, so zeigt sich die charakteristische gekrümmte Kurve. Auf dem sogenannten **logarithmischen Papier** lassen sich die Graphen der Exponentialfunktion als Geraden darstellen, was in manchen Fällen die Arbeit erleichtert.

9

9.1 Bestimmung des Exponenten einer Exponentialfunktion

In Lektion 9 des Bandes „Funktionen in Anwendungen“ (Abschnitt 9.3) haben Sie gesehen, welche Probleme die Frage aufwirft, wie man aus der Funktionsgleichung für den radioaktiven Zerfall die Halbwertszeit $t_{1/2}$ ermitteln kann. Für den radioaktiven Zerfall von Krypton 81 gilt die Zerfallsgleichung $I = I_0 \cdot 0{,}948^t$ (t in Sekunden). Welche Halbwertszeit hat Krypton 81?

Sie erinnern sich sicher noch: Für die Halbwertszeit gilt

$$\frac{1}{2} I_0 = I_0 \cdot 0{,}948^{t_{1/2}} \quad \text{also}$$

$$\frac{1}{2} = 0{,}948^{t_{1/2}}$$

Damals konnten Sie nur mit dem Taschenrechner ausprobieren, für welchen Wert für t sich der Funktionswert $\frac{1}{2}$ ergab. Das sind etwa 13 s. Dieses Problem ist genau das, das Sie in der letzten Lektion allgemein betrachtet haben, nämlich für eine Funktion die Bestimmung eines x-Wertes zu vorgegebenem Funktionswert y. Dazu haben Sie die Umkehrfunktion gebildet und mit Hilfe der Umkehrfunktion den gesuchten Wert berechnet.

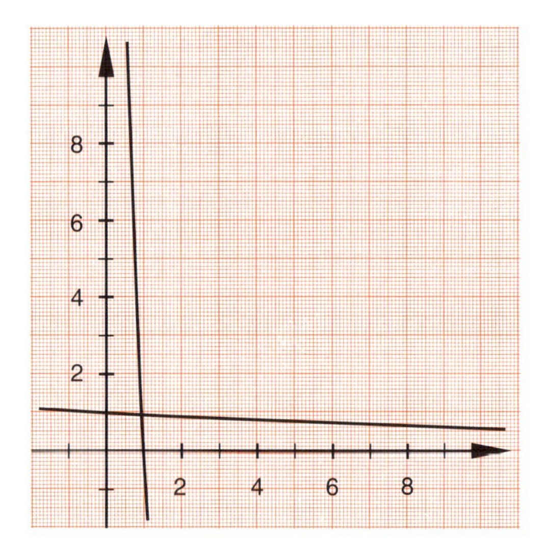

Die Umkehrfunktion zur Exponentialfunktion kann man bilden, da die Exponentialfunktion streng monoton ist, in diesem Fall (streng) monoton fallend. Der Graph der Umkehrfunktion entsteht aus dem Graphen der ursprünglichen Funktion durch Spiegelung an der ersten Winkelhalbierenden $y = x$. Wenn Sie auf diesem Weg den Graphen der Umkehrfunktion zeichnen, kommen Sie zu dem Bild rechts oben. An diesem Bild können Sie die Lösung ablesen, aber natürlich nur im Rahmen der Zeichengenauigkeit.

Die entsprechende Fragestellung taucht auch schon bei der Zinseszinsrechnung auf, die Sie aus der Lektion 5 des Bandes „Funktionen in Anwendungen“ kennen. Die Aufgabe 2 von den Aufgaben zu 5.4 verlangte die Berechnung des Endkapitals für ein Anfangskapital von 20 000 DM bei einem Zinssatz von 9 % nach einer Zeit von 12 Jahren.
Dieses Endkapital läßt sich aus der Exponentialfunktion für die Zinseszinsen

$$K_n = K_0 \cdot \left(1 + \frac{p}{100}\right)^n$$

berechnen: 56 253,30 DM. Kehrt man die Aufgabenstellung in der Form um, daß man zum Beispiel wissen möchte, nach wieviel Jahren das Kapital von 20 000 DM sich verdoppelt hat, hat man die Gleichung

$$2 \cdot K_0 = K_0 \cdot \left(1 + \frac{p}{100}\right)^n \quad \text{bzw.} \quad 2 = \left(1 + \frac{p}{100}\right)^n$$

nach n aufzulösen. Auch diese Aufgabe hätten Sie damals nur durch Probieren mit dem Taschenrechner lösen können. Es ist ja im Grunde ebenfalls die Frage nach der Umkehrfunktion zur Funktion $y = b^x$. Da die hier vorliegende Exponentialfunktion streng monoton wachsend ist, läßt sich die Umkehrfunktion bilden. Graphisch bedeutet dies, durch Spiegelung des Graphen der ursprünglichen Funktion an der ersten Winkelhalbierenden den Graphen der Umkehrfunktion zu ermitteln. Dies ist auf der nächsten Seite für die Funktion $y = 1{,}09^x$ ausgeführt.

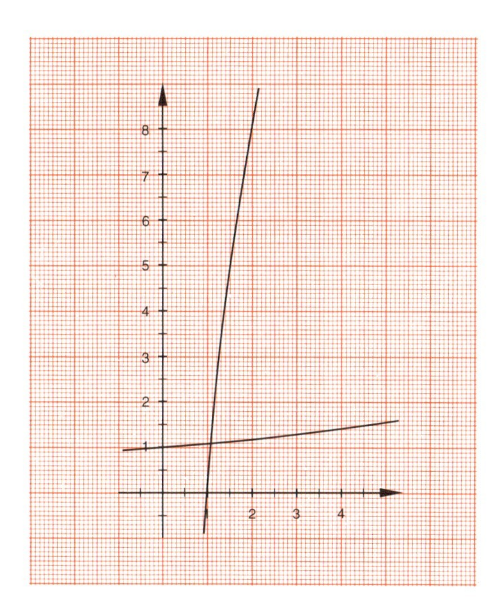

Lesen Sie bitte an dem gezeichneten Graphen die Lösung für die oben gestellte Aufgabe „Nach wieviel Jahren hat sich das Kapital verdoppelt?“ ab. → (1)

Aufgaben wie in diesen beiden Beispielen lassen sich also mit Hilfe der Umkehrfunktion lösen. Die Graphen der Umkehrfunktionen haben Sie in den beiden Graphiken zu diesem Abschnitt gesehen. Wie aber lautet die Funktionsgleichung der Umkehrfunktion? Die Regel zur Bildung der Umkehrfunktion war: In der ursprünglichen Funktionsgleichung müssen x und y vertauscht und die so entstehende Gleichung nach y aufgelöst werden.

Führt man dies für die Exponentialfunktion $y = b^x$ aus, so erhält man:

Ursprüngliche Funktion	$y = b^x$
Vertauschung von x und y	$x = b^y$
Auflösen nach y	$y = ?$

Sie haben keine Regel, die Ihnen das Auflösen nach y erlauben würde. Offenbar ist die Umkehrfunktion der Exponentialfunktion keine der bisher schon bekannten Funktionen, es fehlt für sie eine Schreibweise. In Worten könnte man die Zuordnung so ausdrücken: Für die

Exponentialfunktion $x \to b^x$	Umkehrung der Exponentialfunktion $x \to y$ mit $b^y = x$
x wird zugeordnet die x-te Potenz von b.	x wird zugeordnet die Zahl, mit der man b potenzieren muß, um x zu erhalten.

Da die **Umkehrfunktion der Exponentialfunktion** jedoch oft benötigt wird, definiert man eine neue Funktion, die **Logarithmusfunktion**.

Da die Exponentialfunktion $y = b^x$ streng monoton ist , existiert die Umkehrfunktion.

Die Umkehrfunktion der Exponentialfunktion $y = b^x$ heißt Logarithmusfunktion.
Für $x = b^y$ schreibt man $y = \log_b x$,
spricht dafür y gleich Logarithmus x zur Basis b
und nennt b die Basis der Logarithmusfunktion,
x den Numerus (entspricht dem Funktionswert der Exponentialfunktion)
und y den Logarithmus (entspricht dem Exponenten).

Aufgaben zu 9.1

1. Nach wieviel Jahren hat sich ein Kapital von 4000 DM bei einem Zinsatz von 6,5 % mit Zinseszinsen verdreifacht? Zeichnen Sie den Graphen für die zugehörige Exponentialfunktion sowie den Graphen der Umkehrfunktion, und lösen Sie die Aufgabe durch Ablesen an diesem Graphen.

2. Schreiben Sie die Umkehrfunktionen zu den folgenden Exponentialfunktionen auf.
   a) $y = 3^x$ b) $y = 10^x$ c) $y = 0{,}5^x$ d) $y = 5 \cdot 2^x$

3. Sind auch die Funktionen a) $y = a \cdot b^x$ b) $y = b^{-x}$ c) $y = -b^x$ $(a > 0, b > 0)$ monoton und damit umkehrbar?

9.2 Die Logarithmusfunktion und ihre Eigenschaften

In Lektion 8 des Bandes „Funktionen in Anwendungen" haben Sie die Eigenschaften der Exponentialfunktion kennengelernt. Da die Logarithmusfunktion die Umkehrfunktion der Exponentialfunktion ist, übertragen sich die Eigenschaften der Exponentialfunktion auf die Logarithmusfunktion. Dies kann man sich an den Graphen veranschaulichen. Deshalb sind hier die Graphen der Funktionen $y = 2^x$ und $y = \log_2 x$ gezeichnet. Anschließend finden Sie eine Zusammenstellung der wichtigsten **Eigenschaften** der Funktionen $y = b^x$ und $y = \log_b x$ mit $b > 0$.

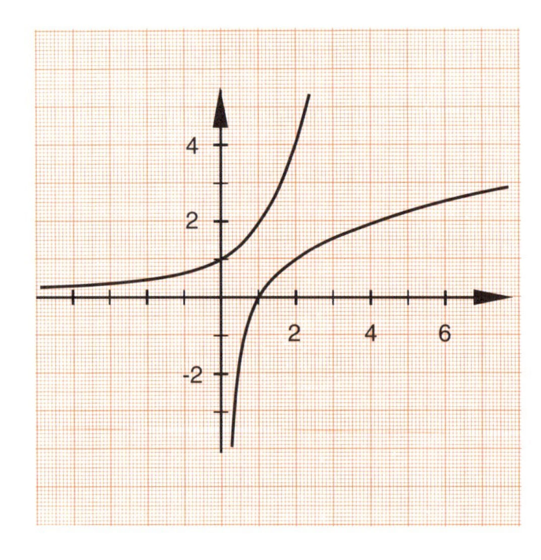

Exponentialfunktion $y = b^x$ mit $b > 0$	**Logarithmusfunktion** $y = \log_b x$ mit $b > 0$
1. Die Exponentialfunktion hat nur positive Funktionswerte y. $y \in \mathbb{R}_+^*$ **Definitionsmenge: IR** **Wertemenge: $\mathbb{R}_+^*$**	1. Die Logarithmusfunktion ist nur für positive x-Werte definiert. $x \in \mathbb{R}_+^*$ **Definitionsmenge: $\mathbb{R}_+^*$** **Wertemenge: IR**
2. Die Graphen der Exponentialfunktionen $y = b^x$ mit $b > 0$ gehen alle durch den **Punkt (0 I 1).**	2. Die Graphen der Logarithmusfunktionen $y = \log_b x$ mit $b > 0$ gehen alle durch den **Punkt (1 I 0).**
3. Der Graph der Exponentialfunktion $y = b^x$ mit $b > 0$ geht stets durch den **Punkt (1 I b).**	3. Der Graph der Logarithmusfunktion $y = \log_b x$ mit $b > 0$ geht stets durch den **Punkt (b I 1).**
4. Die Graphen der Exponentialfunktionen $y = b^x$ mit $b > 1$ sind **streng monoton steigend**, mit $0 < b < 1$ **streng monoton fallend**.	4. Die Graphen der Logarithmusfunktionen $y = \log_b x$ mit $b > 1$ sind **streng monoton steigend**, mit $0 < b < 1$ **streng monoton fallend**.
5. Der Graph der Exponentialfunktion $y = b^x$ mit $b > 0$ hat die **x-Achse als Asymptote**.	5. Der Graph der Logarithmusfunktion $y = \log_b x$ mit $b > 0$ hat die **y-Achse als Asymptote**.

Eine wichtige Eigenschaft ist, daß die Logarithmusfunktion nur für positive Zahlen definiert ist. Insbesondere gibt es keinen Logarithmus von 0. Ein solcher $\log_b 0$ müßte ja die Hochzahl y sein, für die $b^y = 0$ ist. Für alle $b \neq 0$ ist aber sicher b^y mit beliebigem $y \in \mathbb{R}$ von 0 verschieden. Wie ist es aber, wenn $b = 0$ ist?
0^y ist für alle $y > 0$ gleich 0, für alle $y < 0$ nicht definiert. Von daher könnte es naheliegen, 0^0 als 0 festzulegen.
Aber: a^0 ist für alle $a \neq 0$ gleich 1 festgelegt worden. Von daher könnte es naheliegen, 0^0 als 1 zu definieren.
Wegen dieses Widerspruchs gibt man 0^0 keinen Sinn: 0^0 ist nicht definiert. Ein Logarithmus von 0 existiert zu keiner Basis b.
Ebenso ist ein Logarithmus zur Basis 0 nicht sinnvoll.

Um zu veranschaulichen, daß diese Eigenschaften tatsächlich für beliebige Basen $b > 0$ gelten, kann man die Graphen der Logarithmusfunktionen $y = \log_b x$ für verschiedene Basen b zeichnen, zum Beispiel für $b = 2$, $b = 3$, $b = 10$. Dies ist hier rechts durchgeführt.

Zeichnen Sie den Graphen der Funktion $y = \log_4 x$. → ⑤

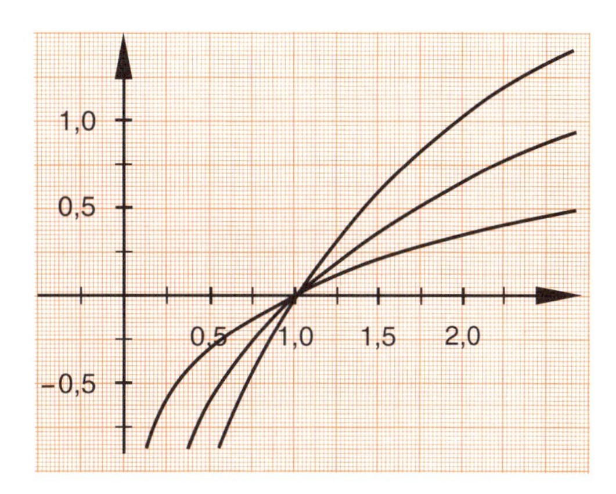

Aufgaben zu 9.2

1. Ordnen Sie die Werte nach der Größe.
   a) $\log_3 7$; $\log_3 15$; $\log_3 2$; $\log_3 0{,}5$; $\log_3 1{,}3$
   b) $\log_{10} \frac{1}{10}$; $\log_{10} 30$; $\log_{10} \frac{1}{100}$; $\log_{10} 100$; $\log_{10} 5$

2. Welche der angegebenen Funktionen sind streng monoton steigend, welche streng monoton fallend, welche haben die x-Achse, welche die y-Achse als Asymptote?
   a) $y = 1{,}8^x$ b) $y = \log_3 x$ c) $y = \log_{0,1} x$ d) $y = 0{,}1^x$ e) $y = (\frac{1}{4})^x$ f) $y = \log_{30} x$

3. Ordnen Sie jeder Funktion von Aufgabe 2 diejenigen der folgenden Punkte zu, durch die ihr Graph geht. $A(0|1)$ $B(1|0)$ $C(1|3)$ $D(3|1)$ $E(\frac{1}{10}|1)$ $F(1|\frac{1}{10})$

9.3 Logarithmen und Logarithmengesetze

Wie Sie gesehen haben, sind die beiden Beziehungen

$y = \log_b x$ und $x = b^y$ gleichwertig.

Mit dieser Kenntnis lassen sich einige Logarithmenwerte leicht ausrechnen. Hier einige Beispiele:

$y = \log_2 8$	bedeutet	$8 = 2^y$	also	$y = 3$,	weil	$8 = 2^3$.
$y = \log_2 32$	bedeutet	$32 = 2^y$	also	$y = 5$,	weil	$32 = 2^5$.
$y = \log_2 0{,}5$	bedeutet	$0{,}5 = 2^y$	also	$y = -1$,	weil	$0{,}5 = 2^{-1}$.
$y = \log_{10} 100$	bedeutet	$100 = 10^y$	also	$y = 2$,	weil	$100 = 10^2$.
$y = \log_{10} 10^{-3}$	bedeutet	$10^{-3} = 10^y$	also	$y = -3$,	weil	$10^{-3} = 10^{-3}$.
$y = \log_3 81$	bedeutet	$81 = 3^y$	also	$y = 4$,	weil	$81 = 3^4$.

Immer dann, wenn der Numerus eine ganzzahlige Potenz der Basis ist, läßt sich der Logarithmus einfach bestimmen. Was aber, wenn dies nicht der Fall ist? Auch für bestimmte Wurzeln läßt sich der Logarithmus noch auf dieselbe Weise bestimmen, zum Beispiel:

$y = \log_2 \sqrt{2}$ bedeutet $\sqrt{2} = 2^y$ also $y = \frac{1}{2}$, weil $\sqrt{2} = 2^{\frac{1}{2}}$.

$y = \log_{10} \sqrt{1000}$ bedeutet $\sqrt{1000} = 10^y$ also $y = \frac{3}{2}$, weil $\sqrt{10^3} = 10^{\frac{3}{2}}$.

Bestimmen Sie entsprechend $\log_5 125$, $\log_{10} 10000$, $\log_3 \sqrt{27}$. → (9)

Im allgemeinen lassen sich Logarithmen nicht so einfach bestimmen. Soll etwa $y = \log_2 3$ angegeben werden, so hilft die Umformung $2^y = 3$ nicht viel weiter, da sich 3 nicht ohne weiteres als Potenz von 2 schreiben läßt.
Da $2^1 < 3 < 2^2$ gilt, ist $1 < \log_2 3 < 2$. Sie finden hier ein ähnliches Problem vor wie in der Lektion 7 des Bandes „Funktionen in Anwendungen" bei der Bestimmung von $\sqrt{2}$. Auch in diesem Fall fragt der Mathematiker danach, welche Art von Zahl $\log_2 3$ ist und dann, wie er diese Zahl (evtl. nur näherungsweise) berechnen kann. $\log_2 3$ ist sicher keine ganze Zahl, denn er liegt zwischen 1 und 2.
Ist $\log_2 3$ eine rationale Zahl, läßt er sich also als Bruch $\frac{p}{q}$ schreiben, oder ist er eine irrationale Zahl, also ein unendlicher, nicht-periodischer Dezimalbruch?
Der Beweis für die **Irrationalität von $\log_2 3$** wird indirekt geführt. Man macht eine Annahme, aus der ein Widerspruch hergeleitet wird. Dann gilt das Gegenteil der Annahme:
Angenommen, $\log_2 3$ ist eine rationale Zahl, läßt sich als Bruch $\frac{p}{q}$ schreiben. Dann ist

$$\log_2 3 = \frac{p}{q}$$

oder umgeschrieben $2^{\frac{p}{q}} = 3$ | Potenzieren mit q.

$$2^p = 3^q$$

2 und 3 sind aber Primzahlen. Es müßte also eine Zahl, deren Primfaktorzerlegung nur aus lauter Zweien besteht, gleich einer Zahl sein, deren Primfaktorzerlegung nur aus lauter Dreien besteht. Da jede natürliche Zahl eine eindeutig bestimmte Primfaktorzerlegung besitzt, kann dies nicht sein. Die Annahme, $\log_2 3$ lasse sich als Bruch $\frac{p}{q}$ schreiben, führt auf einen Widerspruch und muß daher falsch sein.

$\log_2 3$ ist eine irrationale Zahl, in Dezimaldarstellung eine unendliche, nicht-periodische Dezimalzahl.

Einen Zahlenwert für $\log_2 3$ kann man nur näherungsweise bestimmen. Zum Beispiel

$2^1 < 3 < 2^2$ also $1 < \log_2 3 < 2$
$2^{1,5} < 3 < 2^{1,6}$ also $1,5 < \log_2 3 < 1,6$
$2^{1,58} < 3 < 2^{1,59}$ also $1,58 < \log_2 3 < 1,59$
$2^{1,584} < 3 < 2^{1,585}$ also $1,584 < \log_2 3 < 1,585$ usw.

Prüfen Sie die aufgeschriebenen Ungleichungen nach, indem Sie mit Hilfe der [y^x] - Taste des Taschenrechners die angegebenen Zweierpotenzen ausrechnen. → (2)
Die näherungsweise Bestimmung von Logarithmuswerten durch Einschachtelung ist recht mühsam. Wie bei den Wurzeln kann praktisch mit rationalen Näherungswerten gerechnet werden, die man mit Hilfe des Taschenrechners erhält. Allerdings hat der Taschenrechner keine Taste für die Bestimmung beliebiger Logarithmuswerte, sondern in der Regel eine Taste [log] zur Bestimmung der Zehnerlogarithmen und eine Taste [ln] zur Bestimmung der sogenannten natürlichen Logarithmen, die im Band „Integralrechnung" erläutert werden.

Probieren Sie die log - Taste Ihres Rechers aus, indem Sie die folgenden Werte berechnen: $\log_{10} 100$, $\log_{10} 100\,000$, $\log_{10} \frac{1}{100}$, $\log_{10} 2$, $\log_{10} 5$, $\log_{10} 200$. → (6)

Für die Logarithmen zur Basis 10 schreibt man auch oft kurz lg: $\log_{10} x = \lg x$

Wie man Logarithmen zu anderen Basen mit dem Taschenrechner bestimmen kann, werden Sie im nächsten Abschnitt dieser Lektion lernen, da man dafür die **Logarithmengesetze** benötigt, die sich aus den Rechenregeln für Potenzen ergeben, da Logarithmen ja nichts anderes als Exponenten sind.

Es sei $u = b^x$ und $v = b^y$, dann ist $x = \log_b u$ und $y = \log_b v$

Potenzgesetze			Logarithmengesetze
$u \cdot v = b^x \cdot b^y = b^{(x+y)}$	dann ist	$\log_b (u \cdot v) = x + y$	$\log_b (u \cdot v) = \log_b u + \log_b v$
$\frac{u}{v} = \frac{b^x}{b^y} = b^{(x-y)}$	dann ist	$\log_b (\frac{u}{v}) = x - y$	$\log_b (\frac{u}{v}) = \log_b u - \log_b v$
$u^k = (b^x)^k = b^{x \cdot k}$	dann ist	$\log_b u^k = x \cdot k$	$\log_b u^k = k \cdot \log_b u$

Für jede beliebige Basis $b \in \mathbb{R}$ und Zahlen $u, v, k \in \mathbb{R}_+^*$ lauten also die Logarithmengesetze:

Der Logarithmus eines Produktes ist gleich der Summe der Logarithmen der einzelnen Faktoren. $\log_b (u \cdot v) = \log_b u + \log_b v$ (1. Logarithmengesetz)

Der Logarithmus eines Quotienten ist gleich der Differenz der Logarithmen von Dividend und Divisor. $\log_b (\frac{u}{v}) = \log_b u - \log_b v$ (2. Logarithmengesetz)

Der Logarithmus der Potenz u^k ist gleich dem k-fachen des Logarithmus von u.
$\log_b u^k = k \cdot \log_b u$ (3. Logarithmengesetz)

Das dritte Logarithmengesetz gilt für alle $k \in \mathbb{R}$, also auch für gebrochene Zahlen $\frac{1}{n}$. Man kann daher schreiben $\log_b u^{\frac{1}{n}} = \log_b \sqrt[n]{u} = \frac{1}{n} \cdot \log_b u$

Mit Hilfe dieser Gesetze kann man verschiedene Rechnungen ausführen. Zum Beispiel lassen sich aus gegebenen Logarithmen weitere Logarithmen berechnen:
Aus $\log_3 10 = 2{,}0959$ und $\log_3 2 = 0{,}6309$ berechnet man

$$\log_3 20 = \log_3 (10 \cdot 2) = \log_3 10 + \log_3 2 = 2{,}0959 + 0{,}6309 = 2{,}7268$$
$$\log_3 5 = \log_3 (10 : 2) = \log_3 10 - \log_3 2 = 2{,}0959 - 0{,}6309 = 1{,}4650$$
$$\log_3 8 = \log_3 (2^3) = 3 \cdot \log_3 2 = 3 \cdot 0{,}6309 = 1{,}8927$$
$$\log_3 \sqrt[5]{10} = \log_3 10^{\frac{1}{5}} = \frac{1}{5} \cdot \log_3 10 = \frac{1}{5} \cdot 2{,}0959 = 0{,}4192$$

Der Logarithmus eines größeren (Produkt-)Terms kann in Summen bzw. Differenzen von einzelnen Logarithmen umgerechnet werden:

$$\log_b \frac{\sqrt[4]{r} \cdot s^5}{w^3} = \frac{1}{4} \cdot \log_b r + 5 \cdot \log_b s - 3 \cdot \log_b w$$

Formen Sie entsprechend um: $\log_b \frac{u^2 \cdot \sqrt[3]{v}}{w^5}$ → (8)

Bestimmte logarithmische Gleichungen lassen sich lösen.

$$
\begin{aligned}
\frac{1}{2} \cdot \log_5 x + \frac{1}{4} \cdot \log_5 3 &= 2 \\
\log_5 \sqrt{x} + \log_5 \sqrt[4]{3} &= 2 \\
\log_5 (\sqrt{x} \cdot \sqrt[4]{3}) &= 2 \\
\sqrt{x} \cdot \sqrt[4]{3} &= 5^2 \\
\sqrt{x} &= \frac{5^2}{\sqrt[4]{3}} \\
x &= \frac{5^4}{\sqrt{3}} \\
x &= 360{,}84
\end{aligned}
$$

Lösen Sie bitte entsprechend:

$4 \cdot \log_2 x - 3 = 3 \cdot \log_2 x$ → (3)

Aufgaben zu 9.3

1. Bestimmen Sie aus $\log_{10} 2 = 0{,}3010$ und $\log_{10} 6 = 0{,}7782$ die Logarithmen zur Basis 10 der folgenden Zahlen.

   a) 12 b) 24 c) 3 d) $\frac{1}{3}$ e) 4 f) 36

2. Zerlegen Sie in Summen bzw. Differenzen.

   a) $\log_b \frac{v^7}{w^3}$ b) $\log_b \frac{m^2 \cdot \sqrt[3]{n}}{p^3}$ c) $\log_b \sqrt[3]{p \cdot q^2}$

*3. Lösen Sie die Gleichung: $\log_5 x + 2 \log_5 3 = \log_5 7$

9.4 Exponentialgleichungen

Mit der Logarithmusfunktion als Hilfsmittel können jetzt auch die Gleichungen gelöst werden, die zu den Problemen aus Abschnitt 9.1 gehören. So sollte dort die Halbwertszeit für das radioaktive Element Krypton 81 bestimmt werden. Dafür muß die Gleichung

$$\frac{1}{2} = 0{,}948^{t_{1/2}}$$

nach $t_{1/2}$ aufgelöst werden.

Nun kann man die Logarithmusfunktion auf beide Seiten der Gleichung anwenden (man sagt: man logarithmiert die Gleichung) und erhält

$$\log_{10} \frac{1}{2} = \log_{10} 0{,}948^{t_{1/2}}$$

Man könnte zum Logarithmieren einen Logarithmus von beliebiger Basis wählen. Man verwendet aber den Zehnerlogarithmus, damit man mit dem Taschenrechner arbeiten kann. Wendet man nun das zweite und das dritte Logarithmengesetz an, so ergibt sich

$$
\begin{aligned}
\log_{10} 1 - \log_{10} 2 &= t_{1/2} \cdot \log_{10} 0{,}948 \\
0 - \log_{10} 2 &= t_{1/2} \cdot \log_{10} 0{,}948 \\
-0{,}3010 &= t_{1/2} \cdot (-0{,}0232) \\
t_{1/2} &= \frac{0{,}3010}{0{,}0232} = 12{,}97
\end{aligned}
$$

Auch die zweite Aufgabe aus 9.1 kann so gelöst werden. Um zu bestimmen, nach wieviel Jahren sich das Kapital verdoppelt, muß die Gleichung

$$2 = (1 + \frac{9}{100})^n$$ nach n aufgelöst werden.

Man logarithmiert also (wieder mit dem Zehnerlogarithmus) die Gleichung

$$2 = 1{,}09^n$$
$$\lg 2 = \lg 1{,}09^n \quad | \text{ Anwenden des 3. Logarithmengesetzes}$$
$$\lg 2 = n \cdot \lg 1{,}09 \quad | : \lg 1{,}09$$
$$\frac{\lg 2}{\lg 1{,}09} = n$$

Mit dem Taschenrechner läßt sich das ohne Zwischenergebnisse so berechnen:

[2] → [log] → [:] → [1,09] → [log] → [=] → [8,04]

Nach etwas über 8 Jahren hat sich demnach das Kapital verdoppelt. Diese Ergebnisse haben Sie oben bereits an den Graphen abgelesen.

Gleichungen der Gestalt $c = a \cdot b^x$ nennt man **Exponentialgleichungen**, da die zu berechnende Variable im Exponenten steht.

Die Lösung ermittelt man allgemein so:

$$c = a \cdot b^x \quad | \text{ Logarithmieren}$$
$$\log c = \log(a \cdot b^x) \quad | \text{ 1. und 3. Logarithmengesetz}$$
$$\log c = \log a + x \cdot \log b \quad | - \log a$$
$$\log c - \log a = x \cdot \log b \quad | : \log b$$
$$\frac{\log c - \log a}{\log b} = x$$

Mit dem Taschenrechner ([steht für Klammer auf,] steht für Klammer zu):

[[ ] → [c] → [log] → [−] → [a] → [log] → [ ]] → [:] → [b] → [log] → [=] → [$\frac{\log c - \log a}{\log b}$]

Zur Lösung einer Exponentialgleichung, wird diese logarithmiert und das (1. und) 3. Logarithmengesetz angewendet.

9

Mit diesem Verfahren können Sie nun auch **Logarithmen zu beliebiger Basis** berechnen, obwohl man mit dem Taschenrechner nur Zehnerlogarithmen und natürliche Logarithmen aufrufen kann. Das Verfahren geht so:

Man soll $y = \log_b x$ berechnen, das bedeutet

$$x = b^y \quad | \text{ Logarithmieren (mit dem Zehnerlogarithmus)}$$
$$\log_{10} x = \log_{10} b^y \quad | \text{ 3. Logarithmengesetz}$$
$$\log_{10} x = y \cdot \log_{10} b \quad | : \log_{10} b$$
$$\frac{\log_{10} x}{\log_{10} b} = y$$

Natürlich kann man die Berechnung eines Logarithmus auch mit Hilfe des Logarithmierens zu einer beliebigen Basis c vornehmen. Allgemein gilt:

$$\log_b x = \frac{\log_c x}{\log_c b}$$

Um $\log_b x$ mit dem Taschenrechner zu bestimmen, gehen Sie so vor:

[x] → [log] → [:] → [b] → [log] → [=] → [$\log_b x$]

Probieren Sie das Verfahren für $\log_2 3$ aus.

→ 7

Hier noch einige Beispiele zum Lösen von Exponentialgleichungen:

1. Beispiel:

$$
\begin{aligned}
2{,}5^x + 4 &= 5 && \mid -4 \\
2{,}5^x &= 1 && \mid \text{Logarithmieren} \\
\lg 2{,}5^x &= \lg 1 && \mid \text{3. Logarithmengesetz} \\
x \cdot \lg 2{,}5 &= 0 && \mid : \lg 2{,}5 \\
x &= 0
\end{aligned}
$$

Diese Lösung hätte man natürlich bereits in der zweiten Zeile der Rechnung angeben können, da für alle $a \in \mathbb{N}^*$ $a^0 = 1$ gilt.

2. Beispiel:

$$
\begin{aligned}
2 \cdot 2^x - 3^x &= 0 && \mid + 3^x \\
2 \cdot 2^x &= 3^x && \mid : 3^x \\
\frac{2 \cdot 2^x}{3^x} &= 1 && \mid \text{Potenzgesetz} \\
2 \cdot \left(\frac{2}{3}\right)^x &= 1 && \mid \text{Logarithmieren} \\
\lg \left(2 \cdot \left(\frac{2}{3}\right)^x\right) &= \lg 1 && \mid \text{1. Logarithmengesetz} \\
\lg 2 + \lg \left(\frac{2}{3}\right)^x &= 0 && \mid - \lg 2 \\
\lg \left(\frac{2}{3}\right)^x &= -\lg 2 && \mid \text{3. Logarithmengesetz} \\
x \cdot \lg \frac{2}{3} &= -\lg 2 && \mid \text{2. Logarithmengesetz} \\
x \cdot (\lg 2 - \lg 3) &= -\lg 2 && \mid \cdot (-1) \\
x \cdot (\lg 3 - \lg 2) &= \lg 2 && \mid : (\lg 3 - \lg 2) \\
x &= \frac{\lg 2}{\lg 3 - \lg 2}
\end{aligned}
$$

Zur Berechnung mit dem Taschenrechner gehen Sie so vor:

$\boxed{2} \to \boxed{\log} \to \boxed{:} \to \boxed{[} \to \boxed{3} \to \boxed{\log} \to \boxed{-} \to \boxed{2} \to \boxed{\log} \to \boxed{]} \to \boxed{=} \to \boxed{1{,}7095}$

3. Beispiel:

Wieviele Jahre muß man ein Kapital zu 4,5 % auf Zinseszinsen anlegen, bis es sich verfünffacht hat?

Die Zinseszinsformel ist $K_n = K_0 \left(1 + \frac{p}{100}\right)^n$

Gesucht ist die Anzahl der Jahre n

Da das Kapital sich verfünffachen soll, ist $K_n = 5 \cdot K_0$

Der Zinssatz ist $p = 4{,}5$

Setzt man diese Werte in die Zinseszinsformel ein, so erhält man eine Exponentialgleichung, da die gesuchte Größe n als Hochzahl auftritt.

$$
\begin{aligned}
5 \cdot K_0 &= K_0 \left(1 + \frac{4{,}5}{100}\right)^n && \mid : K_0 \\
5 &= \left(1 + \frac{4{,}5}{100}\right)^n && \mid \text{Logarithmieren} \\
\lg 5 &= \lg \left(1 + \frac{4{,}5}{100}\right)^n && \mid \text{3. Logarithmengesetz} \\
\lg 5 &= n \cdot \lg \left(1 + \frac{4{,}5}{100}\right) \\
\lg 5 &= n \cdot \lg 1{,}045 && \mid : \lg 1{,}045 \\
\frac{\lg 5}{\lg 1{,}045} &= n && \mid \text{Mit dem Taschenrechner ausrechnen.}
\end{aligned}
$$

$\boxed{5} \to \boxed{\log} \to \boxed{:} \to \boxed{1{,}045} \to \boxed{\log} \to \boxed{=} \to \boxed{36{,}56}$

Das Kapital hat sich bei 4,5 % Zinseszinsen innerhalb von 36,56 Jahren verfünffacht.

4. Beispiel:

Ein Gerücht wird (unter dem Siegel der Verschwiegenheit!) so weitererzählt, daß jeden Tag neunmal so viele Menschen davon wissen wie am Tag zuvor. Unterdessen wissen 10 000 Menschen davon. Vor wieviel Tagen wurde das Gerücht von einer Person in Umlauf gesetzt?

Gesucht ist die Anzahl der Tage	n	
Jetzt wissen 10 000 Menschen davon.	$A_n = 10000$	
Anfangs wußte nur einer davon.	$A_0 = 1$	
Für das Wachstum der „Wissenden" gilt	$A_n = A_0 \cdot 9^n$	
Setzt man die Werte ein, so ergibt sich	$10000 = 1 \cdot 9^n$	I Logarithmieren
	$\lg 10000 = \lg 9^n$	I 3. Logarithmengesetz
	$\lg 10000 = n \cdot \lg 9$	I : lg 9
	$\frac{\lg 10000}{\lg 9} = n$	I Ausrechnen

[10 000] → [log] → [:] → [9] → [log] → [=] → [4,19]

Nach gut 4 Tagen kennen 10 000 Menschen das Gerücht.

Aufgaben zu 9.4

1. In wieviel Jahren wächst ein Kapital von 2500 DM auf 4997,51 DM, wenn 8 % Zinsen gewährt werden?

2. In wieviel Jahren verdreifacht sich ein Sparkapital bei 5 % Zinsen?

*3. Die Einwohnerzahl einer Stadt ist von 55 000 auf 118 000 angestiegen. Statistiker haben ausgerechnet, daß diesem Wachstum eine Wachstumsfunktion mit der Funktionsgleichung $N = N_0 \cdot 1{,}0154^t$ zugrunde liegt. In welcher Zeit ist das Wachstum erfolgt? (N_0: ursprüngliche Einwohnerzahl, N: jetzige Einwohnerzahl, t: Zeit in Jahren)

4. Lösen Sie die Exponentialgleichungen: a) $12^x = 32$ b) $3{,}2 \cdot 5{,}6^x = 5{,}1$

5. Bestimmen Sie die Logarithmen: a) $\log_2 10$ b) $\log_5 62$ c) $\log_3 15$ d) $\log_{2,7} 3{,}14$

9.5 Logarithmische Skalen

In der Fernsehsendung haben Sie gesehen, daß sich große astronomische Zahlen nur in einem logarithmischen Maßstab leicht unterbringen lassen. In der folgenden Tabelle finden Sie die Entfernungen der Planeten von der Sonne in Millionen km und die Zehnerlogarithmen dieser Zahlen.

Planeten	Mittlere Entfernung von der Sonne in Millionen km	Logarithmus zur Basis 10 der mittleren Entfernung
Merkur	58	1,763
Venus	108	2,033
Erde	150	2,176
Mars	228	2,358
Jupiter	778	2,891
Saturn	1427	3,154
Uranus	2870	3,458
Neptun	4496	3,653
Pluto	5946	3,774

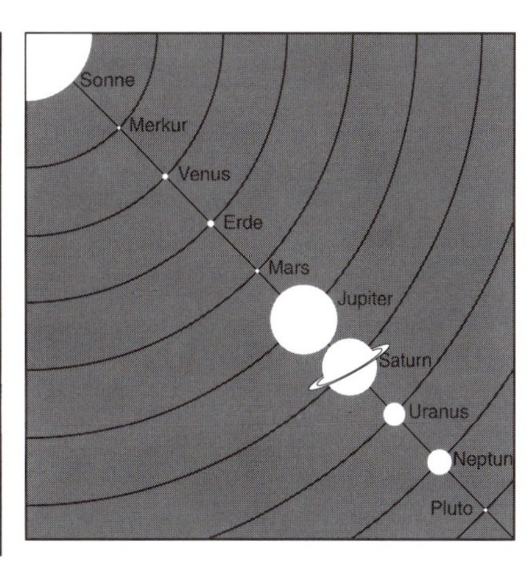

Wollte man die tatsächlichen Längenverhältnisse darstellen, dann müßte der Panet Pluto rund 100 mal so weit von der Sonne entfernt sein wie der Planet Merkur. Zeichnet man also Merkur 1 cm von der Sonne entfernt, so müßte man Pluto 1 m von der Sonne entfernt zeichnen. Das wäre zum Beispiel für ein Buch recht unpraktisch. In solchen Fällen trägt man deswegen oft die einzelnen Entfernungen logarithmisch auf, das heißt im Verhältnis ihrer Logarithmen. Die folgende Abbildung zeigt dies.

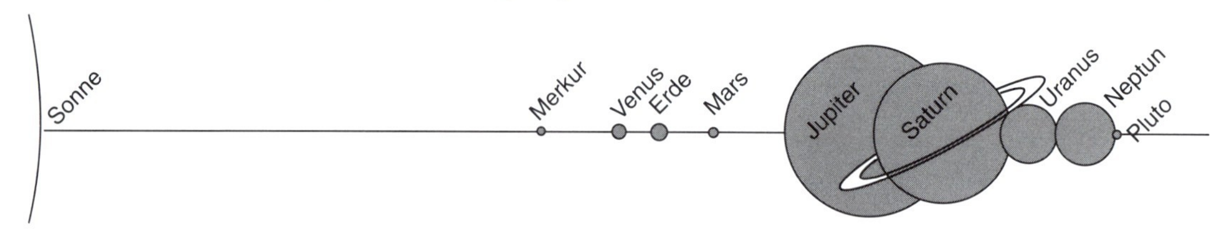

Immer wenn man es mit rasch wachsenden Zahlen zu tun hat, ist es einfacher, mit einem logarithmischen Maßstab zu rechnen. Dies geschieht zum Beispiel auch bei der Wasserstoffionenkonzentration, dem sogenannten **pH-Wert**, der ein Maß dafür ist, wie sauer oder wie basisch eine Flüssigkeit ist. Auch dies kennen Sie aus der Fernsehsendung. Zur Festlegung des pH-Wertes geht man aus von der Konzentration der positiv geladenen Wasserstoffteilchen, der Wasserstoffionen (**p**ositive **H**-Ionen), in chemisch reinem Wasser. Man findet das Verhältnis von 1 g auf 10 Millionen Liter Wasser. Eine solche Flüssigkeit nennt man neutral. Das Verhältnis ist also $\frac{1}{10\,000\,000}\,\frac{g}{l} = \frac{1}{10^7}\,\frac{g}{l} = 10^{-7}\,\frac{g}{l}$

Der Zehnerlogarithmus davon ist $\log_{10} 10^{-7} = -7$

Konzentration	pH-Wert	Beispiel
10^{-3}	3	Orangensaft
10^{-4}	4	Tomatensaft
10^{-5}	5	Kaffee
10^{-6}	6	Urin
10^{-7}	7	reines Wasser
10^{-8}	8	gel. Backpulver
10^{-9}	9	Boraxlösung
....	....	....
10^{-12}	12	Salmiakgeist

Der pH-Wert ist der negative Zehnerlogarithmus der Wasserstoffionenkonzentration. Der pH-Wert von reinem Wasser ist 7. pH-Werte unter 7 zeigen an, daß die Flüssigkeit sauer, pH-Werte über 7, daß die Flüssigkeit basisch ist. Die linke Tabelle zeigt Ihnen Beispiele.

Logarithmische Skalen (logarithmische Maßstäbe) werden auch sonst oft bei graphischen Darstellungen verwendet. Die Abbildung rechts zeigt eine „Wirtschaftskurve", wie Sie sie im Wirtschaftsteil von Zeitungen oder in Wirtschaftszeitschriften finden können. Bei dieser Darstellung ist die x-Achse (wie bei den bisher verwendeten Koordinatensystemen) linear unterteilt, die y-Achse trägt eine logarithmische Teilung. Ein solches Papier mit logarithmischer Teilung an einer Achse heißt **logarithmisches Papier**.

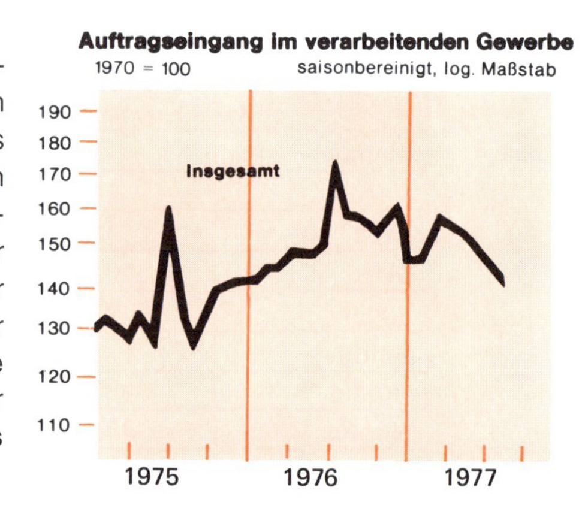

Den Vorteil einer solchen logarithmischen Einteilung erkennt man, wenn man den Graphen einer Exponentialfunktion in ein solches Koordinatensystem einzeichnet.

Führen Sie das für die Exponentialfunktion $y = 2^x$ aus, indem Sie die Punkte aus der folgenden Wertetabelle in das logarithmische Papier hier rechts übertragen.

x	$y = 2^x$
0	1
1	2
2	4
3	8
4	16

→ ④

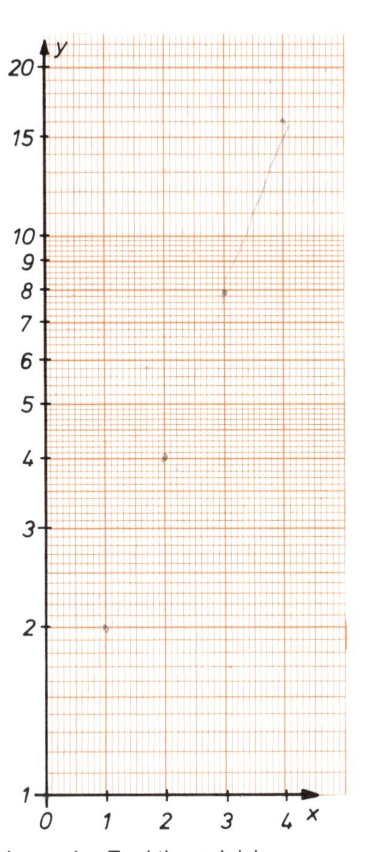

Wenn Sie die eingetragenen Punkte miteinander verbinden, erhalten Sie eine Gerade. Dies gilt für jede Exponentialfunktion, deren Graph auf logarithmischem Papier gezeichnet wird.

> Auf logarithmischem Papier wird der Graph einer Exponentialfunktion $y = b^x$ eine Gerade.

Den Beweis für diese Aussage finden Sie durch Logarithmieren der Funktionsgleichung.

$$y = b^x \quad | \text{ Logarithmieren}$$
$$\log y = \log b^x \quad | \text{ 3. Logarithmengesetz}$$
$$\log y = x \cdot \log b$$

Da $\log b$ konstant ist, kann man $\log b = m$ setzen und erhält

$$\log y = m \cdot x$$

Der Logarithmus von y ist also eine lineare Funktion von x, der Graph dieser Funktion ist eine Gerade.

Beachten Sie bei logarithmischem Papier:
Die Einteilung auf der y-Achse beginnt mit 1, und nicht mit 0, da $\log 1 = 0$ ist. Die Strecken auf der y-Achse entsprechen den Logarithmen, die angeschriebenen Zahlen aber sind die Numeri.

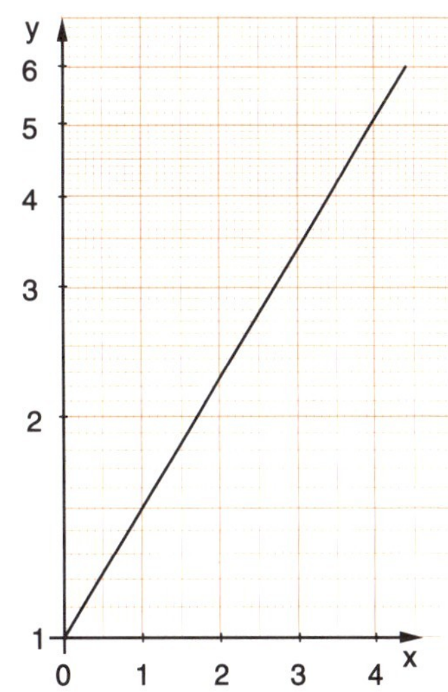

Erwartet man bei physikalischen oder technischen Messungen einen Zusammenhang, der sich mit einer Exponentialfunktion beschreiben läßt, trägt man die Meßwerte in logarithmisches Papier ein. Entsteht eine Gerade, so ist der vermutete Zusammenhang gegeben und der Sachverhalt durch eine Exponentialfunktion mit der Gleichung $y = a \cdot b^x$ zu beschreiben.

9

Die Werte für a und b findet man folgendermaßen:
Für $x = 0$ wird $b^x = b^0 = 1$, also $y = a \cdot 1$. Beim x-Wert 0 kann man demnach den Wert für a ablesen. In dem Beispiel ist also $a = 1$, da zum Wert $x = 0$ der y-Wert 1 gehört.
Für $x = 1$ wird $b^x = b^1 = b$, also $y = a \cdot b$. Beim x-Wert 1 liest man demnach den Wert für $a \cdot b$ ab. In dem Beispiel gehört zum x-Wert 1 der y-Wert 1,5. Es ist also $a \cdot b = 1{,}5$ und da $a = 1$ ist, gilt $b = 1{,}5$.
Die Funktionsgleichung zu der im logarithmischen Papier gezeichneten Exponentialfunktion ist $y = 1{,}5^x$.

Aufgaben zu 9.5

1. Zeichnen Sie auf logarithmischem Papier die Graphen zu a) $y = 10^x$ b) $y = 0{,}5 \cdot 3^x$

*2. Zeichnen Sie auf logarithmischem Papier die Graphen a) $y = 4^{x-1}$ b) $y = 1{,}5^x$

Wiederholungsaufgaben

1. Notieren Sie die Umkehrfunktionen. a) $y = 15^x$ b) $y = 2 \cdot 2^x$ c) $y = 10^{-x}$

2. Bestimmen Sie aus $\log_2 8 = 3$ und $\log_2 5 = 2{,}3219$ a) $\log_2 40$ b) $\log_2 1{,}6$ c) $\log_2 0{,}625$

3. Wenden Sie die Logarithmengesetze an auf a) $\log_b \frac{a^3 \cdot \sqrt[4]{c}}{\sqrt{e}}$ b) $\log_b (u^2 \cdot \sqrt[3]{v})$

4. Lösen Sie die Exponentialgleichungen. a) $6^x = 17$ b) $25 - 3 \cdot 4^z = 0$

5. Berechnen Sie die Logarithmen a) $\log_{20} 10$ b) $\log_2 1000$

6. Wieviele Jahre muß man 1000 DM zu 8,5 % auf Zinseszins legen, damit man 5000 DM (3000 DM, 4660 DM) erhält?

*7. Eine Zelle teilt sich durch Zellteilung alle 3 Minuten. Nach welcher Zeit sind aus dieser Zelle 10 000 Zellen entstanden?

*8. Zeichnen Sie die Graphen der Funktionen von Aufgabe 1 auf logarithmisches Papier.

10. Potenzfunktionen

Vor der Sendung

Der Inhalt dieser Lektion schließt an die Behandlung von linearen und quadratischen Funktionen an. Die Fähigkeit zur graphischen Umsetzung dieser Funktionstypen wird vorausgesetzt. Fortgeführt wird die Betrachtung von Eigenschaften von Funktionen, die schon in den Lektionen 8 und 9 begonnen wurde.
Im Mittelpunkt dieses Themas stehen in Sendung und Buch die Behandlung der Potenzfunktionen und ihrer Eigenschaften. Der letzte Teil über Summen von Potenzfunktionen ist ein Ausblick auf die kommenden Lektionen. In dieser Lektion ist es wichtig, die aufgezeigten Zusammenhänge zu verstehen, woraus sich die Fähigkeit ergeben soll, von dem Verlauf der Graphen der Einzelfunktionen auf den ungefähren Verlauf des Graphen der Summe der Funktionen zu schließen. Dazu liefert insbesondere die Sendung einiges Anschauungsmaterial.

Übersicht

1. Die bisher bekannten graphischen Darstellungen von Funktionen werden erweitert durch **Graphen von Potenzfunktionen**.
2. Mit Hilfe der Graphen werden **Eigenschaften von Potenzfunktionen** formuliert.
3. Durch **Summen von Potenzfunktionen** entstehen weitere Funktionen, deren Behandlung in Lektion 11 und 12 fortgesetzt wird.

10.1 Graphen von Potenzfunktionen

In der Sendung haben Sie Beispiele für die Arbeit einer Windkraftanlage gesehen. Mit Hilfe einer solchen Anlage wird Windstärke in elektrische Energie umgesetzt. Mit steigender Windstärke wächst auch die gewonnene elektrische Energie.
Der Zusammenhang, der zwischen der Windstärke und der daraus gewonnenen elektrischen Energie besteht, wurde zunächst mit Hilfe eines Modells der Windanlage untersucht. Die am Modell gemessenen Werte sind in dieser Wertetabelle angegeben:

Windstärke in $\frac{m}{s}$	0	1	2	3	4	.....
Leistung in $\frac{1}{1000}$ W	0	1	8	27	64	.....

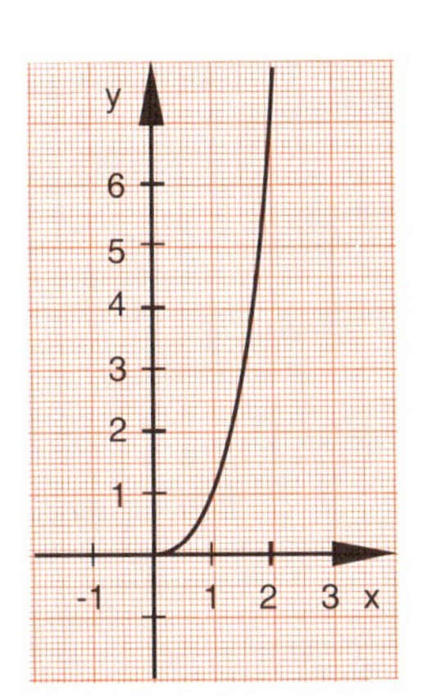

Der hier in der Wertetabelle angegebene Zusammenhang zwischen Windstärke und elektrischer Energie läßt sich durch die Funktionsgleichung $y = x^3$ beschreiben. Aufgrund des Sachzusammenhangs kann x nur positive Werte annehmen. Die graphische Darstellung hier, die man mit Hilfe der Wertetabelle erstellen kann, zeigt daher nur einen Teil des Graphen der Funktion $y = x^3$.

In einer Windkraftanlage im Emsland wurden die auf der nächsten Seite angegebenen Werte gemessen:

Windstärke in $\frac{m}{s}$	2	4	6	8	10	.....
Leistung in kW	0,56	4,48	15,12	35,84	70	.....

Hier läßt sich die zugrundeliegende Funktionsgleichung nicht so leicht erkennen. Wenn man von der Zuordnung $x \rightarrow x^3$ des Modells ausgeht, dann muß hier zumindest noch ein Faktor a gefunden werden, der zu den gemessenen Werten der elektrischen Energie führt.
Nehmen wir also an, die Funktionsgleichung zu der vorliegenden Wertetabelle lautet:

$$y = a \cdot x^3$$

Wie groß ist a ? Der Faktor läßt sich aus einem Wertepaar bestimmen, denn es gilt $\frac{y}{x^3} = a$.

Für das Wertepaar (10 | 70) ergibt sich $\frac{70}{1000} = 0,07 = a$

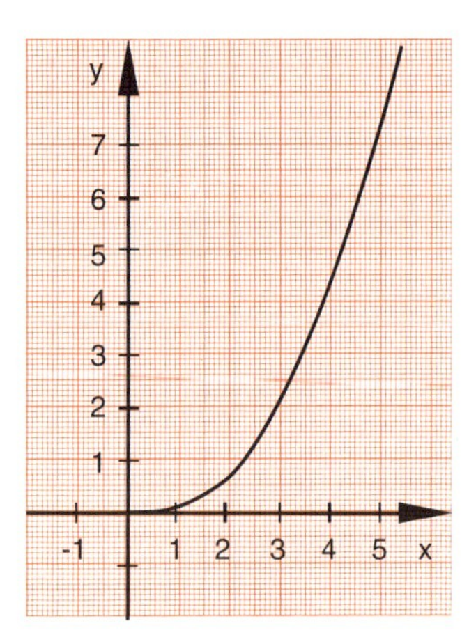

Wenn für die übrigen Wertepaare der gleiche Faktor ermittelt wird, dann bestätigt sich die angenommene Funktionsgleichung:

$\frac{0,56}{8} = 0,07$; $\frac{4,48}{64} = 0,07$; $\frac{15,12}{216} = 0,07$; $\frac{35,84}{512} = 0,07$

Die Funktionsgleichung zu der vorliegenden Wertetabelle lautet also: $y = 0,07 \cdot x^3$

Bei der graphischen Darstellung, die aufgrund der Wertetabelle angefertigt werden kann, muß wieder berücksichtigt werden, daß für dieses Sachproblem nur positive x-Werte eingesetzt werden können. Der Graph ist also in bezug auf die Funktionsgleichung nicht vollständig.

Durch das Beispiel der Windkraftanlage wurde ein neuer Funktionstyp eingeführt, der zunächst definiert werden soll:

Eine Funktion mit der Funktionsgleichung $y = x^n$, $n \in \mathbb{N}$, heißt **Potenzfunktion**.

Aufgrund dieser Definition kann an dieser Stelle zweierlei gesagt werden:

1) Die Funktion $y = 0,07 \cdot x^3$, die für die Windanlage im Emsland ermittelt wurde, gehört nicht zum „Grundtyp" der Potenzfunktionen. Mit Funktionen des Typs $y = a \cdot x^n$ werden wir uns am Ende des Kapitels beschäftigen.
2) Zwei Potenzfunktionen sind aus anderen Lektionen schon bekannt, nämlich diejenigen mit den Exponenten $n = 1$ und $n = 2$.

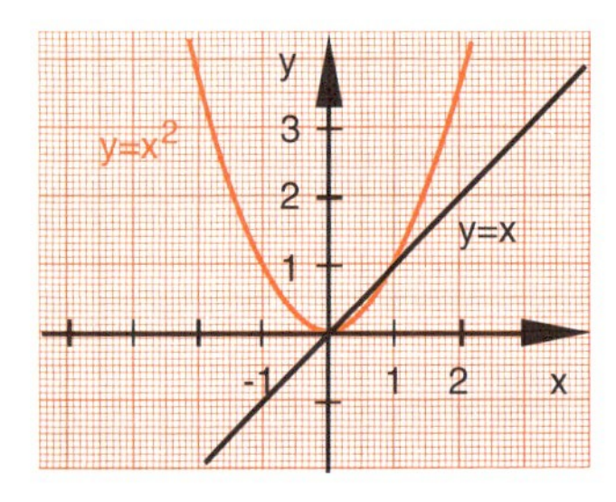

Die Funktion mit der Funktionsgleichung $y = x^1$ oder $y = x$ ist eine lineare Funktion. Der Graph dieser Funktion ist eine Ursprungsgerade, die 1. Winkelhalbierende.
Der Graph der Funktion mit der Funktionsgleichung $y = x^2$ ist die Normalparabel.

Gemeinsame Merkmale und Eigenschaften aller Potenzfunktionen kann man am besten erkennen, wenn man die Graphen dieser Funktionen kennt. Es sollen daher zunächst mit Hilfe von Wertetabellen die Graphen einiger Potenzfunktionen gezeichnet werden.

$f: y = x^3$

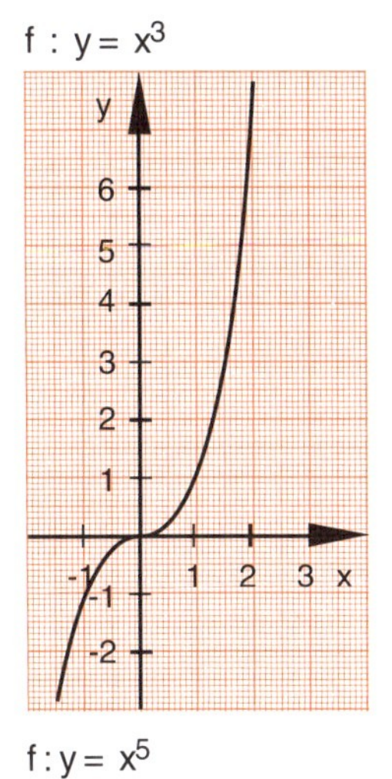

x	$y = x^3$
− 3	− 27
− 2	− 8
− 1,5	− 3,375
− 1	− 1
− 0,5	− 0,125
0	0
0,5	0,125
1	1
1,5	3,375
2	8
3	27

$f: y = x^4$

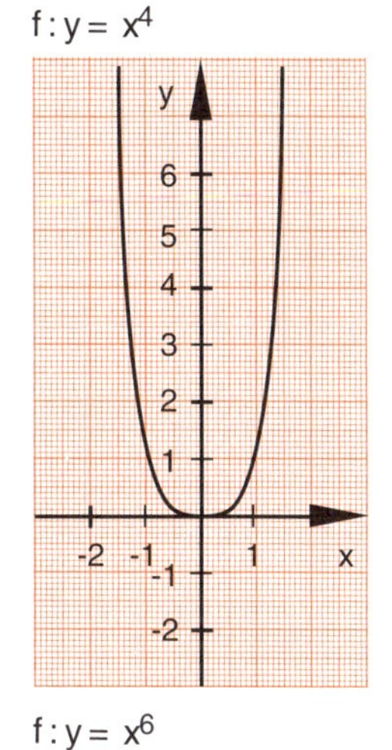

x	$y = x^4$
−3	81
− 2	16
− 1,5	5,0625
− 1	1
− 0,5	0,0625
0	0
0,5	0,0625
1	1
1,5	5,0625
2	16
3	81

$f: y = x^5$

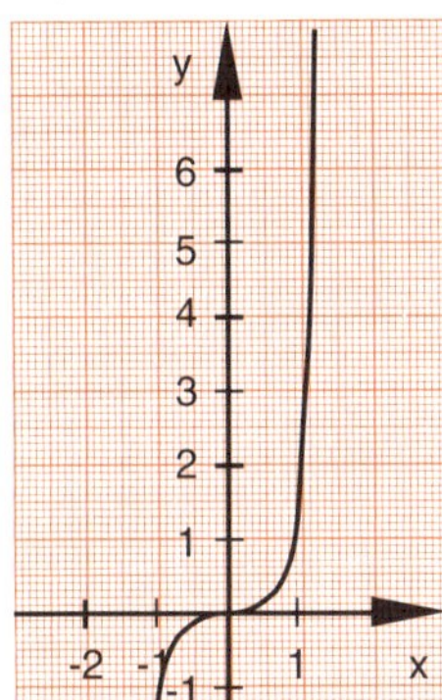

x	$y = x^5$
− 3	− 243
− 2	− 32
− 1,5	− 7,59375
− 1	− 1
− 0,5	− 0,03125
0	− 0
0,5	0,03125
1	1
1,5	7,59375
2	32
3	243

$f: y = x^6$

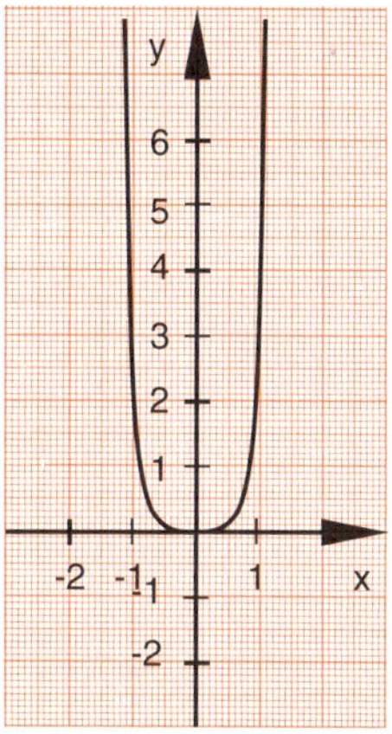

x	$y = x^6$
− 3	729
− 2	64
− 1,5	11,390625
− 1	1
− 0,5	0,015625
0	0
0,5	0,015625
1	1
1,5	11,390625
2	64
3	729

Natürlich lassen sich nicht alle für die Wertetabelle berechneten Koordinaten zeichnerisch umsetzen, aber man kann anhand der Werte und der gezeichneten Graphen erkennen, daß der Exponent einer Potenzfunktion die Gestalt des Graphen bestimmt.
Skizzieren Sie nun ohne Verwendung einer Wertetabelle den Verlauf des Graphen der Funktion $y = x^7$ und der Funktion $y = x^8$.

→ ①

Wenn Sie die Gestalt der beiden Graphen richtig skizziert haben, dann haben Sie schon erkannt, daß der Verlauf des Graphen einer Potenzfunktion davon abhängt, ob der Exponent n gerade oder ungerade ist. Weitere Untersuchungen zu den Eigenschaften von Potenzfunktionen erfolgen im nächsten Kapitel. Wenn Sie anhand der hier vorliegenden Graphen und Wertetabellen bereits solche Eigenschaften erkennen, dann sollten Sie diese jetzt notieren und dann mit der Aufstellung unter 10.2 vergleichen.

Am Ende dieses Kapitels sollen noch Funktionen der Form $y = a \cdot x^n$, $n \in$ IN, betrachtet werden.

Dazu wird zunächst einmal der Graph der Funktion $y = 0{,}07 \cdot x^3$ im negativen Bereich vervollständigt mit den Werten:

x	−4	−3	−2	−1
$0{,}07 \cdot x^3$	−4,48	−1,89	−0,56	−0,07

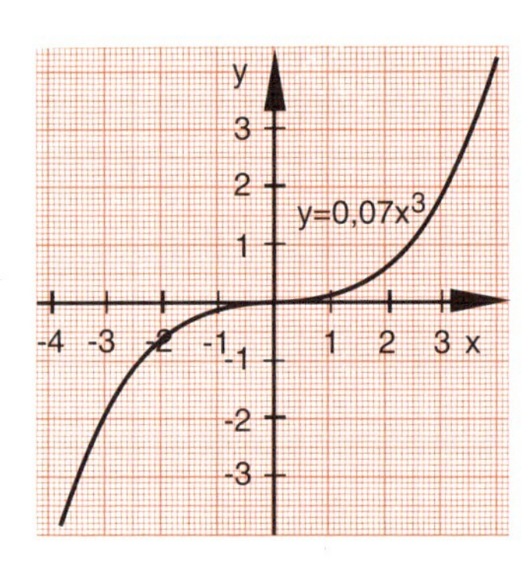

Vergleicht man diesen Graphen mit der Funktion $y = x^3$, so stellt man fest, daß durch den Faktor a eine Streckung (Streckfaktor 0,07) parallel zur y-Achse bewirkt wird. An der Gestalt des Graphen ändert sich sonst nichts.

Erkenntnisse dieser Art wurden schon bei der Behandlung der quadratischen Funktionen gewonnen. Wenn der Faktor a negativ ist, so bewirkt dies eine Spiegelung des Graphen an der x-Achse. Hierzu zwei Beispiele:

f: $y = -x^3$

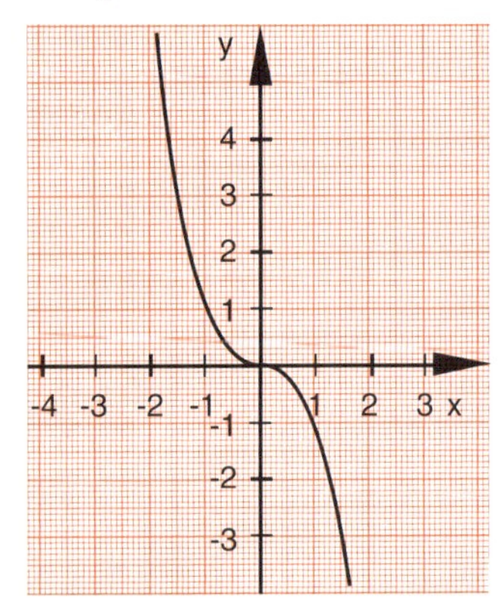

f: $y = -x^4$

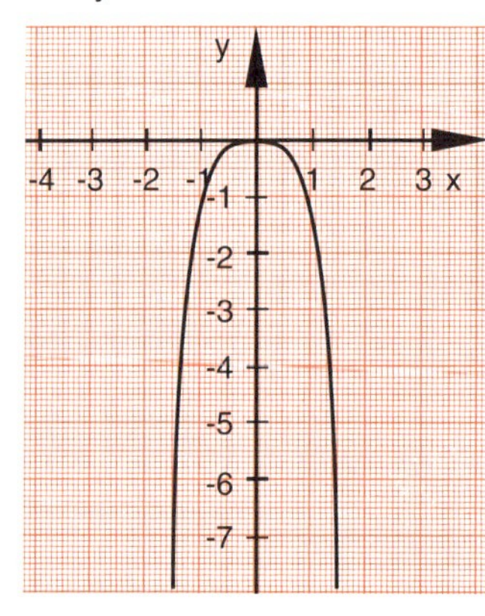

Ein negativer Faktor a ungleich -1 verbindet eine Streckung des Graphen der ursprünglichen Potenzfunktion mit einer Spiegelung.

Zeichnungen von Graphen zu Funktionen der Art $y = a \cdot x^n$ können nur mit Hilfe einer Wertetabelle vorgenommen werden. Will man zu einem gegebenen Graphen eine Funktionsgleichung der Form $y = a \cdot x^n$ bestimmen, so sollten mindestens zwei Punkte des Graphen gegeben sein oder abgelesen werden können, so wie im folgenden Beispiel:

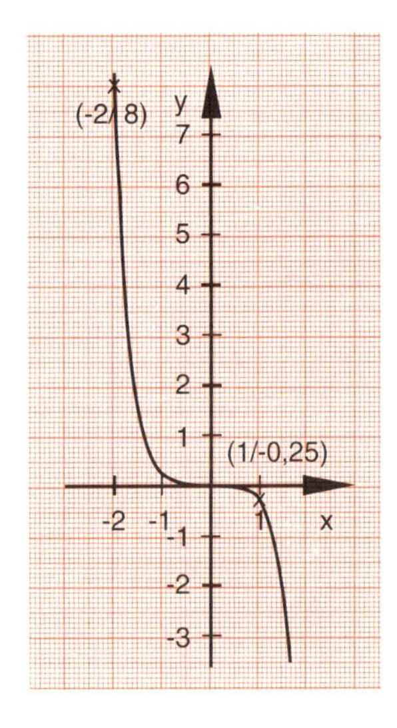

Die Funktionsgleichung des gegebenen Graphen hat die Form $y = a \cdot x^n$. Zu bestimmen sind a und n.

Gegeben sind als Punkte des Graphen (1 | –0,25) und (–2 | 8). Am Verlauf des Graphen kann man erkennen, daß der Exponent ungerade ist und daß der Faktor a negativ ist.
An dem Punkt mit dem x-Wert 1 kann man den Faktor a ablesen, denn $y = a \cdot 1^n$ bedeutet $y = a$. Der y-Wert an der Stelle 1 entspricht also dem Faktor a, hier $a = -0{,}25$.
Zur Bestimmung des Exponenten benötigt man die Koordinaten des zweiten Punktes. Sie setzt man in die Funktionsgleichung $y = -0{,}25 \cdot x^n$ ein: $8 = -0{,}25 \cdot (-2)^n$
und löst auf zu $-32 = (-2)^n$.
Daraus ergibt sich: $n = 5$
und die Funktionsgleichung $y = -0{,}25 \cdot x^5$.

Aufgaben zu 10.1

1. Skizzieren Sie die Graphen zu den Funktionen mit folgenden Funktionsgleichungen:
   a) $y = 0{,}5\,x^4$ b) $y = -2\,x^3$ c) $y = -0{,}25\,x^6$ d) $y = 1{,}5\,x^5$

2. Bestimmen Sie die Funktionsgleichungen der Form $y = a \cdot x^n$ zu folgenden Graphen:

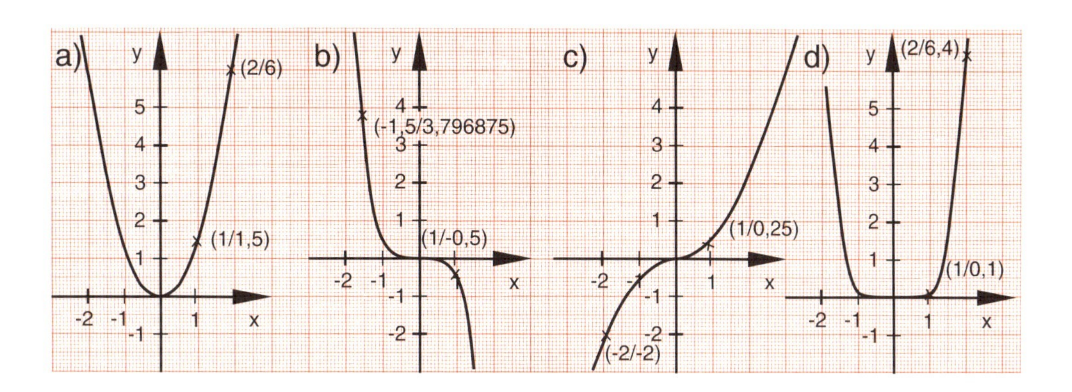

3. Geben Sie die Funktionsgleichung der Potenzfunktion f ($y = x^n$) an, deren Graph den gegebenen Punkt P enthält:
a) P (– 4 | 256) b) P (2,5 | 15,625) c) P (– 0,2 | – 0,00032) d) P (– 8,3 | – 8,3)

4. Welche Funktionsgleichung vom Typ $y = a \; x^n$ liegt jeweils den folgenden Wertetabellen zugrunde?

a)

x	1	2	4	5
y	0,25	4	64	156,25

b)

x	1	4	6	8
y	1,5	96	324	768

c)

x	–2	0	2	3	4
y	–2	0	–2	–4,5	–8

10.2 Eigenschaften von Potenzfunktionen

Die im ersten Kapitel erarbeiteten graphischen Darstellungen von Potenzfunktionen werden hier noch einmal zusammengefaßt, und zwar so, daß die Graphen mit ähnlichem Verlauf in einem Koordinatensystem sind.

Die Graphen der Potenzfunktionen mit geraden Exponenten verlaufen alle im 1. und 2. Quadranten des Koordinatensystems.

Die Graphen der Potenzfunktionen mit ungeraden Exponenten verlaufen alle im 1. und 3. Quadranten des Koordinatensystems.

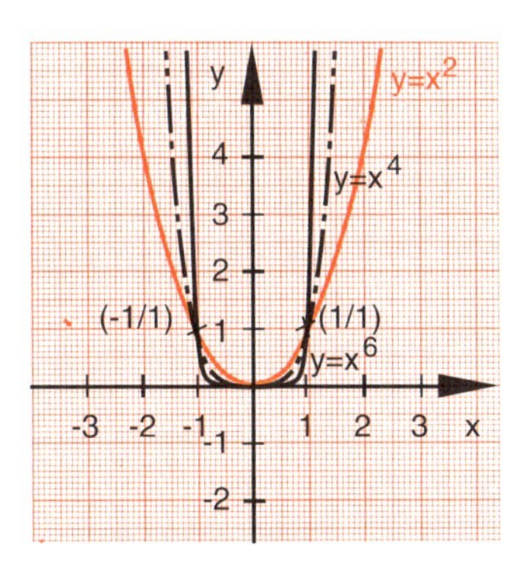

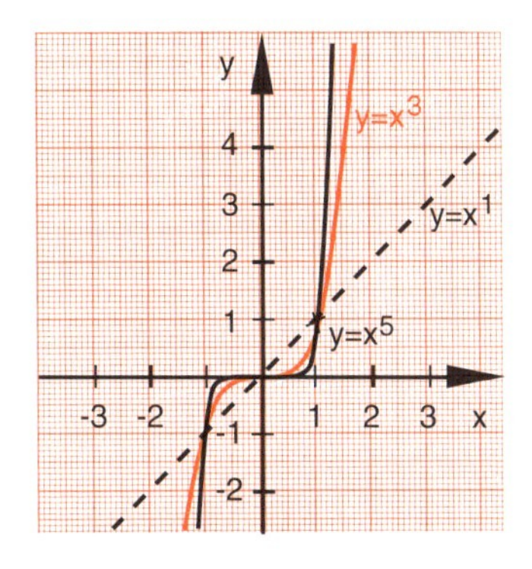

Anhand der graphischen Darstellungen kann man gemeinsame Eigenschaften der Potenzfunktionen ablesen:

- Die Punkte (0 | 0) und (1 | 1) sind allen Graphen gemeinsam. Dies läßt sich mit Hilfe der Funktionsgleichung bestätigen: Wenn man für x in der Gleichung $y = x^n$ die Werte 0 und 1 einsetzt, erhält man $0^n = 0$ und $1^n = 1$.

  Die Graphen der Potenzfunktionen mit geraden Exponenten besitzen als weiteren gemeinsamen Punkt P (–1 | 1).

  Die Graphen der Potenzfunktionen mit ungeraden Exponenten besitzen als weiteren gemeinsamen Punkt P (–1 | –1).

- Für $x \geq 0$ sind die Graphen aller Potenzfunktionen streng monoton steigend. Es gilt in diesem Bereich: $x_1 < x_2 \Rightarrow f(x_1) < f(x_2)$.

  Die Graphen der Potenzfunktionen mit geraden Exponenten sind im Bereich $x < 0$ streng monoton fallend. Der Wertebereich dieser Funktionen ist $W = \mathbb{R}_+$.

  Die Graphen der Potenzfunktionen mit ungeraden Exponenten sind auch im Bereich $x < 0$ streng monoton steigend. Der Wertebereich dieser Funktionen ist $W = \mathbb{R}$.

- Vergleicht man den Verlauf der Graphen mit wachsendem Exponenten n, so sind hier zwei Bereiche zu unterscheiden:

  Im Bereich $|x| > 1$ (das heißt für $x > 1$ und $x < -1$) verlaufen die Graphen desto steiler, je höher der Exponent ist. In diesem Bereich führt bei gleichem x-Wert ein höherer Exponent zu einem betragsmäßig höheren y-Wert, z.B. $2^3 = 8$, $2^5 = 32$.

  Im Bereich $|x| < 1$ (das heißt für $-1 < x < 1$) verlaufen die Graphen desto flacher, je höher der Exponent ist. In diesem Bereich führt bei gleichem x-Wert ein höherer Exponent zu einem betragsmäßig niedrigeren y-Wert, z.B. $0{,}5^2 = 0{,}25$, $0{,}5^4 = 0{,}0625$.

Vergleichen Sie zur Überprüfung dieser Eigenschaft auch die im ersten Kapitel erstellten Wertetabellen.

- Die Graphen aller Potenzfunktionen sind symmetrisch. In der Art der Symmetrie unterscheiden sich Potenzfunktionen mit geraden Exponenten von Potenzfunktionen mit ungeraden Exponenten:

  Die Graphen der Potenzfunktionen mit geraden Exponenten sind **achsensymmetrisch** zur y-Achse. Den x-Werten, die den gleichen Betrag, aber ein anderes Vorzeichen haben, ist der gleiche y-Wert zugeordnet.
  Es gilt: $f(-x) = f(x)$.
  Dies kann man deutlich an den Wertetabellen erkennen.
  Anhand der Funktionsgleichung $y = x^n$, $n \in \mathbb{N}$, kann man die Achsensymmetrie so begründen: Bei geradem Exponenten n ist der Wert von $(-x)^n$ positiv, da stets eine gerade Anzahl von negativen Zahlen miteinander multipliziert wird. Der Wert von $(-x)^n$ entspricht daher dem Wert von x^n .

  Die Graphen der Potenzfunktionen mit ungeraden Exponenten sind **punktsymmetrisch** zum Koordinatenursprung. x-Werten mit negativem Vorzeichen sind auch y-Werte mit negativem Vorzeichen zugeordnet.
  Es gilt: $f(-x) = -f(x)$.
  Dies kann man deutlich an den Wertetabellen erkennen.
  Anhand der Funktionsgleichung $y = x^n$, $n \in \mathbb{N}$, kann man die Punktsymmetrie so begründen: Bei ungeradem Exponenten n muß der Wert von $(-x)^n$ negativ sein, da eine ungerade Anzahl von negativen Zahlen miteinander multipliziert wird. Es muß also $(-x)^n = -x^n$ sein für ungerade n.

Die Kenntnisse über die Eigenschaften von Potenzfunktionen verhelfen dazu, sich relativ schnell einen Überblick über den Verlauf des entsprechenden Graphen zu verschaffen. Ist zum Beispiel der Punkt P $(2{,}5 \mid 15{,}625)$ der Funktion $y = x^3$ bekannt, dann kann man mit Hilfe der Punkte $(-2{,}5 \mid -15{,}625)$, $(-1 \mid -1)$, $(0 \mid 0)$, $(1 \mid 1)$ und $(2{,}5 \mid 15{,}625)$ schon eine Skizze des Graphen anfertigen.

Welche Eigenschaften der Potenzfunktionen bleiben bei Funktionen der Form $y = a \cdot x^n$ erhalten, welche ändern sich?
Im ersten Kapitel wurde erklärt, daß der Faktor a eine Streckung des Graphen der entsprechenden Potenzfunktion bewirkt. Das bedeutet, daß der typische Verlauf des Graphen erhalten bleibt. Insbesondere unterscheidet sich die Gestalt der Graphen bei
$y = a \cdot x^n$ mit geradem Exponenten wieder von denen mit ungeradem Exponenten:

gerade Exponenten

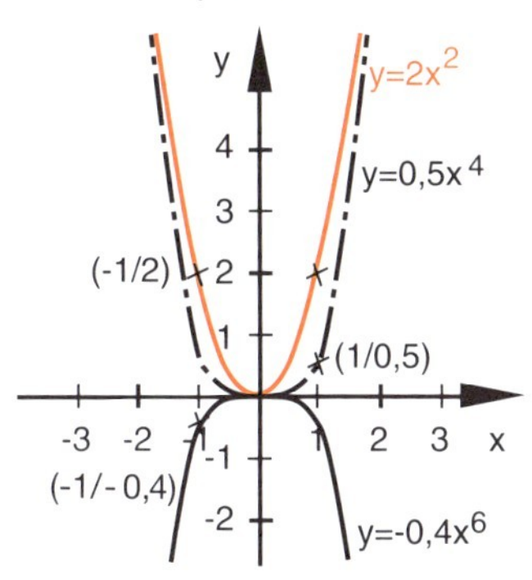

ungerade Exponenten

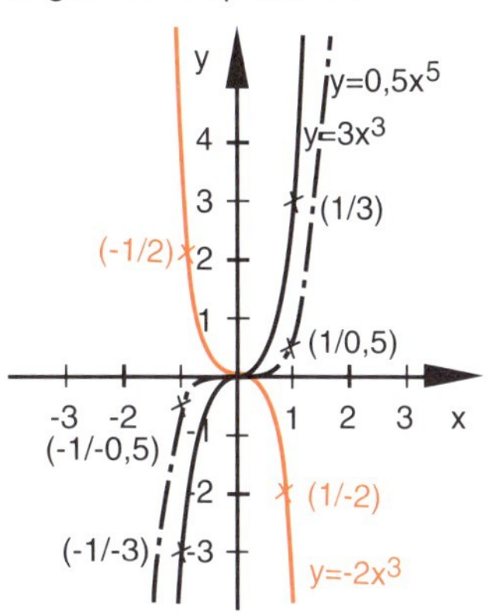

- Funktionen der Art $y = a \cdot x^n$, $n \in \mathbb{N}$, haben die gleichen Symmetrieeigenschaften wie die reinen Potenzfunktionen. Auch ein negativer Faktor a ändert nichts an der Eigenschaft "Achsensymmetrie" bei geraden Exponenten oder an der Eigenschaft „Punktsymmetrie" bei ungeraden Exponenten.
- Die Eigenschaft der Monotonie bleibt nur dann erhalten, wenn der Faktor a positiv ist. Bei einem negativen Faktor a ändert sich die Monotonie der Funktionen wie folgt:

Für $y = a \cdot x^n$, $a < 0$, n gerade sind die Graphen im Bereich $x \leq 0$ streng monoton steigend und im Bereich $x > 0$ streng monoton fallend. Der Wertebereich ist $W = \mathbb{R}_-$. Die Graphen verlaufen im 3. und 4. Quadranten des Koordinatensystems.	Für $y = a \cdot x^n$, $a < 0$, n ungerade sind die Graphen im gesamten Definitionsbereich streng monoton fallend. Der Wertebereich ist $W = \mathbb{R}$. Die Graphen verlaufen im 2. und 4. Quadranten des Koordinatensystems.

- Die Graphen der Funktionen $y = a \cdot x^n$ haben nur einen gemeinsamen Punkt,nämlich $(0 \mid 0)$. Die gemeinsamen Punkte der Potenzfunktionen mit den x-Koordinaten 1 und -1 werden hier ersetzt durch:

$(1 \mid a)$ und $(-1 \mid a)$ bei Funktionen mit geraden Exponenten.	$(1 \mid a)$ und $(-1 \mid -a)$ bei Funktionen mit ungeraden Exponenten

Auch bei Funktionen der Form $y = a \cdot x^n$ verhilft die Kenntnis der Eigenschaften dazu, sich einen Überblick über den Verlauf des Graphen zu verschaffen. Im Aufgabenteil finden Sie dazu einige Übungen.

Aufgaben zu 10.2

1. Von den Funktionen f sind die folgenden Punkte gegeben. Bestimmen Sie nur mit Hilfe der Eigenschaften dieser Funktionen weitere Punkte der Graphen.

a)	f:	$y = 0{,}6 \cdot x^4$	P_1 (2 I 9,6)	P_2 (–3 I 48,6)
b)	f:	$y = 3 \cdot x^3$	P_1 (–1,5 I –10,125)	P_2 (5 I 375)
c)	f:	$y = -0{,}5 \cdot x^5$	P_1 (3 I –121,5)	P_2 (–2 I 16)
d)	f:	$y = -4 \cdot x^6$	P_1 (0,5 I –0,0625)	P_2 (–1,5 I –45,5625)

2. Die Graphen der Funktionen mit den Funktionsgleichungen $y = x^n + c$, $n \in$ IN, entstehen aus den Graphen der entsprechenden Potenzfunktionen durch Verschiebung entlang der y-Achse. Die beschriebenen Symmetrieeigenschaften bleiben erhalten.
Ergänzen Sie bei den gegebenen Funktionen die fehlenden Koordinaten der Punkte:

a)	f:	$y = x^3 + 2$	P_1 (0 I ?)	P_2 (1 I ?)	P_3 (–1 I ?)
b)	f:	$y = x^4 - 3$	P_1 (0 I ?)	P_2 (1 I ?)	P_3 (–1 I ?)
c)	f:	$y = x^5 - 5$	P_1 (0 I ?)	P_2 (1 I ?)	P_3 (–1 I ?)
d)	f:	$y = x^6 + 2{,}5$	P_1 (0 I ?)	P_2 (1 I ?)	P_3 (–1 I ?)

e) Verallgemeinern Sie die gewonnenen Erkenntnisse:
Bei f : $y = x^n + c$ mit geradem Exponenten n sind P_1 (0 I ?), P_2 (1 I ?), P_3 (–1 I ?) Punkte des Graphen.
Bei f : $y = x^n + c$ mit ungeradem Exponenten n sind P_1 (0 I ?), P_2 (1 I ?), P_3 (–1 I ?) Punkte des Graphen.

10.3 Summen von Potenzfunktionen

Reine Potenzfunktionen spielen im Zusammenhang mit Sachproblemen keine große Rolle. Anders ist das bei Funktionen, die sich aus Potenzfunktionen zusammensetzen. Solche Funktionen haben Sie bereits in der zweiten Lektion kennengelernt:

die Kostenfunktion f: $y = 0{,}05\,x^3 - 0{,}25\,x^2 + 1{,}6\,x + 0{,}6$
oder die Gewinnfunktion g: $y = -0{,}05\,x^3 + 0{,}25\,x^2 + 0{,}4\,x - 0{,}6$.

Wenn man den Verlauf des Graphen einer solchen Funktion kennt, dann kann man anhand dessen einige Sachprobleme lösen. Beispiele für solche Fragestellungen aus dem Sachzusammenhang haben Sie in der zweiten Lektion des Buchs „Funktionen in Anwendungen“ schon kennengelernt.
An dieser Stelle interessiert vor allem, wie man die graphische Darstellung einer solchen Funktion erhält, deren Funktionsterm aus mehreren Potenzen zusammengesetzt ist. Mit diesem Grundproblem werden sich auch die nächsten beiden Lektionen beschäftigen. Das gleiche Thema wird vertieft bei der Kurvendiskussion innerhalb der Differentialrechnung. In dieser Lektion kann also nur ein Anfang gemacht werden, der sich auf die bisher behandelten Funktionstypen beschränkt und auch nur zwei Funktionen miteinander verknüpft.
Dazu gleich ein Beispiel:
Wie sieht die graphische Darstellung der Funktion f: $y = x^3 + x^2$ aus?
Eine recht sichere, aber aufwendige Möglichkeit, diese Frage zu beantworten, besteht darin, eine Wertetabelle aufzustellen und mit Hilfe der berechneten Wertepaare die graphische Darstellung anzufertigen. Da die Funktion $y = x^3 + x^2$ als Summe der Einzelfunktionen $y = x^3$ und $y = x^2$ betrachtet werden kann, sollen diese Einzelfunktionen in die Wertetabelle einbezogen werden. In einem weiteren Schritt kann dann ein Zusammenhang zwischen der Summenfunktion und den Teilfunktionen hergestellt werden.

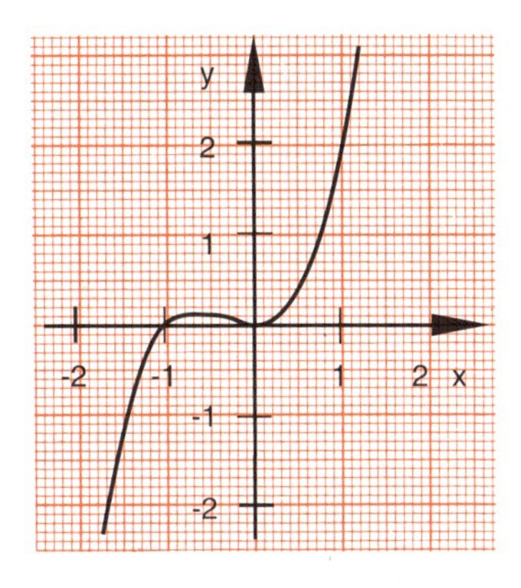

x	x^3	x^2	$x^3 + x^2$
−3	−27	9	−18
−2	−8	4	−4
−1,5	−3,375	2,25	−1,125
−1	−1	1	0
−0,5	−0,125	0,25	0,125
0	0	0	0
0,5	0,125	0,25	0,375
1	1	1	2
1,5	3,375	2,25	5,625
2	8	4	12
3	27	9	36

Mit Hilfe der Wertetabelle kann man sich nun ein Bild vom Verlauf des Graphen der Funktion $y = x^3 + x^2$ machen. Die Gestalt dieses Graphen ist ganz anders als die, die von den Potenzfunktionen her bekannt sind. Durch die Verknüpfung zweier Funktionsterme ist hier wirklich eine neue Funktion entstanden.

Ungeklärt ist nach der vorliegenden Wertetabelle der genaue Verlauf des Graphen zwischen den x-Werten −1 und 0 , insbesondere die Frage, wo der höchste Punkt innerhalb dieses Bereichs liegt. Die Lösung dieser Frage bleibt dem Thema „Differentialrechnung" im Rahmen der Analysis vorbehalten.

In diesem Kapitel soll nun weiter überlegt werden, ob man den Verlauf des Graphen auch ohne (rechnerisch aufwendige) Wertetabelle ermitteln kann. Immerhin sind ja die Graphen der beiden Potenzfunktionen bekannt, die für diese neue Funktion verknüpft wurden.

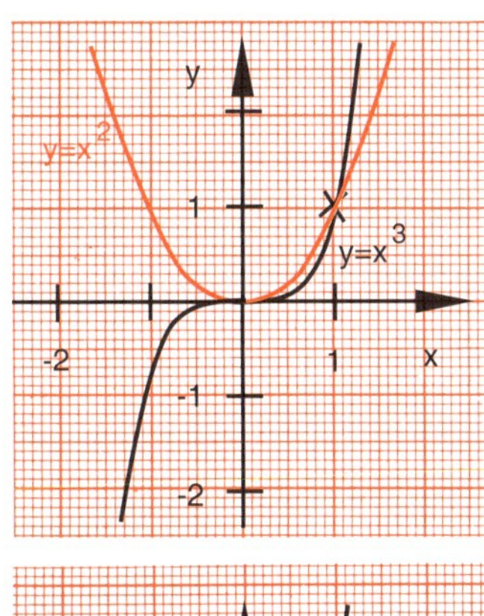

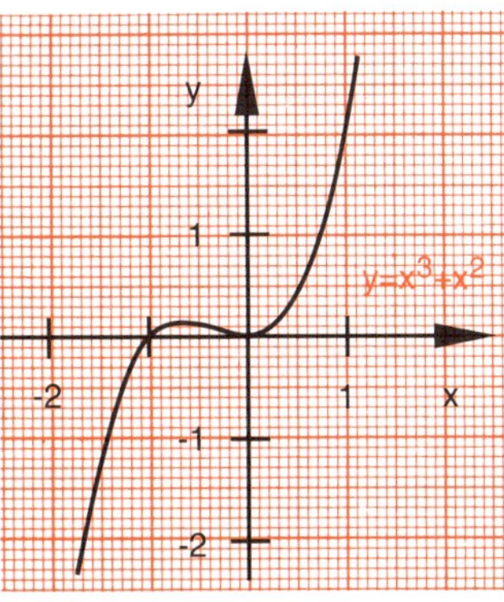

Um zu sehen, welchen Zusammenhang es zwischen dem Verlauf der beiden Einzelgraphen und dem Graphen der neuen Funktion gibt, werden die Graphen von $y = x^3$ und $y = x^2$ in ein Koordinatensystem gezeichnet.

Von der Arbeit mit der Wertetabelle her ist bekannt, daß zur Ermittlung des Graphen von $y = x^3 + x^2$ bei gleichem x-Wert die jeweiligen y-Werte addiert werden müssen. Man muß sich also für die beiden Einzelgraphen an jeder Stelle eine **Ordinatenaddition** vorstellen, um den Verlauf des Gesamtgraphen zu ermitteln. Die beiden Graphen zu $y = x^3$ und $y = x^2$ besitzen als gemeinsamen Punkt den Koordinatenursprung (0 | 0) . Dieser Punkt (0 | 0) ist auch Nullstelle des gesuchten Graphen. Für positive x-Werte sind die y-Werte beider Einzelgraphen nur positiv. Wenn man diese positiven Werte addiert, erhält man für den Gesamtgraph ab der Stelle (0 | 0) ebenfalls nur positive Werte. Die Addition dieser Werte besagt außerdem, daß der Graph von $y = x^3 + x^2$ ab (0 | 0) steiler ansteigt als die beiden Einzelgraphen. Bei den Punkten (−1 | −1) von $y = x^3$ und (−1 | 1) von $y = x^2$ ergibt die Addition der y-Werte 0 . Hier liegt also eine weitere Nullstelle des Gesamtgraphen vor.

Zwischen den beiden Nullstellen verläuft der Graph von $y = x^3$ unterhalb der x-Achse und der Graph von $y = x^2$ oberhalb der x-Achse. Von den Eigenschaften der Potenzfunktionen her ist bekannt, daß in diesem Bereich die Funktionen mit den niedrigeren Exponenten die (betragsmäßig) höheren y-Werte besitzen. Für unser Beispiel bedeutet das, daß zwischen -1 und 0 die positiven y-Werte von $y = x^2$ den größeren Betrag haben als die negativen y-Werte von $y = x^3$. Der Gesamtgraph muß also zwischen -1 und 0 oberhalb der x-Achse verlaufen.

Für den Bereich $x < -1$ verläuft der Graph von $y = x^3$ unterhalb der x-Achse und der Graph von $y = x^2$ oberhalb der x-Achse. Die y-Werte von $y = x^3$ haben in diesem Bereich einen höheren Betrag als die y-Werte von $y = x^2$. Der Gesamtgraph verläuft also unterhalb der x-Achse. Da bei der Ordinatenaddition aber jeweils die positiven Werte von $y = x^2$ zu den negativen y-Werten von $y = x^3$ addiert werden, ist der Verlauf des Graphen von $y = x^3 + x^2$ im Bereich $x < -1$ flacher als der von $y = x^3$.

Mit Hilfe solcher Betrachtungen zu den einzelnen Potenzfunktionen kann man den Verlauf des Graphen der Summenfunktion ganz gut abschätzen. Dieses Verfahren soll nun auf ein unbekanntes Beispiel übertragen werden.

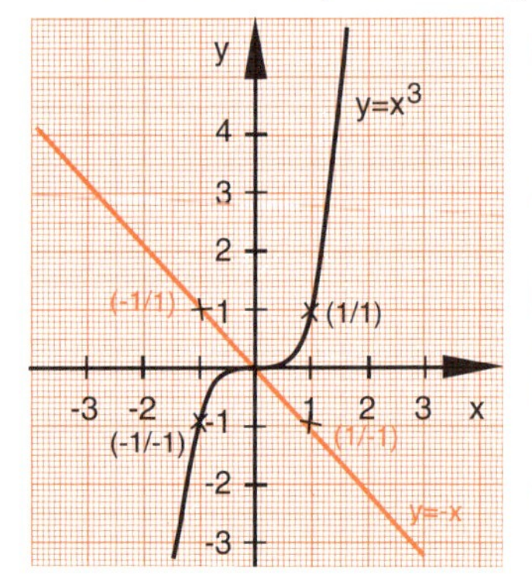

Der Verlauf des Graphen der Funktion $f: y = x^3 - x$ soll aus den Graphen zu $y = x^3$ und $y = -x$ erschlossen werden. Dazu werden zunächst einmal die Graphen der beiden Einzelfunktionen in ein Koordinatensystem gezeichnet.

Im vorherigen Beispiel wurde der Verlauf des Gesamtgraphen in verschiedenen Bereichen betrachtet. Diese Bereiche wurden begrenzt durch die Nullstellen der Summenfunktion.

Nullstellen der Gesamtfunktion entstehen dort, wo die Summe der y-Werte der Einzelfunktionen 0 ergibt.

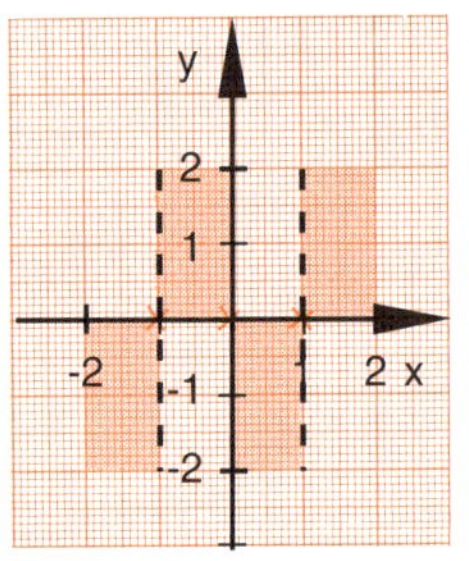

Bei diesem Beispiel ist das der Fall bei $x = -1$, denn dort hat die Funktion $y = -x$ den y-Wert 1 und die Funktion $y = x^3$ den y-Wert -1; bei $x = 0$, denn dort haben beide Einzelfunktionen den Wert 0, und bei $x = 1$, denn dort ist die Summe der y-Werte 1 und -1 wieder 0.

Durch diese Nullstellen entstehen vier Bereiche, für die man überlegt, ob der Graph von $y = x^3 - x$ jeweils oberhalb der x-Achse oder unterhalb der x-Achse verläuft:

Für $x < -1$ verläuft der Graph unterhalb der x-Achse, denn die negativen y-Werte von $y = x^3$ haben in diesem Bereich einen höheren Betrag als die positiven Werte von $y = -x$.

Für $-1 < x < 0$ verläuft der Graph oberhalb der x-Achse, denn in diesem Bereich haben die positiven Werte von $y = -x$ einen höheren Betrag als die negativen Werte von $y = x^3$.

Für $0 < x < 1$ verläuft der Graph unterhalb der x-Achse, denn hier überwiegen wieder die y-Werte von $y = -x$.

Für $x > 1$ verläuft der Graph oberhalb der x-Achse, denn die y-Werte von $y = x^3$ haben in diesem Bereich den höheren Betrag.

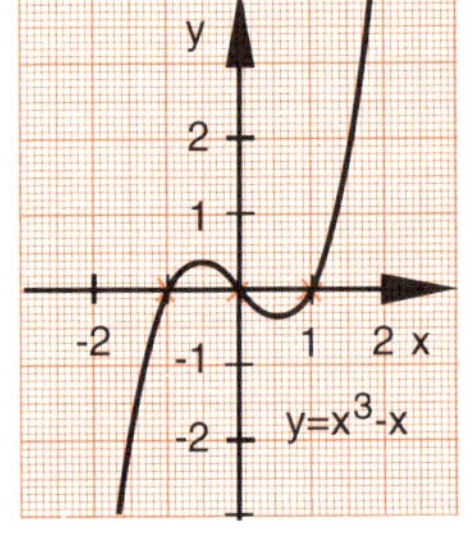

Wenn man die Bereiche bestimmt hat, in denen der gesuchte Graph verläuft, dann kann man noch überlegen, welche Steigung der Gesamtgraph im Vergleich zu den Einzelgraphen in den genannten Gebieten hat.

Sowohl für den Bereich $x < -1$ als auch für den Bereich $x > 1$ ist die Steigung flacher als bei $y = x^3$, da ja in diesen Bereichen der y-Wert dieser Funktion jeweils um den y-Wert von $y = -x$ (vom Betrag her) vermindert wird.

Das Verfahren, mit dem man den Graph einer zusammengesetzten Funktion aus den Graphen der Einzelfunktionen ermittelt, soll hier noch einmal zusammenfassend dargestellt werden:

- Man bestimmt die Nullstellen des gesuchten Graphen. Durch die Nullstellen entstehen auf der x-Achse verschiedene Bereiche.
- Anhand der Einzelgraphen untersucht man, ob der Gesamtgraph in den ermittelten Bereichen oberhalb oder unterhalb der x-Achse verläuft.
- Mit Hilfe der Ordinatenaddition schätzt man die Steigung des gesuchten Graphen in den einzelnen Bereichen ab und skizziert diesen Graphen.

Betrachten wir nun einmal die beiden neuen Graphen dieses Kapitels ($y = x^3 + x^2$ und $y = x^3 - x$) im Hinblick auf Eigenschaften, die für die Potenzfunktionen aufgestellt wurden. Gemeinsame Punkte (bis auf (0 I 0)) und Monotonie haben sich in den Gesamtgraphen gegenüber den Einzelgraphen klar verändert. Im Hinblick auf die Symmetrie fällt auf, daß der Graph von $y = x^3 - x$ ebenso die Eigenschaft „Punktsymmetrie zum Koordinatenursprung" besitzt wie die beiden Einzelgraphen von $y = x^3$ und $y = -x$. Der Graph von $y = x^3 + x^2$ dagegen ist nicht symmetrisch. Allerdings besitzen die beiden Einzelgraphen in diesem Beispiel auch nicht die gleiche Symmetrieeigenschaft. Dies aber ist der Fall bei $y = x^3 - x$. Von diesen beiden Beispielen her läßt sich also vermuten, daß eine Funktion, die aus Potenzfunktionen mit gleichen Symmetrieeigenschaften zusammengesetzt ist, diese Symmetrieeigenschaft beibehält. Gemeinsame Symmetrieeigenschaften haben Potenzfunktionen, die nur ungerade Exponenten aufweisen (wie $y = x^3$ und $y = x$) oder Potenzfunktionen, die nur gerade Exponenten aufweisen.

Die Vermutung über die Beibehaltung von Symmetrieeigenschaften soll nun an einem Beispiel zu Funktionen mit geraden Exponenten untersucht werden: Der Graph der Funktion mit der Funktionsgleichung $y = x^4 - x^2$ soll skizziert werden.

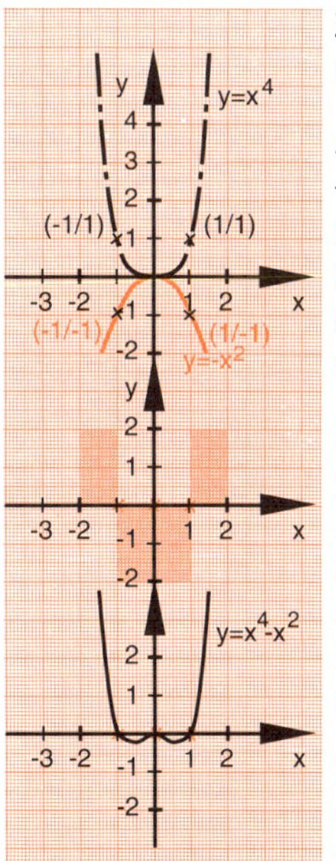

Zunächst werden die Graphen der beiden Einzelfunktionen $y = x^4$ und $y = -x^2$ in ein Koordinatensystem gezeichnet.

Anhand der bekannten y-Werte beider Funktionen für die x-Werte -1, 0 und 1 kann man die Nullstellen des Graphen von $y = x^4 - x^2$ erschließen: (–1 I 0), (0 I 0) und (1 I 0).
Mit den Nullstellen sind schon drei Punkte des gesuchten Graphen bekannt. Diese Punkte teilen die x-Achse in vier Bereiche ein, für die der Verlauf des Graphen untersucht werden muß.

Für $x < -1$ verläuft der Graph oberhalb der x-Achse, da die positiven y-Werte von $y = x^4$ den höheren Betrag haben.
Für $-1 < x < 0$ und auch für $0 < x < 1$ verläuft der Graph unterhalb der x-Achse, da in diesem Bereich die negativen y-Werte von $y = -x^2$ den höheren Betrag haben.
Für $x > 1$ verläuft der Graph wieder oberhalb der x-Achse, da die positiven Werte von $y = x^4$ den höheren Betrag haben.

In den Bereichen $x < -1$ und $x > 1$ verläuft der Graph flacher als der von $y = x^4$, da zu diesen y-Werten noch die negativen Werte von $y = -x^2$ addiert werden müssen.

Untersucht man den nun entstandenen Graphen auf Symmetrieeigenschaften, so ist festzustellen, daß auch hier im Gesamtgraph von $y = x^4 - x^2$ die Symmetrieeigenschaft der Einzelfunktionen erhalten bleibt: Die Funktion $y = x^4 - x^2$ ist achsensymmetrisch zur y-Achse.

In diesem Kapitel „Summen von Potenzfunktionen" wurden nur solche Funktionen behandelt, die sich aus reinen Potenzfunktionen zusammensetzen oder aus den Funktionen vom Typ $y = a \cdot x^n$ mit $a = -1$. Wenn man Funktionen mit verschiedenen Faktoren a verknüpft, dann kann man mit den in diesem Kapitel behandelten Methoden nicht mehr die Nullstellen des gesuchten Gesamtgraphen erschließen. Damit ist auch die Einteilung in Bereiche und die weitere Untersuchung einer solchen Funktion der Art $y = a \cdot x^n + b \cdot x^m$ nicht möglich. Die Behandlung solcher Funktionen bleibt den nächsten Lektionen und dem Thema „Analysis" vorbehalten.

Aufgaben zu 10.3

1. Durch die Summierung der beiden eingezeichneten Funktionen ergibt sich jeweils eine neue Funktion. Skizzieren Sie den Graphen dieser neuen Funktion.

a) b)

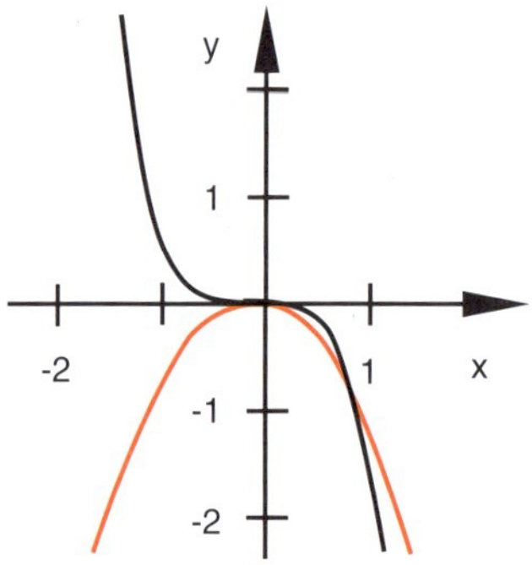

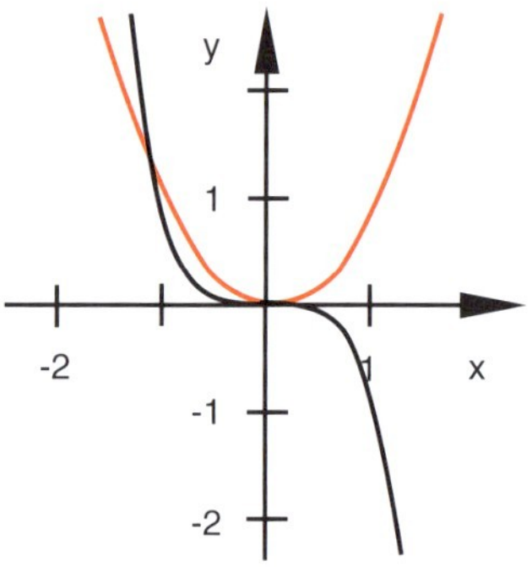

2. Geben Sie an, in welchem Bereich der Graph der gegebenen Funktion oberhalb der x-Achse verläuft.
   a) $y = x^4 + x^3$
   b) $y = -x^4 + x^3$
   c) $y = x^4 - x^3$
   d) $y = -x^4 - x^3$

3. Sind die folgenden Funktionen symmetrisch? Wenn ja, welche Art von Symmetrie liegt vor?
   a) f: $y = x^6 + x^2$ b) f: $y = x^5 - x^2$
   c) f: $y = x^6 + x^5$ d) f: $y = x^5 - x^3$

4. Skizzieren Sie die Graphen der folgenden Funktionen:
   a) f: $y = x^3 - x^2$ b) f: $y = -x^4 + x^2$ c) f: $y = -x^5 + x^3$

Wiederholungsaufgaben

1. Skizzieren Sie die Graphen zu folgenden Funktionen:
   a) $y = -x^4$ b) $y = 0{,}5x^3$ c) $y = -x^5 + 2$ d) $y = -x^3 + x$

2. Sind die Graphen der folgenden Funktionen symmetrisch? Wenn ja, welche Symmetrieeigenschaft liegt vor?
   a) $y = x^7 - x^5$ b) $y = 0{,}5\,x^6 - 3$ c) $y = x^4 + x^3$ d) $y = x^5 - x^2$

3. Bestimmen Sie die Funktionsgleichungen der Funktionen mit folgenden Graphen:

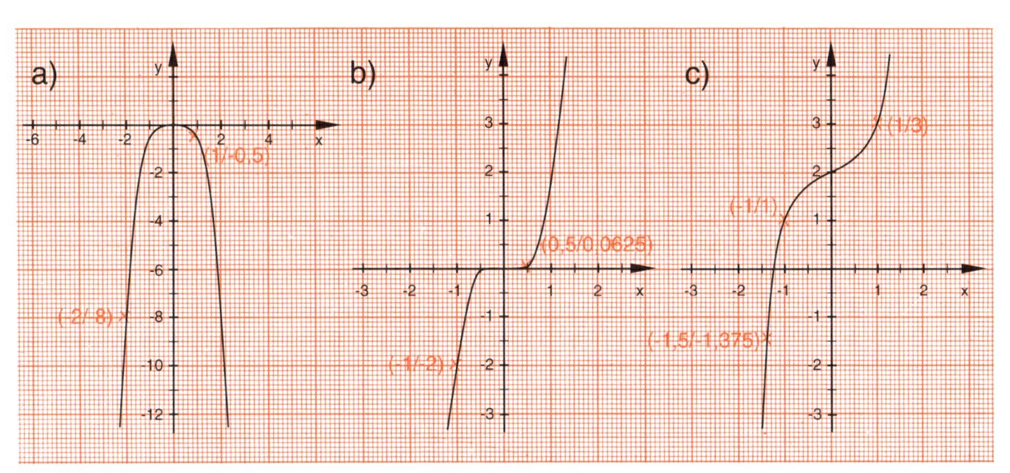

4. Geben Sie an, in welchem Bereich der Graph der gegebenen Funktion unterhalb der x-Achse verläuft.
a) $y = x^5 + x^2$ b) $y = x^5 - x^2$ c) $y = -x^5 + x^2$

*5. Bestimmen Sie zu den folgenden Funktionen mit Hilfe der Eigenschaften der Potenzfunktionen weitere Punkte.
a) $y = x^6$ P (2 | 64) b) $y = -0{,}8\,x^3$ P (–1,5 | 2,7)
c) $y = -x^3 + x$ P (2 | –6)

11. Ganz-rationale Funktionen

Vor der Sendung

Sie haben bisher lineare Funktionen, quadratische Funktionen, Exponentialfunktionen, Logarithmusfunktionen und in der vorangegangenen Lektion Potenzfunktionen kennengelernt. In dieser Lektion geht es darum, Potenzfunktionen zu addieren und zu subtrahieren und dadurch wieder neue Funktionen zu erhalten. Die Klasse dieser Funktionen, die ganz-rationalen Funktionen genannt, zeichnet sich durch gemeinsame Eigenschaften aus, die man meistens recht gut am Graphen erkennt. Die Fernsehsendung wird Ihnen daher einige dieser Eigenschaften anschaulich machen. Manches, was in der ersten Lektion des Bandes „Funktionen in Anwendungen" bei der Interpretation von Graphen erläutert wurde, ist jetzt wieder von Bedeutung. Wenn Sie sich nicht mehr so genau erinnern, sollten Sie dort nochmals nachlesen. - Um den Graphen einer Funktion zu zeichnen, muß man (in einer Wertetabelle) eine Reihe von Funktionswerten berechnen. Diese Berechnungen können bei einem umfangreichen Funktionsterm ziemlich viel Zeit in Anspruch nehmen. Zwar gibt es - wie in der Fernsehsendung gesagt wurde - ein Verfahren, das diese Berechnungen etwas vereinfacht. Da für solche Berechnungen und auch für das Zeichnen von Funktionsgraphen heute meistens Computer zu Hilfe genommen werden, wurde auf die Darstellung dieses Rechenverfahrens verzichtet, zumal dieses Verfahren auch nicht zum Prüfungsstoff gehört.

Übersicht

1. Durch die Addition von Potenzfunktionen entstehen neue Funktionen, die **ganz-rationalen Funktionen**, zum Beispiel aus den Funktionen $y = 9x^2$ und $y = 2x^3$ die Funktion $y = 9x^2 + 2x^3$. Der Exponent der höchsten Potenz von x, die in einem Funktionsterm vorkommt, gibt den **Grad** der ganz-rationalen Funktion an. Der Grad der neuen Funktion ist hier also 3, da die höchste auftretende Potenz x^3 ist. Den Funktionsterm einer ganz-rationalen Funktion nennt man auch **Polynom**. Die ganz-rationalen Funktionen unterscheidet man von den gebrochen-rationalen Funktionen (zum Beispiel mit Hyperbeln als Graphen) und von nicht-rationalen Funktionen wie etwa den Wurzelfunktionen oder den Logarithmusfunktionen.

2. Mit Hilfe von Wertetabellen lassen sich die **Graphen der ganz-rationalen Funktionen** zeichnen. Für jeden Grad ergibt sich eine charakteristische Form des Graphen. Die Funktion 1. Grades hat als Graphen eine **Gerade**, die Funktion 2. Grades eine **quadratische Parabel**, die Funktion 3. Grades eine **kubische Parabel** (im allgemeinen mit der typischen S-Form), die Funktion 4. Grades eine Parabel mit der typischen W-Form.

3. An den Graphen lassen sich wichtige **Eigenschaften der ganz-rationalen Funktionen** erkennen. Das konstante oder absolute Glied im Funktionsterm, also das Glied, das kein x enthält, gibt den **Schnittpunkt** des Graphen mit der y-Achse an. Für $x \to \pm\infty$ verhalten sich die Graphen der ganz-rationalen Funktionen wie die Graphen zu dem Funktionsterm, der nur aus dem Glied mit der höchsten Potenz besteht. Die Graphen der Funktionen mit nur geradzahligen Exponenten sind **achsensymmetrisch zur y-Achse**, Graphen der Funktionen mit nur ungeradzahligen Exponenten sind **punktsymmetrisch zum Nullpunkt** des Koordinatensystems.

11.1 Begriff der ganz-rationalen Funktion

In einem früheren Informationsheft der Deutschen Bundespost - Postdienst - stand bei den Portogebühren für den Briefdienst ins Ausland:

Höchstmaße für Briefe in rechteckiger Form: Länge, Breite und Höhe zusammen 90 cm, Länge jedoch nicht mehr als 60 cm.

in Rollenform: Länge und zweifacher Durchmesser zusammen 104 cm, Länge jedoch nicht über 90 cm.

Welches maximale Volumen kann man demnach im Briefdienst ins Ausland verschicken?

Nehmen Sie den ersten Fall: Briefe in Quaderform (so muß es natürlich heißen, nicht rechteckige Form, denn ein Rechteck hat gar kein Volumen). Gehen Sie davon aus, daß ein Päckchen in Form einer quadratischen Säule versandt werden soll. Die Grundfläche ist also ein Quadrat mit der Seitenlänge x, die Höhe sei mit h bezeichnet. Dann ist das Volumen $V = x^2 \cdot h$. Wenn man die Länge in Metern mißt, dann ist die Bedingung, die die Post stellt:

$$x + x + h = 0{,}9 \qquad \text{oder} \qquad h = 0{,}9 - 2x.$$

Setzt man h aus der zweiten Gleichung in die Gleichung für das Volumen ein, so erhält man: $V = x^2 \cdot (0{,}9 - 2x) = 0{,}9x^2 - 2x^3$

Man betrachtet das Volumen als Funktion der Quadratseite x und schreibt deshalb $V(x)$.

$$V(x) = 0{,}9x^2 - 2x^3$$

Der Term dieser Funktion ist aus zwei Termen zusammengesetzt, die Ihnen schon bekannte Funktionen darstellen: $f\colon\ y = 0{,}9x^2$ und $g\colon\ y = 2x^3$.

Für diese beiden Funktionen finden Sie hier die Wertetabellen und die Funktionsgraphen.

x	f: $y = 0{,}9x^2$	g: $y = 2x^3$	f − g
−3	8,1	−54	62,1
−2	3,6	−16	19,6
−1	0,9	−2	2,9
0	0	0	0
1	0,9	2	−1,1
2	3,6	16	−12,4
3	8,1	54	−45,9

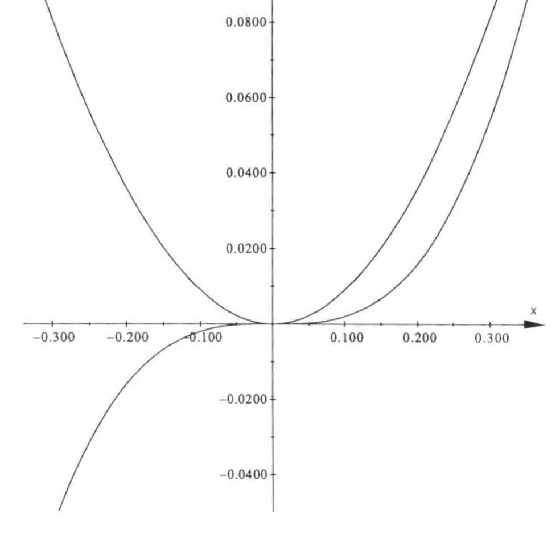

Die folgenden Fragen wurden in Lektion 10 bereits beantwortet: Lassen sich aus den Werten dieser beiden Funktionen die Werte der oben angegebenen Volumenfunktion $V(x)$ bestimmen? Kann man den Graphen der Funktion $V(x)$ aus den Graphen von f und g konstruieren? Der Funktionsterm von V ist die Differenz der Funktionsterme von f und von g. $V = f - g$

Bitte berechnen Sie diese Differenzen und tragen Sie sie in die Tabelle oben ein.

→ (1)

Den Graphen der zusammengesetzten Funktion kann man aus den einzelnen Graphen konstruieren, indem man die Strecken in y-Richtung (Ordinaten) des Graphen zu $g\colon\ y = 2x^3$ von denen des Graphen zu $f\colon\ y = 0{,}9x^2$ subtrahiert. Dies ist auf der nächsten Seite durchgeführt. An dem dort entstandenen Graphen können Sie die Antwort auf die oben gestellte Frage nach dem maximalen Volumen ablesen.

Bitte geben Sie dieses maximale Volumen an.

Graph der Funktion $\mathbf{V(x) = 0{,}9\,x^2 - 2\,x^3}$, entstanden durch Subtraktion der Ordinaten des Graphen zu **g**: $y = 2\,x^3$ vom Graphen zu f: $y = 0{,}9\,x^2$.

Bitte bestimmen Sie den Graphen der Funktion $\mathbf{y = x^2 + 0{,}5\,x + 2}$, die durch Addition der beiden Funktionen f: $y = x^2$ und g: $y = 0{,}5\,x + 2$ entsteht.

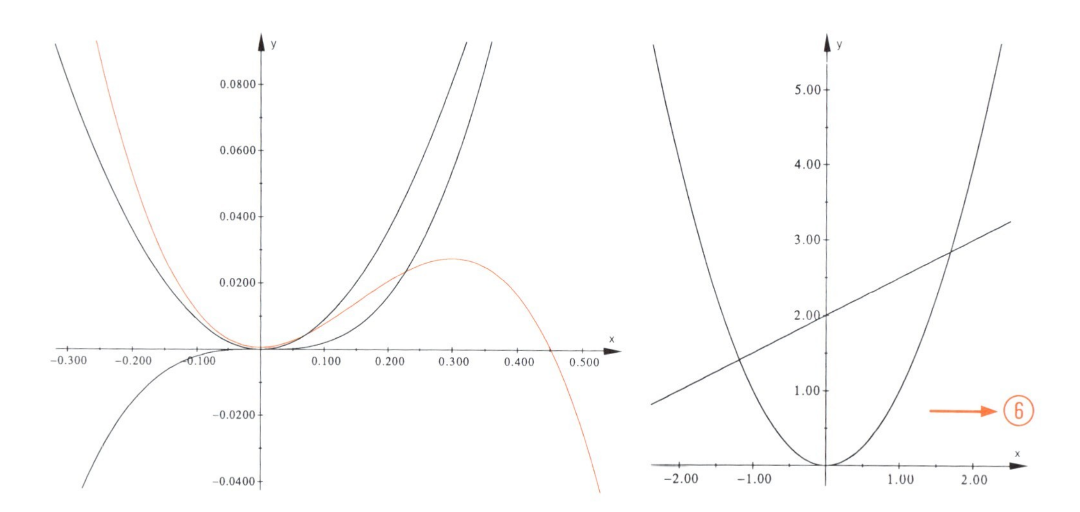

Funktionen, die durch Addition (oder Subtraktion) von Potenzfunktionen entstehen, nennt man **ganz-rationale Funktionen**. In einer solchen Funktion tritt die Variable x in der Regel in verschiedenen Potenzen auf. Ein Beispiel für eine ganz-rationale Funktion ist also:

$$\mathbf{y = 3\,x^5 - 2\,x^4 + 5\,x^2 + x - 2}$$

Die höchste Potenz, in der x auftritt, nennt man den **Grad** der ganz-rationalen Funktion. In dem obigen Beispiel ist die höchste Potenz, in der x auftritt, die fünfte Potenz. Der Grad dieser Funktion ist also 5.

Einfache ganz-rationale Funktionen haben Sie schon im Band „Funktionen in Anwendungen" kennengelernt, nämlich die quadratischen Funktionen (Lektionen 11 bis 13). Ein Beispiel für eine quadratische Funktion ist $\mathbf{y = 4\,x^2 - 20\,x + 5}$. Bei quadratischen Funktionen ist die höchste Potenz, in der x auftritt, die zweite Potenz; quadratische Funktionen sind also ganz-rationale Funktionen 2. Grades.

Auch die linearen Funktionen (vgl. „Funktionen in Anwendungen" Lektionen 3 und 4) gehören zu den ganz-rationalen Funktionen. Sie sind vom Grade 1. Ihre Funktionsgleichung hat ja die Form $\mathbf{y = m\,x + c}$. Die Variable x tritt also (höchstens) in der 1. Potenz auf, denn x ist dasselbe wie x^1 .

Sie kennen auch bereits Funktionen, die nicht ganz-rational sind. Funktionen mit Funktionstermen wie $\frac{1}{x}$, $\frac{3}{x-2} + 5$, $\frac{3-4x}{2x+1}$, deren Graphen Hyperbeln sind, gehören zu den **gebrochen-rationalen Funktionen**, da die Variable x im Nenner des Funktionsterms steht.

Warum nennt man diese Arten von Funktionen rationale Funktionen? Das hat etwas mit den Zahlen zu tun, die man für die Variable x einsetzt und die man dann als Funktionswerte erhält. Sie wissen, daß man unter den rationalen Zahlen die Menge $\mathbb{Q}$ aller Zahlen versteht, die sich als Brüche schreiben lassen, einschließlich der ganzen Zahlen. Bei allen rationalen Funktionen gilt: Setzt man für die Variable x eine rationale Zahl, also einen Bruch ein, so ist der Funktionswert wieder eine rationale Zahl. Betrachten Sie dazu die folgenden Beispiele:

Ganz-rationale Funktion	x	Funktionswert y
$y = 0{,}9\,x^2 - 2\,x^3$	$\frac{3}{4}$	$y = \frac{9}{10}\cdot\left(\frac{3}{4}\right)^2 - 2\cdot\left(\frac{3}{4}\right)^3 = \frac{81}{160} - \frac{27}{32} = -\frac{54}{160} = -\frac{27}{80}$
$y = x^2 + 0{,}5\,x + 2$	$\frac{2}{7}$	$y = \left(\frac{2}{7}\right)^2 + \frac{1}{2}\cdot\frac{2}{7} + 2 = \frac{4}{49} + \frac{1}{7} + 2 = 2\frac{11}{49}$

Gebrochen-rationale Funktion	x	Funktionswert y
$y = \frac{3}{x-2} + 5$	$\frac{3}{4}$	$y = \frac{3}{\frac{3}{4} - 2} + 5 = -\frac{3}{\frac{5}{4}} + 5 = -\frac{12}{5} + 5 = 2\frac{3}{5}$
$y = \frac{3-4x}{2x+1}$	$\frac{2}{7}$	$y = \frac{3 - 4\cdot\frac{2}{7}}{2\cdot\frac{2}{7} + 1} = \frac{\frac{13}{7}}{\frac{11}{7}} = \frac{13}{11} = 1\frac{2}{11}$

Funktionen wie $y = \sqrt{x}$ oder $y = \log_b x$ gehören zu den **nicht-rationalen Funktionen**. Es gibt nämlich rationale Werte für die Variable x, für die sich als Funktionswert eine irrationale Zahl ergibt. Zum Beispiel:

Setzt man in der Quadratwurzelfunktion $y = \sqrt{x}$ für x die rationale Zahl 2 ein, so wird der zugehörige Funktionswert $y = \sqrt{2}$. Sie haben im Band „Funktionen in Anwendungen" bewiesen, daß $\sqrt{2}$ eine nicht-rationale Zahl ist.

Setzt man in der Logarithmusfunktion $y = \log_b x$ etwa $b = 2$ und $x = 3$ ein, so wird der zugehörige Funktionswert $y = \log_2 3$. In Lektion 9 in diesem Band haben Sie gesehen, daß $\log_2 3$ nicht-rational ist.

In dieser Lektion geht es weiterhin nur um ganz-rationale Funktionen. Hier nochmals einige Beispiele, die Sie aus der Fernsehsendung kennen:

$f_1(x) = 4\,x^3 - 10{,}2\,x^2 + 6{,}3\,x$	Funktionen 3. Grades
$f_2(x) = 6\,x^3 - 15\,x^2 + 10\,x$	
$f_3(x) = 6\,x^3 - 15\,x^2 + 10\,x + 1{,}5$	
$f_4(x) = 2\,x^4 - 8\,x^3 + 7\,x^2 + 2\,x - 1$	eine Funktion 4. Grades
$K(x) = 0{,}05\,x^3 - 0{,}25\,x^2 + 1{,}6\,x + 0{,}6$	die Kostenfunktion aus Lektion 2 von „Funktionen in Anwendungen"
$G(x) = -0{,}05\,x^3 + 0{,}25\,x^2 + 0{,}4\,x - 0{,}6$	die Gewinnfunktion aus Lektion 2 von „Funktionen in Anwendungen"

Sie sehen, daß es sich stets um Summen von Potenzfunktionen der Form $y = a\,x^n$ handelt. Man nennt a den **Koeffizienten** der Potenz x^n. Will man eine ganz-rationale Funktion dritten Grades allgemein aufschreiben, so schreibt man für die Koeffizienten den Buchstaben a mit einem Index, einer kleinen tiefgestellten Zahl: zur Potenz x^3 den Koeffizienten a_3, zur Potenz x^2 den Koeffizienten a_2, zur Potenz x^1 den Koeffizienten a_1 und schließlich für das absolute Glied a_0. Die ganz-rationale Funktion dritten Grades lautet also allgemein

$$\mathbf{y = a_3\,x^3 + a_2\,x^2 + a_1\,x + a_0}$$

Entsprechend schreibt man die ganz-rationale

Funktion 4. Grades	$\mathbf{y = a_4\,x^4 + a_3\,x^3 + a_2\,x^2 + a_1\,x + a_0}$
Funktion 5. Grades	$\mathbf{y = a_5\,x^5 + a_4\,x^4 + a_3\,x^3 + a_2\,x^2 + a_1\,x + a_0}$
Funktion 6. Grades	$\mathbf{y = a_6\,x^6 + a_5\,x^5 + a_4\,x^4 + a_3\,x^3 + a_2\,x^2 + a_1\,x + a_0}$

Will man nicht alles ausschreiben und ist klar, welche Funktion gemeint ist, so läßt man Zwischenglieder auch oft weg und schreibt dafür drei Punkte, zum Beispiel für die

Funktion 4. Grades $y = a_4 x^4 + \ldots + a_1 x + a_0$

Funktion 5. Grades $y = a_5 x^5 + \ldots + a_1 x + a_0$

Funktion 6. Grades $y = a_6 x^6 + \ldots + a_1 x + a_0$

Schreiben Sie die abkürzende Schreibweise für die ganz-rationale Funktion 7. Grades auf. → (2)

Sie sehen: Die ganz-rationale Funktion n-ten Grades könnte man also schreiben

$$y = a_n x^n + \ldots + a_1 x + a_0$$

Wollte man die ganz-rationale Funktion n-ten Grades ausführlicher schreiben, so könnte man von rechts her die Glieder mit der jeweils höheren Potenz einfügen:

$$y = a_n x^n + \ldots + a_2 x^2 + a_1 x + a_0$$
$$y = a_n x^n + \ldots + a_3 x^3 + a_2 x^2 + a_1 x + a_0$$
$$y = a_n x^n + \ldots + a_4 x^4 + a_3 x^3 + a_2 x^2 + a_1 x + a_0$$

usw.

Wollte man von links her die Funktion ausführlicher schreiben, so brauchte man die Glieder mit der jeweils niedrigeren Potenz. Was aber ist die nächstniedrige Potenz zu x^n? Zu x^4 wäre es x^3, zu x^5 wäre es x^4, zu x^6 wäre es x^5. Im Exponenten steht also die um 1 niedrigere Zahl, $3 = 4 - 1$, $4 = 5 - 1$, $5 = 6 - 1$. Allgemein muß daher der Exponent um 1 niedriger als n sein: $n - 1$. Die ganz-rationale Funktion n-ten Grades kann man also auch schreiben

$$y = a_n x^n + a_{n-1} x^{n-1} + \ldots + a_2 x^2 + a_1 x + a_0$$

Oder :

$$y = a_n x^n + a_{n-1} x^{n-1} + a_{n-2} x^{n-2} + \ldots + a_2 x^2 + a_1 x + a_0$$

Für den Funktionsterm einer ganz-rationalen Funktion ist auch die Bezeichnung **Polynom** üblich. Das Binom kennen Sie von den binomischen Formeln, zum Beispiel von $(a + b)^2 = a^2 + 2ab + b^2$. (Die Vorsilbe bi- stammt vom lateinischen bis = zweimal , die Vorsilbe poly- vom griechischen πολύς = viel.) Das Binom besteht aus zwei Gliedern, das Polynom aus vielen.

> Funktionen, die durch den Term $f(x) = a_n x^n + a_{n-1} x^{n-1} + \ldots + a_2 x^2 + a_1 x + a_0$ mit $n \in \mathbb{N}$ und $a_0, a_1, \ldots, a_n \in \mathbb{Q}$ beschrieben werden können, heißen ganz-rationale Funktionen. Man nennt n den Grad der ganz-rationalen Funktion, falls $a_n \neq 0$ ist.

Den Term $a_n x^n + a_{n-1} x^{n-1} + \ldots + a_2 x^2 + a_1 x + a_0$ nennt man **Polynom,** n heißt der **Grad des Polynoms**, die Zahlen $a_0, a_1, a_2, \ldots, a_{n-1}, a_n$ heißen **Koeffizienten des Polynoms**. Ein Polynom ist also der Funktionsterm einer ganz-rationalen Funktion.

Aufgaben zu 11.1

1. Zeichnen Sie jeweils die Graphen der einzelnen Funktionen f und g und dann durch Addition bzw. Subtraktion den Graphen der ganz-rationalen Funktion $h = f + g$ bzw. $h = f - g$.
   a) f: $y = x^3$, g: $y = x - 1$, $h = f + g$ b) f: $y = x^2 + 1$, g: $y = x$, $h = f - g$
   c) f: $y = x^3$, g: $y = x^2$, $h = f - g$ d) f: $y = x$, g: $y = 1 - x^2$, $h = f + g$

2. Welche der Funktionen sind ganz-rational?
   a) $y = x^4 + 2x^3 - x + 17$ b) $y = x^4 + 2x^3 - \frac{1}{x} + 17$
   c) $y = x^2 - 2x + 1$ d) $y = x^2 - \sqrt{x}$

3. Von welchem Grad sind die ganz-rationalen Funktionen aus den Aufgaben 1 und 2 ?

11.2 Graphen ganz-rationaler Funktionen

In diesem Abschnitt sollen Sie sich Graphen einiger ganz-rationaler Funktionen ansehen und mit Hilfe von Wertetabellen solche zeichnen. Achten Sie dabei jeweils auf den Grad der Funktion, auf die Anzahl der Nullstellen sowie auf Hoch- und Tiefpunkte.

Zunächst einige Graphen, die Sie schon gut kennen.

Lineare Funktion $y = 0{,}7\,x + 1{,}4$

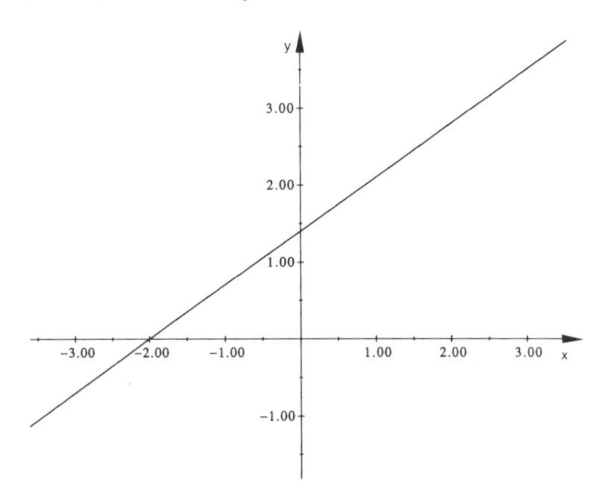

Quadratische Funktion $y = x^2 - 2\,x - 2$

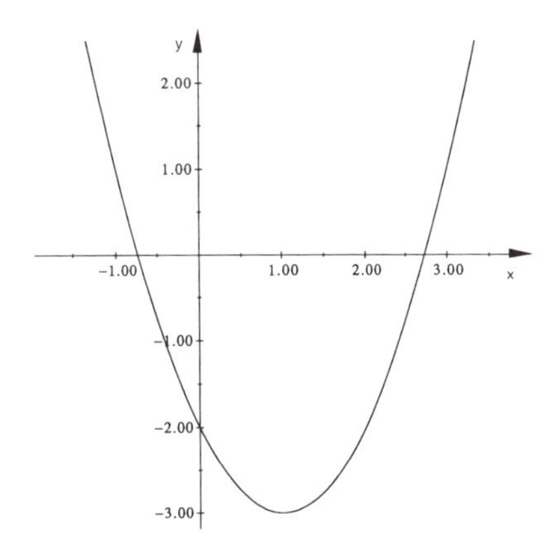

Sie wissen bereits: Der Graph einer jeden linearen Funktion ist eine Gerade. Der Graph einer jeden quadratischen Funktion ist eine (nach oben oder nach unten geöffnete) quadratische Parabel.

Betrachten Sie nun ganz-rationale Funktionen 3. Grades.

Für die Funktion $y = 0{,}5\,x^3 + 0{,}5\,x^2 - 6\,x$ ist die Wertetabelle

x	−5	−4	−3	−2	−1	0	1	2	3	4	5
y	−20	0	9	10	6	0	−5	−6	0	16	45

Für die Funktion $y = 0{,}2\,x^3 - 0{,}8\,x^2 - 2{,}2\,x + 10$ ist die Wertetabelle

x	−5	−4	−3	−2	−1	0	1	2	3	4	5
y	−24	−6,8	4	9,6	11,2	10	7,2	4	1,6	1,2	4

Mit diesen Werten lassen sich die Graphen zeichnen:

$y = 0{,}5\,x^3 + 0{,}5\,x^2 - 6\,x$

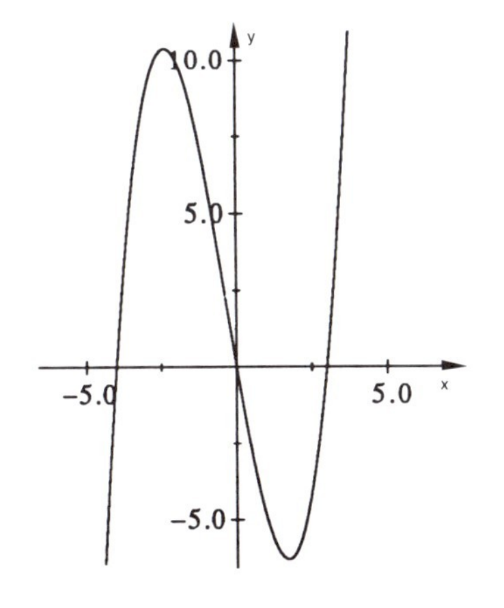

$y = 0{,}2\,x^3 - 0{,}8\,x^2 - 2{,}2\,x + 10$

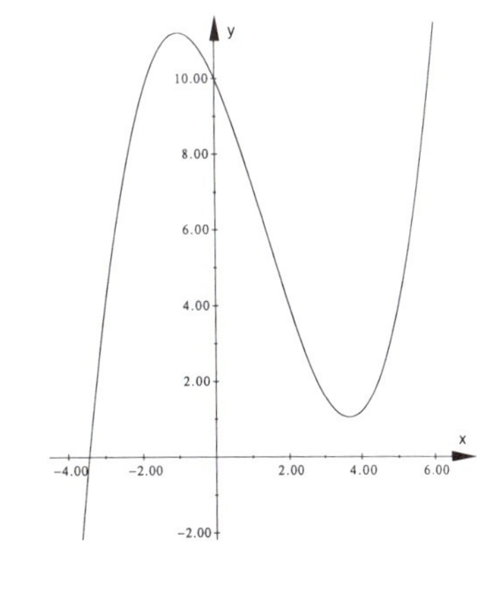

Sie sehen, daß die Graphen von links unten nach rechts oben verlaufen und eine Form wie ein S haben. Gilt dies für die Graphen aller ganz-rationalen Funktionen 3. Grades? Die allereinfachste Funktion 3. Grades hat die Funktionsgleichung $y = x^3$. Ihr Graph ist die sogenannte kubische Normalparabel, die hier links gezeichnet ist. Als weiteres Beispiel dient die Funktion 3. Grades mit der Funktionsgleichung $y = -\frac{1}{12}x^3 - \frac{5}{12}x^2 + \frac{2}{3}x + 4$ und der folgenden Wertetabelle.

x	−6	−5	−4	−3	−2	−1	0	1	2	3	4
y	3	$\frac{2}{3}$	0	$\frac{1}{2}$	$1\frac{2}{3}$	3	4	$4\frac{1}{6}$	3	0	$-5\frac{1}{3}$

$y = x^3$

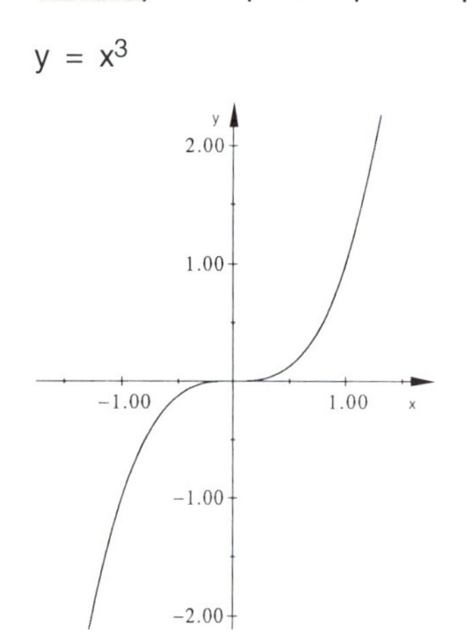

$y = -\frac{1}{12}x^3 - \frac{5}{12}x^2 + \frac{2}{3}x + 4$

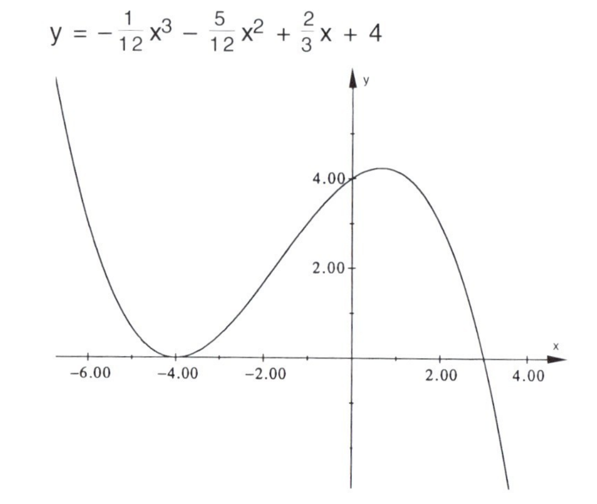

Auch der Graph der kubischen Normalparabel verläuft von links unten nach rechts oben. Die S-Form ist allerdings nicht so ausgeprägt, aber die Grundform ist erhalten geblieben, wenn auch kein Maximum und kein Minimum vorliegt. Bei dem rechts gezeichneten Graphen der Funktion $y = -\frac{1}{12}x^3 - \frac{5}{12}x^2 + \frac{2}{3}x + 4$ finden Sie wieder deutlich die S-Form. Er verläuft allerdings von links oben nach rechts unten. Dies liegt daran, daß das Glied mit der höchsten Potenz, hier also x^3, einen negativen Koeffizienten hat. Prüfen Sie dies an dem Beispiel der Funktion $y = -x^3 - 2x^2 + 3x + 2$ nach, indem Sie die Wertetabelle von −4 bis +2 aufstellen und den Graphen zeichnen.

→ (5)

Nun vier Beispiele zu den ganz-rationalen Funktionen 4. Grades. (Auf die Wertetabellen wird verzichtet.)

$y = \frac{1}{40}x^4 - \frac{3}{40}x^3 - \frac{9}{10}x^2 + \frac{17}{10}x + 6$

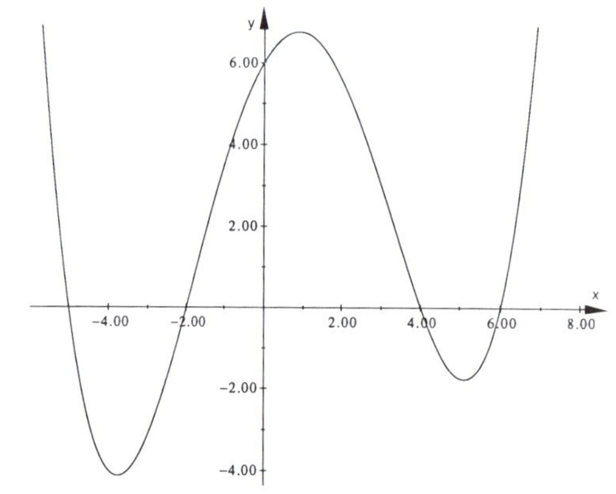

$y = \frac{1}{40}x^4 - \frac{1}{40}x^3 - \frac{3}{4}x^2 + \frac{4}{5}x + 4$

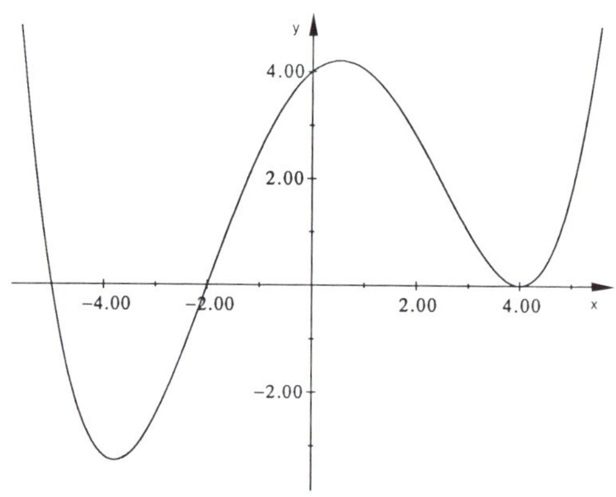

$y = \frac{1}{40}x^4 - \frac{3}{40}x^3 - \frac{9}{10}x^2 + \frac{17}{10}x + 11$

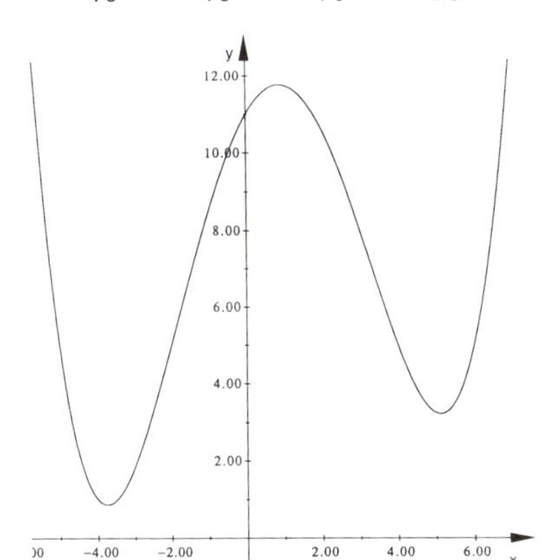

$y = -\frac{1}{40}x^4 + \frac{3}{40}x^3 + \frac{9}{10}x^2 - \frac{17}{10}x - 6$

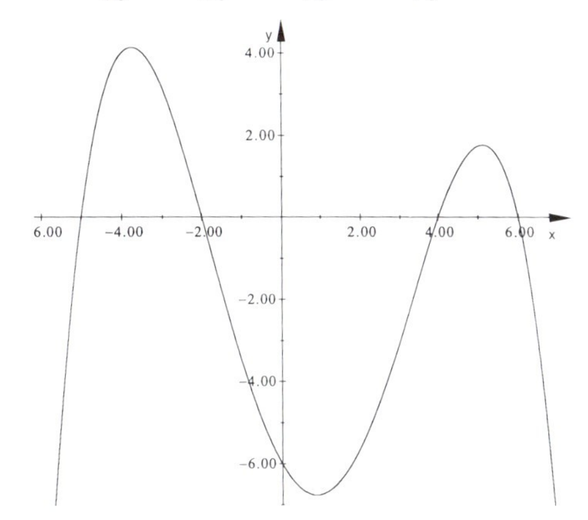

Die Beispiele zeigen Ihnen, daß die Graphen solcher Funktionen von links oben kommen und nach rechts oben gehen, wenn die höchste Potenz x^4 einen positiven Koeffizienten hat, und von links unten kommen und nach rechts unten gehen, wenn die höchste Potenz x^4 einen negativen Koeffizienten hat. Der Graph ist jeweils W-förmig (ein aufrechtes oder ein umgekehrtes W). Man sagt: Die Graphen von Funktionen 4. Grades haben eine W-Form. Bitte suchen Sie bei den vier Funktionen 4. Grades heraus, wieviele Nullstellen sie jeweils haben und wieviele Maxima bzw. Minima vorliegen.

→ ③

Aufgaben zu 11.2

1. Zeichnen Sie die Graphen der Funktionen. Berechnen Sie dazu Wertetabellen. Beachten Sie, daß sich die beiden Funktionsterme nur um den Summanden 4 unterscheiden.
   a) $f(x) = 0{,}2\,x^3 - 0{,}8\,x^2 - 2{,}2\,x + 10$ b) $f(x) = 0{,}2\,x^3 - 0{,}8\,x^2 - 2{,}2\,x + 6$

2. Wieviele Nullstellen und wieviele Extremstellen (Maxima oder Minima; vgl. „Funktionen in Anwendungen", Abschnitt 1.2) kann eine Funktion 3. Grades (eine Funktion 4. Grades) maximal besitzen?

11.3 Eigenschaften ganz-rationaler Funktionen

An den Graphen lassen sich einige Eigenschaften der ganz-rationalen Funktionen ablesen. Sie haben im letzten Abschnitt zum Beispiel festgestellt, daß eine Funktion 4. Grades drei oder vier oder auch gar keine Nullstellen haben kann. Offenbar kann der Graph einer Funktion 4. Grades die x-Achse einmal, zweimal, dreimal oder viermal treffen; er braucht sie aber auch - wie im vorletzten Beispiel - überhaupt nicht zu schneiden. Die Frage nach der Anzahl der möglichen Nullstellen wird später nochmals aufgegriffen.

Verhalten der Graphen für $x \to +\infty$ bzw. $x \to -\infty$
In den Zeichnungen war das Verhalten der Graphen für sehr große oder sehr kleine x-Werte nicht zu sehen, da man immer nur einen Ausschnitt des gesamten Graphen zeichnen kann. Man muß sich daher das Verhalten der Funktionen für sehr große und sehr kleine x-Werte oder - wie man sagt - für x gegen plus unendlich bzw. für x gegen minus unendlich (man schreibt dafür kurz $x \to +\infty$ bzw. $x \to -\infty$) durch Überlegungen klarmachen.

Betrachten Sie zunächst eine Funktion 3. Grades, zum Beispiel die Funktion aus Aufgaben zu 11.2, Nr. 1: $y = 0{,}2\,x^3 - 0{,}8\,x^2 - 2{,}2\,x + 6$

Für sehr große x-Werte wird der Wert von $0{,}2\,x^3$ die Werte der übrigen Potenzfunktionen mit kleineren Exponenten übersteigen. Der Graph verhält sich also für $x \to +\infty$ wie der Graph der Funktion $y = 0{,}2\,x^3$. Dies kann man sich rechnerisch so überlegen:

Aus dem Funktionsterm soll x^3 ausgeklammert werden. Dies geht nicht direkt, da x^3 nur in einem Glied vorkommt. Durch einen Trick läßt es sich aber erreichen: Man schreibt für $x^2 = \frac{x^3}{x}$, für $x = \frac{x^3}{x^2}$ und schließlich für $6 = 6 \cdot \frac{x^3}{x^3}$ (denn $\frac{x^3}{x^3} = 1$) und erhält die Funktionsgleichung in folgender Form:

$$y = 0{,}2\,x^3 - 0{,}8\frac{x^3}{x} - 2{,}2\frac{x^3}{x^2} + 6 \cdot \frac{x^3}{x^3}$$

Jetzt läßt sich x^3 ausklammern; man erhält

$$y = x^3 \cdot (0{,}2 - 0{,}8 \cdot \frac{1}{x} - 2{,}2 \cdot \frac{1}{x^2} + 6 \cdot \frac{1}{x^3})$$

$$y = x^3\,(0{,}2 - \frac{0{,}8}{x} - \frac{2{,}2}{x^2} + \frac{6}{x^3})$$

Für sehr große x-Werte werden die Brüche $\frac{1}{x}$, $\frac{1}{x^2}$ und $\frac{1}{x^3}$ verschwindend klein; zum Beispiel für $x = 1\,000\,000$ wird $\frac{1}{x} = \frac{1}{1\,000\,000}$, $\frac{1}{x^2} = \frac{1}{1\,000\,000\,000\,000}$ und $\frac{1}{x^3} = \frac{1}{1\,000\,000\,000\,000\,000\,000}$.

Je größer x wird, um so mehr kann man also die Glieder in der Klammer hinter $0{,}2$ vernachlässigen. Für große x-Werte wird demnach $y \approx 0{,}2\,x^3$.

Auch für entsprechende negative x-Werte, zum Beispiel für $x = -1\,000\,000$, werden die Brüche verschwindend klein. Somit verhält sich der Graph der ursprünglichen Funktion sowohl für $x \to +\infty$ wie auch für $x \to -\infty$ wie der Graph von $y = 0{,}2\,x^3$.

Entsprechend verfährt man beim Funktionsterm einer ganz-rationalen Funktion 4. Grades. Man klammert x^4 aus, indem man vorher die Potenzen von x umgeschrieben hat.

$$y = \frac{1}{40}x^4 - \frac{3}{40}x^3 - \frac{9}{10}x^2 + \frac{17}{10}x + 6$$

$$y = \frac{1}{40}x^4 - \frac{3}{40} \cdot \frac{x^4}{x} - \frac{9}{10} \cdot \frac{x^4}{x^2} + \frac{17}{10} \cdot \frac{x^4}{x^3} + 6 \cdot \frac{x^4}{x^4}$$

$$y = x^4\,(\frac{1}{40} - \frac{3}{40x} - \frac{9}{10x^2} + \frac{17}{10x^3} + \frac{6}{x^4})$$

Für $x \to +\infty$ und für $x \to -\infty$ werden die Brüche, in denen x im Nenner steht, verschwindend klein. Die Funktion $y = \frac{1}{40}x^4 - \frac{3}{40}x^3 - \frac{9}{10}x^2 + \frac{17}{10}x + 6$ verhält sich also „im Unendlichen" wie die Funktion $y = \frac{1}{40}x^4$.

Das können Sie an den folgenden Zeichnungen erkennen, wo die Graphen von $y = 0{,}2\,x^3$ bzw. $y = \frac{1}{40}x^4$ eingezeichnet sind.

$y = 0{,}2\,x^3 - 0{,}8\,x^2 - 2{,}2\,x + 6$ und $y = 0{,}2\,x^3$

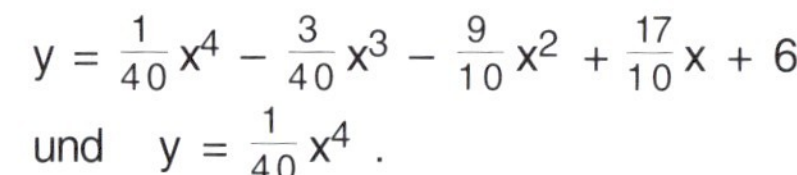

$y = \frac{1}{40}x^4 - \frac{3}{40}x^3 - \frac{9}{10}x^2 + \frac{17}{10}x + 6$ und $y = \frac{1}{40}x^4$.

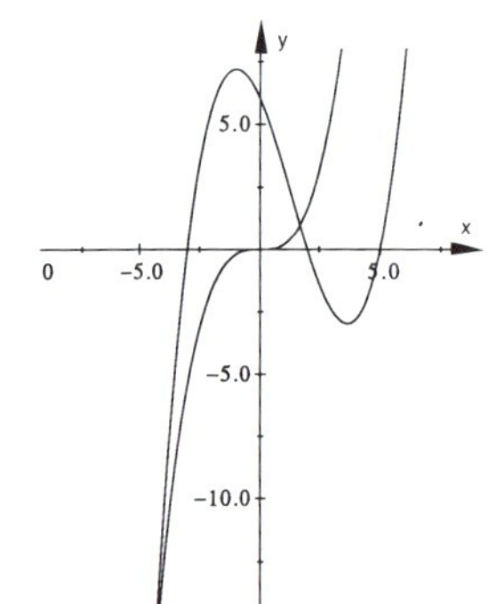

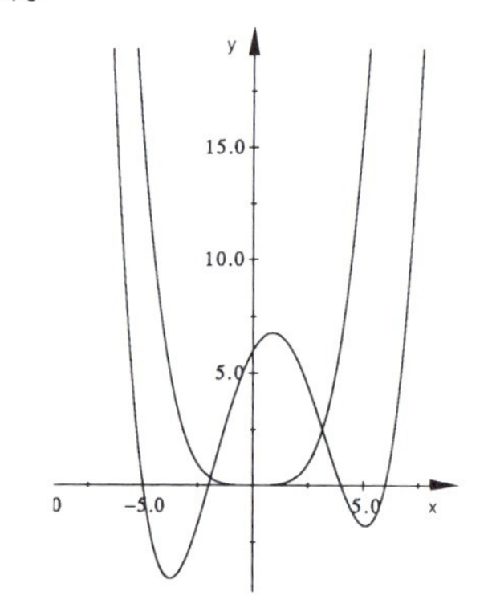

Da diese Überlegung allgemein für ganz-rationale Funktionen angestellt werden kann, darf man formulieren:

> Für das Verhalten des Graphen der ganz-rationalen Funktion
> $$y = a_n x^n + a_{n-1} x^{n-1} + \ldots + a_2 x^2 + a_1 x + a_0$$
> für $x \to \pm\infty$ ist nur die Potenzfunktion mit dem größten Exponenten entscheidend.
> Der Graph von $y = a_n x^n + a_{n-1} x^{n-1} + \ldots + a_2 x^2 + a_1 x + a_0$ nähert sich für $x \to \pm\infty$ dem Graphen von $y = a_n x^n$.

Verschiebung des Graphen längs der y-Achse

An den Graphen der beiden Funktionen
$y = 0{,}2\,x^3 - 0{,}8\,x^2 - 2{,}2\,x + 10$ und
$y = 0{,}2\,x^3 - 0{,}8\,x^2 - 2{,}2\,x + 6$
aus der Aufgabe 1 von 11.2 konnten Sie sehen, daß der erste aus dem zweiten durch Verschieben um 4 in y-Richtung entsteht. Der Koeffizient a_0 (das absolute Glied genannt) gibt den Schnittpunkt des Graphen mit der y-Achse an. Eine Addition einer Konstanten zum Funktionsterm bewirkt eine Verschiebung des Graphen in y-Richtung. Diese Tatsache ist Ihnen bereits von den Geraden, den Parabeln und den Hyperbeln bekannt (vgl. „Funktionen in Anwendungen", Lektionen 4, 10 und 11).

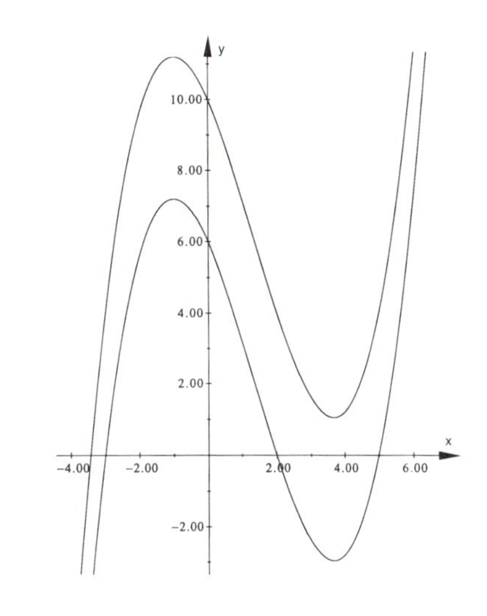

An einem weiteren Beispiel (mit einer ganz-rationalen Funktion 4. Grades) sollen Sie diese Verschiebung selbst durchführen.
Hier rechts ist der Graph der Funktion
$y = x^4 + 2\,x^3 - 5\,x^2 - 6\,x$.
gezeichnet. Zeichnen Sie die Graphen der Funktionen
$y = x^4 + 2\,x^3 - 5\,x^2 - 6\,x + 2$ und
$y = x^4 + 2\,x^3 - 5\,x^2 - 6\,x - 2$
durch Verschiebung des ursprünglichen Graphen um 2 nach oben bzw. um 2 nach unten ein. → (7)

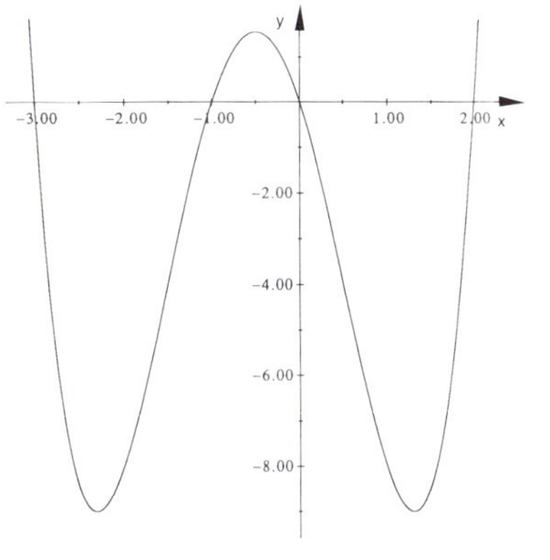

Allgemein gilt:

> Wird der Graph einer ganz-rationalen Funktion $y = f(x)$ um y_0 in y-Richtung verschoben, so entspricht dem verschobenen Graphen die Funktionsgleichung $y = f(x) + y_0$.

Verschiebungen in x-Richtung werden in diesem Kapitel nicht betrachtet.

Anzahl der Nullstellen von ganz-rationalen Funktionen

Die Graphen der ganz-rationalen Funktionen vom Grad 1 bzw. 3 bzw. 5 usw. kommen von links unten und gehen nach rechts oben (oder kommen von links oben und gehen nach rechts unten). Dies haben Sie an vielen Abbildungen für den Grad 3 bereits gesehen.
Hier sind noch die Graphen für eine Funktion 5. Grades und für eine Funktion 7. Grades.

$y = x^5 + 2x^4 - 2x^3 - 20x^2 - 47x - 30$ $\quad$ $y = x^7 - 3{,}5x^6 + 1{,}75x^5 + 4{,}5x^4 - 3{,}5x^3 - x^2 + x$

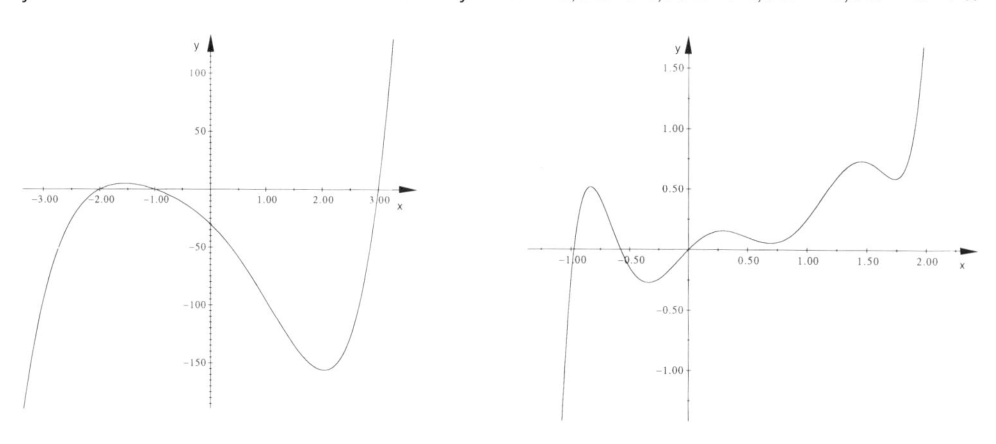

Dieser Verlauf des Graphen findet sich bei allen ganz-rationalen Funktionen von *ungeradem* Grad. Diese Funktionen müssen daher mindestens eine Nullstelle haben. Sie können aber auch mehrere Nullstellen besitzen, höchstens jedoch so viele, wie der Grad angibt. Dies läßt sich auf Grund der charakteristischen Form der Graphen vermuten: Bei der S-Form der Funktion 3. Grades kann der Graph die x-Achse höchstens dreimal schneiden.

Die Graphen der Funktionen vom Grad 2 bzw. 4 bzw. 6 usw. kommen von links oben und gehen nach rechts oben (oder kommen von links unten und gehen nach rechts unten). Hier noch Beispiele für den Grad 6 und den Grad 8.

$y = -x^6 + 3{,}5x^5 - 1{,}75x^4 - 4{,}3x^3 + 3{,}5x^2 + x - 2$

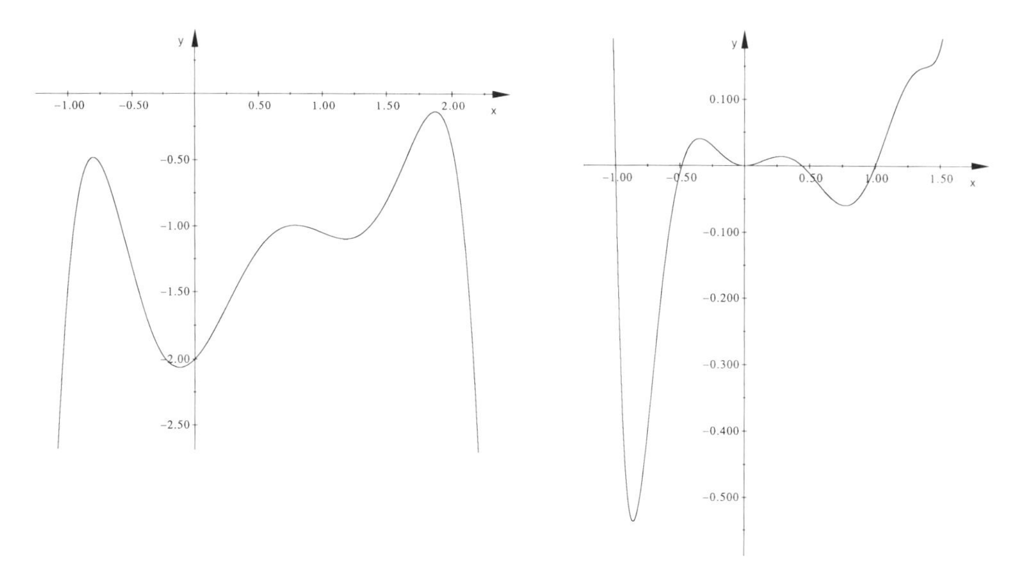

$y = x^8 - 3x^7 + x^6 + 3{,}75x^5 - 2{,}5x^4 - 0{,}75x^3 + 0{,}5x^2$

Hierbei gibt es die Möglichkeit, daß der Graph (sei es von unten kommend, sei es von oben kommend) die x-Achse gar nicht erreicht (wie in dem Beispiel links). Die zugehörige Funktion besitzt dann keine Nullstelle. Eine ganz-rationale Funktion von *geradem* Grad n kann demnach zwischen 0 und n Nullstellen besitzen.

Symmetrieeigenschaften von Graphen ganz-rationaler Funktionen

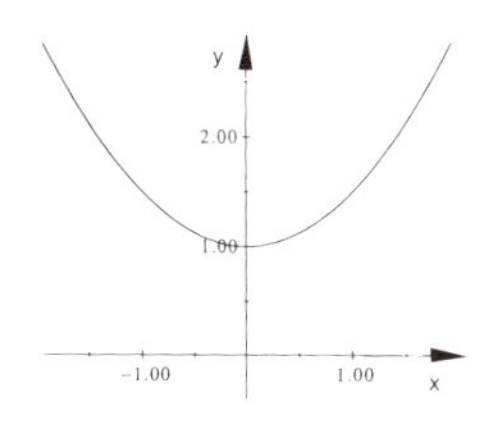

Bei den Parabeln (Graphen ganz-rationaler Funktionen 2. Grades) und bei den Hyperbeln (Graphen gebrochen-rationaler Funktionen) haben Sie Symmetrieeigenschaften kennengelernt. Die Parabel als Graph einer ganz-rationalen Funktion 2. Grades $y = a\,x^2 + c$ liegt - wie Sie bereits wissen (vgl. „Funktionen in Anwendungen“ Lektionen 11 bis 13) - symmetrisch zur y-Achse.

Auch manche Graphen von ganz-rationalen Funktionen höheren Grades weisen Symmetrieeigenschaften auf. Betrachten Sie dazu die folgenden Zeichnungen.

$y = 2\,x^3 - 5\,x$

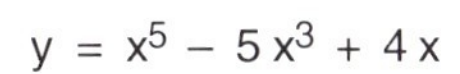

$y = x^5 - 5\,x^3 + 4\,x$

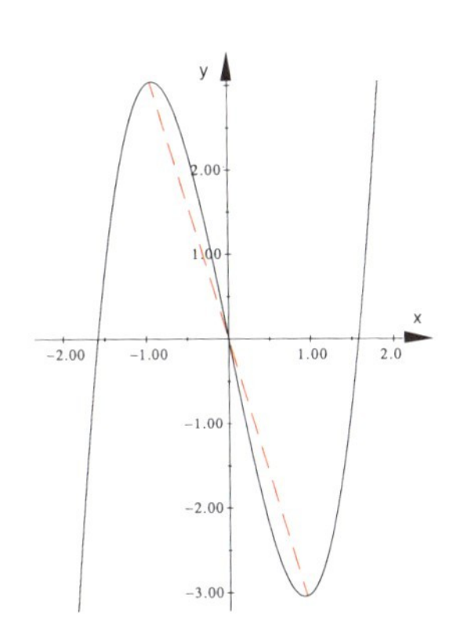

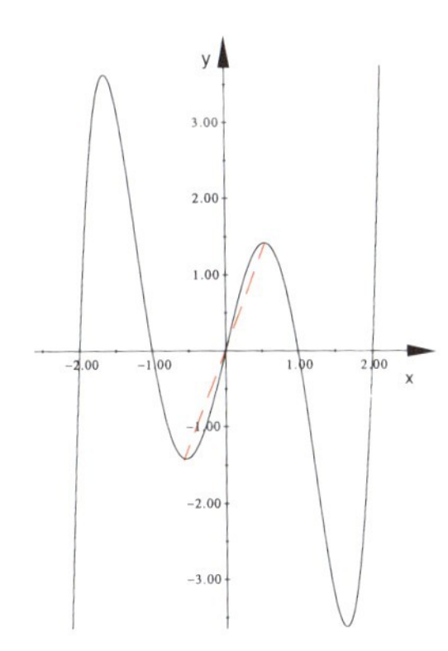

Die Funktionsterme der beiden Funktionen enthalten nur Glieder, bei denen x einen ungeraden Exponenten hat. Die Graphen sind punktsymmetrisch zum Nullpunkt des Koordinatensystems: Zieht man von einem Punkt des Graphen die Verbindungsstrecke zum Nullpunkt und verlängert diese um ihre eigene Länge, so trifft man wieder auf einen Punkt des Graphen. Einige Beispiele dafür zeigen die oben rot eingezeichneten Strecken.

Berechnet man für die Funktion $y = 2\,x^3 - 5\,x$ die Funktionswerte
zu $x_1 = 1$ und $x_2 = -1$,
so erhält man die Funktionswerte
$y_1 = 2 \cdot 1^3 - 5 \cdot 1$ bzw. $y_2 = 2 \cdot (-1)^3 - 5 \cdot (-1)$,
also $y_1 = -3$ $y_2 = 3$,
das heißt Funktionswerte mit gleichem Betrag, aber entgegengesetztem Vorzeichen.

Am Beispiel der Funktion $y = x^5 - 5\,x^3 + 4\,x$ erhält man etwa für
$x_1 = 0{,}5$ und $x_2 = -0{,}5$
$y_1 = 0{,}5^5 - 5 \cdot 0{,}5^3 + 4 \cdot 0{,}5$ bzw. $y_2 = (-0{,}5)^5 - 5 \cdot (-0{,}5)^3 + 4 \cdot -0{,}5$
$y_1 = 0{,}03125 - 5 \cdot 0{,}125 + 4 \cdot 0{,}5$ bzw. $y_2 = -0{,}03125 - 5 \cdot (-0{,}125) + 4 \cdot (-0{,}5)$
$y_1 = 0{,}03125 - 0{,}625 + 2$ bzw. $y_2 = -0{,}03125 - (-0{,}625) + (-2)$
$y_1 = 1{,}40625$ bzw. $y_2 = -1{,}40625$
Auch hier ergeben sich Funktionswerte mit gleichem Betrag, aber entgegengesetztem Vorzeichen.

Algebraisch drückt sich der Sachverhalt der Punktsymmetrie demnach so aus: Der Funktionswert einer negativen Zahl $-a$ ist gleich dem Negativen des Funktionswertes der entsprechenden positiven Zahl a.

$$f(-a) = -f(a)$$

Allgemein kann man dies für die beiden Funktionen (mit $a > 0$) folgendermaßen nachrechnen:

$f(-a) = 2(-a)^3 - 5(-a)$	$f(-a) = (-a)^5 - 5(-a)^3 + 4(-a)$

Da die ungeraden Potenzen negativer Zahlen negativ sind, erhält man

$f(-a) = -2a^3 + 5a$	$f(-a) = -a^5 + 5a^3 - 4a$

Vergleicht man mit $f(a)$

$f(a) = 2a^3 - 5a$	$f(a) = a^5 - 5a^3 + 4a$

so erhält man

$f(-a) = -2a^3 + 5a = -(2a^3 - 5a) = -f(a)$	$f(-a) = -a^5 + 5a^3 - 4a = -(a^5 - 5a^3 + 4a) = -f(a)$

Betrachten Sie jetzt Funktionen, bei denen nur gerade Exponenten auftreten.

$y = -x^4 + 13x^2 - 36$

$y = 0{,}1x^6 - 1{,}325x^4 + 3{,}925x^2 - 0{,}9$

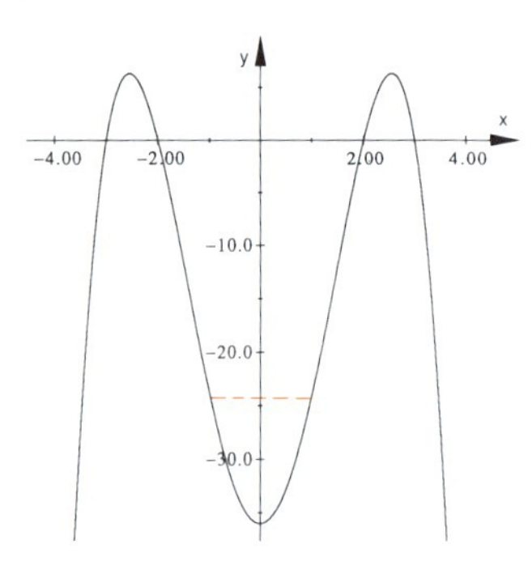

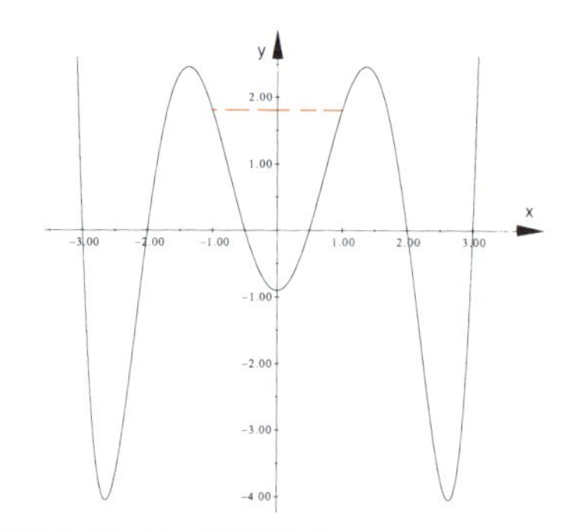

Man sieht den Graphen direkt an, daß sie achsensymmetrisch zur y-Achse sind. Berechnet man auch hier die Funktionswerte für einen positiven x-Wert und den entsprechenden negativen x-Wert, so ergibt sich bei der Funktion $y = -x^4 + 13x^2 - 36$ etwa für

$x_1 = 1$	und	$x_2 = -1$
$y_1 = -1^4 + 13 \cdot 1^2 - 36$	bzw.	$y_2 = -(-1)^4 + 13 \cdot (-1)^2 - 36$
$y_1 = -1 + 13 \cdot 1 - 36$	bzw.	$y_2 = -1 + 13 \cdot 1 - 36$
$y_1 = -1 + 13 - 36$	bzw.	$y_2 = -1 + 13 - 36$
$y_1 = -24$	bzw.	$y_2 = -24$,

also jeweils der gleiche Funktionswert.

Für die Funktion $y = 0{,}1x^6 - 1{,}325x^4 + 3{,}925x^2 - 0{,}9$ ergibt die entsprechende Rechnung für $x_1 = 1$

$y_1 = 0{,}1 \cdot 1^6 - 1{,}325 \cdot 1^4 + 3{,}925 \cdot 1^2 - 0{,}9$

$y_1 = 0{,}1 \cdot 1 - 1{,}325 \cdot 1 + 3{,}925 \cdot 1 - 0{,}9$

$y_1 = 0{,}1 - 1{,}325 + 3{,}925 - 0{,}9$

$y_1 = 1{,}8$

und für $x_2 = -1$

$y_2 = 0{,}1 \cdot (-1)^6 - 1{,}325 \cdot (-1)^4 + 3{,}925 \cdot (-1)^2 - 0{,}9$

$y_2 = 0{,}1 \cdot 1 - 1{,}325 \cdot 1 + 3{,}925 \cdot 1 - 0{,}9$ (da gerade Potenzen von negativen Zahlen positiv sind)

$y_2 = 0{,}1 - 1{,}325 + 3{,}925 - 0{,}9$

$y_2 = 1{,}8$,

also jeweils den gleichen Funktionswert.

Algebraisch ausgedrückt bedeutet dies: Der Funktionswert eines negativen x-Wertes $-a$ ist gleich dem Funktionswert des entsprechenden positiven x-Wertes $+a$.

$$f(-a) = f(a).$$

Auch dies kann man wieder allgemein nachrechnen.

$f(-a) = -(-a)^4 + 13\,(-a)^2 - 36$
$\quad = -a^4 + 13\,a^2 - 36$
$f(a) \;\, = -a^4 + 13\,a^2 - 36$

$f(-a) = 0{,}1\,(-a)^6 - 1{,}325\,(-a)^4 + 3{,}925\,(-a)^2 - 0{,}9$
$\quad = 0{,}1\,a^6 - 1{,}325\,a^4 + 3{,}925\,a^2 - 0{,}9$
$f(a) \;\, = 0{,}1\,a^6 - 1{,}325\,a^4 + 3{,}925\,a^2 - 0{,}9$

Was hier an Beispielen gezeigt wurde, läßt sich allgemein auf die ganz-rationalen Funktionen übertragen:

Treten in dem Polynom $f(x)$ nur gerade Exponenten bei den Potenzen von x auf, dann ist der Graph der zugehörigen ganz-rationalen Funktion f achsensymmetrisch zur y-Achse.

Treten in dem Polynom $f(x)$ nur ungerade Exponenten bei den Potenzen von x auf und ist $a_0 = 0$, dann ist der Graph der zugehörigen ganz-rationalen Funktion f punktsymmetrisch zum Nullpunkt des Koordinatensystems.

Aufgaben zu 11.3

1. Geben Sie bei den folgenden Funktionen an, an welcher Stelle sie die y-Achse schneiden und ob sie symmetrisch zur y-Achse oder zum Nullpunkt des Koordinatensystems sind.
   a) $f(x) = (x-2)(x-3)(x+1)$
   b) $f(x) = x^4 + 13\,x^2 - 2{,}5$
   c) $f(x) = (x^2 + 1)(x^2 - 2)$
   d) $f(x) = -(x^2 - 2) \cdot x$
   e) $f(x) = -2\,x^3 + x - 3$
   f) $f(x) = x^2\,(2\,x^3 - 5\,x)$

2. Sind die Graphen der folgenden Funktionen nach oben oder nach unten geöffnet bzw. verlaufen sie grundsätzlich von links oben nach rechts unten oder von links unten nach rechts oben?
   a) $f(x) = -2\,x^3 + x - 3$
   b) $f(x) = x^2\,(2\,x^3 - 5\,x)$
   c) $f(x) = -(x^2 + 1)(x^2 - 2)$
   d) $f(x) = x^4 + 13\,x^2 - 2{,}5$

Wiederholungsaufgaben

1. Welche der angegebenen Funktionen sind ganz-rational? Welchen Grad haben diese?
   a) $f(x) = x^{-2} - 2\,x + 3$
   b) $f(x) = x^3 + x^2 - x^{-1} + 10$
   c) $f(x) = \sqrt{x^2 - x + 2}$
   d) $f(x) = x^3 + x^2 - x + 10$
   e) $f(x) = x^{\frac{1}{3}} + x^{\frac{1}{2}} - x + 3$
   f) $f(x) = 10 \cdot (x - 5)(x^2 + 4\,x - 1)$

2. Berechnen Sie (mit dem Taschenrechner) die Funktionswerte von $f(x) = x^3 - 5\,x - 4$ für die x-Werte -2; -1; 0; 1; 2; 3 und 4. Skizzieren Sie den Graphen dieser Funktion. Lesen Sie am Graphen die Nullstellen, Hoch- und Tiefpunkte ab, falls vorhanden.

3. Geben Sie bei den folgenden Funktionen an, an welcher Stelle ihr Graph die y-Achse schneidet, ob dieser symmetrisch zur y-Achse bzw. zum Nullpunkt des Koordinatensystems liegt und ob die Funktionswerte für $x \to +\infty$ bzw. für $x \to -\infty$ gegen $+\infty$ oder gegen $-\infty$ gehen.
   a) $f(x) = x^6 + x^4 + x^2 - 10$
   b) $f(x) = -x^6 + x^4 + x^2 + 5$
   c) $f(x) = 3\,x^6 + 4\,x^4 - 2\,x - 0{,}1$
   d) $f(x) = x^5 + x^3 + x - 10$
   e) $f(x) = 3\,x^5 - 4\,x^3 + x$
   f) $f(x) = -0{,}25\,x^7 + 1{,}5\,x^3 - x$

12. Nullstellen ganz-rationaler Funktionen

Vor der Sendung

Häufig hat man das Problem, daß man einen Funktionswert einer ganz-rationalen Funktion kennt und die zugehörigen x-Werte sucht. Dies war schon die Fragestellung, die auf die Umkehrfunktion geführt hatte. Von den meisten ganz-rationalen Funktionen, deren Graphen Sie in der letzten Lektion gesehen haben, wissen Sie, daß man zu Ihnen keine Umkehrfunktion bilden kann. Diese Funktionen sind ja nicht streng monoton. Die Graphen zeigen ein für diesen Funktionstyp charakteristisches Auf und Ab. Man hat daher oft mehrere x-Werte, die zu einem y-Wert gehören. Will man diese x-Werte bestimmen, muß man Gleichungen lösen, in denen x in einer höheren Potenz vorkommt. Das Lösen dieser Gleichungen ist äquivalent zu der Aufgabe, die Nullstellen einer Funktion zu bestimmen. In dieser Lektion wird es daher hauptsächlich darum gehen, einige ganz-rationale Funktionen kennenzulernen, für die es verhältnismäßig einfache Methoden zur Bestimmung von Nullstellen gibt. Sie brauchen Ihre Vorkenntnisse über die Nullstellenbestimmung bei linearen und quadratischen Funktionen. Schauen Sie - falls nötig - nochmals in die entsprechenden Lektionen aus dem Band „Funktionen in Anwendungen".

Übersicht

1. Nullstellen einer Funktion bestimmt man, indem man den Funktionsterm Null setzt und die so entstehende Gleichung löst. Bei ganz-rationalen Funktionen 4. Grades, in deren Funktionsterm x nur in der 2. und 4. Potenz auftritt, kann man eine **Nullstellenbestimmung durch Substitution** durchführen, indem man x^2 durch z ersetzt und für z nur eine quadratische Gleichung zu lösen hat. Durch Rückeinsetzen von x^2 kommt man schließlich zu Gleichungen, aus denen sich die Nullstellen der Funktion berechnen lassen.

2. Kann man beim Term einer Funktion **eine Potenz von x ausklammern**, so daß als restlicher Faktor ein Term von höchstens zweitem Grad bleibt, lassen sich die Nullstellen der Funktion berechnen. Das Ausklammern liefert nämlich ein Produkt aus zwei oder mehreren Faktoren, das Null gesetzt wird. Ein Produkt kann aber nur Null sein, wenn mindestens einer der Faktoren Null ist. So kann man jeden Faktor des Funktionsterms Null setzen und hat höchstens quadratische Gleichungen zu lösen.

3. Der Funktionsterm einer ganz-rationalen Funktion wird auch Polynom genannt. Wenn man die Nullstellen des Polynoms kennt, kann man das Polynom in Produktform schreiben. Umgekehrt kann man aus der Produktform eines Polynoms die Nullstellen bestimmen. Sind die Faktoren lineare Terme, also solche, in denen x nur in der ersten Potenz vorkommt, so spricht man von der **Zerlegung eines Polynoms in Linearfaktoren**. Das Verfahren, eine Zerlegung in Linearfaktoren vorzunehmen, nennt man **Polynomdivision**. Die Polynomdivision verläuft im Prinzip wie die schriftliche Division von Zahlen, nur daß man zusätzlich mit der Variablen x rechnen muß.

4. Der Grad eines Polynoms sagt einiges über die **Anzahl der Nullstellen** aus. Ein Polynom n-ten Grades hat höchstens n Nullstellen. Ist das Polynom von ungeradem Grad, so hat es mindestens eine Nullstelle. Polynome geraden Grades können auch gar keine Nullstelle haben. Bei den Nullstellen unterscheidet man einfache und mehrfache Nullstellen.

5. Die Untersuchung des Graphen einer Funktion auf Definitionsbereich, Nullstellen, Extremwerte, Verlauf des Graphen, Symmetrieeigenschaften, Verhalten für $x \to \pm\infty$ usw. nennt man **Kurvendiskussion**.

12.1 Berechnung von Nullstellen durch Substitution

In der Fernsehsendung haben Sie gesehen, daß die Krümmung eines bestimmten Rotorblattes durch die ganz-rationale Funktion

$$f(x) = -0{,}00045\,x^4 - 0{,}044\,x^2 + 6$$

dargestellt werden kann. Die Befestigungsstellen des Rotorblattes am Mast kann man als die Nullstellen der Funktion interpretieren. Um diese Nullstellen zu berechnen, muß man den Funktionsterm Null setzen und die entstandene Gleichung $-0{,}00045\,x^4 - 0{,}044\,x^2 + 6 = 0$ lösen.

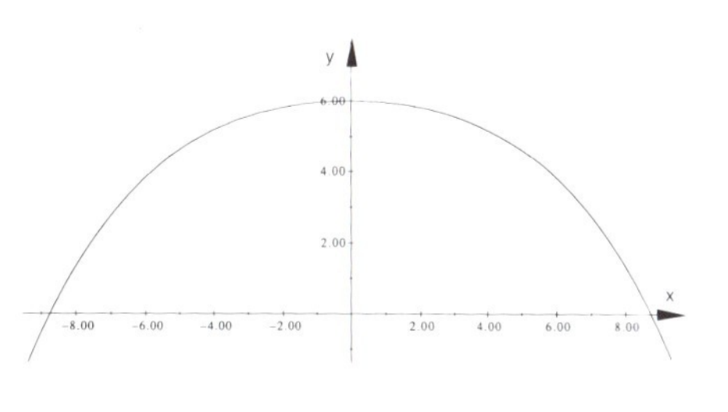

Betrachten Sie das Verfahren zur Lösung solcher Gleichungen zunächst an einem zahlenmäßig einfacheren Beispiel: Es sollen die Nullstellen der ganz-rationalen Funktion 4. Grades $y = x^4 - 4\,x^2 - 45$ bestimmt werden. Dazu muß man die Gleichung $x^4 - 4\,x^2 - 45 = 0$ lösen.

Dies ist eine Gleichung 4. Grades, bei der allerdings nur die Potenzen x^4 und x^2 auftreten. Zur Lösung einer solchen Gleichung haben Sie bisher kein Verfahren kennengelernt. Diese Art der Gleichung läßt sich auf einfache Weise auf eine quadratische Gleichung zurückführen und dann mit Hilfe der Formeln für quadratische Gleichungen lösen.

Man schreibt die Gleichung $x^4 - 4\,x^2 - 45 = 0$

um in die Form $(x^2)^2 - 4\,x^2 - 45 = 0$.

Setzt man nun für $x^2 = z$, so ergibt sich $z^2 - 4\,z - 45 = 0$.

Dies ist eine quadratische Gleichung, die sich mit der Formel $x_{1/2} = \frac{-b \pm \sqrt{b^2 - 4 \cdot a \cdot c}}{2 \cdot a}$ lösen läßt

$$z_{1/2} = \frac{-(-4) \pm \sqrt{(-4)^2 - 4 \cdot 1 \cdot (-45)}}{2 \cdot 1}$$

$$z_{1/2} = \frac{4 \pm \sqrt{16 + 180}}{2}$$

$$z_{1/2} = \frac{4 \pm \sqrt{196}}{2}$$

$$z_{1/2} = \frac{4 \pm 14}{2}$$

$$z_1 = 9 \qquad z_2 = -5$$

Da man die Werte für x bestimmen sollte, für die der Funktionsterm Null wird, muß man die Ersetzung rückgängig machen, das heißt für z wieder x^2 einsetzen. Man hat nun die beiden folgenden Gleichungen zu lösen:

$x^2 = 9$ und $x^2 = -5$ und erhält

$x_1 = 3$ und $x_2 = -3$,

weil 3 und -3 die Gleichung $x^2 = 9$ erfüllen.

Die zweite Gleichung $x^2 = -5$ hat keine Lösung, da die Wurzel aus einer negativen Zahl nicht existiert. (Vgl. „Funktionen in Anwendungen", Lektion 13.1) Die beiden Nullstellen lassen sich auch am Graphen der Funktion erkennen.

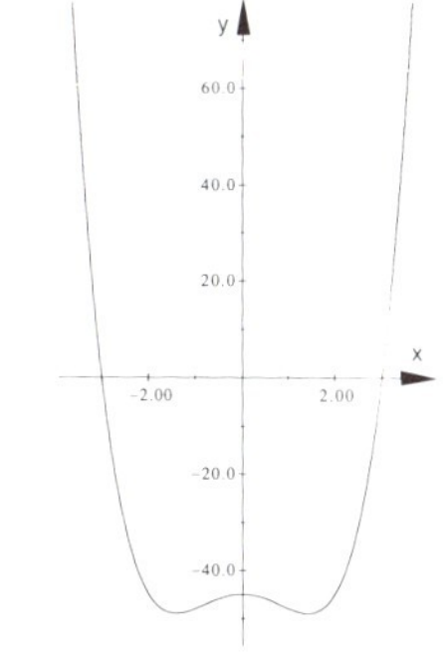

Bei diesem Verfahren wird also x^2 durch z ersetzt. Das Verfahren nennt man **Substitutionsverfahren** nach dem lateinischen Wort substituere (= ersetzen).

Bei ganz-rationalen Funktionen 4. Grades muß es natürlich nicht immer genau zwei Lösungen geben. Betrachten Sie dazu die folgenden Beispiele:

1. Welche Nullstellen hat die Funktion $y = 2x^4 - 10x^2 + 8$?
Zur Bestimmung der Nullstellen muß die Gleichung $2x^4 - 10x^2 + 8 = 0$
gelöst werden. Die Substitution $x^2 = z$ liefert $2z^2 - 10z + 8 = 0$

Mit der Formel $x_{1/2} = \frac{-b \pm \sqrt{b^2 - 4 \cdot a \cdot c}}{2 \cdot a}$ ergibt sich

$$z_{1/2} = \frac{-(-10) \pm \sqrt{(-10)^2 - 4 \cdot 2 \cdot 8}}{2 \cdot 2}$$

$$z_{1/2} = \frac{10 \pm \sqrt{100 - 64}}{4}$$

$$z_{1/2} = \frac{10 \pm \sqrt{36}}{4}$$

$$z_{1/2} = \frac{10 \pm 6}{4}$$

$$z_1 = 4 \qquad z_2 = 1$$

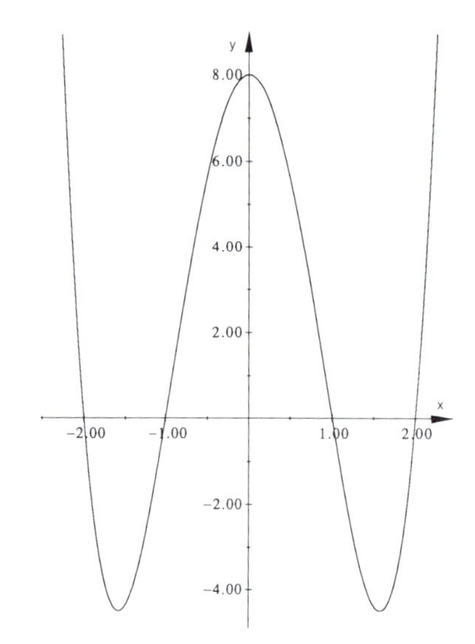

Man setzt für $z = x^2$ und löst die Gleichungen

$x^2 = 4$ und $x^2 = 1$

und erhält die Lösungen

$x_1 = 2 \quad x_2 = -2 \quad x_3 = \ldots\ldots \quad x_4 = \ldots\ldots$

Bitte setzen Sie die Lösungen x_3 und x_4 selbst ein.

In diesem Fall ergeben sich vier Lösungen.

Auch hier lassen sich die Nullstellen der Funktion am Graphen ablesen.

2. Welche Nullstellen hat die Funktion $y = x^4 - 8x^2 + 16$?
Zur Bestimmung der Nullstellen muß die Gleichung $x^4 - 8x^2 + 16 = 0$
gelöst werden. Die Substitution $x^2 = z$ liefert $z^2 - 8z + 16 = 0$

Mit der Formel $x_{1/2} = \frac{-b \pm \sqrt{b^2 - 4 \cdot a \cdot c}}{2 \cdot a}$ ergibt sich

denn a ist ja hier gleich 1.

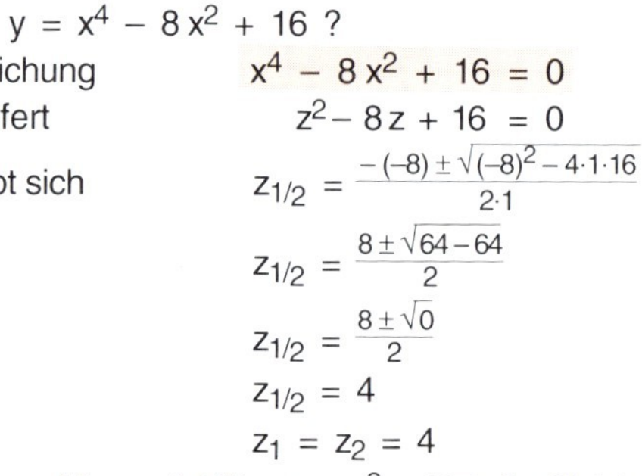

$$z_{1/2} = \frac{-(-8) \pm \sqrt{(-8)^2 - 4 \cdot 1 \cdot 16}}{2 \cdot 1}$$

$$z_{1/2} = \frac{8 \pm \sqrt{64 - 64}}{2}$$

$$z_{1/2} = \frac{8 \pm \sqrt{0}}{2}$$

$$z_{1/2} = 4$$

$$z_1 = z_2 = 4$$

Man setzt für $z = x^2$, löst die Gleichung

$x^2 = 4$

und erhält die Lösungen

$x_1 = 2 \quad x_2 = -2$

In diesem Fall ergeben sich also nur zwei Lösungen, weil jeweils zwei Nullstellen zusammenfallen und der Graph die x–Achse nur berührt, nicht schneidet.

Wieder lassen sich die Nullstellen der Funktion am Graphen ablesen.

3. Welche Nullstellen hat die Funktion $y = x^4 + 4x^2 + 3$?
Zur Bestimmung der Nullstellen muß die Gleichung $x^4 + 4x^2 + 3 = 0$
gelöst werden. Die Substitution $x^2 = z$ liefert $z^2 + 4z + 3 = 0$

Mit der Formel $x_{1/2} = \frac{-b \pm \sqrt{b^2 - 4 \cdot a \cdot c}}{2 \cdot a}$ ergibt sich $z_{1/2} = \frac{-4 \pm \sqrt{4^2 - 4 \cdot 1 \cdot 3}}{2 \cdot 1}$

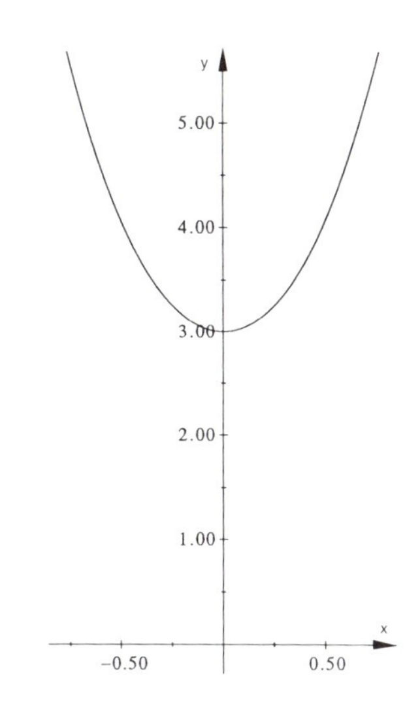

$$z_{1/2} = \frac{-4 \pm \sqrt{16 - 12}}{2}$$

$$z_{1/2} = \frac{-4 \pm \sqrt{4}}{2}$$

$$z_{1/2} = \frac{-4 \pm 2}{2}$$

$$z_1 = -1 \qquad z_2 = -3$$

Man setzt für $z = x^2$ und betrachtet die Gleichungen

$$x^2 = -1 \quad \text{und} \quad x^2 = -3 \,.$$

Beide Gleichungen sind nicht erfüllbar.
In diesem Fall ergeben sich keine Lösungen, weil Wurzeln aus negativen Zahlen nicht existieren.
Der Graph zeigt, daß keine Nullstellen vorliegen.

Aufgaben zu 12.1

1. Bestimmen Sie die Nullstellen der Funktionen.
   a) $y = x^4 - 13x^2 + 36$ b) $y = x^4 - 17x^2 + 16$ c) $y = x^4 - 3x^2 - 4$

*2. Lösen Sie die Gleichung $x^4 - 5x^2 + 6 = 0$.

12.2 Berechnung von Nullstellen durch Ausklammern einer Potenz von x

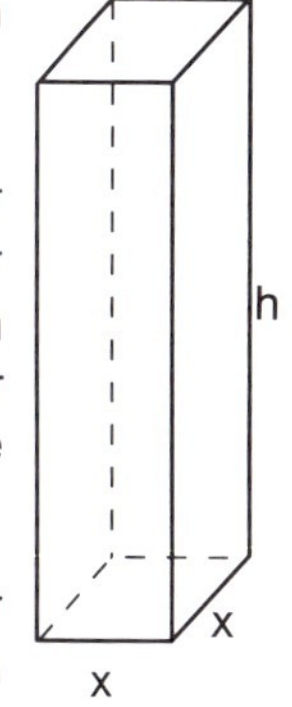

In der Lektion 11.1 haben Sie das zulässige Volumen eines Post-Päckchens in Form einer quadratischen Säule berechnet. Für das Volumen ergab sich

$$V = f(x) = 0{,}9\,x^2 - 2\,x^3$$

Die möglichen Seitenlängen x des Grundquadrats konnten am Graphen der Funktion $f(x)$ abgelesen werden. Da sowohl Volumen wie Seitenlänge nur positive Werte sein können (negative Werte geben für das Sachproblem keinen Sinn), liegt die mögliche Seitenlänge zwischen den beiden Nullstellen der Funktion $f(x)$ (vgl. den roten Graphen auf Seite 134). Wie lassen sich aber die Nullstellen dieser Funktion berechnen?

Es muß die Gleichung $0{,}9\,x^2 - 2\,x^3 = 0$ gelöst werden. Da in jedem Glied der Gleichung die Variable x auftritt, ja sogar in jedem Glied x^2 enthalten ist, kann man x^2 ausklammern:

$$0{,}9\,x^2 - 2\,x^3 = 0$$

$$x^2 \cdot (0{,}9 - 2\,x) = 0 \,,$$

denn $\quad x^2 \cdot (0{,}9 - 2\,x) = 0{,}9\,x^2 - 2\,x \cdot x^2 = 0{,}9\,x^2 - 2\,x^3 \,.$

Die Gleichung der Form $x^2 \cdot (0{,}9 - 2\,x) = 0$ läßt sich aber leicht lösen. Hier steht ein Produkt aus den beiden Faktoren x^2 und $(0{,}9 - 2\,x)$, das Null sein soll. Ein Produkt kann aber nur Null werden, wenn mindestens einer der Faktoren Null ist. Wären beide Faktoren von Null verschieden, so müßte auch das Produkt von Null verschieden sein.

	$x^2 \cdot (0{,}9 - 2\,x) = 0$		
bedeutet also	$x^2 = 0$	oder	$(0{,}9 - 2\,x) = 0$.
Das wiederum heißt	$x = 0$	oder	$0{,}9 = 2\,x$
und schließlich	$x_1 = 0$		$x_2 = 0{,}45$

Ein Beispiel zu dieser Methode haben Sie bereits in der Fernsehsendung gesehen. Dort wurde aus einem rechteckigen Karton durch Ausschneiden von Quadraten an den Ecken und anschließendes Hochklappen der Seiten eine Schachtel gebildet, deren Volumen berechnet werden sollte. Die folgende Zeichnung zeigt die (etwas anders als in der Fernsehsendung gewählten) Maße des Kartons und das Falten der Schachtel.

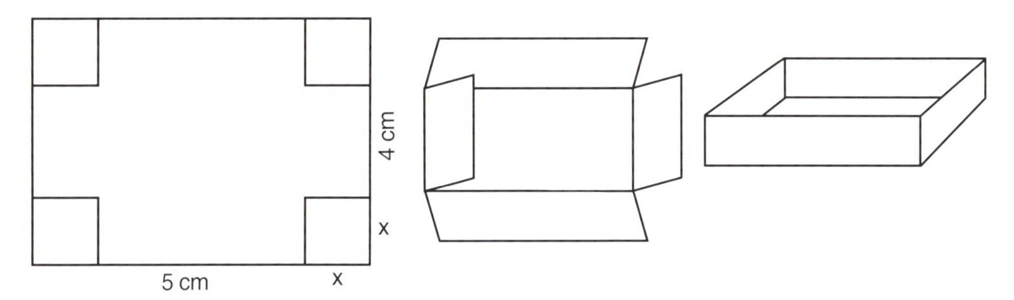

Das Volumen der Schachtel bestimmt sich aus $V = \text{Länge} \cdot \text{Breite} \cdot \text{Höhe}$
zu $V = (5 - 2x)(4 - 2x) \cdot x$, also: $V = 4x^3 - 18x^2 + 20x$

Die Nullstellen der Funktion errechnet man aus $4x^3 - 18x^2 + 20x = 0$

Die Lösung der Gleichung ist wieder mit dem Verfahren des Ausklammerns zu errechnen, da jedes Glied der Gleichung x enthält. Man klammert x aus:

$$x(4x^2 - 18x + 20) = 0$$

Hier steht ein Produkt aus zwei Faktoren, das Null sein soll. Es muß mindestens einer der Faktoren Null sein. Folglich gilt $x = 0$ oder $4x^2 - 18x + 20 = 0$

Eine Nullstelle ist $x_1 = 0$.

Der zweite Faktor ist ein quadratischer Term. Es ist eine quadratische Gleichung zu lösen.

$$4x^2 - 18x + 20 = 0$$

Mit der Formel $x_{1/2} = \frac{-b \pm \sqrt{b^2 - 4 \cdot a \cdot c}}{2 \cdot a}$ ergibt sich

$$x_{2/3} = \frac{-(-18) \pm \sqrt{(-18)^2 - 4 \cdot 4 \cdot 20}}{2 \cdot 4}$$

$$x_{2/3} = \frac{18 \pm \sqrt{324 - 320}}{8}$$

$$x_{2/3} = \frac{18 \pm \sqrt{4}}{8}$$

$$x_{2/3} = \frac{18 \pm 2}{8}$$

$$x_2 = 2{,}5 \qquad x_3 = 2$$

Die Nullstellen der Funktion lassen sich am Graphen kontrollieren.

Dieses Lösungsverfahren beruht auf dem Satz:

Ein Produkt ist nur dann Null, wenn mindestens einer der Faktoren des Produkts Null ist.

Es kann allerdings nur angewendet werden, wenn man aus dem Funktionsterm x oder eine höhere Potenz von x so ausklammern kann, daß der verbleibende Faktor ein quadratischer Term ist, weil Ihnen nur für die quadratische Gleichung eine allgemeine Lösungsformel vorliegt.

Lösen Sie mit diesem Verfahren die Gleichung $x^4 - 5x^3 + 6x^2 = 0$, indem Sie x^2 ausklammern.

→ ①

Für die folgende Aufgabe benötigt man zusätzlich die Substitution aus Abschnitt 12.1 :

Bestimmen Sie die Nullstellen der Funktion $y = x^7 - 7x^5 + 12x^3$. Zu lösen ist die Gleichung $x^7 - 7x^5 + 12x^3 = 0$

Ausklammern von x^3 liefert $x^3(x^4 - 7x^2 + 12) = 0$

Mindestens ein Faktor muß Null sein: $x^3 = 0$ oder $x^4 - 7x^2 + 12 = 0$

Eine Nullstelle ist $x_1 = 0$

Die anderen Nullstellen ergeben sich aus $x^4 - 7x^2 + 12 = 0$

Man setzt $x^2 = z$ $\qquad z^2 - 7z + 12 = 0$

Man wendet die Formel an

$$z_{1/2} = \frac{-(-7) \pm \sqrt{(-7)^2 - 4 \cdot 1 \cdot 12}}{2 \cdot 1}$$

$$z_{1/2} = \frac{7 \pm \sqrt{49 - 48}}{2}$$

$$z_{1/2} = \frac{7 \pm \sqrt{1}}{2}$$

$z_1 = 4 \qquad z_2 = 3$

Nun ersetzt man wieder z durch x^2 $\qquad x^2 = 4 \qquad x^2 = 3$

und erhält die Lösungen $\qquad x_2 = 2 \quad x_3 = -2 \qquad x_4 = \sqrt{3} \quad x_5 = -\sqrt{3}$

Aufgaben zu 12.2

1. Beim Funktionsterm von $y = 2x^4 - 10x^3 + 12x^2$ kann man $2x^2$ ausklammern. Führen Sie dies durch und bestimmen Sie dann die Nullstellen der Funktion.

2. Lösen Sie die Gleichungen a) $x^5 - 3x^4 + 2x^3 = 0$ b) $x^5 - x^3 - 2x = 0$.

*3. Bestimmen Sie die Nullstellen der Polynome
a) $x^3 + 4x^2 - 21x$ b) $x^4 - 5x^3 + 6x^2$ c) $x^5 + 2x^4 + x^3$

12.3 Zerlegung eines Polynoms in Linearfaktoren - Polynomdivision

Bei der Berechnung des Volumens der gefalteten Schachtel wurden Länge, Breite und Höhe miteinander multipliziert. Schreibt man dieses Produkt unausgerechnet hin, so erhält man $V = (5 - 2x)(4 - 2x)x$.

Diese Gleichung stellt also die ganz-rationale Funktion $V = 4x^3 - 18x^2 + 20x$ dar. An der Produktdarstellung hätte man allerdings die Nullstellen noch einfacher bestimmen können. Die Nullstellen sind ja die Lösungen der Gleichung

$$(5 - 2x)(4 - 2x)x = 0$$

Das Produkt aus drei Faktoren kann nur Null sein, wenn mindestens ein Faktor Null ist. Folglich gilt $(5 - 2x) = 0$ oder $(4 - 2x) = 0$ oder $x = 0$ und daraus folgt $x_1 = 2{,}5$, $x_2 = 2$, $x_3 = 0$.

$f(x) = (5 - 2x)(4 - 2x)x$ ist die Produktdarstellung der Funktion $f(x) = 4x^3 - 18x^2 + 20x$.

Bei der hier vorliegenden Produktdarstellung sind die einzelnen Faktoren lineare Ausdrücke, weil x nur in der ersten Potenz auftritt. Man nennt diese Faktoren daher **Linearfaktoren**.

Umgekehrt kann man, wenn man die Nullstellen einer ganz-rationalen Funktion kennt, eine zugehörige Funktionsgleichung in Produktdarstellung leicht angeben. Sind zum Beispiel die Nullstellen $x_1 = 3$, $x_2 = 2$ und $x_3 = -1$ bekannt, so ist

$$f\colon\ y = (x - 3)(x - 2)(x + 1)$$

die Gleichung einer Funktion f, die die angegebenen Nullstellen besitzt. Die Lösungen von

$$(x - 3)(x - 2)(x + 1) = 0$$

ergeben sich ja daraus, daß das Produkt dieser drei Faktoren nur Null sein kann, wenn mindestens einer der drei Faktoren Null ist, wenn also gilt

$$(x - 3) = 0 \quad \text{oder} \quad (x - 2) = 0 \quad \text{oder} \quad (x + 1) = 0 .$$

Daraus ergibt sich aber gerade

$$x_1 = 3 \qquad x_2 = 2 \qquad \text{und} \qquad x_3 = -1$$

Allerdings ist dies nicht die einzige Funktion mit diesen drei Nullstellen. Multipliziert man nämlich den Funktionsterm $(x - 3)(x - 2)(x + 1)$ mit irgendeiner konstanten Zahl, zum Beispiel mit 2, dann entsteht die Funktion

$$g\colon\ y = 2(x - 3)(x - 2)(x + 1),$$

die die gleichen Nullstellen hat. Auch die Multiplikation mit etwa -1 führt zu einer Funktion mit den gleichen Nullstellen, nämlich der Funktion

$$h\colon\ y = -(x - 3)(x - 2)(x + 1).$$

An den Graphen dieser Funktionen können Sie diesen Sachverhalt nachprüfen. Die Graphen der Funktionen g und h entstehen ja - wie Sie bei Parabeln und Hyperbeln bereits gesehen haben (vgl. „Funktionen in Anwendungen“, Lektion 13.2 und 10.2) - aus dem Graph der Funktion f durch affine Streckung in y-Richtung.

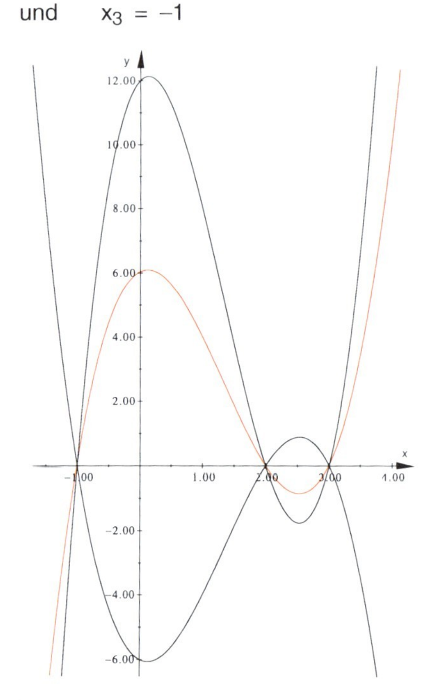

Den Funktionsterm in Produktdarstellung $(x - 3)(x - 2)(x + 1)$ kann man natürlich wieder in die Summendarstellung umrechnen; man braucht ja nur auszumultiplizieren:

$$(x - 3)(x - 2)(x + 1) = (x^2 - 5x + 6)(x + 1) = x^3 - 5x^2 + 6x + x^2 - 5x + 6$$
$$= x^3 - 4x^2 + x + 6$$

Sie wissen bereits, daß man den Funktionsterm einer ganz-rationalen Funktion auch **Polynom** nennt. Ein Polynom kann also in Produktdarstellung oder in Summendarstellung gegeben sein. Aus der Produktdarstellung die Summendarstellung zu bestimmen, ist verhältnismäßig einfach: Man braucht die Faktoren nur miteinander zu multiplizieren, das heißt die Klammern auszumultiplizieren.

Bestimmen Sie die Summendarstellung der folgenden Polynome.

$5(x - 1)(x + 2)(x - 3) =$ ....

$2(x - 1)(x + 1)(x + 2)(x - 2) =$ ....

→ (3)

Die umgekehrte Aufgabe ist allerdings etwas schwieriger, wenn das Polynom von höherem als zweitem Grad ist. Bei quadratischen Polynomen können Sie diese Umrechnung vornehmen (vgl. „Funktionen in Anwendungen“, Lektion 13.2). Sie erfolgt mit Hilfe der Nullstellen. Sind x_1 und x_2 die Nullstellen des quadratischen Polynoms $ax^2 + bx + c$, so ist die Produktform $a(x - x_1)(x - x_2)$. Zum Beispiel: Sind 3 und 5 die Nullstellen des Polynoms $2x^2 - 16x + 30$, dann ist die Produktform $2(x - 3)(x - 5)$, wie man durch Ausrechnen leicht nachprüfen kann. Rechnen Sie selbst nach.

→ (6)

Das oben betrachtete Polynom $x^3 - 4x^2 + x + 6$ müßte sich also mit Hilfe der Nullstellen in ein Produkt umschreiben lassen. Da 3 eine Nullstelle ist, müßte $x^3 - 4x^2 + x + 6$ gleich einem Polynom p multipliziert mit dem Faktor $(x - 3)$ sein:

$$x^3 - 4x^2 + x + 6 = p \cdot (x - 3)$$

Auf Grund der Rechnung oben ist klar, daß $p = (x - 2)(x + 1) = x^2 - x - 2$ sein muß. Wie aber findet man das Polynom p, wenn die anderen Nullstellen noch nicht bekannt sind? Vom Zahlenrechnen wissen Sie, daß man zum Beispiel aus der Gleichung

$6250 = p \cdot 50$ p durch Division von 6250 durch 50 erhält: $6250 : 50 = p$.

Auch für Polynome läßt sich eine Division durchführen, die dem Verfahren der schriftlichen Division von Zahlen ähnlich ist: Es gilt

$$(x^3 - 4x^2 + x + 6) : (x - 3) = p$$

Wie verläuft das Verfahren der **Polynomdivision**? Diese Division wird in der gleichen Form durchgeführt wie die schriftliche Division von Zahlen. Man prüft, wie oft der Divisor in dem ersten Glied enthalten ist, bildet das Produkt, subtrahiert und wiederholt dann das Verfahren, so lange es geht. Für die Zerlegung des obigen Polynoms 3. Grades sieht die Polynomdivision so aus:

Man bestimmt, wie oft x in x^3 enthalten ist. Dies ist x^2 - mal der Fall, denn $x \cdot x^2 = x^3$.
Man schreibt

$$\begin{array}{l} (x^3 - 4x^2 + x + 6) : (x - 3) = x^2 \\ -\ (x^3 - 3x^2) \\ \hline \qquad -x^2 + x \end{array}$$

und multipliziert $(x - 3)$ mit x^2.

Das Produkt schreibt man unter das Polynom, subtrahiert es von diesem und holt die nächste „Stelle" (hier das Glied mit x) herunter.

Nun prüft man, wie oft x in $-x^2$ enthalten ist. Dies ist $(-x)$ - mal der Fall. Man schreibt

$$\begin{array}{l} (x^3 - 4x^2 + x + 6) : (x - 3) = x^2 - x \\ -\ (x^3 - 3x^2) \\ \hline \qquad -x^2 + x \\ \qquad -(-x^2 + 3x) \\ \hline \qquad\qquad -2x + 6 \end{array}$$

und multipliziert $(x - 3)$ mit $-x$.

Das Produkt schreibt man unter das Teilpolynom und subtrahiert es von diesem.

Dann holt man die nächste „Stelle" herunter, das ist das absolute Glied 6.

Nun prüft man, wie oft x in $-2x$ enthalten ist. Dies ist (-2) - mal der Fall. Man schreibt

$$\begin{array}{l} (x^3 - 4x^2 + x + 6) : (x - 3) = x^2 - x - 2 \\ -\ (x^3 - 3x^2) \\ \hline \qquad -x^2 + x \\ \qquad -(-x^2 + 3x) \\ \hline \qquad\qquad -2x + 6 \\ \qquad\qquad -(-2x + 6) \\ \hline \qquad\qquad\qquad 0 \end{array}$$

und multipliziert $(x - 3)$ mit -2.

Das Produkt schreibt man unter das Teilpolynom und subtrahiert es von diesem.

Die Division „geht auf".
$(x - 3)$ ist ein Teiler des Polynoms 3. Grades $x^3 - 4x^2 + x + 6$

Das gesuchte Polynom p ist (wie Sie schon wußten) $p = x^2 - x - 2$.

Dividiert man ein Polynom mit der Nullstelle x_0 durch den Linearfaktor $(x - x_0)$, so entsteht ein Polynom, das einen um 1 niedrigeren Grad hat als das Ausgangspolynom. Zum Beispiel entsteht aus einem Polynom 3. Grades ein Polynom 2. Grades.

Die Polynomdivision kann man nur durchführen, wenn man bereits eine Nullstelle des Polynoms kennt. Bei Polynomen höheren Grades läßt sich eine solche Nullstelle häufig nur „erraten“, das heißt: man probiert, ob eine dem Betrag nach kleine ganze Zahl Nullstelle ist, oder man versucht, am Graphen eine Nullstelle zu erkennen. Im letzten Fall muß man allerdings den Graphen erst (etwa mit Hilfe einer möglicherweise aufwendigen Wertetabelle) gezeichnet haben.

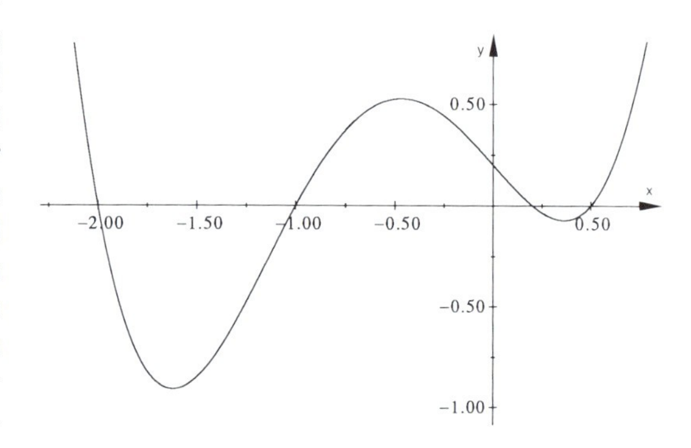

Das Polynom $x^4 + 2{,}3\,x^3 - 1{,}1\,x + 0{,}2$ hat, wie Sie aus dem Graphen vermuten können, unter anderen die Nullstelle $x_1 = 0{,}5$. Wenn 0,5 tatsächlich eine Nullstelle ist, muß es eine Division $(x^4 + 2{,}3\,x^3 - 1{,}1\,x + 0{,}2) : (x - 0{,}5) = (x^3 + c_2\,x^2 + c_1\,x + c_0)$ geben.
Das Ergebnis ist $(x^4 + 2{,}3\,x^3 - 1{,}1\,x + 0{,}2) : (x - 0{,}5) = x^3 + 2{,}8\,x^2 + 1{,}4x - 0{,}4$.

Dies können Sie durch Ausmultiplizieren verifizieren. Bitte führen Sie diese Probe aus, indem Sie $(x - 0{,}5) \cdot (x^3 + 2{,}8\,x^2 + 1{,}4x - 0{,}4)$ berechnen. → (2)

Für die Zerlegung des obigen Polynoms 4. Grades sieht die Polynomdivision so aus:

Man bestimmt, wie oft x in x^4 enthalten ist. Dies ist x^3 - mal der Fall, denn $x \cdot x^3 = x^4$.
Man schreibt

$$\begin{array}{l} (x^4 + 2{,}3\,x^3 + 0{\cdot}x^2 - 1{,}1\,x + 0{,}2) : (x - 0{,}5) = x^3 \\ -\,(x^4 - 0{,}5\,x^3) \\ \hline \quad 2{,}8\,x^3 + 0{\cdot}x^2 \end{array}$$

und multipliziert $(x - 0{,}5)$ mit x^3.

Das Produkt schreibt man unter das Polynom, subtrahiert es von diesem und holt die nächste „Stelle“ (hier das Glied mit x^2) herunter.

Nun prüft man, wie oft x in $2{,}8\,x^3$ enthalten ist. Dies ist $2{,}8\,x^2$ - mal der Fall. Man schreibt

$$\begin{array}{l} (x^4 + 2{,}3\,x^3 + 0{\cdot}x^2 - 1{,}1\,x + 0{,}2) : (x - 0{,}5) = x^3 + 2{,}8\,x^2 \\ -\,(x^4 - 0{,}5\,x^3) \\ \hline \quad 2{,}8\,x^3 + 0{\cdot}x^2 \\ \quad -(2{,}8\,x^3 - 1{,}4\,x^2) \\ \hline \qquad 1{,}4\,x^2 - 1{,}1\,x \end{array}$$

und multipliziert $(x - 0{,}5)$ mit $2{,}8\,x^2$.

Das Produkt schreibt man unter das Teilpolynom und subtrahiert es von diesem.

Dann holt man die nächste „Stelle“ herunter, das ist das Glied mit x .

Nun prüft man, wie oft x in $1{,}4\,x^2$ enthalten ist. Dies ist $1{,}4\,x$ - mal der Fall. Man schreibt

$$\begin{array}{l} (x^4 + 2{,}3\,x^3 + 0{\cdot}x^2 - 1{,}1\,x + 0{,}2) : (x - 0{,}5) = x^3 + 2{,}8\,x^2 + 1{,}4\,x \\ -\,(x^4 - 0{,}5\,x^3) \\ \hline \quad 2{,}8\,x^3 + 0{\cdot}x^2 \\ \quad -(2{,}8\,x^3 - 1{,}4\,x^2) \\ \hline \qquad 1{,}4\,x^2 - 1{,}1\,x \\ \qquad -(1{,}4\,x^2 - 0{,}7\,x) \\ \hline \qquad\quad -0{,}4\,x + 0{,}2 \end{array}$$

und multipliziert $(x - 0{,}5)$ mit $1{,}4\,x$.

Das Produkt schreibt man unter das Teilpolynom und subtrahiert es von diesem.

Dann holt man die nächste „Stelle“ herunter, das ist das absolute Glied 0,2 .

Nun berechnet man $-0{,}4\,x : x = -0{,}4$ und schreibt

$$(x^4 + 2{,}3\,x^3 - 1{,}1\,x + 0{,}2) : (x - 0{,}5) = x^3 + 2{,}8\,x^2 + 1{,}4\,x - 0{,}4$$

$-(x^4 - 0{,}5\,x^3)$ und multipliziert $(x - 0{,}5)$ mit $-0{,}4$.

$2{,}8\,x^3 + 0 \cdot x^2$

$-(2{,}8\,x^3 - 1{,}4\,x^2)$

Das Produkt schreibt man unter das Teilpolynom und subtrahiert es von diesem.

$1{,}4\,x^2 - 1{,}1\,x$

$-(1{,}4\,x^2 - 0{,}7\,x)$

Die Division „geht auf".

$-0{,}4\,x + 0{,}2$

$-(-0{,}4\,x + 0{,}2)$

0

$(x - 0{,}5)$ ist ein Teiler des Polynoms 4. Grades.

Das Ergebnispolynom ist $x^3 + 2{,}8\,x^2 + 1{,}4\,x - 0{,}4$

Es ist also $x^4 + 2{,}3\,x^3 - 1{,}1\,x + 0{,}2 = (x^3 + 2{,}8\,x^2 + 1{,}4\,x - 0{,}4) \cdot (x - 0{,}5)$

Hat auch das Polynom mit dem um 1 kleineren Grad eine Nullstelle x_2, so kann wieder ein Linearfaktor $(x - x_2)$ abgespalten werden. So kann man fortfahren, solange das jeweils entstehende Polynom eine Nullstelle besitzt. Da das entstehende Polynom stets einen um 1 niedrigeren Grad hat, kann auf diese Weise ein Produkt von höchstens n Faktoren entstehen, wenn das ursprüngliche Polynom vom Grad n war. Das bedeutet: Ein Polynom n-ten Grades besitzt höchstens n Nullstellen.

Das Beispielpolynom 4. Grades $x^4 + 2{,}3\,x^3 - 1{,}1\,x + 0{,}2$ besitzt auch die Nullstelle -1, wie man am Graphen erkennt. Es muß sich daher durch den Linearfaktor $(x + 1)$ teilen lassen. Bitte führen Sie diese Division aus: $(x^4 + 2{,}3\,x^3 - 1{,}1\,x + 0{,}2) : (x + 1)$ → (7)

Mit Hilfe der Polynomdivision läßt sich bei einer Gleichung 3. Grades, von der man eine Nullstelle kennt, entscheiden, ob sie mehr als diese Nullstelle besitzt. Zum Beispiel:
Eine ganzzahlige Lösung der Gleichung $x^3 + 5\,x^2 + 11\,x + 15 = 0$ ist $x_0 = -3$. Dies läßt sich durch Einsetzen nachprüfen:
$(-3)^3 + 5\,(-3)^2 + 11\,(-3) + 15 = -27 + 45 - 33 + 15 = 0$ Also: $x_0 = -3$ ist eine Lösung.

Nun kann man die Polynomdivision ausführen:

$$(x^3 + 5\,x^2 + 11\,x + 15) : (x + 3) = x^2 + 2\,x + 5$$

$-(x^3 + 3x^2)$

$2\,x^2 + 11\,x$

$-(2\,x^2 + 6\,x)$

$5\,x + 15$

$-(5\,x + 15)$

0

Das Polynom $x^2 + 2\,x + 5$ läßt sich nicht weiter zerlegen, weil beim Anwenden der Lösungsformel $x_{1/2} = -1 \pm \sqrt{1 - 5}$ wird, das heißt, eine negative Zahl unter der Wurzel steht.

$x_0 = -3$ ist die einzige Lösung der obigen Gleichung.

Die Gleichung $x^4 + 4\,x^3 - 34\,x^2 - 76\,x + 105 = 0$ hat die Lösungen $x_1 = 1$ und $x_2 = -3$.
Bestimmen Sie durch Polynomdivision die weiteren Lösungen. → (5)

Lösungsformel ?

Beachten Sie: Bei der Bestimmung von Nullstellen von Polynomen ist es erforderlich, durch Substitution, durch Ausklammern einer Potenz von x oder durch das Verfahren der

Polynomdivision letzlich zu einem quadratischen Polynom zu kommen. Für die Lösung einer quadratischen Gleichung steht eine Formel zur Verfügung. Allerdings ist - wie Sie aus „Funktionen in Anwendungen", Lektion 13, wissen - nicht jede quadratische Gleichung lösbar.

Aufgaben zu 12.3

1. Rechnen Sie in die Summenform um.
   a) $0{,}1\,(x-2)(x+1)(x+5)$ b) $x^2(x+3)(x-4)$ c) $4x(x-\sqrt{2})(x+\sqrt{2})$

*2. Berechnen Sie aus der Produktdarstellung die Summendarstellung der Polynome.
   a) $0{,}2\,(x-4)(x+2)(x-5)$ b) $10\,(x-0{,}5)(x-0{,}2)(x+1)(x+2)$

3. Geben Sie ein Polynom an, das die angegebenen Nullstellen besitzt.
   a) $x_1=2$; $x_2=6$; $x_3=15$ b) $x_1=\sqrt{3}$; $x_2=-\sqrt{3}$, $x_3=-1$; $x_4=5$
   c) $x_1=0$; $x_2=1$; $x_3=-2$

4. Wie lautet die Produktform der folgenden quadratischen Polynome?
   a) x^2+2x-8 b) x^2-5x+6 c) $4x^2-16x+16$

5. Bei den folgenden Polynomen sind jeweils eine oder zwei Nullstellen angegeben. Zerlegen Sie mit Hilfe der Polynomdivision das Polynom durch Abspalten von Linearfaktoren, bis Sie ein Polynom 2. Grades erhalten. Bestimmen Sie dann die vollständige Zerlegung in Linearfaktoren durch Nullstellenbestimmung für das quadratische Polynom, falls dies möglich ist.
   a) $x^3-10x^2+31x-30$ $x_1=3$ b) $x^3-x^2-19x-5$ $x_1=5$
   c) $x^4+4x^3-34x^2-76x+105$ $x_1=1$; $x_2=-3$

*6. In der Lektion 2 des Bandes „Funktionen in Anwendungen" ist eine Gewinnfunktion für die Produktion eines Produktes durch den Term $-0{,}05x^3+0{,}25x^2+0{,}4x-0{,}6$ gegeben. Eine Nullstelle liegt bei $x_1=1$. Bestimmen Sie die Zerlegung in Linearfaktoren.

*7. Begründen Sie, warum das Polynom $x^3+3x^2+5x+10$ keine positive Nullstelle haben kann.

12.4 Anzahl der Nullstellen von Polynomen

In den Aufgaben zu 12.3, Nr. 5.c) war das Polynom 4. Grades

$$x^4+4x^3-34x^2-76x+105$$

durch wiederholte Polynomdivision in Linearfaktoren zu zerlegen. Das Ergebnis ist

$$\begin{aligned} x^4+4x^3-34x^2-76x+105 &= (x^3+5x^2-29x-105)\cdot(x-1) \\ &= (x^2+2x-35)\cdot(x+3)\cdot(x-1) \\ &= (x+7)\cdot(x-5)\cdot(x+3)\cdot(x-1) \end{aligned}$$

Aus dieser Produktdarstellung des Polynoms lassen sich die Nullstellen einfach ablesen, weil Linearfaktoren vorliegen: $x_1=1$, $x_2=-3$, $x_3=5$, $x_4=-7$. Mehr als vier Nullstellen kann es für das Polynom 4. Grades nicht geben, weil bei jeder Polynomdivision durch einen Linearfaktor ein Polynom entsteht, das einen um 1 niedrigeren Grad hat als das Ausgangspolynom. Nach drei Polynomdivisionen muß bei einem Polynom 4. Grades ein Produkt von vier Linearfaktoren entstanden sein. Daraus folgt:

Ein Polynom 4. Grades besitzt höchstens vier Nullstellen.

Entsprechendes gilt natürlich für ein Polynom 3. Grades:

Ein Polynom 3. Grades besitzt höchstens drei Nullstellen.

Folglich gilt, was im vorhergehenden Abschnitt bereits angesprochen war:

Ein Polynom n-ten Grades hat höchstens n Nullstellen.

Wie Sie am Beispiel des Polynoms 3. Grades $x^3 + 5x^2 + 11x + 15$ im letzten Abschnitt gesehen haben, muß aber ein Polynom 3. Grades nicht drei Nullstellen besitzen. Dieses hat tatsächlich nur eine Nullstelle $x_0 = -3$. Auch ein Polynom 4. Grades muß nicht vier Nullstellen haben; es können durchaus weniger sein. Hat jedes Polynom wenigstens eine Nullstelle? Diese Frage können Sie für eine Art von Polynomen bejahen. Von den ganz-rationalen Funktionen ungeraden Grades, also zum Beispiel 3. Grades, 5. Grades, 7. Grades, ist Ihnen bekannt, daß ihre Graphen entweder von links unten kommen und nach rechts oben gehen oder von links oben kommen und nach rechts unten gehen. Diese Graphen müssen also die x-Achse schneiden: Die Funktionen müssen eine Nullstelle haben. Es gilt demnach

Ein Polynom ungeraden Grades hat mindestens eine Nullstelle.

Die Graphen der ganz-rationalen Funktionen geraden Grades, also zum Beispiel 2. Grades, 4. Grades, 6. Grades, 8. Grades, verlaufen entweder von links oben nach rechts oben oder von links unten nach rechts unten. Sie müssen daher die x-Achse nicht schneiden. Folglich gilt

Ein Polynom geraden Grades kann auch gar keine Nullstelle haben.

Aus diesen Sätzen könnte man folgende Vermutung ableiten: Wenn ein Polynom geraden Grades eine Nullstelle besitzt, dann muß es auch eine zweite Nullstelle haben. Denn das Polynom geraden Grades mit einer Nullstelle läßt sich als Produkt eines Linearfaktors mit einem Polynom ungeraden Grades schreiben (nämlich vom Grade $n-1$, wenn das ursprüngliche Polynom vom Grade n ist). Und ein Polynom ungeraden Grades hat stets eine Nullstelle.

So müßte ein Polynom 4. Grades, zum Beispiel

$$x^4 - 3x^3 + x^2 + 4\ ,$$

das die Nullstelle $x_1 = 2$ hat, noch eine zweite Nullstelle haben. Wenn Sie sich den Graphen, der zu diesem Polynom gehört, anschauen, sehen Sie, daß nur eine einzige Nullstelle vorliegt. Spaltet man einen Linearfaktor ab, so entsteht $(x-2)(x^3 - x^2 - x - 2)$.

Das Polynom dritten Grades hat eine Nullstelle, nämlich $x_2 = 2$ und es gilt

$$x^4 - 3x^3 + x^2 + 4 = (x-2)(x-2)(x^2 + x + 1)$$

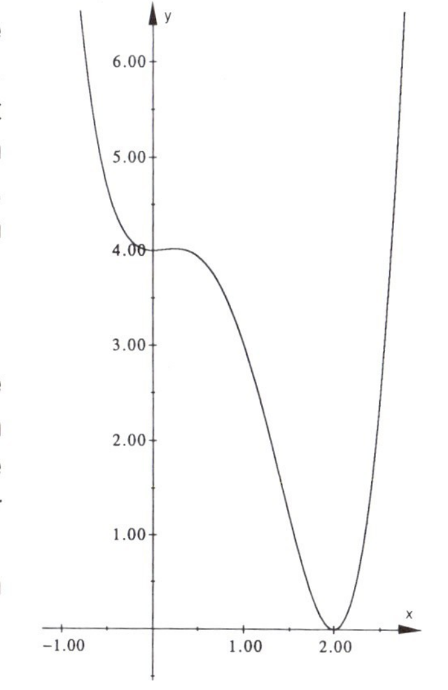

Damit haben Sie des Rätsels Lösung: Das Polynom 4. Grades hat tatsächlich nur eine Nullstelle, das Polynom dritten Grades hat dieselbe Nullstelle. Für das Polynom 4. Grades sagt man: $x_1 = 2$ ist eine **doppelt zählende Nullstelle**. Allgemein spricht man von mehrfach zählenden Nullstellen. Es kann ja bei der Produktzerlegung eines Polynoms ein Linearfaktor mehrfach auftreten.

Tritt bei der Produktzerlegung eines Polynoms $p(x)$ der Linearfaktor $(x - x_0)$ k-mal auf, so heißt x_0 **k-fache Nullstelle** des Polynoms.

12

Beispielsweise ist bei dem Polynom $2x^5 - 10x^4 + 12x^3$, bei dem man x^3 ausklammern kann und $2x^3(x^2 - 5x + 6)$ erhält, $x_0 = 0$ 3-fache Nullstelle.
$x_0 = 1$ ist eine vierfache Nullstelle des Polynoms

$$(x-1)(x-1)(x-1)(x-1) = x^4 - 4x^3 + 6x^2 - 4x + 1.$$

Geben Sie ein möglichst einfaches Polynom an, daß $x_0 = -1$ als dreifache Nullstelle hat. → (4)

Eine Nullstelle, in der der Graph der Funktion die x-Achse schneidet, kann man durch zwei x-Werte mit einem negativen und einem positiven Funktionswert eingrenzen.
Eine Nullstelle von der Art, wie sie in der Zeichnung auf der vorhergehenden Seite dargestellt ist, läßt sich nicht durch zwei x-Werte mit einem negativen und einem positiven Funktionswert eingrenzen, denn hier sind die Funktionswerte links und rechts der Nullstelle positiv. Man unterscheidet **Nullstellen mit und ohne Vorzeichenwechsel**. Bei den ganz-rationalen Funktionen sind die 2-fachen, 4-fachen, 6-fachen usw. Nullstellen solche ohne Vorzeichenwechsel.

Daß ein Polynom 4. Grades keine, eine, zwei, drei oder vier Nullstellen hat, können Sie sich an der folgenden Funktion nochmals klar machen:

$$y = 0{,}3x^4 - 0{,}8x^3 - 3x^2 + 7{,}2x.$$

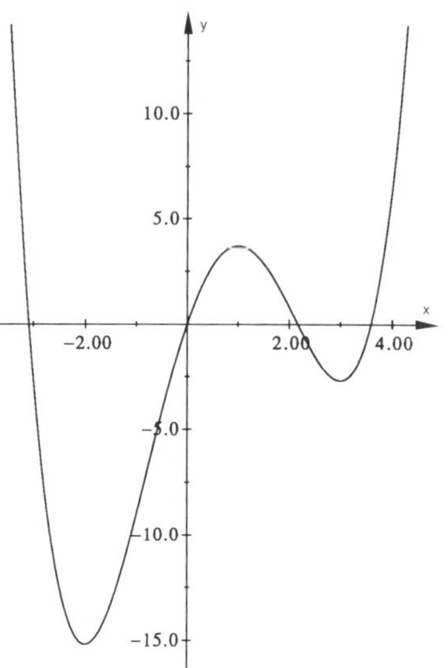

Ihr Graph zeigt, daß vier Nullstellen vorliegen. An jeder der vier Nullstellen findet ein Vorzeichenwechsel statt, das heißt, der Graph verläuft an der Nullstelle vom positiven y-Bereich in den negativen oder umgekehrt, vom negativen y-Bereich in den positiven.
Von den Graphen der linearen und der quadratischen Funktionen sowie den Hyperbeln wissen Sie, daß die Addition einer Zahl zum Funktionsterm eine Verschiebung des Graphen in y-Richtung bedeutet (vgl. Band „Funktionen in Anwendungen", z.B. Abschnitte 10.4 und 11.2).
Addiert man zum Funktionsterm einer ganz-rationalen Funktion eine Zahl, so verschiebt sich auch hier der Graph der Funktion. Die folgenden Bilder zeigen dies. Achten Sie bitte jeweils auf die Anzahl und die Art der Nullstellen.

Verschiebung um 2,7

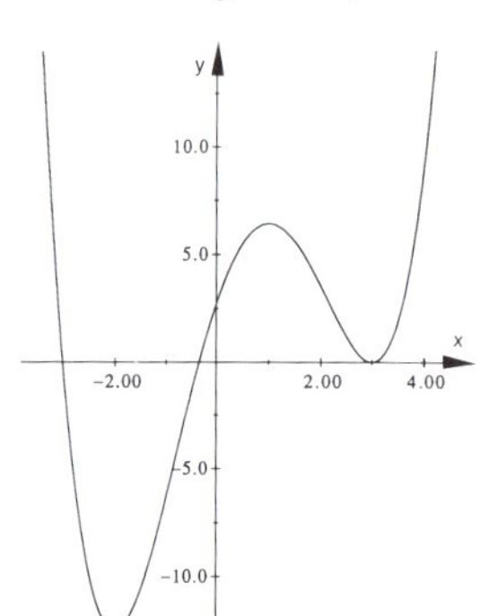

drei Nullstellen,
zwei einfache, eine doppelte,
zwei mit Vorzeichenwechsel,

Verschiebung um 5

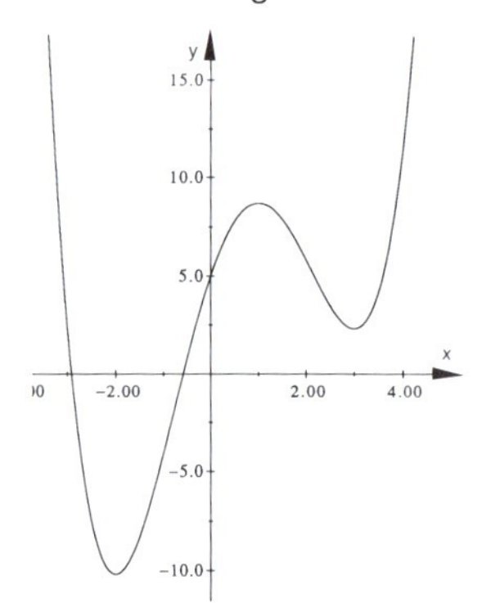

zwei Nullstellen,
beides einfache, beide
mit Vorzeichenwechsel

Verschiebung um 15,2

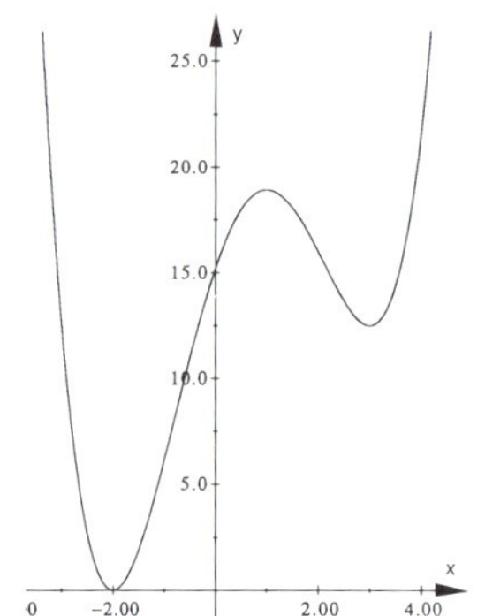

eine Nullstelle,
doppelt zählend, ohne
Vorzeichenwechsel

Die Funktionsgleichungen zu den auf der vorhergehenden Seite dargestellten Graphen sind:

$$y = 0{,}3\,x^4 - 0{,}8\,x^3 - 3\,x^2 + 7{,}2\,x + 2{,}7$$
$$y = 0{,}3\,x^4 - 0{,}8\,x^3 - 3\,x^2 + 7{,}2\,x + 5$$
$$y = 0{,}3\,x^4 - 0{,}8\,x^3 - 3\,x^2 + 7{,}2\,x + 15{,}2$$

Verschiebung um 20

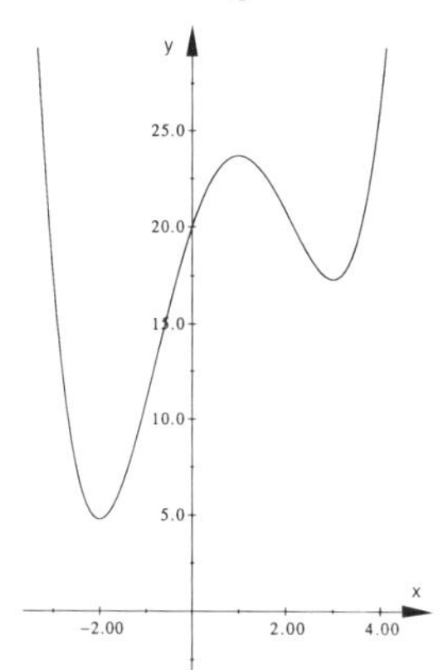

keine Nullstellen

Verschiebung um − 3,7

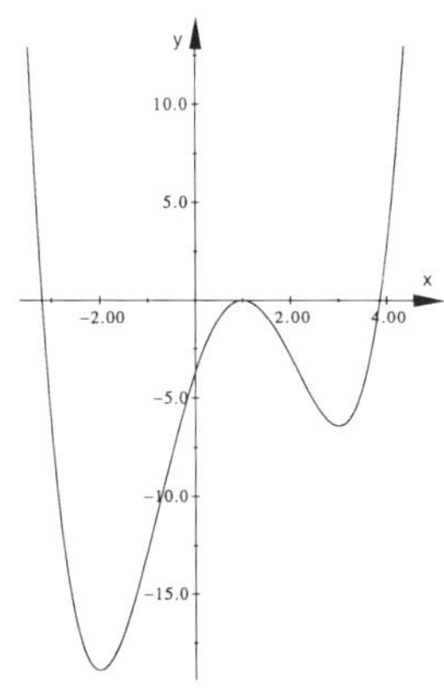

drei Nullstellen, zwei einfache, eine doppelte, zwei mit Vorzeichenwechsel, eine ohne Vorzeichenwechsel

Verschiebung um − 5

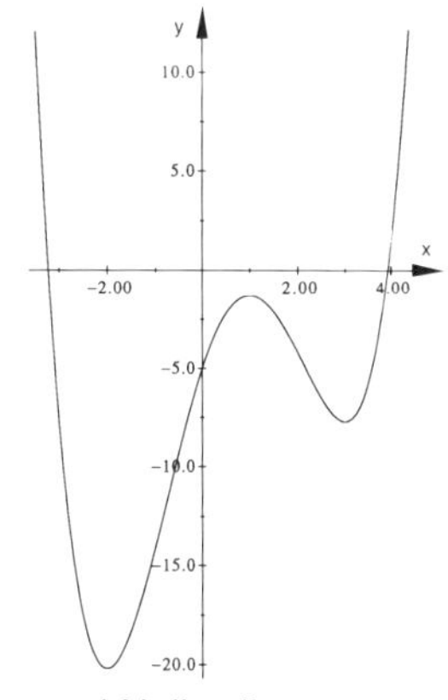

zwei Nullstellen, beides einfache, beide mit Vorzeichenwechsel

Die Funktionsgleichungen sind

$$y = 0{,}3\,x^4 - 0{,}8\,x^3 - 3\,x^2 + 7{,}2\,x + 20$$
$$y = 0{,}3\,x^4 - 0{,}8\,x^3 - 3\,x^2 + 7{,}2\,x - 3{,}7$$
$$y = 0{,}3\,x^4 - 0{,}8\,x^3 - 3\,x^2 + 7{,}2\,x - 5$$

Aufgaben zu 12.4

1. Geben Sie die Vielfachheit der Nullstellen der folgenden Polynome an.
   a) x^5 b) $x^4 - 4\,x^2 + 4$ c) $(x-3)^3\,(x^2 + 8\,x + 16)$
2. Geben Sie eine ganz-rationale Funktion 5. Grades an, die eine a) dreifache b) vierfache c) fünffache Nullstelle hat.
3. Unter welcher Bedingung hat eine quadratische Funktion eine doppelt-zählende Nullstelle?

12.5 Kurvendiskussion

Mit den Kenntnissen, die Sie in den Lektionen 11 und 12 erworben haben, können Sie jetzt untersuchen, welchen Verlauf der Graph einer vorgegebenen Funktion hat. Der Graph hat die Gestalt einer Kurve, deshalb spricht man von einer **Kurvendiskussion**. Eine solche Kurvendiskussion umfaßt die folgenden Punkte:

12

1. Definitionsmenge der Funktion
2. Symmetrieeigenschaften
3. Verhalten des Graphen für $x \to +\infty$ bzw. $x \to -\infty$
4. Schnitt mit der y-Achse
5. Nullstellen
6. Wertetabelle
7. Zeichnung des Graphen nach den gefundenen besonderen Punkten und der Wertetabelle
8. Lage der Hoch- und Tiefpunkte

Diese Kurvendiskussion wird an zwei Beispielen durchgeführt.

I. Beispiel: Funktion $y = x^3 + 6x^2 + 9x$

1. Der Definitionsbereich der Funktion ist die gesamte Menge der reellen Zahlen IR, da für jede reelle Zahl x ein Funktionswert y bestimmt werden kann.

2. Der Funktionsterm enthält die Potenzen x^3, x^2 und x, also gerade und ungerade Potenzen von x. Es liegt daher weder Achsensymmetrie zur y-Achse noch Punktsymmetrie zum Nullpunkt vor.

3. Für $x \to +\infty$ geht der Funktionswert $y \to +\infty$, da das Vorzeichen von x^3, der höchsten Potenzfunktion, positiv ist. Für $x \to -\infty$ geht der Funktionswert $y \to -\infty$, wiederum weil das Vorzeichen von x^3, der höchsten Potenzfunktion, positiv ist.
Die Kurve hat die charakteristische S-Form von Funktionsgraphen 3. Grades von links unten nach rechts oben.

4. Der Schnitt mit der y-Achse ist im Nullpunkt, da der Funktionsterm kein absolutes Glied (Glied ohne x) hat, das heißt, da das absolute Glied Null ist.

5. Die Nullstellen bestimmt man aus der Gleichung $x^3 + 6x^2 + 9x = 0$, indem man aus dem Funktionsterm x ausklammert: $x(x^2 + 6x + 9) = 0$
Das Produkt kann nur Null sein, wenn $x = 0$ oder $x^2 + 6x + 9 = 0$, also mindestens ein Faktor Null ist: Eine Nullstelle ist $x_1 = 0$,
die anderen ergeben sich aus
$$x_{2/3} = \frac{-b \pm \sqrt{b^2 - 4 \cdot a \cdot c}}{2 \cdot a}$$
$$x_{2/3} = \frac{-6 \pm \sqrt{6^2 - 4 \cdot 1 \cdot 9}}{2 \cdot 1}$$
$$x_{2/3} = \frac{-6 \pm \sqrt{36 - 36}}{2}$$
$$x_{2/3} = \frac{-6 \pm \sqrt{0}}{2}$$
$$x_{2/3} = -3$$
Es gibt demnach eine einfache Nullstelle mit Vorzeichenwechsel und eine zweifache Nullstelle ohne Vorzeichenwechsel.

6. Wertetabelle

x	−4	−3	−2	−1	0	1	2
y	−4	0	−2	−4	0	16	50

7. Die Zeichnung des Graphen kann zunächst nach den unter 1. bis 5. ermittelten Werten als Skizze erfolgen. Mit Hilfe der Wertetabelle kann man einen genaueren Graphen zeichnen wie in der Abbildung rechts.

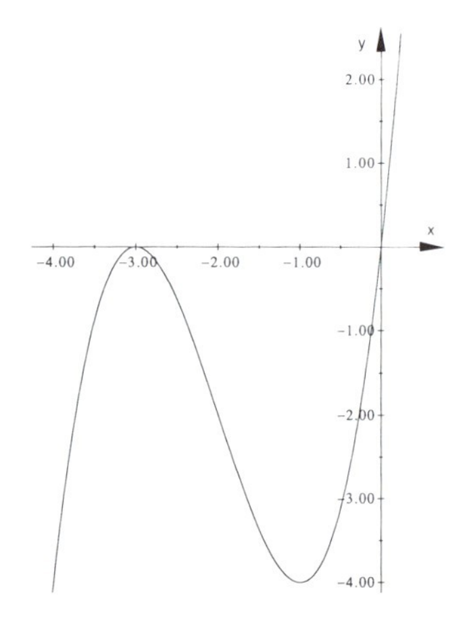

8. Es gibt einen Hochpunkt bei $x = -3$ und einen Tiefpunkt, der zwischen $x = -3$ und $x = 0$ liegen muß. (Der genaue Wert ist $x = -1$. Eine einfache Methode zur Bestimmung von Hoch- und Tiefpunkten werden Sie mit Hilfe der Differentialrechnung kennenlernen.)

II. Beispiel: Funktion $y = -x^4 + 5x^2 - 4$

1. Der Definitionsbereich der Funktion ist die gesamte Menge der reellen Zahlen IR, da für jede reelle Zahl x ein Funktionswert y bestimmt werden kann.

2. Der Funktionsterm enthält nur die Potenzen x^4, x^2 und x^0, also nur gerade Potenzen von x. Es liegt daher Achsensymmetrie zur y-Achse vor.

3. Für $x \to +\infty$ geht der Funktionswert $y \to -\infty$, da das Vorzeichen von x^4, der höchsten Potenzfunktion, negativ ist. Auch für $x \to -\infty$ geht der Funktionswert $y \to -\infty$.
Die Kurve hat die charakteristische W-Form von Funktionsgraphen 4. Grades, sie kommt von links unten und geht nach rechts unten.

4. Der Schnitt mit der y-Achse ist bei $y = -4$, da der Funktionsterm das absolute Glied (Glied ohne x) -4 hat.

5. Die Nullstellen bestimmt man aus der Gleichung $-x^4 + 5x^2 - 4 = 0$, indem man die Gleichung mit -1 multipliziert $x^4 - 5x^2 + 4 = 0$
und die Substitution $x^2 = z$ durchführt $z^2 - 5z + 4 = 0$.

Mit der Formel
$$z_{1/2} = \frac{-b \pm \sqrt{b^2 - 4 \cdot a \cdot c}}{2 \cdot a}$$
ergibt sich
$$z_{1/2} = \frac{-(-5) \pm \sqrt{(-5)^2 - 4 \cdot 1 \cdot 4}}{2 \cdot 1}$$
$$z_{1/2} = \frac{5 \pm \sqrt{25 - 16}}{2}$$
$$z_{1/2} = \frac{5 \pm \sqrt{9}}{2}$$
$$z_{1/2} = \frac{5 \pm 3}{2}$$
$$z_1 = 4 \qquad z_2 = 1$$
Die Lösung der Gleichungen $x^2 = 4$ bzw. $x^2 = 1$
liefert die Nullstellen $x_1 = 2$ $x_2 = -2$ $x_3 = 1$ $x_4 = -1$
Es gibt demnach vier einfache Nullstellen mit Vorzeichenwechsel.

6. Wertetabelle

x	− 3	− 2	− 1	0	1	2	3
y	− 40	0	0	− 4	0	0	− 40

7. Die Zeichnung des Graphen kann mit den unter 1. bis 5. ermittelten Werten als Skizze erfolgen. Mit Hilfe der Wertetabelle kann man einen genaueren Graphen zeichnen wie in der Abbildung hier rechts.

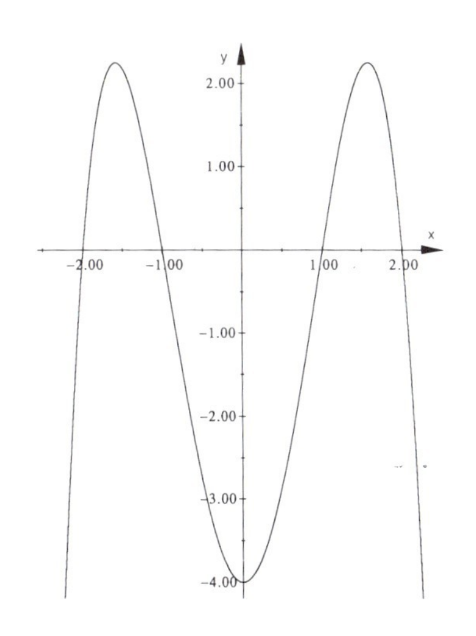

8. Es gibt zwei Hochpunkte und einen Tiefpunkt, der Tiefpunkt liegt wegen der Achsensymmetrie bei $x = 0$. Die Hochpunkte müssen zwischen $x = -2$ und $x = -1$ bzw. zwischen $x = 1$ und $x = 2$ liegen.
Die genauen Werte für die Hochpunkte sind $x_{H_1} = \frac{1}{2}\sqrt{10}$ und $x_{H_2} = -\frac{1}{2}\sqrt{10}$. Die Berechnung dieser Werte werden Sie mit Hilfe der Differentialrechnung lernen.

12

Aufgaben zu 12.5

Führen Sie eine Kurvendiskussion für die Graphen der folgenden Funktionen durch.

1. a) $y = x^2 - 5x - 6$ b) $y = x^4 - x^2$ c) $y = 3x^3 - 27x$

2. $y = -x^4 + 2x^3 + x^2 - 2x$ Eine Nullstelle liegt bei $x = 1$.

Wiederholungsaufgaben

1. Berechnen Sie die Summendarstellung der Polynome.
   a) $(x - 5)(x - 10)(x + 0{,}2)$ b) $0{,}1\,(x - 1)(x + \sqrt{5})(x - \sqrt{5})(x - \sqrt{3})$

2. Geben Sie je zwei verschiedene Polynome an, die die angegebenen Nullstellen besitzen.
   a) $x_1 = \sqrt{10}$; $x_2 = -\sqrt{10}$; $x_3 = 0{,}3$; b) $x_1 = -0{,}3$; $x_2 = 0{,}2$; $x_3 = 1$; $x_4 = -1$

3. Zerlegen Sie die folgenden Polynome durch Polynomdivision in ein Produkt. Eine Nullstelle ist angegeben.
   a) $x^3 - 5x^2 + 8x - 6$ $x_0 = 3$ b) $x^3 - 2x^2 - 2x - 3$ $x_0 = 3$
   c) $x^3 + x^2 + x - 14$ $x_0 = 2$ d) $x^3 - 3x^2 + 4x - 2$ $x_0 = 1$

4. Lösen Sie die folgenden Gleichungen.
   a) $x^4 + 2x^2 - 3 = 0$ b) $16x^4 - 12x^2 - 4 = 0$
   c) $x^4 + 6x^3 + 8x^2 = 0$ d) $x^5 - 6x^4 + 5x^3 = 0$

*5. Wie lautet eine kubische Gleichung (Gleichung 3. Grades) mit den Lösungen $x_1 = 1$, $x_2 = 2$ und $x_3 = \frac{1}{2}$?

6. Führen Sie für die Graphen der folgenden Funktionen eine Kurvendiskussion durch.
   a) $y = -x^4 + 13x^2 - 36$ b) $y = x^3 - 16x$

*7. Führen Sie die Kurvendiskussion durch.
   $y = 0{,}1\,x^6 - 1{,}275\,x^4 + 3{,}275\,x^2 + 0{,}9$ ($x_1 = 2$ und $x_2 = -2$ sind Nullstellen.)

*8. Geben Sie die Gleichung einer Funktion an, zu der der folgende Graph gehören könnte.

a)

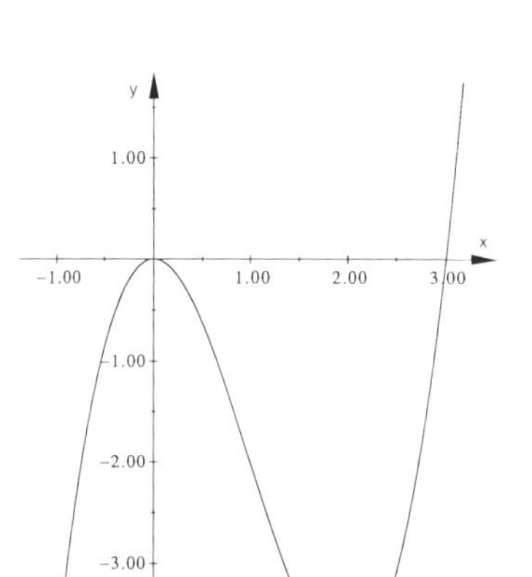

b)

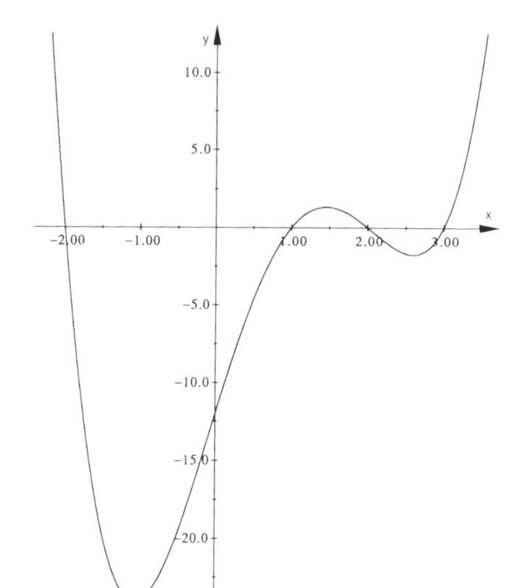

13. Anwendungen von Gleichungen und Funktionen

wiederholen

Vor der Sendung

In den zurückliegenden Lektionen haben Sie eine Reihe von Funktionen kennengelernt. Die einzelnen Funktionen wurden untersucht, ihre Eigenschaften herausgestellt und ihre Verwendungsmöglichkeiten aufgezeigt. Jetzt soll die Fragestellung umgekehrt werden, indem ein vorgegebenes Problem daraufhin betrachtet wird, mit welcher Funktion man es mathematisch lösen kann. Sie erinnern sich sicher noch an die erste Lektion im Band „Funktionen in Anwendungen“: In ihr wurden Graphen betrachtet, die bestimmte Vorgänge beschrieben haben. Diese Graphen konnten anfangs nur qualitativ interpretiert werden, da der rechnerische Weg noch nicht erarbeitet war. Mit den in den dazwischenliegenden 24 Lektionen erarbeiteten Kenntnissen lassen sich diese Vorgänge auch quantitativ untersuchen. Solche Untersuchungen führen häufig zu einer Funktion und/oder zu einem Gleichungssystem. Mit den Methoden, die Sie gelernt haben, können Sie jetzt das Problem rechnerisch angehen. Schauen Sie vor der Fernsehsendung nochmals in die Lektion 1 von „Funktionen in Anwendungen“.

Übersicht

1. Gefäße, in denen Volumina von Flüssigkeiten abgemessen werden, wie Meßbecher, Meßzylinder, Flüssigkeitstanks, müssen geeicht werden. Eine **Eichkurve** gibt den Zusammenhang zwischen zwei Größen an. Diese Eichkurve kann man empirisch ermitteln, aber auch aus den Abmessungen des Gefäßes berechnen. Für diese Berechnungen benötigt man häufig die Strahlensätze oder den Satz des Pythagoras. Schließlich bestimmt man eine **Funktion**, die die Zuordnung beschreibt. Die Eichfunktion ist die **Umkehrfunktion** der so ermittelten Funktion.

2. Eine **beschleunigte Bewegung** läßt sich durch die Beziehung $s = \frac{a}{2}t^2$ beschreiben, wobei s für den Weg, a für die Beschleunigung und t für die Zeit steht. Wird bei einem Fahrzeug die Beschleunigung abgeschaltet, so fährt es mit gleichbleibender Geschwindigkeit weiter (von Reibungsverlusten und Luftwiderstand wird dabei abgesehen). Zeichnet man die Graphen, die den Bewegungsvorgang darstellen (graphische Fahrpläne), so erhält man für die beschleunigte Bewegung ein Stück einer **quadratischen Parabel** und für die **gleichförmige Bewegung** eine **gerade Linie**. Beim Übergang von der beschleunigten zur gleichförmigen Bewegung berührt die gerade Linie die Parabel, ist also eine **Tangente** zur Parabel. Das bedeutet, daß Gerade und Parabel keine zwei Schnittpunkte miteinander haben, sondern nur einen Berührpunkt. Auf Grund dieser Überlegungen kann man den Zeitpunkt, zu dem eine beschleunigte Bewegung in eine gleichförmige übergeht, berechnen, wenn man von einem Punkt außerhalb der Parabel die Tangente an die Parabel bestimmen kann. *Die Differentialrechnung, die Sie in einem späteren Buch kennenlernen werden, ermöglicht die Bestimmung von Tangenten auf schnellere Weise. Sie werden daher die in Abschnitt 13.2 gezeigten umfangreichen Rechnungen nicht in den Prüfungen zum Telekolleg durchführen müssen.*

3. Wirtschaftskurven, die zum Beispiel die Kosten einer Produktion beschreiben, haben in der Regel eine charakteristische S-Form. Will man die Gleichung einer solchen **Kostenfunktion** bestimmen, kann man davon ausgehen, daß es sich um eine ganz-rationale **Funktion dritten Grades** handelt, da der Graph einer solchen Funktion eine S-förmige Gestalt hat. Da eine Funktion 3. Grades durch die vier Koeffizienten in der Gleichung $y = a x^3 + b x^2 + c x + d$ vollständig bestimmt ist, genügen zu ihrer Berechnung vier Wertepaare, die sie erfüllen.

13.1 Bestimmung von Eichkurven

In der Fernsehsendung zur ersten Lektion von „Funktionen in Anwendungen" haben Sie in einem Versuch gesehen, wie sich die Eichkurve für einen Meßbecher experimentell bestimmen läßt. Es handelte sich damals um einen Meßbecher, wie er auch in der Nummer 1 der Aufgaben zu 1.1 gezeichnet ist. Für dieses Beispiel finden Sie hier die Eichkurve abgebildet.

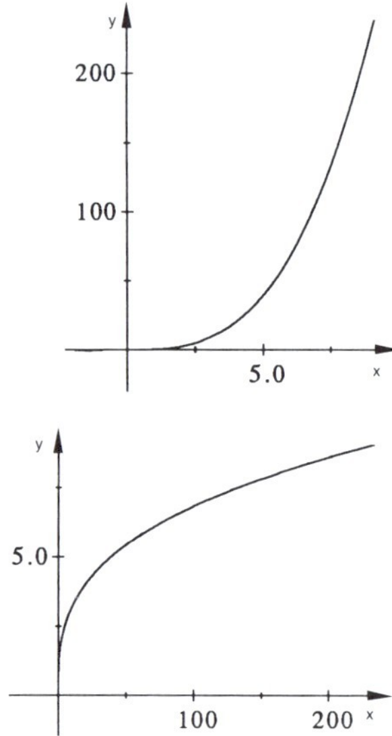

Jeder Höhe h entspricht ein bestimmtes Volumen V. Anders geschrieben: Das Volumen V ist eine Funktion der Höhe h: $V = f(h)$ bzw. jeder Höhe h wird durch die Funktion f ein bestimmtes Volumen V zugeordnet. $f\colon h \to V$. Aus dem praktischen Problem ergibt sich der Definitionsbereich dieser Funktion. Er geht von $h = 0$ bis zur größtmöglichen Höhe $h = h_0$. Die Eichkurve soll aussagen, welche Höhe h einem bestimmten Volumen V zugeordnet ist. Man sucht also eine Zuordnung $f^*\colon V \to h$ oder anders geschrieben: $h = f^*(V)$. f^* ist die Umkehrfunktion von f, falls f eine umkehrbare Funktion ist (vgl. Lektion 8, Seite 92 ff.).

Für die rechnerische Lösung geht man demnach so vor:

1. Man sucht eine **Funktion f**, die jeder Höhe h das zugehörige Volumen V zuordnet:
   $f\colon h \to V$ bzw. $V = f(h)$
2. Man legt auf Grund der tatsächlichen Gegebenheit den **Definitionsbereich** dieser Funktion fest. $D = [\,0\,;\, h_0\,]$
3. Man prüft, ob die gewonnene Funktion f auf dem Definitionsbereich D **umkehrbar** ist. (Falls nein, untersucht man, ob eine Einschränkung des Definitionsbereichs, die zu einer umkehrbaren Funktion führt, noch sinnvoll ist.)
4. Man bildet die **Umkehrfunktion f*** von f.
   $f^*\colon V \to h$ bzw. $h = f^*(V)$

Dieses Verfahren soll jetzt für die Bestimmung der Eichkurve eines keilförmigen Gefäßes verwendet werden.

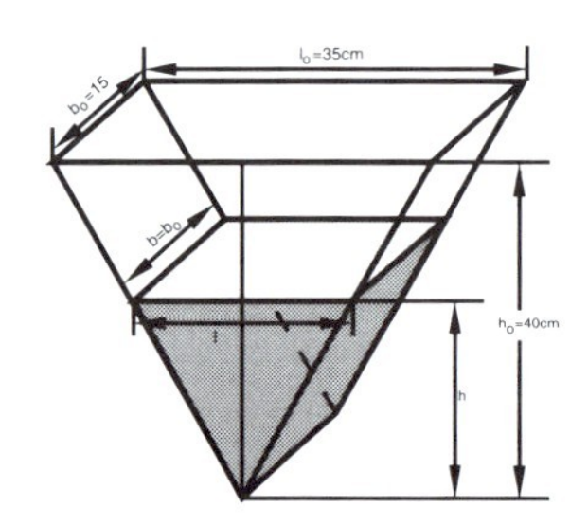

1. Die Maße sind wie in der Zeichnung angegeben $h_0 = 40$ cm, $l_0 = 35$ cm und $b_0 = 15$ cm. Wie läßt sich das Volumen berechnen, das zu einer bestimmten Füllhöhe h gehört?
   Denkt man sich das Gefäß auf die Seite gestellt, so erkennt man, daß es sich um ein **dreiseitiges Prisma** handelt, für das man in der Formelsammlung die Volumenformel $V = G \cdot h$ findet.

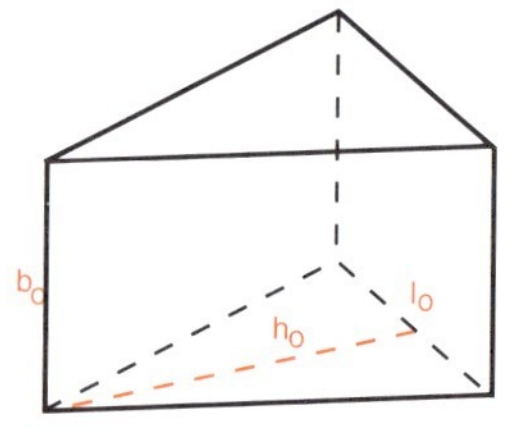

Wenn das keilförmige Gefäß vollständig gefüllt ist, gilt für das Volumen der Flüssigkeit

$$V = \frac{1}{2} \cdot l_0 \cdot h_0 \cdot b_0 = \frac{1}{2} \cdot 35 \cdot 40 \cdot 15 \text{ cm}^3 = 10\,500 \text{ cm}^3 .$$

Ist das Gefäß bis zur Höhe h gefüllt, so ist das Volumen der Flüssigkeitsmenge

$$V = \frac{1}{2} \cdot l \cdot h \cdot b .$$

In dieser Formel stehen drei Variable: l, h und b. Man möchte für die Eichkurve aber eine Abhängigkeit von der Höhe h allein haben. An der Zeichnung erkennt man sofort, daß bei einem keilförmigen Gefäß sich die Breite b mit der Höhe nicht ändert, also konstant ist, somit stets $b = b_0 = 15$ cm gilt. Es wird daher $V = \frac{1}{2} \cdot 15 \cdot l \cdot h$.

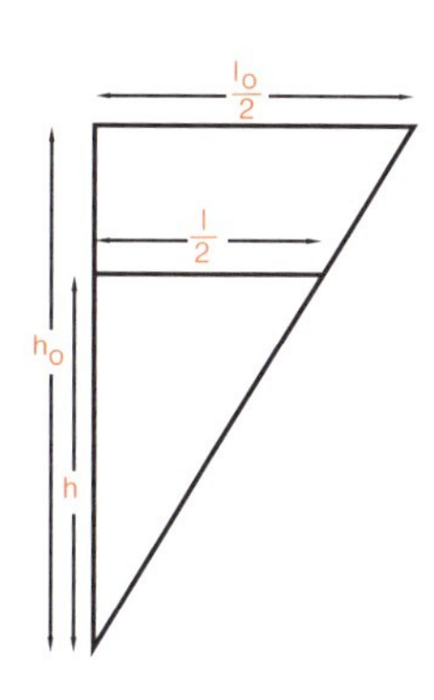

Die Länge l allerdings ändert sich mit der Höhe. Auch dies läßt sich unschwer an der Zeichnung erkennen. Läßt sich die Variable l durch die Variable h ausdrücken? Das gelingt mit Hilfe des Strahlensatzes. Aus der Teilzeichnung entnimmt man:

$$\frac{\frac{l}{2}}{\frac{35}{2}} = \frac{h}{40}$$

$$\frac{l}{35} = \frac{h}{40}$$

$$l = \frac{35}{40} \cdot h$$

$$l = \frac{7}{8} \cdot h$$

Setzt man diesen Wert in die Gleichung oben ein, so erhält man

$$V = \frac{1}{2} \cdot 15 \cdot \frac{7}{8} \cdot h \cdot h$$

$$V = \frac{105}{16} \cdot h^2$$

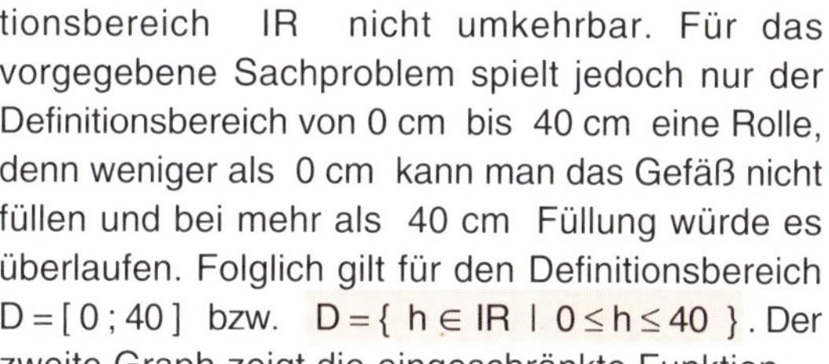

2. Man hat eine quadratische Funktion f erhalten. Eine quadratische Funktion ist auf dem Definitionsbereich IR nicht umkehrbar. Für das vorgegebene Sachproblem spielt jedoch nur der Definitionsbereich von 0 cm bis 40 cm eine Rolle, denn weniger als 0 cm kann man das Gefäß nicht füllen und bei mehr als 40 cm Füllung würde es überlaufen. Folglich gilt für den Definitionsbereich $D = [0; 40]$ bzw. $D = \{ h \in \mathbb{R} \mid 0 \leq h \leq 40 \}$. Der zweite Graph zeigt die eingeschränkte Funktion.

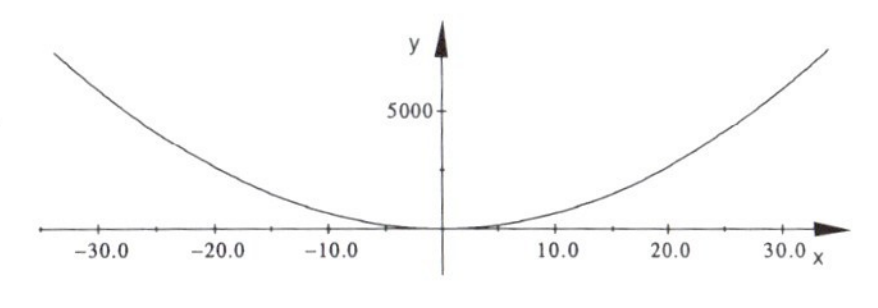

3. Wie sich an dem Graphen erkennen läßt, ist die Funktion f: $V = \frac{105}{16} \cdot h^2$ auf dem Definitionsbereich $D = [0; 40]$ umkehrbar.

4. Die Umkehrfunktion f* erhält man, indem man die Funktionsgleichung $V = \frac{105}{16} \cdot h^2$ nach h auflöst:

$$h^2 = \frac{16}{105} \cdot V$$

$$f^*: \quad h = \sqrt{\frac{16}{105} \cdot V}$$

mit dem Definitionsbereich $D^* = [0; 10\,500]$ bzw. $D^* = \{ V \in \mathbb{R} \mid 0 \leq V \leq 10\,500 \}$, denn das Volumen V muß mindestens 0 cm^3 und kann höchstens 10 500 cm^3 sein, weil bei diesem Volumen das keilförmige Gefäß vollständig gefüllt ist.

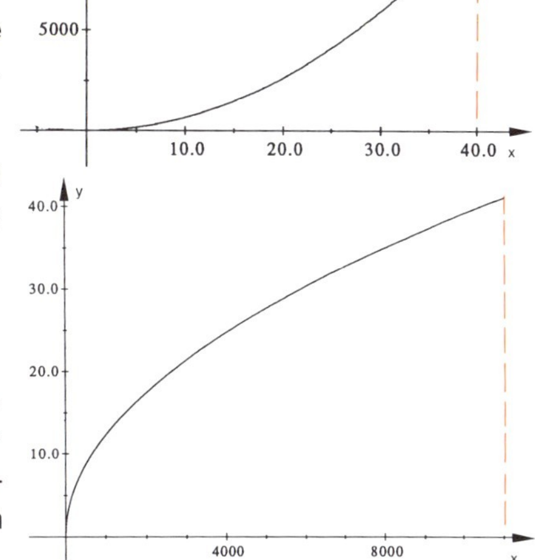

13

Ein weiteres Beispiel: Ein kugelförmiger Behälter mit dem Innenradius $r = 1$ m wird mit Flüssigkeit gefüllt. Wie verläuft die Eichkurve für diesen Behälter?

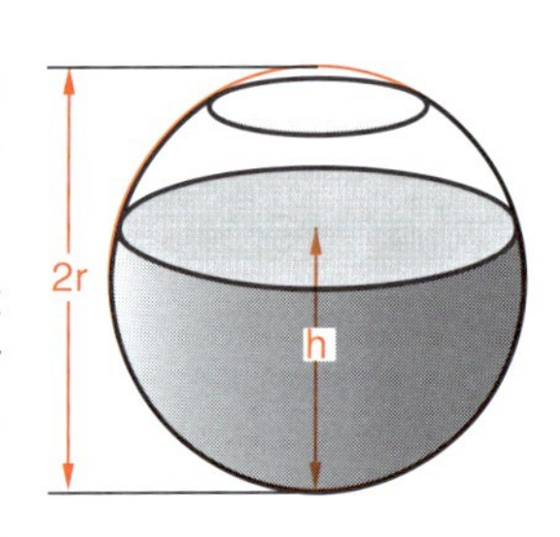

Die Lösung erfolgt in den drei Schritten wie oben. Zunächst wird das Volumen V als Funktion der Höhe h dargestellt. Für diese Funktion wird der Definitionsbereich festgelegt. Es erfolgt die Prüfung der Funktion auf Umkehrbarkeit. Schließlich wird die Umkehrfunktion bestimmt bzw. deren Graph ermittelt. Dieser Graph stellt die Eichkurve dar.

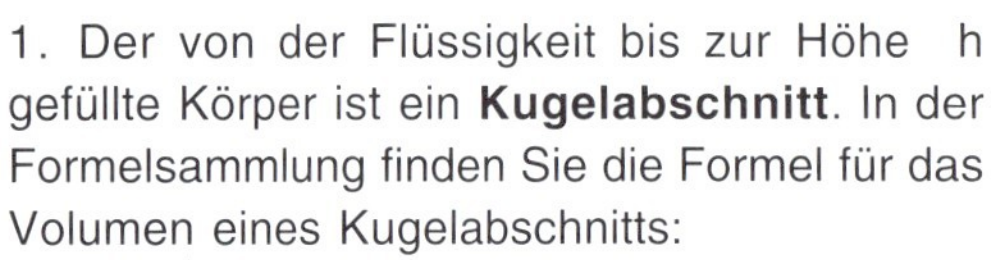

1. Der von der Flüssigkeit bis zur Höhe h gefüllte Körper ist ein **Kugelabschnitt**. In der Formelsammlung finden Sie die Formel für das Volumen eines Kugelabschnitts:

$$V = \frac{1}{3} \cdot \pi \cdot h^2 \cdot (3r - h) = \frac{\pi}{3}(3rh^2 - h^3)$$

Das Volumen wird also durch eine ganzrationale Funktion 3. Grades von der Variablen h dargestellt. Da $r = 1$ m ist, lautet die gesuchte Funktion $V = \frac{\pi}{3}(3h^2 - h^3)$. Der Graph dieser Funktion ist hier gezeichnet.

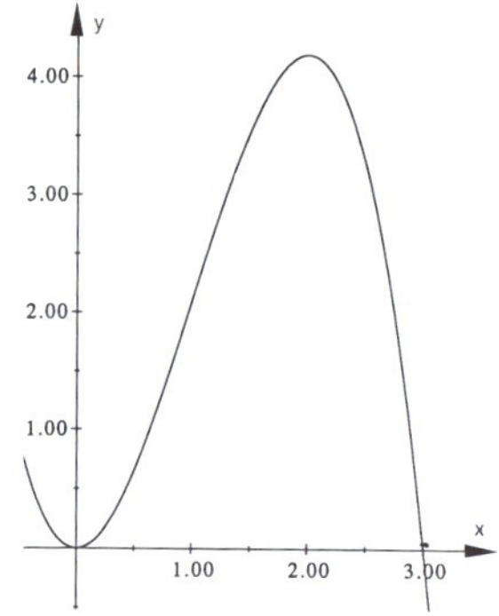

2. Am Graphen erkennen Sie, daß die Funktion auf dem Definitionsbereich IR nicht umkehrbar ist. Für den gegebenen Sachverhalt ist aber nur der Definitionsbereich $D = [0; 2]$ bzw. $D = \{ h \in \mathbb{R} \mid 0 \leq h \leq 2 \}$ von Bedeutung, da der kugelförmige Behälter nur von der Höhe 0 bis zur Höhe $h_0 = 2r = 2 \cdot 1\text{ m} = 2\text{ m}$ gefüllt werden kann.

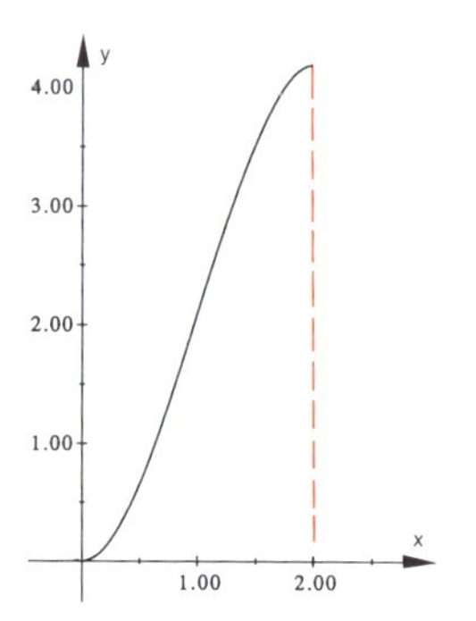

3. Auf dem Definitionsbereich $D = [0; 2]$ ist die Funktion umkehrbar.

4. Die Umkehrfunktion läßt sich nicht ohne weiteres als geschlossener Wurzelausdruck darstellen, wie dies bei der Funktion zweiten Grades möglich war. Da aber nur nach der Eichkurve gefragt ist, braucht auch nur der Graph der Umkehrfunktion gezeichnet zu werden. Er ergibt sich aus dem Graphen der ursprünglichen Funktion durch Spiegelung an der ersten Winkelhalbierenden $y = x$. Der Definitionsbereich für die Eichkurve ist $[0; \frac{4}{3}\pi]$.

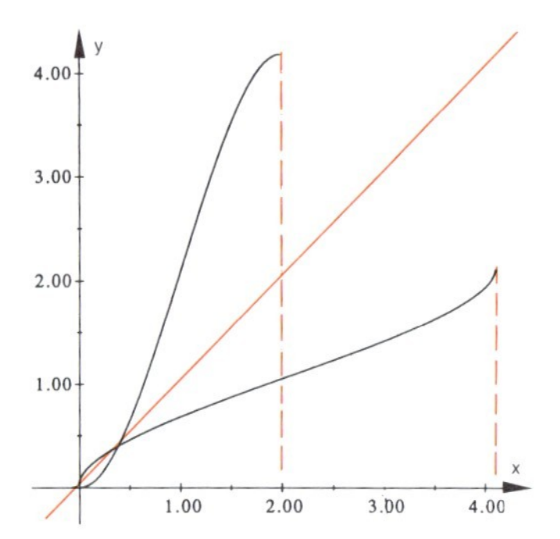

Aufgabe zu 13.1

Ein Meßbecher hat die Gestalt eines auf die Spitze gestellten, oben offenen Kegels. Seine Innenhöhe h_0 beträgt 18 cm, sein Innenradius r_0 5 cm. Bestimmen Sie die Eichkurve des Meßbechers. Die Volumenformel für den Kegel ist $V = \frac{1}{3} \cdot \pi \cdot r^2 \cdot h$. Verwenden Sie den 2. Strahlensatz.

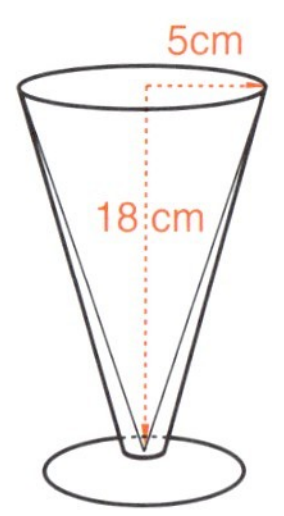

13.2 Bestimmung von Tangenten

In den ersten Fernsehsendungen zur Mathematik im Telekolleg haben Sie Fahrten von Triebwagen und die diesen entsprechenden graphischen Fahrpläne kennengelernt. Was dort hauptsächlich qualitativ und zeichnerisch dargestellt wurde, können Sie mit den Kenntnissen, die Sie in den vorhergehenden 25 Lektionen erworben haben, jetzt auch quantitativ und rechnerisch bearbeiten. Zum Beispiel die Fahrt eines Triebwagens:

Das Weg-Zeit-Diagramm für die Fahrt des Triebwagens während der Phase, in der der Triebwagen beschleunigt wird, ist der Graph der Funktion, die den Zusammenhang zwischen Weg und Zeit bei einer beschleunigten Bewegung darstellt. In der Formelsammlung finden Sie für die beschleunigte Bewegung die Formel $\mathbf{s = \frac{a}{2} \cdot t^2}$, wobei **s** den Weg, **t** die Zeit und **a** die Beschleunigung bezeichnet. Für den Sachverhalt ist der Definitionsbereich die Menge $\{ t \in \mathbb{R} \mid t \geq 0 \}$. Der Weg ist eine quadratische Funktion der Zeit, der Graph der Funktion ist eine **quadratische Parabel** im ersten Quadranten.

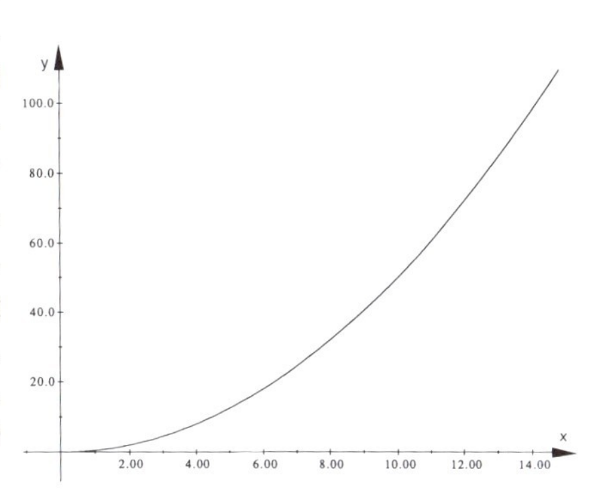

Das Weg-Zeit-Diagramm für eine gleichförmige (also nicht beschleunigte) Bewegung ist der Graph der Funktion, die den Zusammenhang zwischen Weg und Zeit bei einer gleichförmigen Bewegung beschreibt. Für diese Bewegung entnehmen Sie der Formelsammlung die entsprechende Formel $\mathbf{s = v \cdot t}$, wobei s wieder den Weg, t wieder die Zeit und v die Geschwindigkeit bezeichnet. Hier handelt es sich demnach um eine lineare Funktion, der Graph ist eine **Gerade**.

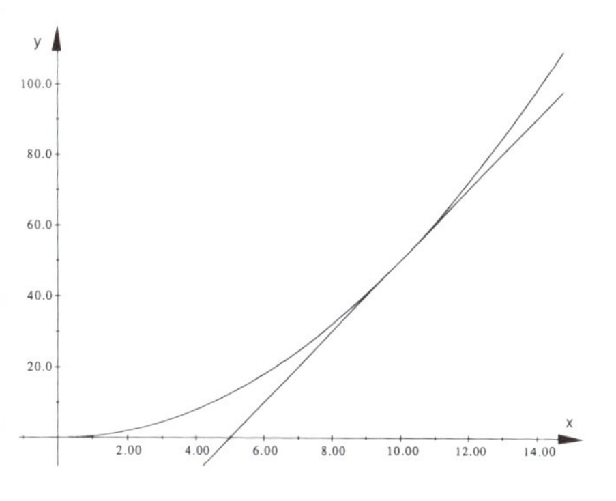

Wird bei dem Triebwagen der Antrieb, der die Beschleunigung bewirkt, abgeschaltet, so fährt der Triebwagen in einer gleichförmigen Bewegung weiter. Die Geschwindigkeit der gleichförmigen Bewegung ist diejenige, die der Triebwagen am Ende der beschleunigten Bewegung erreicht hat. Die Formel für die nach t Sekunden erreichte Geschwindigkeit v ist $\mathbf{v = a \cdot t}$. (Von eventuellen Reibungsverlusten wird abgesehen.)

Der Graph, der die Bewegung darstellt, geht von der Parabel in eine Gerade über, die **Tangente** an die Parabel in dem Punkt ist, der durch den Abschaltzeitpunkt t_0 des Antriebs bestimmt wird.

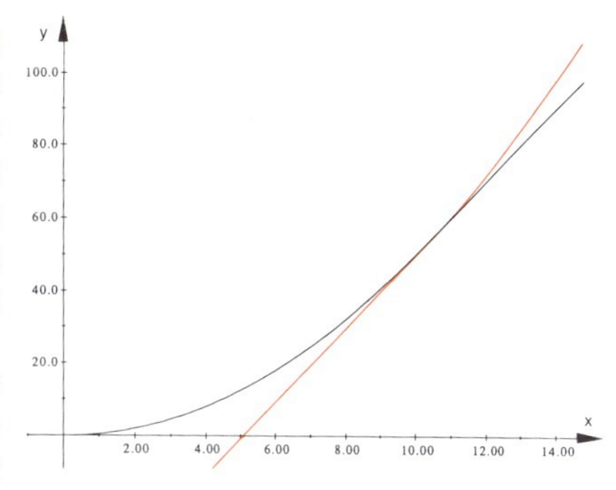

Der Graph, der die Bewegung beschreibt, ist aus zwei Stücken zusammengesetzt: aus einem Parabelbogen und einem Geradenstück. Es ist der Graph einer **abschnittweise definierten Funktion** (vgl. „Funktionen in Anwendungen“, Abschnitt 2.4).

Die abschnittweise definierte Funktion kann man so schreiben:

$$s = \begin{cases} \frac{a}{2} \cdot t^2 & \text{für } 0 \le t \le t_0 \\ v \cdot t + b & \text{für } t > t_0 \end{cases}$$

Eine ähnliche Problemstellung wie die folgende haben Sie in Lektion 6, Seite 71, bereits bearbeitet:

Ein Triebwagen der Münchner S-Bahn beschleunigt mit einer Beschleunigung von $1\,\frac{m}{s^2}$. Mit welcher (gleichbleibenden) Geschwindigkeit wird er weiterfahren, wenn der Antrieb für die Beschleunigung nach 50 *m* Fahrweg abgestellt wird? Wie lang dauerte die Beschleunigungsphase?

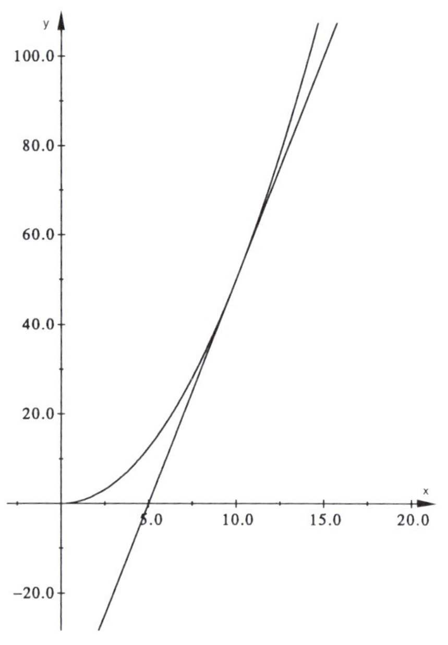

Man benötigt die beiden Formeln $s = \frac{a}{2} \cdot t^2$ und $v = a \cdot t$. Aus $s = 50\,m$ und $a = 1\,\frac{m}{s^2}$ läßt sich die Zeit der Beschleunigung berechnen.

Zur Unterscheidung von den Variablen sind die Maßeinheiten *kursiv* gedruckt.

$$50\,m = 0{,}5\,\frac{m}{s^2} \cdot t^2 \qquad | : 0{,}5\,\frac{m}{s^2}$$

$$\frac{50}{0{,}5}\,\frac{m s^2}{m} = t^2$$

$$100\,s^2 = t^2 \qquad | \text{ Wurzelziehen}$$

$$10\,s = t$$

Es wurde also 10 *s* lang beschleunigt. Die Geschwindigkeit, die durch diese Beschleunigung erreicht wurde, läßt sich aus $v = a \cdot t$ berechnen:

$$v = 1\,\frac{m}{s^2} \cdot 10\,s$$

$$v = 10\,\frac{m}{s}$$

Will man die Geschwindigkeit in der üblichen Einheit $\frac{km}{Std.}$ angeben, so muß man umrechnen:

$$10\,\frac{m}{s} = 10 \cdot \frac{\frac{1}{1000} \cdot km}{\frac{1}{3600} \cdot Std.} = 10 \cdot \frac{3600}{1000}\,\frac{km}{Std.} = 36\,\frac{km}{Std.}$$

Die Funktionsgleichung, die die Beschleunigungsphase beschreibt, ist also $s = \frac{1}{2} \cdot t^2$. Die Gleichung für die Gerade, die der gleichförmigen Bewegung vom Punkt $P(t_0 \mid s_0) = P(10 \mid 50)$ an entspricht, hat die Form $s = 10 \cdot t + b$. Die Konstante b läßt sich durch den Punkt P bestimmen, der auf der Geraden liegt. Das heißt, seine Koordinaten müssen die Geradengleichung erfüllen:

$$s = 10 \cdot t + b$$

$$50 = 10 \cdot 10 + b \quad | -100$$

$$-50 = b$$

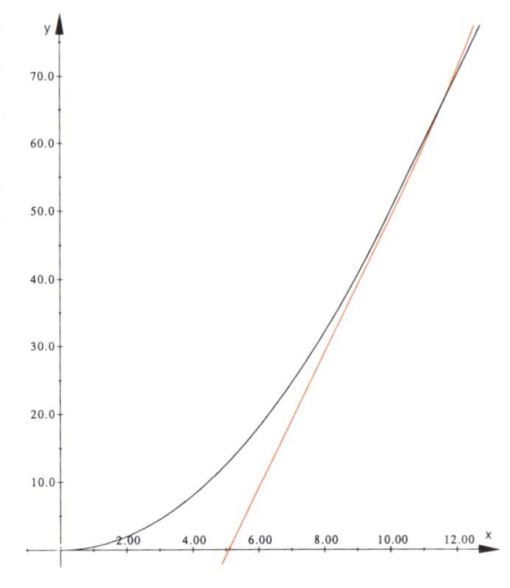

Die abschnittweise definierte Funktion ist

$$s = \begin{cases} \frac{1}{2} \cdot t^2 & \text{für } 0 \le t \le 10 \\ 10 \cdot t - 50 & \text{für } t > 10 \end{cases}$$

Ein weiteres Beispiel:
Die Münchner U-Bahn hat ein Beschleunigungsvermögen von $a = 1{,}2\,\frac{m}{s^2}$. Sie fährt mit einer Höchstgeschwindigkeit von $v = 80\,\frac{km}{Std.}$. Nach welcher Zeit hat sie die Geschwindigkeit von $80\,\frac{km}{Std.}$ erreicht? Wie sieht der Graph für diese Fahrt aus?

Die **Zeit** läßt sich aus der Formel für die Geschwindigkeit $v = a \cdot t$ bestimmen:

$$80\,\frac{km}{Std.} = 1{,}2\,\frac{m}{s^2} \cdot t$$

Wie immer beim Rechnen mit Formeln muß man darauf achten, daß die Größen in vergleichbaren Maßeinheiten eingesetzt werden.
Man kommt also zu der Gleichung

$$80\,\frac{km}{Std.} = 80 \cdot \frac{1000\,m}{3600\,s} = 1{,}2\,\frac{m}{s^2} \cdot t$$

$$\frac{800}{36}\,\frac{m}{s} = 1{,}2\,\frac{m}{s^2} \cdot t \qquad \mid : 1{,}2\,\frac{m}{s^2}$$

$$\frac{800}{36 \cdot 1{,}2}\,\frac{m \cdot s^2}{s \cdot m} = t$$

$$18{,}52\,s = t$$

In dieser Zeit hat die U-Bahn einen **Weg** von $s = \frac{a}{2} \cdot t^2$ zurückgelegt. Folglich gilt

$$s = 0{,}6 \cdot 18{,}52^2\,,$$
$$s = 205{,}76\,m\,.$$

Bis zum Punkt P (18,52 | 205,76) fährt die U-Bahn in beschleunigter Bewegung. Der Graph ist eine quadratische **Parabel**. Vom Punkt P (18,52 | 205,76) an fährt die U-Bahn mit gleichförmiger Bewegung. Von diesem Punkt an ist der Graph der Bewegung eine **Gerade**. Den Achsenabschnitt b berechnet man wieder dadurch, daß der Punkt P auf der Geraden liegen muß:

$$s = 22{,}22 \cdot t + b$$
$$205{,}76 = 22{,}22 \cdot 18{,}52 + b$$
$$b = -205{,}76$$

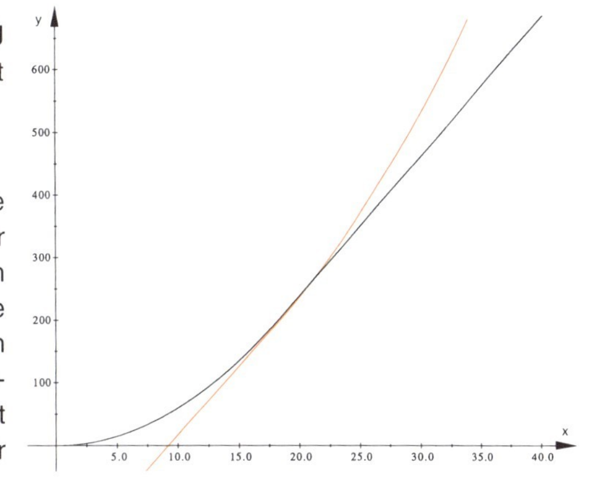

Der Graph ist hier aufgezeichnet.

$$s = \begin{cases} 0{,}6 \cdot t^2 & \text{für } 0 \le t \le 18{,}52 \\ 22{,}22 \cdot t - 205{,}76 & \text{für } t > 18{,}52 \end{cases}$$

Wie aber läßt sich folgendes Problem lösen?
Ein Zug der Münchner U-Bahn fährt an einer U-Bahn-Station an. Der Triebwagenführer beschleunigt den Zug mit $a = 1{,}2\,\frac{m}{s^2}$. Er darf die Höchstgeschwindigkeit von $80\,\frac{km}{Std.} = 22{,}2\,\frac{m}{s}$ nicht überschreiten. Er soll nach genau 100 *s* ein Signal A passieren, das 2000 *m* von der Abfahrtsstation entfernt liegt. Ist dies möglich, ohne daß die Höchstgeschwindigkeit überschritten wird? Wenn ja, wieviele Sekunden lang muß die Beschleunigung von $1{,}2\,\frac{m}{s^2}$ wirken, damit der Zug nach Abschalten des Antriebs mit konstanter Geschwindigkeit zur rechten Zeit das Signal erreicht? Wie weit ist der U-Bahn-Zug von der Abfahrtsstation weg, wenn der Antrieb abgeschaltet wird? (Verluste durch Reibung oder Luftwiderstand werden außer acht gelassen.)

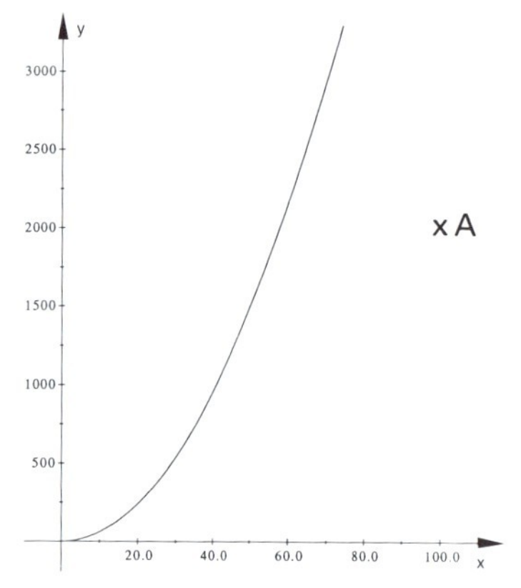

Der Graph, der die Bewegung des U-Bahn-Zuges beschreibt, ist zunächst eine quadratische Parabel. Von dem Punkt P $(t_0 \mid s_0)$ an, von dem ab die beschleunigte in eine gleichförmige Bewegung übergeht, ist der Graph eine Gerade. Der Punkt P ist jedoch nicht bekannt, sondern soll ja gerade bestimmt werden. Ein anderer Punkt auf der Geraden dagegen ist bekannt, nämlich der Punkt, der der Lage des Signals entspricht, das in 100 s erreicht werden soll: der Punkt $A(t_a \mid s_a) = A(100 \mid 2000)$. Die nebenstehende Zeichnung zeigt den Sachverhalt.

Die Funktionsgleichungen sind: für die Parabel $s = 0{,}6 \cdot t^2$ mit $t \leq 100$

für die Gerade $s = v \cdot t + b$ mit $t \leq 100$, $v \leq 22{,}2$

Da der Punkt A (100 | 2000) auf der Geraden liegt,

gilt $2000 = 100 \cdot v + b$,

also $b = 2000 - 100 \cdot v$

und damit die Geradengleichung $s = v \cdot t + 2000 - 100 \cdot v$.

Will man den gemeinsamen Punkt P $(t_0 \mid s_0)$ von Parabel und Gerade bestimmen, muß man das Gleichungssystem aus den beiden Gleichungen für Parabel und Gerade lösen.

$$\left| \begin{array}{l} s = 0{,}6 \cdot t^2 \\ s = v \cdot t + 2000 - 100 \cdot v \end{array} \right|$$

Man verwendet am einfachsten das Gleichsetzungsverfahren.

$$0{,}6 \cdot t^2 = v \cdot t + 2000 - 100 \cdot v$$

$$0{,}6 \cdot t^2 - v \cdot t + (100 \cdot v - 2000) = 0$$

Mit der Formel für die Lösung von quadratischen Gleichungen lassen sich die Lösungen angeben (vgl. Formelsammlung): $x_{1/2} = -\frac{b}{2a} \pm \sqrt{\left(\frac{b}{2a}\right)^2 - \frac{c}{a}}$

$$t_{1/2} = \frac{v}{1{,}2} \pm \sqrt{\left(\frac{v}{1{,}2}\right)^2 - \frac{100 \cdot v - 2000}{0{,}6}}$$

Damit hat man noch keinen Wert für t_0, denn in dem Lösungsterm steht noch die Variable v. Nun kann man aber die Tatsache ausnutzen, daß die Gerade mit der Funktionsgleichung $s = v \cdot t + 2000 - 100 \cdot v$ eine **Tangente** an die Parabel sein muß. Das bedeutet, es darf keine zwei Schnittpunkte von Parabel und Gerade geben, sondern nur einen Berührpunkt, eben den gesuchten Punkt P $(t_0 \mid s_0)$. Bedingung dafür ist, daß der Term unter der Wurzel Null ist. Es muß daher gelten:

$$\left(\frac{v}{1{,}2}\right)^2 - \frac{100 \cdot v - 2000}{0{,}6} = 0$$

Aus dieser Gleichung läßt sich die Größe v , das heißt die Steigung der Geraden bestimmen. (Die Steigung der Geraden entspricht der Geschwindigkeit der Bewegung, deshalb wurde sie hier mit v , und nicht wie sonst mit m bezeichnet.)

$$\frac{v^2}{1{,}2^2} - \frac{100 \cdot v - 2000}{0{,}6} = 0 \qquad | \cdot 1{,}44$$

$$v^2 - 240 \cdot v + 4800 = 0$$

Mit Hilfe der Lösungsformel ergibt sich $v = 120 \pm \sqrt{120^2 - 4800}$

$$v = 120 \pm \sqrt{1600 \cdot (9 - 3)}$$

$$v = 120 \pm 40 \cdot \sqrt{6}$$

$v_1 = 217{,}98$ $v_2 = 22{,}02$

Man erhält zwei Lösungen für die Steigung der Geraden. Das bedeutet, daß es **zwei Tangenten** vom Punkt A aus an die Parabel gibt. Dies sehen Sie auch in der nebenstehenden Zeichnung. Sie erkennen auch an der Zeichnung, daß der eine Berührpunkt weit jenseits des Signals A liegt, also keine Lösung für das Sachproblem darstellt. Dies hätte man natürlich auch schon an der Zahlenlösung feststellen können, denn es war ja die Bedingung gestellt, daß die Höchstgeschwindigkeit von $80 \frac{km}{Std.} = 22{,}2 \frac{m}{s}$ nicht überschritten werden darf (bzw. kann). Die zweite Lösung entspricht dem gestellten Problem, sie liegt knapp unter der erlaubten Höchstgeschwindigkeit.

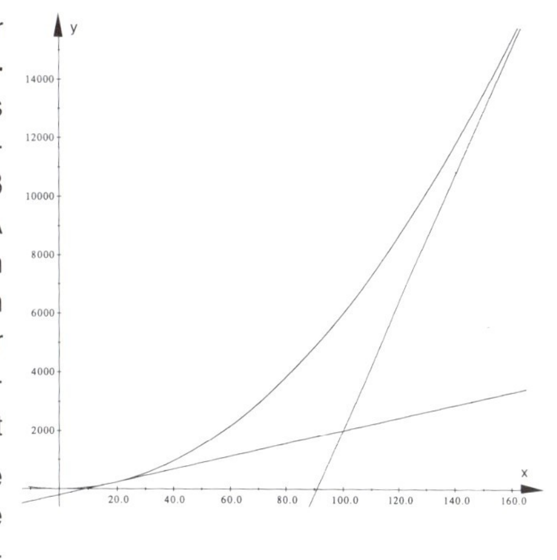

Damit ist der Punkt, von dem ab der Antrieb für die Beschleunigung abgestellt wird, jedoch noch nicht bestimmt. Man weiß nur, daß die Beschleunigung bei einer Geschwindigkeit von

$$22{,}02 \frac{m}{s} = 22{,}02 \frac{\frac{1}{1000}\,km}{\frac{1}{3600}\,Std..} = 79{,}27 \frac{km}{Std.}$$

abgeschaltet wird. Der Zeitpunkt der Abschaltung läßt sich nur aus der Formel $t_{1/2} = \frac{v}{1{,}2} \pm \sqrt{\left(\frac{v}{1{,}2}\right)^2 - \frac{100 \cdot v - 2000}{0{,}6}}$ ermitteln, indem man berücksichtigt, daß die Wurzel Null ist (so wurde ja v bestimmt), und im ersten Summanden für v den gefundenen Wert 22,02 eingesetzt.

$$t_0 = \frac{22{,}02}{1{,}2} = 18{,}35$$

s_0 ergibt sich aus der Formel $s = 0{,}6 \cdot t^2$

$$s_0 = 0{,}6 \cdot 18{,}35^2$$

$$s_0 = 202{,}03$$

Der „Abschalt"-Punkt liegt bei 18,35 *s* und 202,03 *m*. Es ist P (18,35 I 202,03).

Der Graph für die in diesem Beispiel beschriebene Bewegung ist abschnittweise definiert: Bis zum Punkt P ist er eine Parabel, danach eine Gerade. Die Gerade ist eine Tangente an die Parabel. Dies ist in der nebenstehenden Zeichnung dargestellt.

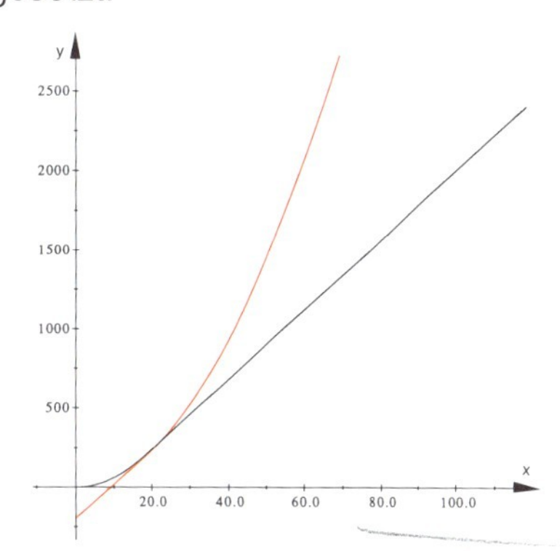

Man kann die Aufgabe, von einem Punkt $A(t_a \mid s_a)$ aus die Tangente $s = vt + b$ an die Parabel $s = \frac{a}{2}t^2$ und damit auch den Berührpunkt $P(t_0 \mid s_0)$ zu bestimmen, auch zunächst **allgemein mit Variablen** lösen und erst in die abschließend gewonnene Formel die gegebenen Werte einsetzen. Wie Sie aus der Lektion 6 wissen, muß man dabei zwischen den Lösungsvariablen (hier: t und s) und den Variablen, die für gegebene Größen stehen, (hier: a, t_a, s_a und zunächst auch v und b) unterscheiden. Man geht so vor:

Die Gleichung der Parabel ist $\left| s = \frac{a}{2}t^2 \right|$,

die Gleichung der Geraden ist $\left| s = vt + b \right|$.

Um den Schnittpunkt von Parabel und Gerade zu erhalten, löst man das System mit dem Gleichsetzungsverfahren:

$$\frac{a}{2}t^2 = vt + b \qquad | -vt - b$$

$$\frac{a}{2}t^2 - vt - b = 0 \qquad | \cdot \frac{2}{a}$$

$$t^2 - \frac{2v}{a}t - \frac{2b}{a} = 0$$

13

Man wendet die Formel zur Lösung der quadratischen Gleichung an.

$$t_{1/2} = \frac{v}{a} \pm \sqrt{\frac{v^2}{a^2} + \frac{2b}{a}} \qquad (*)$$

Da die Gerade $s = vt + b$ Tangente an die Parabel sein soll, darf es nur eine Lösung geben, die Lösung, die den Berührpunkt angibt. Das bedeutet, die Diskriminante, der Term unter der Wurzel, muß Null sein.

$$\frac{v^2}{a^2} + \frac{2b}{a} = 0 \qquad | \cdot a^2$$

$$v^2 + 2ab = 0 \qquad (**)$$

Die Variable b läßt sich durch v und die Koordinaten des gegebenen Punktes $A\,(t_a \mid s_a)$ ausdrücken, da der Punkt A auf der Geraden $s = vt + b$ liegen muß. Es gilt demnach:

$$s_a = v t_a + b \qquad | - v t_a$$

$$s_a - v t_a = b$$

Diesen Term für b setzt man in die Gleichung (**) ein.

$$v^2 + 2a(s_a - v t_a) = 0 \qquad | \text{ Ausmultiplizieren der Klammer}$$

$$v^2 - 2a t_a \cdot v + 2a s_a = 0$$

Nach der Formel für quadratische Gleichungen erhält man für v:

$$v_{1/2} = a t_a \pm \sqrt{a^2 t_a^2 - 2 a s_a}$$

Da für diese Werte von v die Wurzel in (*) Null wird, erhält man für t_0 jetzt die Werte

$$t_{0_{1/2}} = \frac{v_{1/2}}{a} \pm 0 = \frac{a t_a \pm \sqrt{a^2 t_a^2 - 2 a s_a}}{a}$$

s_0 läßt sich aus der Gleichung $s_0 = \frac{a}{2} t_0^2$ bestimmen.

$$s_{0_{1/2}} = \frac{a}{2} \left(\frac{a t_a \pm \sqrt{a^2 t_a^2 - 2 a s_a}}{a}\right)^2$$

$$s_{0_{1/2}} = \frac{a}{2} \cdot \frac{a^2 t_a^2 + a^2 t_a^2 - 2 a s_a \pm 2 a t_a \cdot \sqrt{a^2 t_a^2 - 2 a s_a}}{a^2}$$

$$s_{0_{1/2}} = \frac{a}{2} \cdot \frac{2a\,(a t_a^2 - s_a \pm t_a \cdot \sqrt{a^2 t_a^2 - 2 a s_a}\,)}{a^2}$$

$$s_{0_{1/2}} = a t_a^2 - s_a \pm t_a \cdot \sqrt{a^2 t_a^2 - 2 a s_a}$$

Durch Einsetzen der gegebenen Werte $a = 1{,}2$; $t_a = 100$ und $s_a = 2000$ in die gewonnenen Formeln kann man nun die gesuchten Größen v, t_o und s_o berechnen. Praktisch wird man natürlich so vorgehen, daß man zunächst v bestimmt:

$$\begin{aligned} v_{1/2} = a t_a \pm \sqrt{a^2 t_a^2 - 2 a s_a} &= 1{,}2 \cdot 100 \pm \sqrt{1{,}2^2 \cdot 100^2 - 2 \cdot 1{,}2 \cdot 2000} \\ &= 120 \pm \sqrt{14400 - 4800} \\ &= 120 \pm \sqrt{1600 \cdot (9 - 3)} \\ &= 120 \pm 40\sqrt{6} \\ v_1 &= 217{,}98 \\ v_2 &= 22{,}02 \end{aligned}$$

Dann ermittelt man aus dem Wert von v den Wert von t_0:

$$t_{0_{1/2}} = \frac{v_{1/2}}{a} = \frac{120 \pm 40\sqrt{6}}{1{,}2} \qquad t_{0_1} = \frac{217{,}98}{1{,}2} = 181{,}65$$

$$t_{0_2} = \frac{22{,}02}{1{,}2} = 18{,}35$$

Schließlich berechnet man s_0:

$$s_0 = \frac{a}{2} t_0^2 \qquad s_{0_1} = 0{,}6 \cdot 181{,}65^2 = 19798{,}03$$

$$s_{0_2} = 0{,}6 \cdot 18{,}35^2 = 202{,}03$$

Ein ähnliches Problem ist es, die **Tangente** zu berechnen, die man von einem Punkt außerhalb eines Kreises **an den Kreis** legen kann. Aus der Lektion 5 wissen Sie, daß die Kreislinie mit der Gleichung $x^2 + y^2 = r^2$ beschrieben werden kann, wobei r die Länge des Radius darstellt.

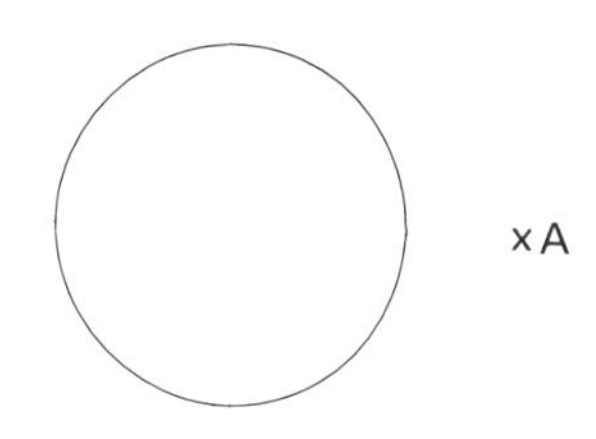

Gehen Sie von den folgenden Werten aus: Der Radius des Kreises habe die Länge 3 cm und der Punkt A sei 5 cm vom Mittelpunkt des Kreises entfernt. Dann kann man das Koordinatensystem so legen, wie es die Zeichnung rechts zeigt. Der Punkt A hat dann die Koordinaten (5 I 0). Gesucht ist die Gerade, die durch A geht und den Kreis berührt.

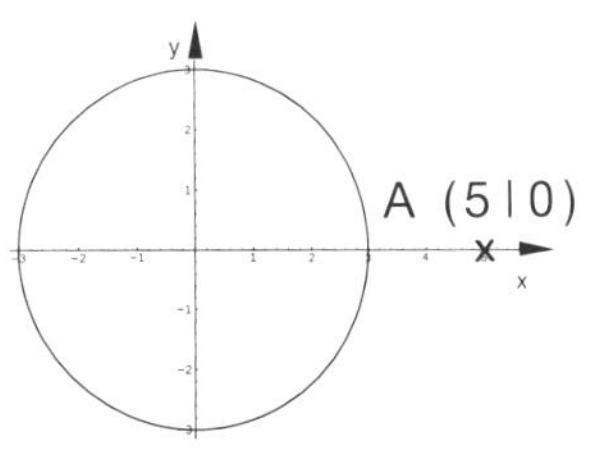

Der Kreis hat die Gleichung $x^2 + y^2 = 3^2$ also $x^2 + y^2 = 9$,
die Gerade hat die Gleichung $y = mx + b$.
Da der Punkt A (5 I 0) auf der Geraden liegt, muß gelten $0 = m \cdot 5 + b$
und damit $b = -5m$
Das Gleichungssystem lautet dann:

$$\left| \begin{array}{l} x^2 + y^2 = 9 \\ y = mx - 5m \end{array} \right|$$

Zur Berechnung der gemeinsamen Punkte von Kreis und Gerade muß man das Gleichungssystem aus den beiden Gleichungen lösen. Dies wird mit dem Einsetzungsverfahren durchgeführt.

$$\begin{aligned} x^2 + (mx - 5m)^2 &= 9 && \mid \text{Ausmultiplizieren} \\ x^2 + m^2x^2 - 10m^2x + 25m^2 &= 9 && \mid \text{Ausklammern von } x^2 \\ (1 + m^2)x^2 - 10m^2x + 25m^2 &= 9 && \mid -9 \\ (1 + m^2)x^2 - 10m^2x + (25m^2 - 9) &= 0 && \mid :(1 + m^2) \\ x^2 - \frac{10m^2}{1 + m^2} \cdot x + \frac{25m^2 - 9}{1 + m^2} &= 0 \end{aligned}$$

Mit der Formel für quadratische Gleichungen erhält man:

$$x_{1/2} = \frac{5m^2}{1 + m^2} \pm \sqrt{\frac{25m^4}{(1+m^2)^2} - \frac{25m^2 - 9}{1 + m^2}} \qquad (***)$$

Dies liefert noch keine Lösung für den gesuchten x-Wert, da im Term auf der rechten Seite des Gleichheitszeichens noch die Variable m steht. Da die Gerade eine Tangente an den Kreis sein soll, dürfen aber keine *zwei* Schnittpunkte, sondern muß *ein* Berührpunkt das Ergebnis sein. Nur eine Lösung ergibt sich aber genau dann, wenn die Diskriminante

$$D = \frac{25m^4}{(1+m^2)^2} - \frac{25m^2 - 9}{1 + m^2}$$ gleich Null ist.

Dadurch läßt sich die Steigung m der gesuchten Tangente bestimmen:

$$\begin{aligned} \frac{25m^4}{(1+m^2)^2} - \frac{25m^2 - 9}{1 + m^2} &= 0 && \mid \cdot (1 + m^2)^2 \\ 25m^4 - (25m^2 - 9)(1 + m^2) &= 0 && \mid \text{Ausmultiplizieren} \\ 25m^4 - (25m^2 + 25m^4 - 9 - 9m^2) &= 0 && \mid \text{Klammer auflösen} \\ 25m^4 - 25m^2 - 25m^4 + 9 + 9m^2 &= 0 && \mid \text{Zusammenfassen} \\ -16m^2 + 9 &= 0 && \mid -9 \\ -16m^2 &= -9 && \mid :(-16) \\ m^2 &= \frac{9}{16} && \mid \text{Wurzelziehen} \\ m &= \pm\frac{3}{4} \end{aligned}$$

Man erhält zwei Werte für m . Das bedeutet, es gibt zwei Tangenten. Dies zeigt auch die Zeichnung auf der nächsten Seite.

13

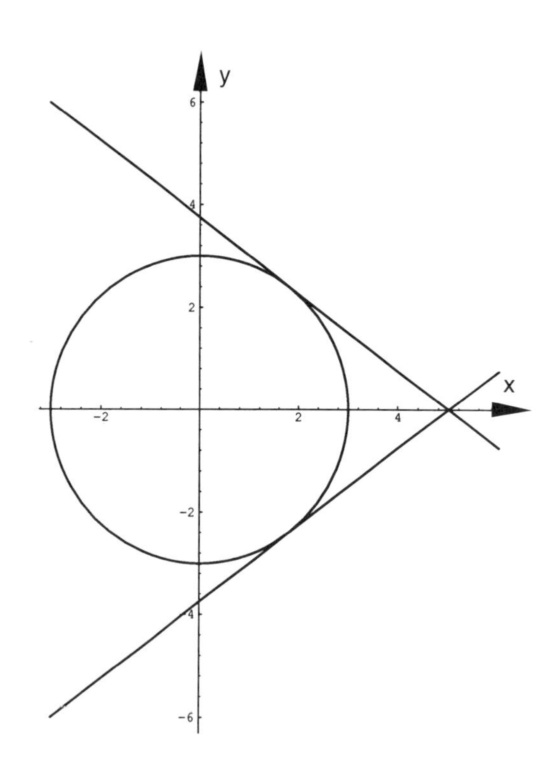

Mit den für m gefundenen Werten kann man die Funktionsgleichungen der Tangenten aufstellen. Da für die Tangenten $y = mx - 5m$ gilt, ist

Tangente 1: $y = \frac{3}{4}x - 3\frac{3}{4}$

oder $y = 0{,}75\,x - 3{,}75$

Tangente 2: $y = -\frac{3}{4}x + 3\frac{3}{4}$

oder $y = -0{,}75\,x + 3{,}75$

Für die Berührpunkte ergibt sich aus (***) unter Berücksichtigung, daß die Wurzel Null ist:

Berührpunkt S_1:

$$x_1 = \frac{5 \cdot \frac{9}{16}}{1 + \frac{9}{16}} = \frac{45}{25} = \frac{9}{5} = 1{,}8$$

$$y_1 = 0{,}75 \cdot 1{,}8 - 3{,}75 = -2{,}4$$

Berührpunkt S_2:

$$x_2 = \frac{5 \cdot \frac{9}{16}}{1 + \frac{9}{16}} = \frac{45}{25} = \frac{9}{5} = 1{,}8$$

$$y_2 = -0{,}75 \cdot 1{,}8 + 3{,}75 = 2{,}4$$

Sie sehen, daß Sie mit Ihren bisher erworbenen Kenntnissen schon recht komplexe Fragestellungen bearbeiten können.

Aufgaben zu 13.2

1. Die S-Bahn fährt mit einer Beschleunigung von $1\,\frac{m}{s^2}$. Nach welcher Zeit und wie weit von der Abfahrtstelle entfernt muß der S-Bahn-Führer die Beschleunigung abschalten, wenn sein Zug nach 255 *s* ein Signal passieren soll, das in 2,5 *km* Entfernung von der Abfahrtstelle steht? Die Höchstgeschwindigkeit der S-Bahn ist $120\,\frac{km}{Std.}$. (Beachten Sie, daß die Maßeinheiten so umgerechnet werden müssen, daß sie zusammenpassen.)

*2. Bestimmen Sie mit der in diesem Abschnitt gezeigten Methode die Tangenten vom Punkt A (13 | 0) an den Kreis mit dem Radius r = 5 , dessen Mittelpunkt im Ursprung des Koordinatensystems (0 | 0) liegt. Berechnen Sie auch die Koordinaten der Berührpunkte.

13.3 Bestimmung der Funktionsgleichung aus Funktionswerten

In der Lektion 2 des Bandes „Funktionen in Anwendungen“ war von einem Unternehmer die Rede, der die Kosten für seine Produktion durch eine Funktion 3. Grades beschreiben konnte. Die Funktionsgleichung für diese **Kostenfunktion** war

$$K(x) = ((0{,}05\,x - 0{,}25)\,x + 1{,}6)\,x + 0{,}6 = 0{,}05\,x^3 - 0{,}25\,x^2 + 1{,}6\,x + 0{,}6\ .$$

Sie konnten zu dieser Funktion den Graph zeichnen und zu bestimmten Produktionsmengen die Kosten berechnen oder auch am Graphen ablesen. Allerdings war die Frage, wie ein Betrieb die Kostenfunktion für ein Produkt ermittelt, bisher nicht angesprochen worden. Dies soll in diesem Abschnitt geschehen, nachdem Ihnen nun auch die mathematischen Verfahren für die Aufstellung solcher Funktionen bekannt sind.

Die **Gesamtkosten** für die Herstellung eines Produktes setzen sich aus den **fixen Kosten** und den **variablen Kosten** zusammen.

Zu den fixen Kosten gehören die Aufwendungen zur Herstellung des Produktes, die (weitgehend) unabhängig von der erzeugten Menge sind. Dies sind zum Beispiel die Kosten für die Grundstücke und Gebäude, Wartungskosten für Maschinen, Versicherungskosten und gewisse Steuern und Gebühren. Diese Kosten fallen auch dann an, wenn nichts erzeugt wird.

Zu den variablen Kosten gehören die Kosten der laufenden Produktion, zum Beispiel die Kosten für Rohstoffe, in gewissem Umfang die Kosten für Arbeitslöhne, für Energie und für den Maschinenverschleiß. Die variablen Kosten sind Null, solange nichts produziert wird.

Die Gesamtkosten beginnen also bei der Produktionsmenge 0 mit einem Wert über 0. Mit zunehmender Produktion nehmen die Kosten verhältnismäßig rasch zu, da der Betrieb zunächst arbeitet, ohne daß die Maschinen und Arbeitskräfte voll ausgelastet sind. Mit höherer Produktion wachsen die Kosten langsamer, da die Vorteile der Massenproduktion zum Beispiel durch die Auslastung der Maschinen gegeben sind. Wächst die Produktion noch mehr, dann erhöhen sich die Kosten wieder stärker, da es zu teilweisen Überlastungen kommen kann, wobei dann etwa erhöhter Verschleiß und Überstundenvergütungen zu Buche schlagen.

Die Kurve, die den Verlauf der Kosten beschreibt, hat daher die charakteristische S-Form, wie sie nebenstehend abgebildet ist. Sie hat einen Wendepunkt und in der Regel keine Hoch- oder Tiefpunkte. Aus den vorangehenden Lektionen wissen Sie, daß eine solche Form des Graphen auf eine ganz-rationale **Funktion dritten Grades** hinweist. Will man die Kostenfunktion für eine Produktion ermitteln, kann man davon ausgehen, daß es sich um eine Funktion dritten Grades handelt.

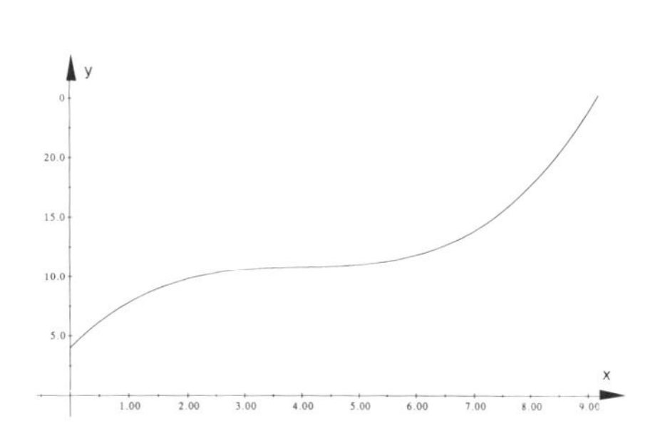

$$y = a x^3 + b x^2 + c x + d$$

Wie aber berechnet man die Koeffizienten a, b, c und d ? Hierzu muß man auf die Erfahrungen der Betriebswirtschaftler zurückgreifen und Daten aus der Finanz-Statistik der Firma verwenden. Für das Beispiel aus der Lektion 2 von „Funktionen in Anwendungen" könnten zum Beispiel die folgenden Betriebsdaten vorliegen (Mengen in t, Kosten in TausendDM):

Die fixen Kosten betragen 0,6 TDM, das heißt ein Wertepaar ist: (0 | 0,6) .

Die Betriebsstatistik zeigt weiter: Bei 1 Tonne Produktion entstehen Kosten von 2 TDM. Wertepaar: (1 | 2)

2 t ergeben Kosten von 3,2 TDM. Wertepaar: (2 | 3,2)

5 t ergeben Kosten von 8,6 TDM. Wertepaar (5 | 8,6)

13

Das bedeutet: die Funktionsgleichung $y = a x^3 + b x^2 + c x + d$ muß für die oben genannten Wertepaare jeweils erfüllt sein. Man kann also die Werte in die Gleichung einsetzen.

$$\begin{aligned} 0{,}6 &= a \cdot 0^3 + b \cdot 0^2 + c \cdot 0 + d \\ 2 &= a \cdot 1^3 + b \cdot 1^2 + c \cdot 1 + d \\ 3{,}2 &= a \cdot 2^3 + b \cdot 2^2 + c \cdot 2 + d \\ 8{,}6 &= a \cdot 5^3 + b \cdot 5^2 + c \cdot 5 + d \end{aligned}$$

Rechnet man die Potenzen aus, so erhält man

$$\begin{aligned} 0{,}6 &= d \\ 2 &= a \cdot 1 + b \cdot 1 + c \cdot 1 + d \\ 3{,}2 &= a \cdot 8 + b \cdot 4 + c \cdot 2 + d \\ 8{,}6 &= a \cdot 125 + b \cdot 25 + c \cdot 5 + d \end{aligned}$$ oder

$$\left| \begin{aligned} 0{,}6 &= d \\ 2 &= a + b + c + d \\ 3{,}2 &= 8a + 4b + 2c + d \\ 8{,}6 &= 125a + 25b + 5c + d \end{aligned} \right|$$

Dies ist ein lineares Gleichungssystem mit den vier Variablen a, b, c und d. Mit den Verfahren aus den Lektionen 1 bis 4 können Sie dieses Gleichungssystem lösen. Beispielsweise kann man das Additionsverfahren anwenden.

$$\left| \begin{aligned} 0{,}6 &= d \\ 2 &= a + b + c + d \\ 3{,}2 &= 8a + 4b + 2c + d \\ 8{,}6 &= 125a + 25b + 5c + d \end{aligned} \right| \qquad | \cdot (-1)$$

$$\left| \begin{aligned} -0{,}6 &= -d \\ 2 &= a + b + c + d \\ 3{,}2 &= 8a + 4b + 2c + d \\ 8{,}6 &= 125a + 25b + 5c + d \end{aligned} \right|$$

| Man addiert die erste Gleichung zu jeder der drei anderen.

$$\left| \begin{aligned} -0{,}6 &= -d \\ 1{,}4 &= a + b + c \\ 2{,}6 &= 8a + 4b + 2c \\ 8 &= 125a + 25b + 5c \end{aligned} \right| \qquad | \cdot (-2) \qquad | \cdot (-5)$$

$$\left| \begin{aligned} -0{,}6 &= -d \\ -2{,}8 &= -2a - 2b - 2c \\ 2{,}6 &= 8a + 4b + 2c \\ 8 &= 125a + 25b + 5c \end{aligned} \right|$$

| Man addiert die zweite Gleichung zur dritten.

$$\left| \begin{aligned} -0{,}6 &= -d \\ -2{,}8 &= -2a - 2b - 2c \\ -0{,}2 &= 6a + 2b \\ 8 &= 125a + 25b + 5c \end{aligned} \right|$$

$$\left| \begin{aligned} -0{,}6 &= -d \\ -7 &= -5a - 5b - 5c \\ -0{,}2 &= 6a + 2b \\ 8 &= 125a + 25b + 5c \end{aligned} \right|$$

| Man addiert die zweite Gleichung zur vierten.

$$\left|\begin{array}{rcl} -0{,}6 & = & -d \\ -7 & = & -5a - 5b - 5c \\ -0{,}2 & = & 6a + 2b \\ 1 & = & 120a + 20b \end{array}\right| \qquad | \cdot (-10)$$

$$\left|\begin{array}{rcl} -0{,}6 & = & -d \\ -7 & = & -5a - 5b - 5c \\ 2 & = & -60a - 20b \\ 1 & = & 120a + 20b \end{array}\right|$$

| Man addiert die dritte Gleichung zur vierten.

$$\left|\begin{array}{rcl} -0{,}6 & = & -d \\ -7 & = & -5a - 5b - 5c \\ 2 & = & -60a - 20b \\ 3 & = & 60a \end{array}\right| \qquad | : 60$$

Nun rechnet man a aus und setzt den Wert in die 2. und 3. Gleichung ein. $a = \frac{3}{60} = 0{,}05$

$$\left|\begin{array}{rcl} -0{,}6 & = & -d \\ -7 & = & -5 \cdot 0{,}05 - 5b - 5c \\ 2 & = & -60 \cdot 0{,}05 - 20b \\ 0{,}05 & = & a \end{array}\right|$$

$$\left|\begin{array}{rcl} -0{,}6 & = & -d \\ -7 & = & -0{,}25 - 5b - 5c \\ 2 & = & -3 - 20b \\ 0{,}05 & = & a \end{array}\right| \qquad \begin{array}{l} | \cdot (-1) \\ | +0{,}25 \\ | +3 \\ \end{array}$$

$$\left|\begin{array}{rcl} 0{,}6 & = & d \\ -6{,}75 & = & -5b - 5c \\ 5 & = & -20b \\ 0{,}05 & = & a \end{array}\right| \qquad | : (-20)$$

$$\left|\begin{array}{rcl} 0{,}6 & = & d \\ -6{,}75 & = & -5 \cdot (-0{,}25) - 5c \\ -0{,}25 & = & b \\ 0{,}05 & = & a \end{array}\right| \qquad | -1{,}25$$

$$\left|\begin{array}{rcl} 0{,}6 & = & d \\ -8 & = & -5c \\ -0{,}25 & = & b \\ 0{,}05 & = & a \end{array}\right| \qquad | : (-5)$$

$$\left|\begin{array}{rcl} 0{,}6 & = & d \\ 1{,}6 & = & c \\ -0{,}25 & = & b \\ 0{,}05 & = & a \end{array}\right|$$

Damit sind die vier Koeffizienten bestimmt. Die Kostenfunktion hat also die Gleichung

$$y = 0{,}05\,x^3 - 0{,}25\,x^2 + 1{,}6\,x + 0{,}6 \;.$$

Sie sehen: Es reichen vier Wertepaare aus, um die Kostenfunktion zu bestimmen. Dies liegt natürlich daran, daß man von der Annahme ausgehen durfte, daß es sich um eine ganz-rationale Funktion dritten Grades handelt. Eine ganz-rationale Funktion dritten Grades ist ja tatsächlich durch die Angabe der vier Koeffizienten bestimmt.

13

Kann man bei einem Sachverhalt davon ausgehen, daß er durch eine quadratische Funktion bechrieben werden kann, so reicht sogar schon die Vorgabe von drei Wertepaaren aus, um diese Funktion zu bestimmen. Dies erkennt man an der Funktionsgleichung der quadratischen Funktion, die durch drei Koeffizienten eindeutig festgelegt ist:

$$\mathbf{y = a\,x^2 + b\,x + c}$$

Vom Zusammenhang zwischen Nachfrage nach einer Ware und dem Preis dieser Ware weiß man, daß er quadratisch ist. Die sogenannte Nachfragekurve ist eine quadratische Parabel. Dazu ein Beispiel:
Eine Firma, die Sportschuhe herstellt, hat festgestellt, daß in einem bestimmten Zeitraum 5000 Paar Schuhe verkauft werden, wenn ein Paar 100 DM kostet, 6000 Paar Schuhe bei einem Preis von 91,20 DM und 8000 Paar Schuhe bei einem Preis von 68,80 DM .
Die **Nachfragefunktion** ist quadratisch: $y = a x^2 + b x + c$
Setzt man die Anzahl in „Tausend Stück" ein, so müssen die Paare (5 | 100) , (6 | 91,20) und (8 | 68,80) die Funktionsgleichung erfüllen. Man kann einsetzen

$$\begin{aligned} 100 &= a \cdot 5^2 + b \cdot 5 + c \\ 91{,}2 &= a \cdot 6^2 + b \cdot 6 + c \\ 68{,}8 &= a \cdot 8^2 + b \cdot 8 + c \end{aligned}$$

Man muß das Gleichungssystem

$$\left| \begin{aligned} 25a + 5b + c &= 100 \\ 36a + 6b + c &= 91{,}2 \\ 64a + 8b + c &= 68{,}8 \end{aligned} \right|$$

lösen.
Die Lösungen für a , b und c sind die gesuchten Koeffizienten der Nachfragefunktion.

Lösen Sie bitte dieses Gleichungssystem. Wie lautet die Nachfragefunktion?

Aufgaben zu 13.3

1. Eine Firma hat bei der Produktion einer Ware fixe Kosten von 4 TDM. Für die Produktion von 1 t der Ware entstehen insgesamt 7,8 TDM Kosten, bei 2 t 9,8 TDM und bei 10 t 33 TDM. Man darf annehmen, daß die Kostenfunktion ganz-rational und dritten Grades ist. Bestimmen Sie die Funktionsgleichung und zeichnen Sie den Graphen.

2. Die Nachfrage nach einer Ware läßt sich im Bereich zwischen 3 TStück und 10 TStück durch eine quadratische Funktion beschreiben. Aus Erfahrung weiß der Produzent, daß er bei einem Preis von 60 DM pro Stück 10 TStück absetzen kann, bei einem Preis von 92,50 DM jedoch nur 5 TStück und bei einem Preis von 76 DM 8 TStück. Bestimmen Sie die Nachfragefunktion, und zeichnen Sie den Graphen. (*Tausend Stück)

Wiederholungsaufgaben

1. Eine umgedrehte quadratische Pyramide mit der Grundkante $a_0 = 10\,cm$ und der Höhe $h_0 = 20\,cm$ soll als Meßbecher verwendet werden. Die Volumenformel für die quadratische Pyramide ist $V = \frac{1}{3} a^2 h$. Bestimmen Sie die Funktionsgleichung $h = f(V)$ für die Eichkurve, und zeichnen Sie deren Graphen.

2. Nach wieviel Sekunden hat der Triebwagenführer einer S-Bahn die Beschleunigung ($1 \frac{m}{s^2}$) abgeschaltet, wenn sein Zug nach 200 *s* einen Weg von 3 *km* zurückgelegt hat?

Lösungen der Aufgaben

Lektion 1

Aufgaben im Text

1

x	0	1	2	3	4	5	6	7	8	9	10
y = 39 – x	39	38	37	36	35	34	33	32	31	30	29

2

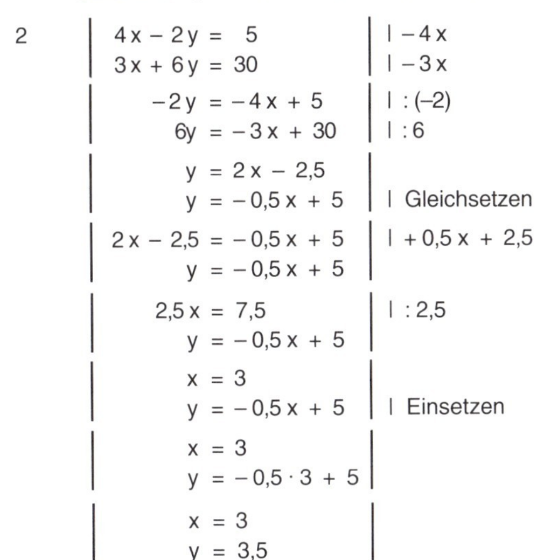

$$\begin{aligned} 4x - 2y &= 5 & &\mid -4x \\ 3x + 6y &= 30 & &\mid -3x \end{aligned}$$

$$\begin{aligned} -2y &= -4x + 5 & &\mid :(-2) \\ 6y &= -3x + 30 & &\mid :6 \end{aligned}$$

$$\begin{aligned} y &= 2x - 2{,}5 & & \\ y &= -0{,}5x + 5 & &\mid \text{Gleichsetzen} \end{aligned}$$

$$\begin{aligned} 2x - 2{,}5 &= -0{,}5x + 5 & &\mid +0{,}5x + 2{,}5 \\ y &= -0{,}5x + 5 & & \end{aligned}$$

$$\begin{aligned} 2{,}5x &= 7{,}5 & &\mid :2{,}5 \\ y &= -0{,}5x + 5 & & \end{aligned}$$

$$\begin{aligned} x &= 3 & & \\ y &= -0{,}5x + 5 & &\mid \text{Einsetzen} \end{aligned}$$

$$\begin{aligned} x &= 3 \\ y &= -0{,}5 \cdot 3 + 5 \end{aligned}$$

$$\begin{aligned} x &= 3 \\ y &= 3{,}5 \end{aligned}$$

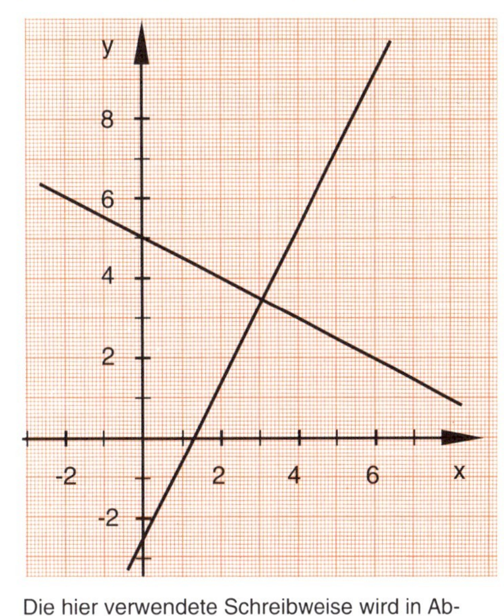

Die hier verwendete Schreibweise wird in Abschnitt 1.3 eingeführt und genau erläutert.

Aufgaben zu 1.1

1.

$$\begin{aligned} y &= 60 + 1{,}5x & & \\ y &= 90 + 0{,}9x & &\mid \text{Gleichsetzen} \end{aligned}$$

$$\begin{aligned} 60 + 1{,}5x &= 90 + 0{,}9x & &\mid -0{,}9x - 60 \\ y &= 90 + 0{,}9x & & \end{aligned}$$

$$\begin{aligned} 0{,}6x &= 30 & &\mid :0{,}6 \\ y &= 90 + 0{,}9x & & \end{aligned}$$

$$\begin{aligned} x &= 50 & & \\ y &= 90 + 0{,}9x & &\mid \text{Einsetzen} \end{aligned}$$

$$\begin{aligned} x &= 50 \\ y &= 90 + 0{,}9 \cdot 50 \end{aligned}$$

$$\begin{aligned} x &= 50 \\ y &= 135 \end{aligned}$$

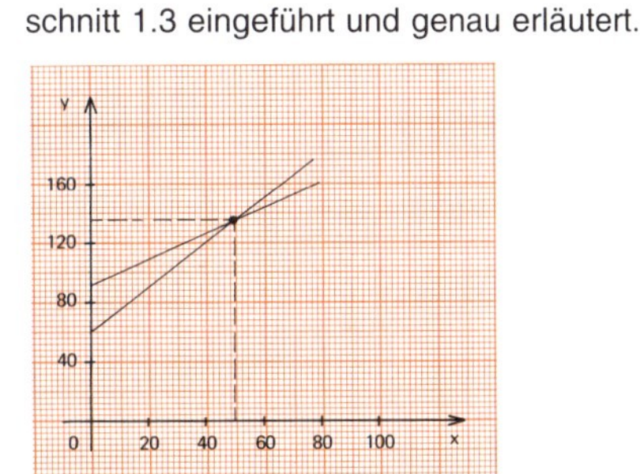

Bei 50 km Entfernung sind die Angebote beider Busunternehmer gleich günstig bzw. gleich teuer.

2.

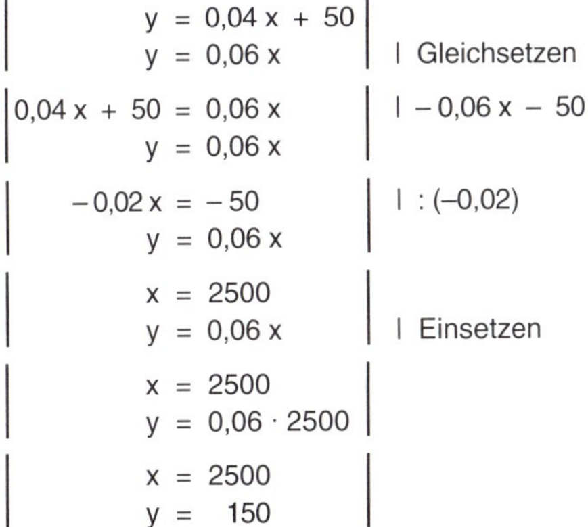

$$\begin{aligned} y &= 0{,}04x + 50 & & \\ y &= 0{,}06x & &\mid \text{Gleichsetzen} \end{aligned}$$

$$\begin{aligned} 0{,}04x + 50 &= 0{,}06x & &\mid -0{,}06x - 50 \\ y &= 0{,}06x & & \end{aligned}$$

$$\begin{aligned} -0{,}02x &= -50 & &\mid :(-0{,}02) \\ y &= 0{,}06x & & \end{aligned}$$

$$\begin{aligned} x &= 2500 & & \\ y &= 0{,}06x & &\mid \text{Einsetzen} \end{aligned}$$

$$\begin{aligned} x &= 2500 \\ y &= 0{,}06 \cdot 2500 \end{aligned}$$

$$\begin{aligned} x &= 2500 \\ y &= 150 \end{aligned}$$

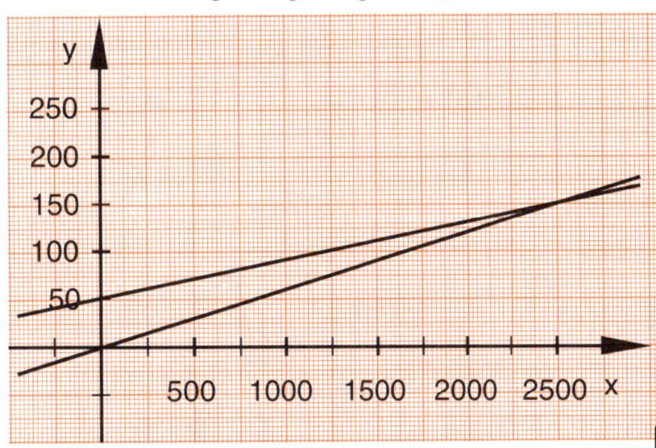

Für Lohnempfänger bis 2500 DM Lohn ist die Möglichkeit a) günstiger.

L

Aufgaben zu 1.2

1. (10^{20} Uhr | 6 km von A entfernt) 2. (9^{50} Uhr | 41,4 km von Köln entfernt) 3. (2 | 4)

$$\left| \begin{array}{l} y = 4{,}5\,x \\ y = 12\,x - 10 \end{array} \right| \qquad \left| \begin{array}{l} y = \frac{600}{41}\,x \\ y = 50\,x - 100 \end{array} \right| \qquad \left| \begin{array}{r} x + y = 6 \\ 2x + 3y = 16 \end{array} \right|$$

$$\left| \begin{array}{l} 6 = 4{,}5 \cdot \frac{4}{3} \\ 6 = 12 \cdot \frac{4}{3} - 10 \end{array} \right| \qquad \left| \begin{array}{l} 41{,}4 = \frac{600}{41} \cdot \frac{82}{29} \\ 41{,}4 = 50 \cdot \frac{82}{29} - 100 \end{array} \right| \qquad \left| \begin{array}{r} 2 + 4 = 6 \\ 2 \cdot 2 + 3 \cdot 4 = 16 \end{array} \right|$$

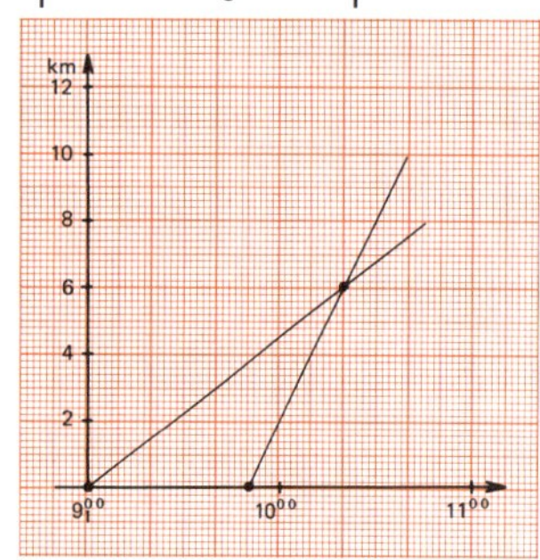

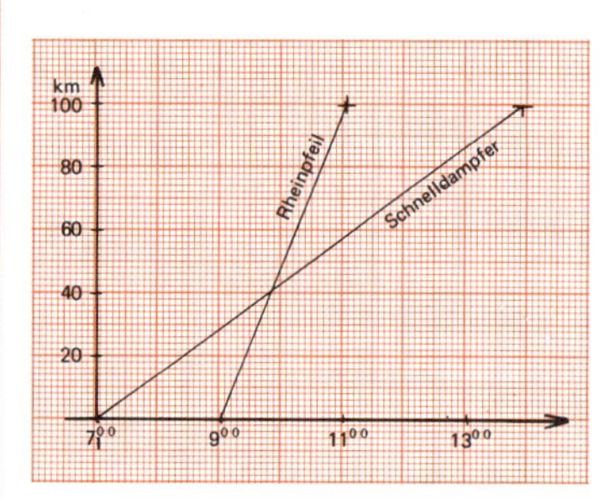

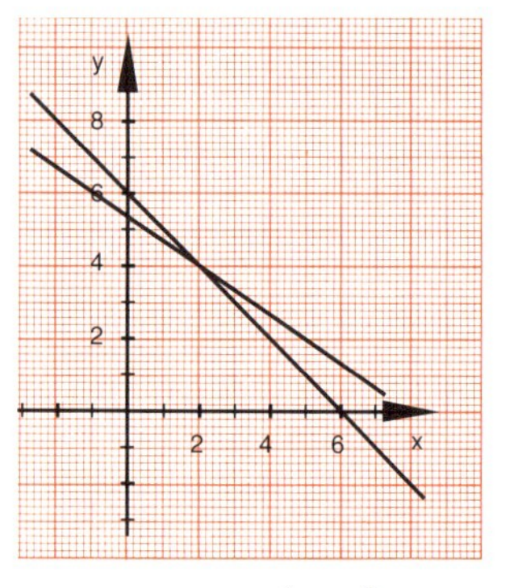

Aufgaben zu 1.3

1. a) (5 | 7) b) (5 | 3) c) (7 | 3) 2. a) (3 | −5) b) (3 | 1) c) ($-\frac{1}{2}$ | $-\frac{13}{4}$)

3. a) $39 - x = 70 - 2x$ $x = 31$ b) $5x = 33 - 6x$ $x = 3$
   $y = 70 - 2 \cdot 31 = 8$ $y = 5 \cdot 3 = 15$

Aufgaben zu 1.4

1. a) keine Lösung b) (x | y = x + 1) mit $x \in$ IR c) ($\frac{4}{3}$ | $\frac{7}{3}$)

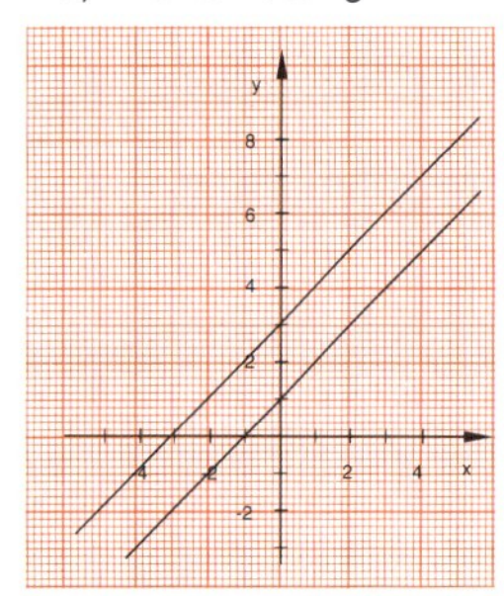
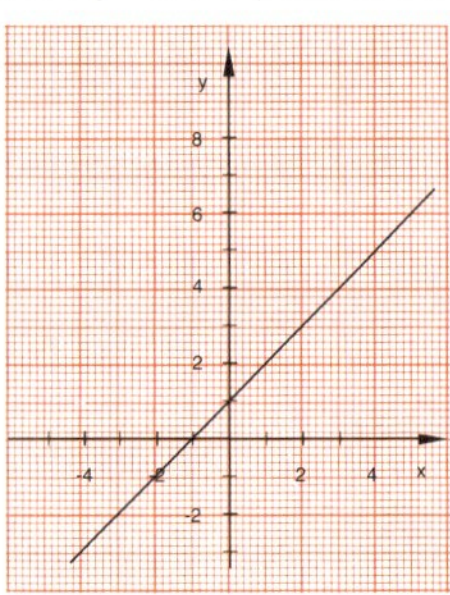
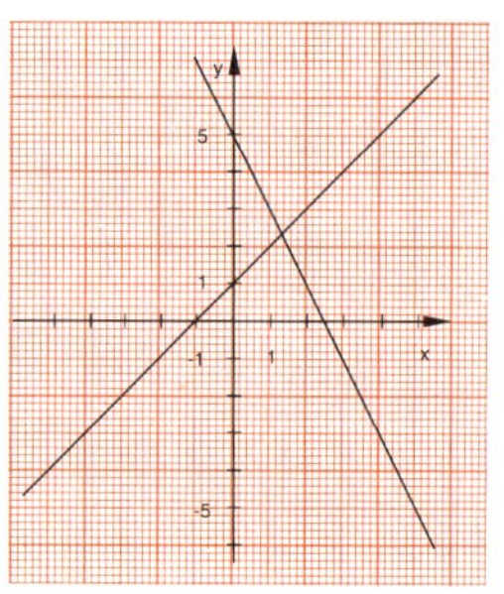

2. a) (x | y = 3x − 2) mit $x \in$ IR b) (x | $y = -\frac{1}{2}x + 2$) mit $x \in$ IR c) (x | $y = \frac{2}{3}x + \frac{4}{3}$) mit $x \in$ IR

3. a) $\left| \begin{array}{l} y = -\frac{a}{b}x \\ y = -\frac{c}{d}x \end{array} \right|$ Beide Geraden gehen durch den Nullpunkt. Also ist (0 | 0) die Lösung.

   b) Unendlich viele Lösungen bei gleicher Steigung, also für $\frac{a}{b} = \frac{c}{d}$.

Wiederholungsaufgaben

1. (12^{00} Uhr | 240 km von Frankfurt entfernt) 2. (11^{02} Uhr | 43,08 km von A)

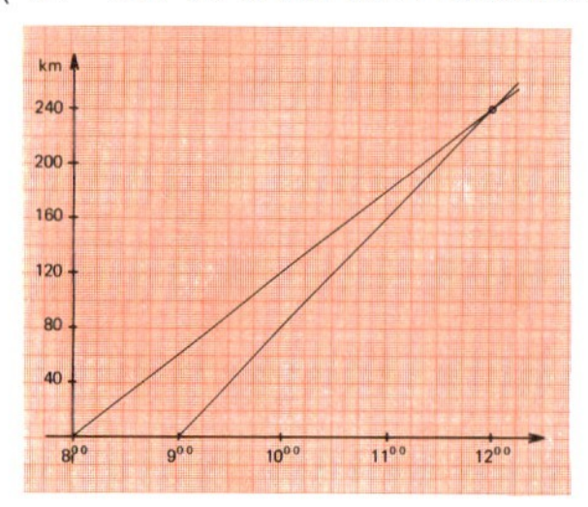

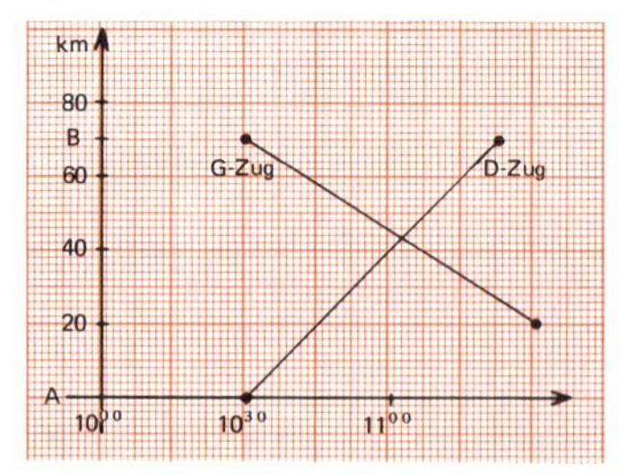

3. a) $(-6 \mid 4)$

$$\left| \begin{array}{l} y = -\frac{2}{3}x \\ y = \frac{2}{3}x + 8 \end{array} \right|$$

b) $(2 \mid \frac{11}{5})$

$$\left| \begin{array}{l} y = 2x - 1{,}8 \\ y = 2{,}2 \end{array} \right|$$

c) $(15 \mid 16)$

$$\left| \begin{array}{l} y = x + 1 \\ y = 1{,}4x - 5 \end{array} \right|$$

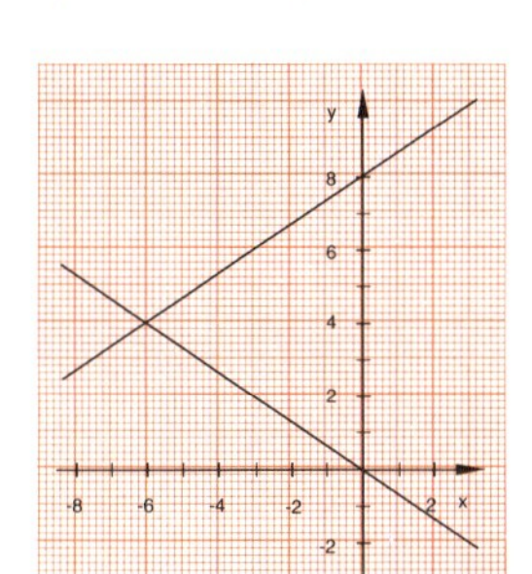

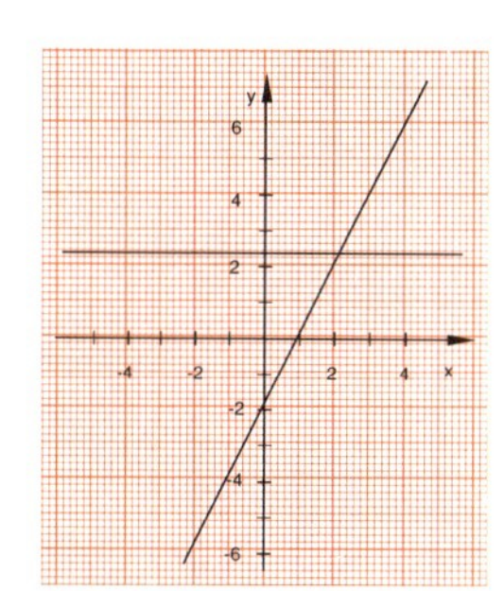

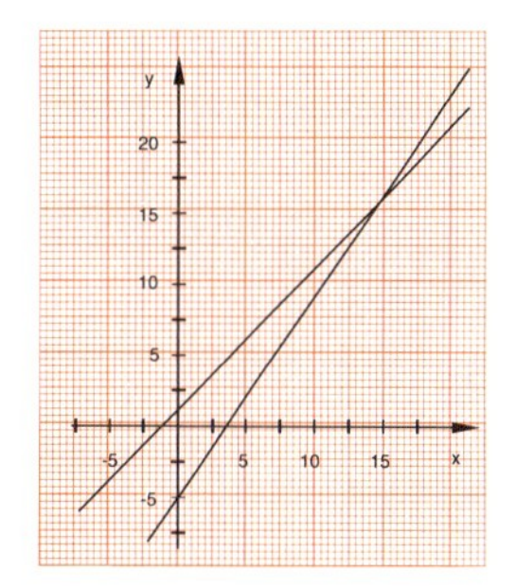

4. a) $(5 \mid 8)$ b) $(8 \mid 10)$ c) unendlich viele Lösungen

5. Zum Beispiel $u = 3$ und $v = -5$.

6. $$\left| \begin{array}{l} y = -\frac{a}{b}x + \frac{c}{b} \\ y = -\frac{d}{e}x + \frac{f}{e} \end{array} \right|$$

Wenn das Gleichungssystem unendlich viele Lösungen haben soll, müssen die Steigungen und die y-Achsen-Abschnitte gleich sein.

Also: $\frac{a}{b} = \frac{d}{e}$ und $\frac{c}{b} = \frac{f}{e}$, das heißt aber $a \cdot e = b \cdot d$ und $c \cdot e = b \cdot f$.

Lektion 2

Aufgaben im Text

1 $y = x + 10{,}5$

$y = 15{,}3 + 10{,}5$

$y = 25{,}8$

2 $3 \cdot \frac{25}{11} + 2 \cdot \frac{1}{11} = 7$

$6\frac{9}{11} + \frac{2}{11} = 7$

3 $S_1(-1 \mid 4)$

$S_2(5 \mid 10)$

$B(2 \mid -2)$

4 $$\left| \begin{array}{l} x = 0{,}8 \\ y = 2{,}4 \end{array} \right|$$

5 $\frac{1}{2{,}1} = \frac{1}{3} + \frac{1}{7}$

$\frac{10}{21} = \frac{7}{21} + \frac{3}{21}$

$3 + 7 = 10$

Aufgaben zu 2.1

1. Weißwein kostet x DM, Rotwein kostet y DM.

$$\left| \begin{array}{r} 30 \cdot x + 50 \cdot y = 744 \\ y = x + 2{,}40 \end{array} \right|$$

Lösung: (7,80 DM | 10,20 DM)

2. Zweiter Winkel y^0. Dritter Winkel x^0.

$$\left| \begin{array}{r} 90 + x + y = 180 \\ y = 5 \cdot x \end{array} \right|$$

Lösung: $(15^0 \mid 75^0)$

3. Länge y cm. Breite x cm.

$$\left| \begin{array}{r} 2x + 2y = 160 \\ y = 3 \cdot x \end{array} \right|$$

Lösung: (20 cm | 60 cm)

4. Vater y Jahre. Sohn x Jahre.

$$\left| \begin{array}{r} x + y = 60 \\ y = 4 \cdot x \end{array} \right|$$

Lösung: (12 Jahre | 48 Jahre)

Aufgaben zu 2.2

1. a) $(-1 \mid 4)$ b) $(-14 \mid -17)$ c) $(5 \mid 2)$

2. a) $(5 \mid 2)$ b) $(12 \mid -8)$ c) $(-8 \mid -2)$

Aufgaben zu 2.3

1. a) $(0 \mid 1{,}25)$ b) unendlich c) keine

2. a) keine b) $(-1 \mid 1)$ c) $(-1 \mid 0)$

Aufgaben zu 2.4

1. a) $(10 \mid 30)$ und $(-10 \mid -30)$ b) $(4 \mid 2)$ und $(7 \mid -1)$ c) nur eine Lösung: $(1 \mid 0)$

2. a) $(1 \mid 9)$ und $(9 \mid 1)$ b) $(7 \mid 2)$ und $(-2 \mid -7)$ c) $(10 \mid 5)$ und $(-5 \mid -10)$

Aufgaben zu 2.5

1. a) $\left| \begin{array}{l} y = \frac{300}{x} \\ y = 3 \cdot x \end{array} \right|$ b) $\left| \begin{array}{l} y = \frac{2}{5-x} \\ y = 6 - x \end{array} \right|$ c) $\left| \begin{array}{l} y = x^2 - x \\ y = x - 1 \end{array} \right|$

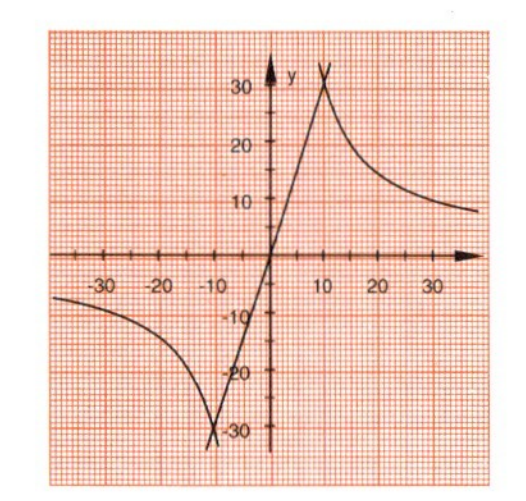

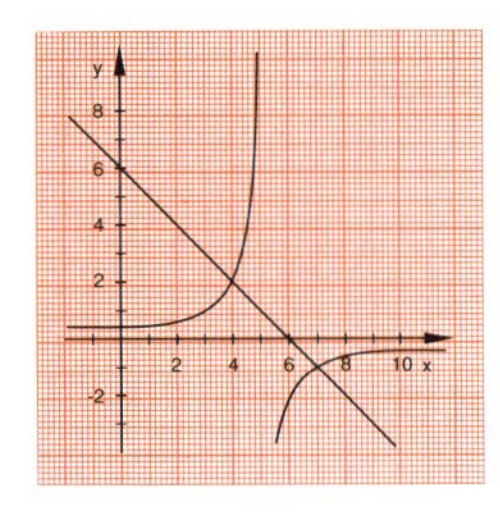

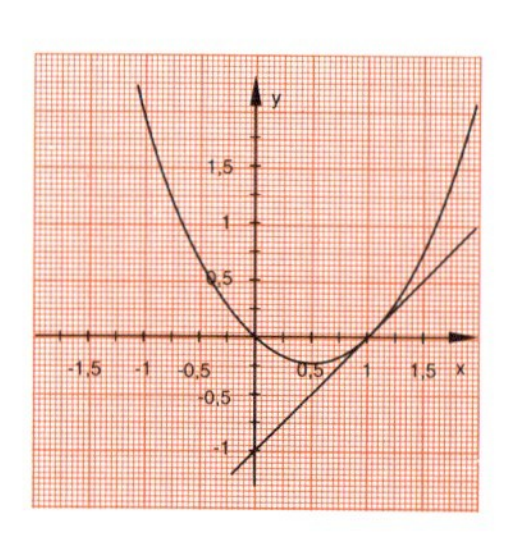

2. a) $\left| \begin{array}{l} y = \frac{9}{x} \\ y = 10 - x \end{array} \right|$ b) $\left| \begin{array}{l} y = \frac{14}{x} \\ y = x - 5 \end{array} \right|$ c) $\left| \begin{array}{l} y = \frac{10\,x}{10 + x} \\ y = x - 5 \end{array} \right|$

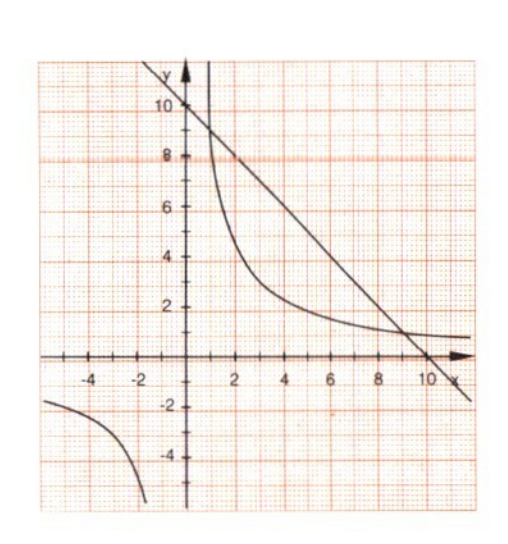

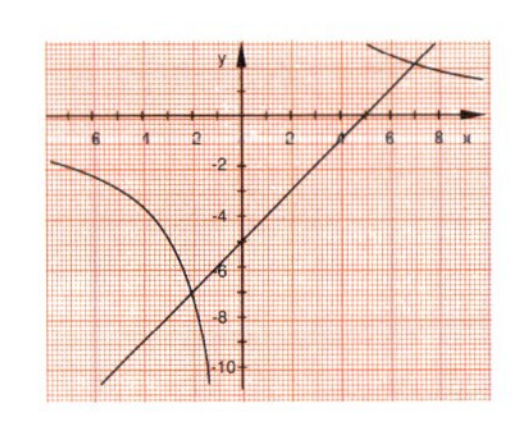

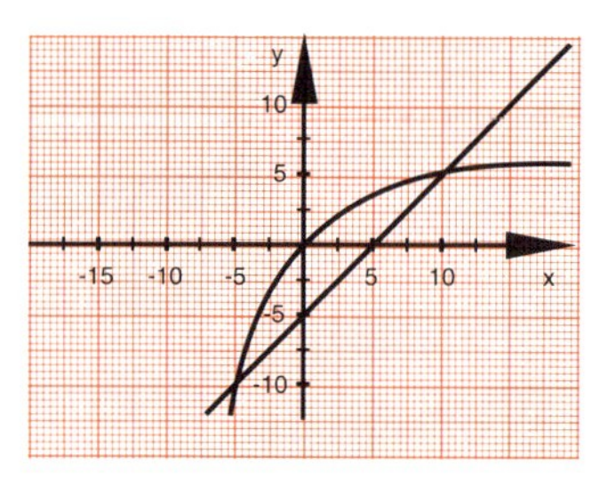

Wiederholungsaufgaben

1. a) $(-3 \mid -5)$ b) $(\frac{1}{3} \mid 1)$ c) $(2 \mid 2)$

2. a) $(\frac{46}{5} \mid \frac{1}{5})$ b) $(-\frac{20}{11} \mid -\frac{8}{11})$ c) $(2{,}1 \mid 6{,}38)$

3. $\left| \begin{array}{r} 150\,x = 120\,y \\ y = x + 1 \end{array} \right|$
(4 % | 5 %)

4. $\left| \begin{array}{r} 8{,}4\,x + 10{,}2\,y = 256{,}8 \\ x + y = 28 \end{array} \right|$
(16 Flaschen | 12 Flaschen)

5. $\left| \begin{array}{r} 65\,x + 90\,y = 80 \cdot 200 \\ x + y = 200 \end{array} \right|$
(80 kg | 120 kg)

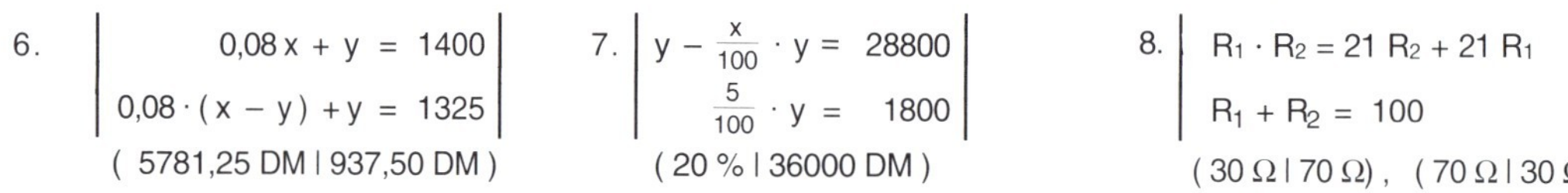

6. $\left| \begin{array}{r} 0{,}08\,x + y = 1400 \\ 0{,}08 \cdot (x - y) + y = 1325 \end{array} \right|$
(5781,25 DM | 937,50 DM)

7. $\left| \begin{array}{r} y - \frac{x}{100} \cdot y = 28800 \\ \frac{5}{100} \cdot y = 1800 \end{array} \right|$
(20 % | 36000 DM)

8. $\left| \begin{array}{l} R_1 \cdot R_2 = 21\,R_2 + 21\,R_1 \\ R_1 + R_2 = 100 \end{array} \right|$
(30 Ω | 70 Ω), (70 Ω | 30 Ω)

9. a) $(1 \mid 11)$ und $(-11 \mid -1)$ b) $(9 \mid 4)$ und $(-4 \mid -9)$ c) keine Lösung

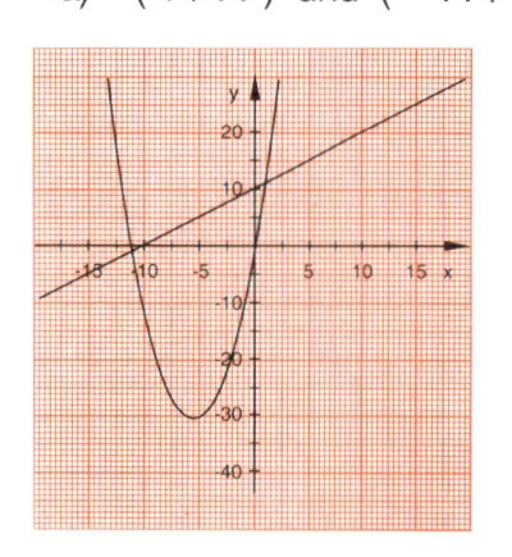

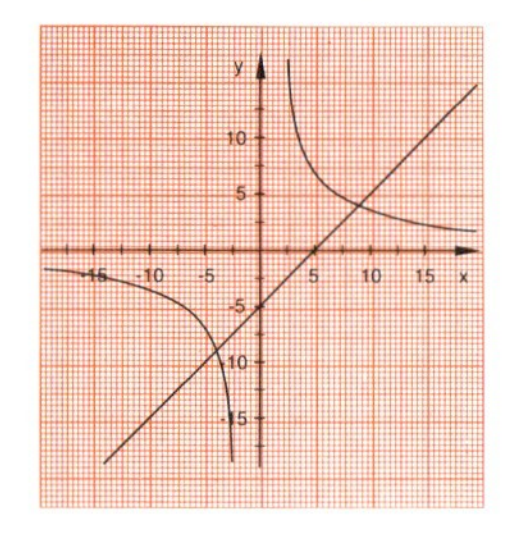

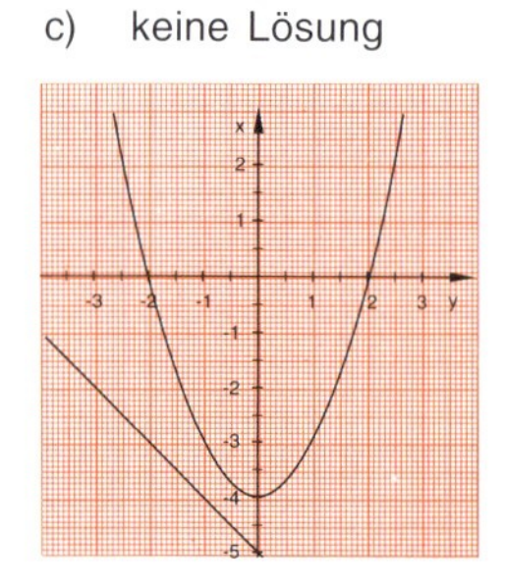

10. (12 | 8) und (8 | 12)

11. (12 | 4) und (–12 | –4)

12. a) $\left| \begin{array}{rl} x \cdot y &= 10 \\ y &= x^2 - 2 \end{array} \right|$ $\left| \begin{array}{rl} y &= \frac{10}{x} \\ y &= x^2 - 2 \end{array} \right|$

b) $\left| \begin{array}{rl} y - x^2 - 2x + 5 &= 0 \\ y + x^2 - 6 &= 0 \end{array} \right|$ $\left| \begin{array}{rl} y &= x^2 + 2x - 5 \\ y &= -x^2 + 6 \end{array} \right|$

c) $\left| \begin{array}{rl} y - 2 &= 2^x \\ y + x^2 - 6 &= 0 \end{array} \right|$ $\left| \begin{array}{rl} y &= 2^x + 2 \\ y &= -x^2 + 6 \end{array} \right|$

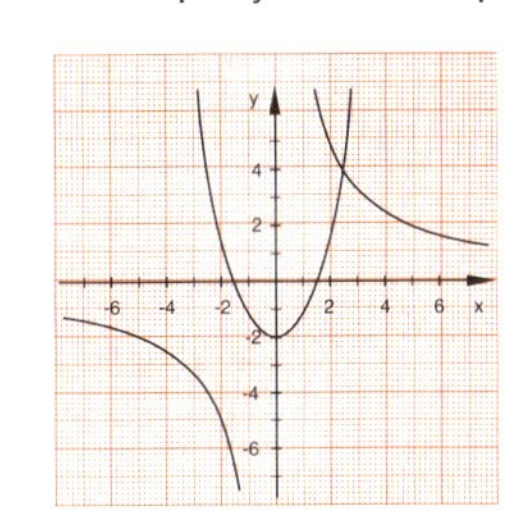

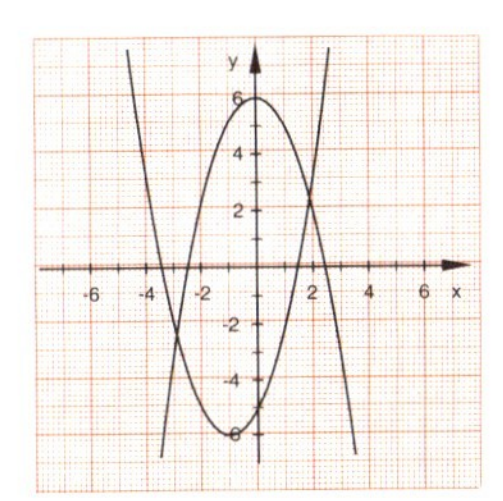

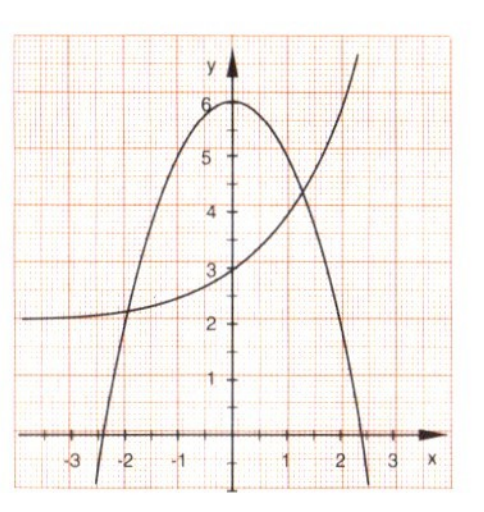

Lektion 3

Aufgaben im Text

1 $\left| \begin{array}{rl} 4 \cdot 7 + 3 \cdot 10 &= 58 \\ 2 \cdot 7 + 3 \cdot 10 &= 44 \end{array} \right|$ $\left| \begin{array}{rl} 28 + 30 &= 58 \\ 14 + 30 &= 44 \end{array} \right|$ $\left| \begin{array}{rl} 58 &= 58 \\ 44 &= 44 \end{array} \right|$

2 $\left| \begin{array}{rl} 2x + 3y &= 4 \\ 4x - 4y &= 3 \end{array} \right| \begin{array}{l} \mid \cdot 2 \\ \mid \cdot (-1) \end{array}$ $\left| \begin{array}{rl} 4x + 6y &= 8 \\ -4x + 4y &= -3 \end{array} \right|$ $\left| \begin{array}{rl} 10y &= 5 \\ y &= 0{,}5 \end{array} \right|$

3 $\left| \begin{array}{rl} 19{,}2 + 4{,}8 &= 24 \\ 19{,}2 - 4{,}8 &= 14{,}4 \end{array} \right|$

4 Um x wegfallen zu lassen: $\cdot 4$ bzw. $\cdot (-3)$
Um y wegfallen zu lassen: $\cdot 3$ bzw. $\cdot 2$

Aufgaben zu 3.1

1. $\left| \begin{array}{rl} x + y &= 4 \\ x - y &= 3 \end{array} \right|$
(3,5 $\frac{km}{min}$ | 0,5 $\frac{km}{min}$)
(210 $\frac{km}{Std.}$ | 30 $\frac{km}{Std.}$)

2. $\left| \begin{array}{rl} 2x + 60y &= 28{,}6 \\ 2x + 72y &= 32{,}8 \end{array} \right|$
(3,80 DM | 0,35 DM)

3. $\left| \begin{array}{rl} x + 3y &= 9 \\ x - 2y &= 6 \end{array} \right|$
(7,2 km | 0,6 $\frac{km}{min}$)
(7,2 km | 36 $\frac{km}{Std.}$)

Aufgaben zu 3.2

1. a) (5 | – 4) b) (1 | 3) c) (4 | – 1) 2. a) ($\frac{15}{7}$ | $-\frac{34}{35}$) b) ($-\frac{9}{5}$ | $\frac{4}{5}$) c) (3 | 1)

3. a) (0 | 4) b) (13,5 | – 2) c) (– 5 | – 13)

Aufgaben zu 3.3

1. a) (0 | 1,25) b) unendlich c) keine 2. a) keine b) (– 1 | 1) c) (– 1 | 0)

Aufgaben zu 3.4

1. $\left| \begin{array}{rl} 0{,}045 \cdot x &= 0{,}05 \cdot y \\ x + y &= 45\,000 \end{array} \right|$
(23 684,21 DM | 21 315,79 DM)

2. $\left| \begin{array}{rl} 0{,}07x + 0{,}05y &= 2200 \\ 0{,}075(x - 3000) + 0{,}05y &= 2075 \end{array} \right|$
(20 000 DM | 16 000 DM)

3. $\left| \begin{array}{rl} 2x &= 3y \\ x &= y + 15 \end{array} \right|$
(45 | 30)

4. $\left| \begin{array}{c} x = y - 8 \\ x + 28 = 3(y - 28) \end{array} \right|$
(44 Liter | 52 Liter)

5. $\left| \begin{array}{rl} y &= 2{,}5x \\ 2y + 4x &= 90 \end{array} \right|$
(10 | 25)

6. $\left| \begin{array}{rl} x + \frac{1}{3}y &= 15 \\ y + \frac{1}{4}x &= 15 \end{array} \right|$
($10\frac{10}{11}$ fl. | $12\frac{3}{11}$ fl.)

L

Wiederholungsaufgaben

1. a) $(2\,|\,-1)$ b) $(-\frac{7}{17}\,|\,\frac{11}{17})$ c) $(-\frac{37}{9}\,|\,\frac{1}{4})$ 2. a) $(\frac{50}{7}\,|\,\frac{60}{7})$ b) $(5\,|\,2)$ c) $(8{,}718\,|\,-0{,}056)$

3. a) $(\frac{4}{5}\,|\,-\frac{6}{5})$ b) $(23\,|\,13)$ c) $(-\frac{5}{4}\,|\,-\frac{10}{3})$ 4. $(3\,|\,5)$

5. $\left|\begin{array}{rl} 8x + 12y &= 7560 \\ y &= x + 80 \end{array}\right|$ (330 DM | 410 DM)

6. $\left|\begin{array}{rl} x + y &= 50 \\ 2x + 3y &= 110 \end{array}\right|$ (40 | 10)

7. $\left|\begin{array}{rl} y &= 8x \\ y &= 7{,}5x + 30 \end{array}\right|$ (60 | 480)

8. $\left|\begin{array}{rl} y &= 28 + 0{,}18x \\ y &= 24 + 0{,}28x \end{array}\right|$ (40 kWh | 35,20 DM)

Tarif I ist ab 40 kWh günstiger.

9. $\left|\begin{array}{rl} x + y &= 600 \\ 1{,}1x + 1{,}2y &= 688 \end{array}\right|$ (320 Jungen | 280 Mädchen)

10. $\left|\begin{array}{rl} x + y &= \frac{30}{85} \\ x - y &= \frac{3}{14} \end{array}\right|$ $(0{,}2836\,\frac{km}{min}\,|\,0{,}0693\,\frac{km}{min})$ $(17{,}02\,\frac{km}{Std.}\,|\,4{,}16\,\frac{km}{Std.})$

11. $\left|\begin{array}{rl} x + y &= 21 \\ 5x + 3y &= 81 \end{array}\right|$ (9 Männer | 12 Frauen)

12. $\left|\begin{array}{rl} x + y &= 30 \\ 7x &= 5y \end{array}\right|$ (12,5 Tage | 17,5 Tage)

Lektion 4

Aufgaben im Text

1 $\left|\begin{array}{rl} 4\cdot x + 2\cdot y + 9\cdot 2 &= 30 \\ -5\cdot y + 5\cdot 2 &= -2 \\ z &= 2 \end{array}\right|$

$\left|\begin{array}{rl} 4\cdot x + 2\cdot 2{,}4 + 9\cdot 2 &= 30 \\ y &= 2{,}4 \\ z &= 2 \\ & \\ x &= 1{,}8 \\ y &= 2{,}4 \\ z &= 2 \end{array}\right|$

2 $\left|\begin{array}{rl} 3\cdot 3 + 4\cdot(-2) - 5\cdot 1 + 6\cdot 5 &= 26 \\ 6\cdot 3 + 5\cdot(-2) - 6\cdot 1 + 5\cdot 5 &= 27 \\ 9\cdot 3 - 4\cdot(-2) + 2\cdot 1 + 3\cdot 5 &= 52 \\ 2\cdot(-2) - 3\cdot 1 + 5 &= -2 \end{array}\right|$

$\left|\begin{array}{rl} 9 - 8 - 5 + 30 &= 26 \\ 18 - 10 - 6 + 25 &= 27 \\ 27 + 8 + 2 + 15 &= 52 \\ -4 - 3 + 5 &= -2 \end{array}\right|$

3 $\left|\begin{array}{rl} 0 &= 5\cdot 0 \\ 5 &= 0 - 0 + 5 \\ 15 - 0 &= 3\cdot 5 \end{array}\right|$

$\left|\begin{array}{rl} 6 &= 2\cdot 3 \\ 2 &= 3 - 6 + 5 \\ 15 - 9 &= 3\cdot 2 \end{array}\right|$

4 $\left|\begin{array}{rl} 5 + 3 &= 1 + 7 \\ 2\cdot 5 - 3 &= 8 - 1 \\ 3\cdot 5 + 2\cdot 3 &= 1 + 20 \end{array}\right|$

5 $\left|\begin{array}{rl} 2x - 3(0{,}4x + 0{,}2) + 2(0{,}8 - 0{,}4x) &= 1 \\ -4x + 7(0{,}4x + 0{,}2) - 3(0{,}8 - 0{,}4x) &= -1 \\ x - 1{,}5(0{,}4x + 0{,}2) + (0{,}8 - 0{,}4x) &= \frac{1}{2} \end{array}\right|$

$\left|\begin{array}{rl} 2x - 1{,}2x - 0{,}6 + 1{,}6 - 0{,}8x &= 1 \\ -4x + 2{,}8x + 1{,}4 - 2{,}4 + 1{,}2x &= -1 \\ x - 0{,}6x - 0{,}3 + 0{,}8 - 0{,}4x &= \frac{1}{2} \end{array}\right|$

Aufgaben zu 4.1

1. $\left|\begin{array}{rl} x + y + z &= 560 \\ 14x + 12y + 9z &= 6370 \\ y + z &= 420 \end{array}\right|$ (140 | 210 | 210)

2. $\left|\begin{array}{rl} 2x + 5y + 3z &= 88 \\ 3x + 2y + 5z &= 94 \\ 5x + 3y + 2z &= 78 \end{array}\right|$ (6 DM | 8 DM | 12 DM)

Aufgaben zu 4.2

1. a) $(1\,|\,2\,|\,3)$ b) $(16\frac{1}{7}\,|\,25\,|\,6\frac{6}{7})$ c) $(0\,|\,0\,|\,0)$ 2. a) $(2\,|\,1\,|\,-1\,|\,3)$ b) $(-6{,}5\,|\,4{,}5\,|\,-5\,|\,11{,}5)$

Aufgaben zu 4.3

1. keine Lösung 2. $(x\,|\,y\,|\,\frac{3}{2} - \frac{x}{2} + \frac{y}{3})$

Aufgaben zu 4.4

1. $\left| \begin{array}{r} z = x \cdot y + x \\ x + y + z = 6 \\ 5x + y - z = 4 \end{array} \right|$ 2. $(2 \mid 8 \mid 4)$ und $(10\frac{2}{3} \mid 16\frac{2}{3} \mid -13\frac{1}{3})$

$(1 \mid 2 \mid 3)$ und $(\frac{1}{3} \mid 4 \mid 1\frac{2}{3})$

Wiederholungsaufgaben

1. a) $(5 \mid 3 \mid 1)$ b) $(16\frac{1}{7} \mid 20 \mid 6\frac{6}{7})$ c) $(2 \mid -2 \mid 4)$ 2. a) $(-1 \mid 4 \mid -5)$ b) $(2 \mid -1 \mid 3)$ c) $(120 \mid 134 \mid 65)$

3. a) $(166 \mid 50 \mid 45)$ b) $(5 - x_4 \mid -2 + x_4 \mid 7 - x_4 \mid x_4)$ 4. a) keine Lösung b) $(x \mid y \mid 3 - \frac{x}{2} + \frac{y}{3})$
c) $(x \mid \frac{3}{7} + \frac{4}{7}x \mid \frac{8}{7} - \frac{x}{7})$

5. $\left| \begin{array}{l} 3x + 2y + 5z = 40 \\ 2x + 3y + 2z = 32 \\ 5x + y + 10z = 59 \end{array} \right|$
(9 DM | 4 DM | 1 DM)

6. $\left| \begin{array}{l} x_1 + x_2 + x_3 + x_4 = 135 \\ x_1 - x_2 = 0 \\ x_3 + x_4 = 75 \\ x_1 - x_2 + x_3 - x_4 = 5 \end{array} \right|$
$(30 \mid 30 \mid 40 \mid 35)$

7. $\left| \begin{array}{r} x + y + z = 15 \\ -3x + 2y - 3z = 0 \\ -50x + 5y + z = 0 \end{array} \right|$
$(1 \mid 9 \mid 5)$ Zahl: 195

Lektion 5

Aufgaben im Text

1 Schnittpunkte mit der x-Achse: $(r \mid 0)$; $(-r \mid 0)$, Schnittpunkte mit der y-Achse: $(0 \mid r)$; $(0 \mid -r)$

2 $a = 23$ cm; $s = 21{,}9$ cm; $h_a \approx 18{,}64$ cm; $O \approx 1386{,}33\ \text{cm}^2$

3 Für die Koordinaten der von Ihnen gewählten Punkte $(x \mid y)$ muß gelten: $x^2 + y^2 = 156{,}25$. Man wählt einen beliebigen Wert für x mit $-12{,}5 \leq x \leq +12{,}5$ und bestimmt den zugehörigen y-Wert durch $y = \sqrt{156{,}25 - x^2}$.

4 $4^2 + 7{,}5^2 = s^2$; $s = 8{,}5$

Aufgaben zu 5.1

1. a) $v^2 + w^2 = u^2$ b) $x^2 + z^2 = y^2$ c) $r^2 + s^2 = l^2$ d) $e^2 + h^2 = f^2$

2. a) $a^2 + c^2 = b^2$ $b = 10$ cm b) $e^2 + d^2 = c^2$ $d = 5$ cm
c) $g^2 + f^2 = h^2$ $f = 6$ cm d) $l^2 + m^2 = k^2$ $k = 2{,}9$ cm

Aufgaben zu 5.2

1. $x^2 + 1^2 = 2{,}6^2$; $x = 2{,}4$ m 2. $6^2 + 2{,}5^2 = y^2$; $y = 6{,}5$ m; $x = y + 0{,}4$ m; $x = 6{,}9$ m

3. $3600^2 + 1050^2 = x^2$, $x = 3750$ m 4. $d^2 = a^2 + a^2$; $A = a^2 = 9\ \text{cm}^2$ 5. $A = \sqrt{243} \approx 15{,}59\ \text{cm}^2$

Aufgaben zu 5.3

a) ja b) ja c) nein d) ja e) nein f) ja

Aufgaben zu 5.4

1. a) $s = 3{,}7$ b) $s = 14{,}6$ c) $s = 8{,}9$ d) $s = 5$
2. a) $x^2 + y^2 = 5{,}3^2$; $y = \sqrt{5{,}3^2 - x^2}$ b) $x^2 + y^2 = 2{,}6^2$; $y = -\sqrt{2{,}6^2 - x^2}$
c) $x^2 + y^2 = 3{,}4^2$; $y = \sqrt{3{,}4^2 - x^2}$ d) $x^2 + y^2 = 5{,}8^2$; $y = -\sqrt{5{,}8^2 - x^2}$
3. $y = 7{,}5$; $y = -7{,}5$

4. $(r_1)^2 = x^2 + (\frac{s}{2})^2$; $x = 2{,}8$ cm $(r_2)^2 = y^2 + (\frac{s}{2})^2$; $y = 10{,}8$ cm $(\overline{M_1M_2}) = x + y = 13{,}6$ cm

Aufgaben zu 5.5

1. $h^2 = s^2 - \frac{a^2}{2}$, $h = 2{,}06$ m 2. $M \approx 110{,}08\ \text{m}^2$ 3. $V \approx 64{,}34\ \text{cm}^3 \approx 0{,}064$ l

L

Wiederholungsaufgaben

1. $d = 5{,}3$ cm
2. a) $a = 6$
   b) $a = 4{,}1$
   c) $a = 2{,}9$
3. $d \approx 13{,}86$ cm
4. Länge der Dachsparren: 3,75 m
5. $a = 4$ cm
6. $V \approx 391{,}78\ \text{cm}^3$
7. $A \approx 9{,}24\ \text{cm}^2$
8. $M = 4 \cdot \frac{1}{2} \cdot a \cdot h_a = 117{,}6\ \text{m}^2$
9. a) $y = -\sqrt{2{,}5^2 - x^2}$ b) $S_1\ (2{,}5 \mid 2{,}5)$; $S_2\ (-2{,}5 \mid 2{,}5)$; $S_3\ (-2{,}5 \mid -2{,}5)$; $S_4\ (2{,}5 \mid -2{,}5)$

Lektion 6

Aufgaben im Text

1. Maßstab 30 : 1 ; $b = 155$ cm
   Maßstab 50 : 1 ; $b = 255$ cm
2.
$$\begin{aligned} O &= 2 \cdot \pi \cdot r^2 + 2 \cdot \pi \cdot r \cdot h && \mid -2 \cdot \pi \cdot r^2 \\ O - 2 \cdot \pi \cdot r^2 &= 2 \cdot \pi \cdot r \cdot h && \mid : (2 \cdot \pi \cdot r) \\ \frac{O}{2 \cdot \pi \cdot r} - \frac{2 \cdot \pi \cdot r^2}{2 \cdot \pi \cdot r} &= h \\ \frac{O}{2 \cdot \pi \cdot r} - r &= h \end{aligned}$$

Aufgaben zu 6.1

1. a) $r = \sqrt{\frac{O}{4 \cdot \pi}}$
   b) $t = \frac{s}{v}$
   c) $s = \frac{O}{\pi \cdot r} - r$
   d) $t = \sqrt{\frac{2 \cdot s}{a}}$
   e) $f = \frac{g \cdot b}{g + b}$
2. $s = v \cdot t$; $s = 50$ km
3. $i = \frac{100 \cdot z}{k \cdot p}$; $i = 0{,}75$ Jahre $= 9$ Monate
4. $r = \sqrt{\frac{3 \cdot V}{\pi \cdot h}}$; $r = 0{,}798$ dm ≈ 8 cm
5. $r = \sqrt[3]{\frac{3 \cdot V}{4 \cdot \pi}}$; $r = 2{,}12$ m, $d = 4{,}24$ m

Aufgaben zu 6.2

1. $V = \frac{4}{3} \cdot \pi \cdot \left(\sqrt{\frac{O}{4 \cdot \pi}}\right)^3$; $V = 94{,}03\ \text{m}^3$
2. $d = 2 \cdot r = 2 \cdot \sqrt{\frac{m}{\rho \cdot \pi \cdot h}}$; $d = 1{,}58$ mm
3. $f = \frac{A \cdot g}{1 + A}$; $b = A \cdot g$; $f = 58{,}5$ mm; $b = 2{,}40$ m
4. $v = \sqrt{2 \cdot a \cdot s}$; $t = \sqrt{\frac{2 \cdot s}{a}}$; $v = 30\ \frac{\text{m}}{\text{s}} = 108\ \frac{\text{km}}{\text{h}}$; $t = 12$ s

Aufgaben zu 6.3

1. $b = \sqrt{\frac{h^4}{p^2} + h^2}$; $b = 7{,}5$ cm; $a = \sqrt{h^2 + p^2}$; $a = 10$ cm
2. $q = \frac{a^2}{p} - p$; $q = 18$ cm
3. $h = \sqrt{c \cdot p - p^2}$; $h = 5$ cm
4. Nach dem Satz des Pythagoras gilt: $b^2 = h^2 + q^2$
   Setzt man nach dem Höhensatz $h^2 = p \cdot q$, so gilt: $b^2 = p \cdot q + q^2$
   $b^2 = q \cdot (p + q)$
   Da $p + q = c$, gilt: $b^2 = q \cdot c$

Wiederholungsaufgaben

1. a) $p = \frac{100 \cdot z}{k \cdot i}$ b) $r = \sqrt{\frac{V}{\pi \cdot h}}$ c) $a = \frac{2 \cdot s}{t^2}$
2. $h = \frac{4}{3} \cdot r$
3. $c = \frac{a^2}{\sqrt{a^2 - h^2}}$; $c = 6{,}25$ cm
4. $a = \sqrt{\frac{3 \cdot V}{h}}$; $a = 25{,}5$ m
5. $s = \frac{O}{\pi \cdot r} - r$; $s = 17{,}9$ cm
6. $t = \frac{v}{a}$; $t = 13{,}9$ s; $s = \frac{v^2}{2 \cdot a}$; $s = 192{,}9$ m
7. a) $m = \rho \cdot \pi \cdot r^2 \cdot h$; $V \approx 0{,}07854\ \text{cm}^3$; $m \approx 1{,}516$ g
   b) Berechnung der Breite: $b = \sqrt[3]{\pi \cdot r^2 \cdot h}$; $b = 0{,}92$ cm, $a = 1{,}84$ cm, $h = 0{,}46$ cm

Lektion 7

Aufgaben im Text

1 5 Liter zu 70 %: $x = \frac{5}{12}$; $y = \frac{55}{12}$

8 Liter zu 50 %: $x = \frac{10}{3}$; $y = \frac{14}{3}$

20 Liter zu 35 %: $x = \frac{40}{3}$; $y = \frac{20}{3}$

2 Limonade mit 4 % Fruchtanteil: x = 24 l Wasser.
Fruchtsaftgetränk mit 10 % Fruchtanteil: x = 9 l Wasser.

Aufgaben zu 7.1

1. a) $x = a - b$ b) $x = 2{,}5\,a$ für $a \neq 0$ (für $a = 0$ ist $L = \mathbb{R}$)

2. $x = a - 2$

Für	a = 4	a = –3	a = 0,3	a = 0
ist	x = 2	x = –5	x = –1,7	L = IR

3. $x = \frac{2c}{a - c}$ für $a \neq c$ (für $a = c$ ist $L = \mathbb{R}$). Für $a = 2$ und $x = 8$ ist $c = 1{,}6$.

4. a) $x = -2a$ für $a \neq 0$ (für $a = 0$ ist $L = \mathbb{R}$) b) $x = \frac{3b - 2}{4}$

Aufgaben zu 7.2

1. a) $L = \{ (-2a \mid 3a) \}$ b) $L = \{ (\frac{-13}{a} \mid \frac{-8}{a}) \}$ für $a \neq 0$

2. $L = \{ (a + b \mid a - b) \}$ für $a \neq \pm b$. Die Lösung $(-4 \mid 7)$ erhält man für $a = 1{,}5$, $b = -5{,}5$.

Aufgabe zu 7.3

a) $x_1 = a$; $x_2 = 4a$ b) $x_1 = \frac{-a}{2}$; $x_2 = \frac{2a}{3}$ c) $x_1 = a + 1$; $x_2 = a - 1$

d) $x_1 = a + 5$; $x_2 = a - 4$ e) $x_1 = a + 3$; $x_2 = a + 8$ f) $x_1 = a$; $x_2 = a + 2b$

Wiederholungsaufgaben

1. a) $x = c$ für $a \neq b$ b) $x = -6b$ für $a \neq -3$ c) $x = -a$ für $a \neq 0$ d) $x = -1$ für $a \neq -1$

2. a) $(a - 1 \mid a + 2)$ für $a \neq 0$ b) $(2a - 1 \mid b + 1)$ für $a, b \neq 0$ c) $(\frac{a}{7} \mid 0)$ für $a \neq -\frac{4b}{3}$, $a \neq 0$

3. a) $x_1 = 3a$; $x_2 = \frac{a}{2}$ b) $x_1 = a + 2$; $x_2 = 3 - a$ c) $x_1 = a + b$; $x_2 = a - b$

4. $x = \frac{7b}{b - 1}$ für $a \neq 0$, $b \neq 0$, $b \neq 1$. Für $b = -2{,}5$ und $a \in \mathbb{R}^*$ hat die Gleichung die Lösung $x = 5$.

5. Für $8 \cdot (x + 4) = 5 \cdot (x - 5) + a$ erhält man $x = -19 + \frac{a}{3}$. Mit $5 = -19 + \frac{a}{3}$ ist $a = 72$.

6. Allgemein: $x = 1{,}6a$. Für $a = 1$ wird $x = 1{,}6$, für $a = 5$ wird $x = 8$ und für $a = -4$ wird $x = -6{,}4$.

7. a) $x = \frac{1}{a - 1}$ mit $a \neq 0$, $a \neq 1$, $a \neq -1$, b) $x = 10a$ mit $a \neq 0$, $a \neq -2$ c) $x = 2a - b$, $a \neq 0$

8. a) $(2a \mid -b)$, $a \neq 0$, $a \neq b$ b) $(3c \mid 2c + 1)$, $c \neq 0$ c) $(a + b \mid -3b)$ d) $(-\frac{6b}{a} \mid 5)$, $a, b \neq 0$

9. $x = 2a - b$; $y = -2a + 3b$, $b \neq 0$, $a^2 \neq 2b^2$ Für $a = -\frac{1}{4}$ und $b = \frac{5}{2}$ wird $x = -3$ und $y = 8$.

10. a) $x_1 = b - 4$ $x_2 = b + 2$, $a \neq 0$ b) $x_1 = a - 2b$ $x_2 = a + 2b$
c) $x_1 = b$ $x_2 = 2a + b$, $a \neq 0$ d) $x_1 = -3b$ $x_2 = 2b$, $a \neq 1$

11. $x_1 = -a + 3b$ $x_2 = 2a + 3b$, $a \neq 0$ Für $a = 5$ und $b = -1$ sowie für $a = -5$ und $b = \frac{2}{3}$ wird $x_1 = -8$ und $x_2 = 7$.

Lektion 8

Aufgaben im Text

1. $f^*: y = +\sqrt{x - 2}$ mit $D = \{ x \in \mathbb{R} \mid x \geq 2 \}$

2. $f^*: y = -\sqrt{x} - 3$; $D = \mathbb{R}_+$

3.

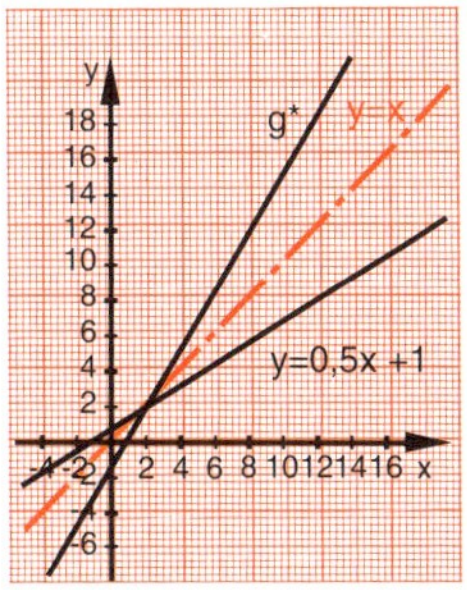

4. $f^*: x = 0{,}5y + 1$; $f^*: 2x - 2 = y$

L

Aufgaben zu 8.1

1.

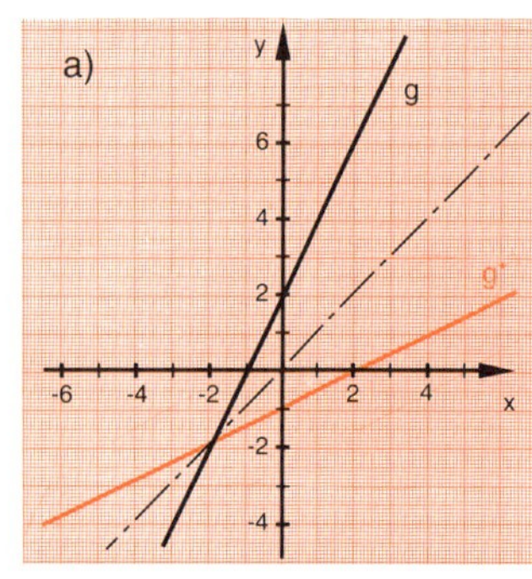

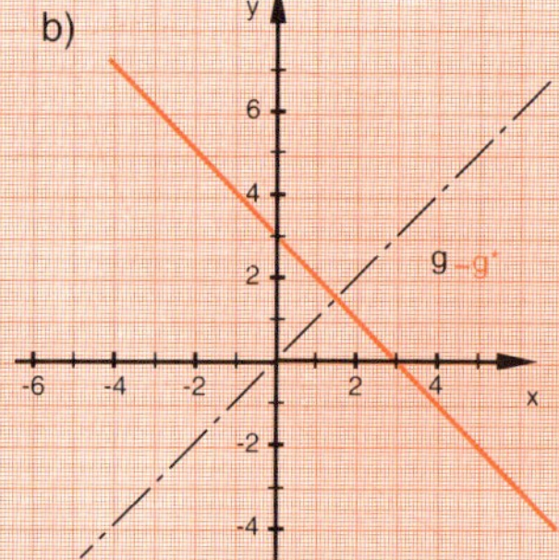

2.

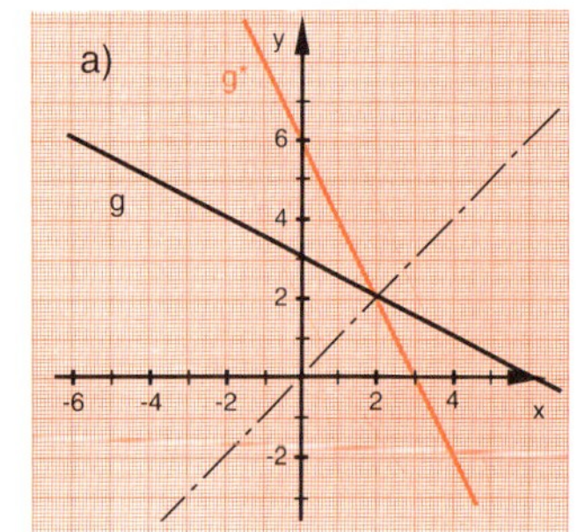

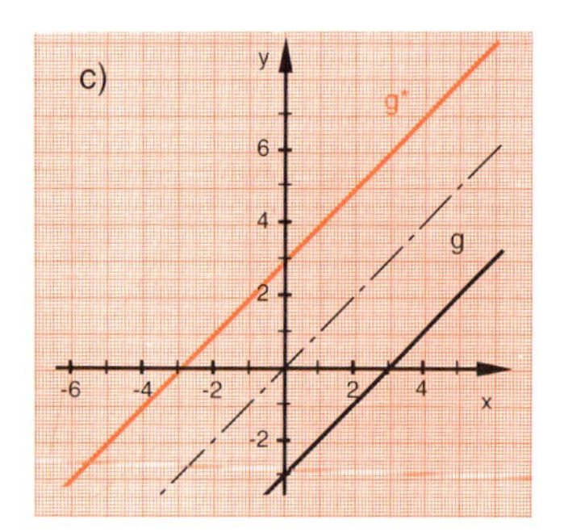

Aufgabe zu 8.2

a) $f^*: y = 4x + 32$ b) $f^*: y = -0{,}2x + 3{,}6$ c) $f^*: y = x + 7$

d) $f^*: y = -\frac{1}{3}x - 1{,}2$ e) $f^*: y = -x + 2{,}5$ f) $f^*: y = \frac{4}{3}x - 16$

Aufgabe zu 8.3

1. a) umkehrbar b) nicht umkehrbar c) nicht umkehrbar

d) nicht umkehrbar e) umkehrbar f) nicht umkehrbar

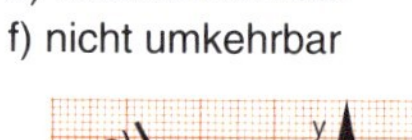

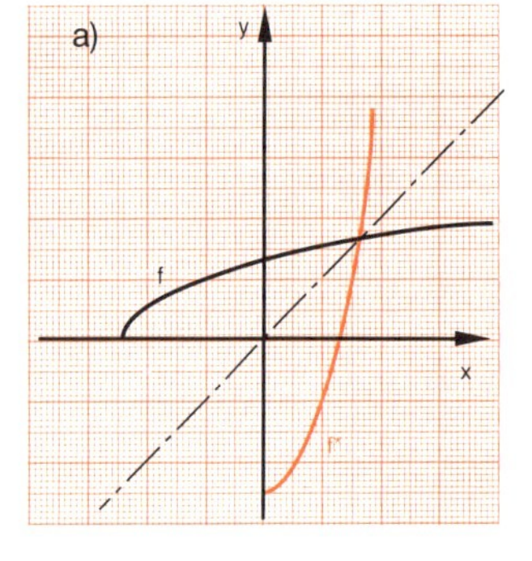

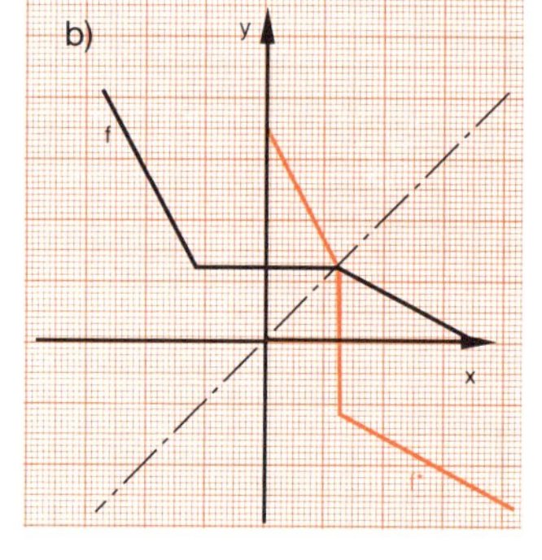

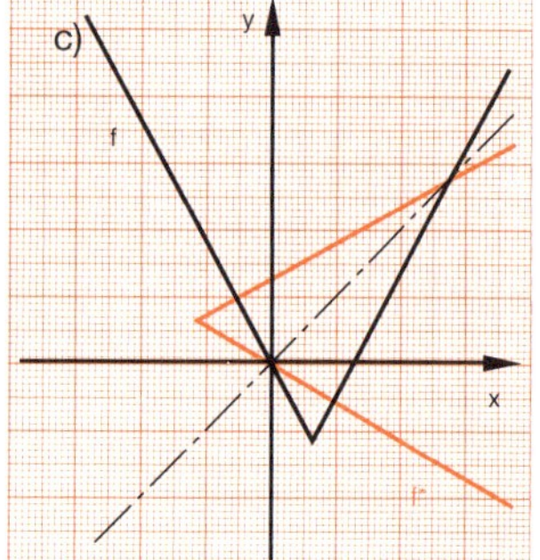

Aufgaben zu 8.4

1.

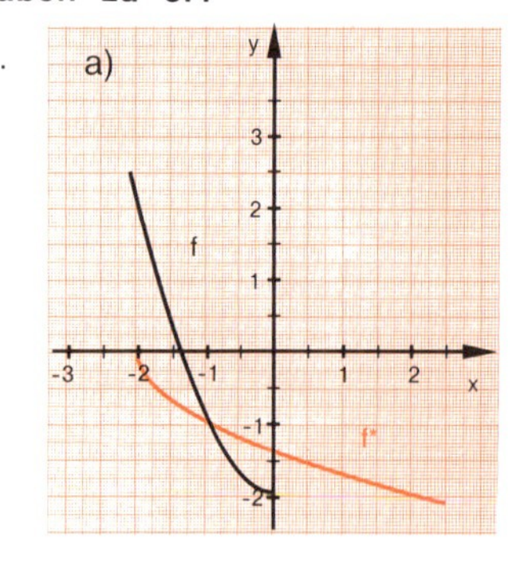

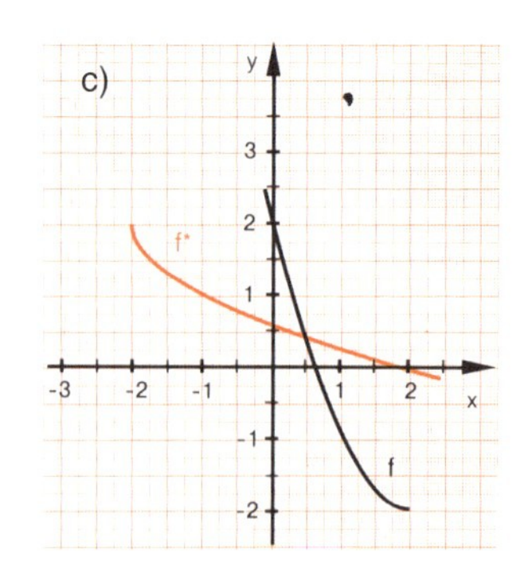

2. a) $f: y = x^2 - 2$ $\quad D = IR_-$ $\quad f^*: y = -\sqrt{x+2}$ $\quad D = \{ x \in IR \mid x \geq -2 \}$

b) $f: y = (x+2)^2$ $\quad D = \{ x \in IR \mid x \geq -2 \}$ $\quad f^*: y = \sqrt{x} - 2$ $\quad D = IR_+$

c) $f: y = (x-2)^2 - 2$ $\quad D = \{ x \in IR \mid x \leq 2 \}$ $\quad f^*: y = -\sqrt{x+2} + 2$; $\quad D = \{ x \in IR \mid x \geq -2 \}$

3. a) $f^*: y = +\sqrt{x+4} - 3$ $\quad D = \{ x \in IR \mid x \geq -4 \}$

b) $f^*: y = +\sqrt{0{,}25x + \frac{15}{4}} + 1{,}5$ $\quad D = \{ x \in IR \mid x \geq -15 \}$

c) $f^*: y = -\sqrt{x-5} + 5$ $\quad D = \{ x \in IR \mid x \geq 5 \}$

d) $f^*: y = -\sqrt{\frac{1}{3}x + 3} - 2$ $\quad D = \{ x \in IR \mid x \geq -9 \}$

4. a) $D = \{ x \in IR \mid x \geq 4 \}$ oder $D = \{ x \in IR \mid x \leq 4 \}$
b) $D = \{ x \in IR \mid x \geq -2{,}5 \}$ oder $D = \{ x \in IR \mid x \leq -2{,}5 \}$
c) $D = \{ x \in IR \mid x \geq -3 \}$ oder $D = \{ x \in IR \mid x \leq -3 \}$
d) $D = \{ x \in IR \mid x \geq 1{,}5 \}$ oder $D = \{ x \in IR \mid x \leq 1{,}5 \}$

Wiederholungsaufgaben

1. a) nein
b) ja
c) ja
d) nein

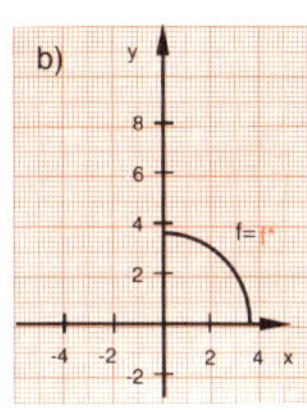

2. a) $f^*: y = -0{,}2x + 1{,}6$
b) $f^*: y = \sqrt{x} - 7$ $\quad D = IR_+$
c) $f^*: y = \sqrt{x + 0{,}25} - 0{,}5$; $\quad D = \{ x \in IR \mid x \geq -0{,}25 \}$
d) $f^*: y = 2{,}5x + 15$
e) $f^*: y = \sqrt{5 - x}$ $\quad D = \{ x \in IR \mid x \leq 5 \}$
f) $f^*: y = -\sqrt{x} + 4{,}5$ $\quad D = IR_+$

3. a) $D = \{ x \in IR \mid x \geq 5 \} \Rightarrow f^*: y = +\sqrt{x+17} + 5,$ $\quad D = \{ x \in IR \mid x \geq -17 \}$
$D = \{ x \in IR \mid x \leq 5 \} \Rightarrow f^*: y = -\sqrt{x+17} + 5,$ $\quad D = \{ x \in IR \mid x \geq -17 \}$

b) $D = \{ x \in IR \mid x \geq -1{,}5 \} \Rightarrow f^*: y = +\sqrt{0{,}5x} - 1{,}5$ $\quad D = IR_+$
$D = \{ x \in IR \mid x \leq -1{,}5 \} \Rightarrow f^*: y = -\sqrt{0{,}5x} - 1{,}5$ $\quad D = IR_+$

c) $D = \{ x \in IR \mid x \geq -2 \} \Rightarrow f^*: y = +\sqrt{-4x-8} - 2$ $\quad D = \{ x \in IR \mid x \leq -2 \}$
$D = \{ x \in IR \mid x \leq -2 \} \Rightarrow f^*: y = -\sqrt{-4x-8} - 2$ $\quad D = \{ x \in IR \mid x \leq -2 \}$

4. $f^*: y = \sqrt{\frac{x-c}{a}} + b,$ $\quad D = \{ x \in IR \mid \frac{x}{a} \geq \frac{c}{a} \}$

5. a) $D = \{ x \in IR \mid x \geq 4 \}$; $\quad W = \{ y \in IR \mid y \leq 8 \}$
b) $D = IR_+$; $\quad W = \{ y \in IR \mid y \geq 3 \}$
c) $D = \{ x \in IR \mid x \leq -3 \}$; $\quad W = IR_+$

Lektion 9

Aufgaben im Text

1 Nach etwa 8 Jahren

2
$2 < 3 < 4$
$2{,}828 < 3 < 3{,}031$
$2{,}990 < 3 < 3{,}010$
$2{,}998 < 3 < 3{,}000078$

3
$$\log_2 x^4 - 3 = \log_2 x^3$$
$$\log_2 x^4 - \log_2 x^3 = 3$$
$$\log_2 \frac{x^4}{x^3} = 3$$
$$\log_2 x = 3$$
$$2^3 = x$$
$$x = 8$$

4

5

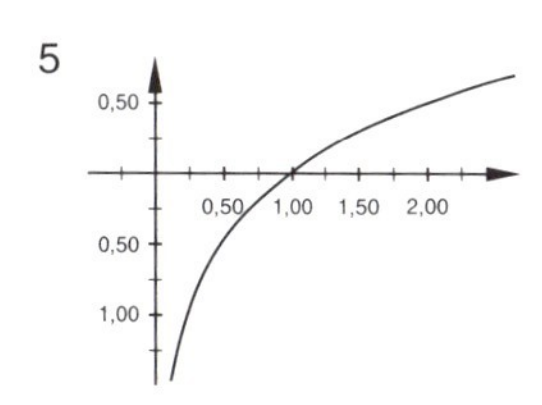

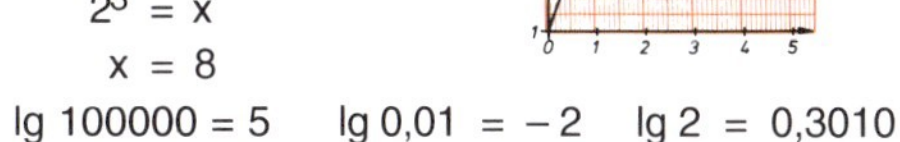

6 lg 100 = 2 $\quad$ lg 100000 = 5 $\quad$ lg 0,01 = −2 $\quad$ lg 2 = 0,3010
lg 5 = 0,6990 $\quad$ lg 200 = 2,3010

L

7 $\log_2 3 = 1{,}5849625$

8 $2 \log_b u + \frac{1}{3} \log_b v - 5 \log_b w$

9 $\log_5 125 = 3$ $\log_{10} 10000 = 4$ $\log_3 \sqrt{27} = \frac{3}{2}$

Aufgaben zu 9.1

1. a)

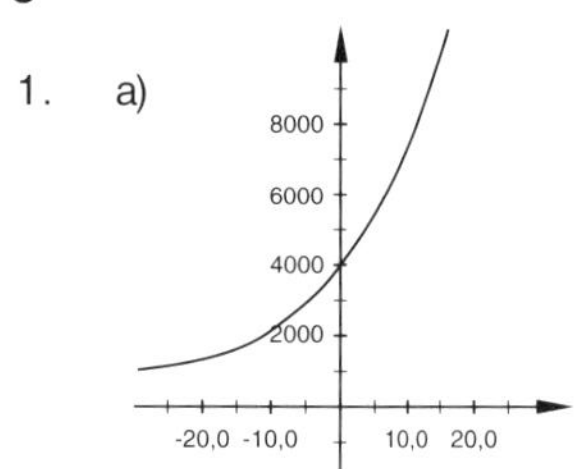

b)

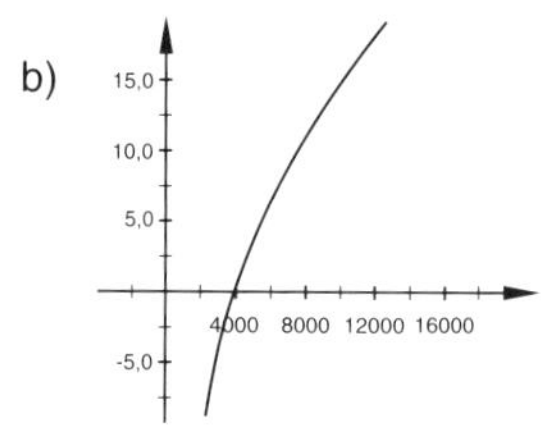

nach etwa $17\frac{1}{2}$ Jahren

2. a) $y = \log_3 x$
   b) $y = \log_{10} x$
   c) $y = \log_{0,5} x$
   d) $y = \log_2 \frac{x}{5}$

3. Die Funktionen sind alle monoton und damit umkehrbar.

Aufgaben zu 9.2

1. a) $\log_3 0{,}5 < \log_3 1{,}3 < \log_3 2 < \log_3 7 < \log_3 15$
   b) $\log_{10} \frac{1}{100} < \log_{10} \frac{1}{10} < \log_{10} 5 < \log_{10} 30 < \log_{10} 100$

2. a) $y = 1{,}8^x$ streng monoton steigend, Asymptote x-Achse
   b) $y = \log_3 x$ streng monoton steigend, Asymptote y-Achse
   c) $y = \log_{0,1} x$ streng monoton fallend, Asymptote y-Achse
   d) $y = 0{,}1^x$ streng monoton fallend, Asymptote x-Achse
   e) $y = (\frac{1}{4})^x$ streng monoton fallend, Asymptote x-Achse
   f) $y = \log_{30} x$ streng monoton steigend, Asymptote y-Achse

3. a) $A(0 \mid 1)$
   b) $B(1 \mid 0)$, $D(3 \mid 1)$
   c) $B(1 \mid 0)$, $E(\frac{1}{10} \mid 1)$
   d) $A(0 \mid 1)$, $F(1 \mid \frac{1}{10})$
   e) $A(0 \mid 1)$
   f) $B(1 \mid 0)$

Aufgaben zu 9.3

1. a) 1,0792 b) 1,3802 c) 0,4772 d) – 0,4772 e) 0,6020 f) 1,5564

2. a) $7 \log_b v - 3 \log_b w$ b) $2 \log_b m + \frac{1}{3} \log_b n - 3 \log_b p$ c) $\frac{1}{3} \log_b p + \frac{2}{3} \log_b q$

3. $\log_5 x + 2 \log_5 3 = \log_5 7$
   $\log_5 (x \cdot 3^2) = \log_5 7$
   $9x = 7$
   $x = \frac{7}{9}$

Aufgaben zu 9.4

1. $4997{,}51 = 2500 \cdot 1{,}08^n$
   $1{,}08^n = \frac{4997{,}51}{2500}$
   $n \cdot \lg 1{,}08 = \lg \frac{4997{,}51}{2500}$
   $n = \frac{\lg \frac{4997{,}51}{2500}}{\lg 1{,}08}$
   $n = 9$

2. $3 = 1{,}05^n$
   $n \cdot \lg 1{,}05 = \lg 3$
   $n = \frac{\lg 3}{\lg 1{,}05}$
   $n = 22{,}517$
   etwa $22\frac{1}{2}$ Jahre

3. $118000 = 55000 \cdot 1{,}0154^t$
   $t \cdot \lg 1{,}0154 = \lg \frac{118000}{55000}$
   $t = \frac{\lg \frac{118000}{55000}}{\lg 1{,}0154}$
   $t = 49{,}949$
   etwa 50 Jahre

4. a) $12^x = 32$
   $x \lg 12 = \lg 32$
   $x = 1{,}3947$

   b) $3{,}2 \cdot 5{,}6^x = 5{,}1$
   $x \lg 5{,}6 = \lg (5{,}1 : 3{,}2)$
   $x = 0{,}2705$

5. a) $\log_2 10 = 3{,}3219$ b) $\log_5 62 = 2{,}5643$ c) $\log_3 15 = 2{,}4650$ d) $\log_{2,7} 3{,}14 = 1{,}1520$

Aufgaben zu 9.5

1.

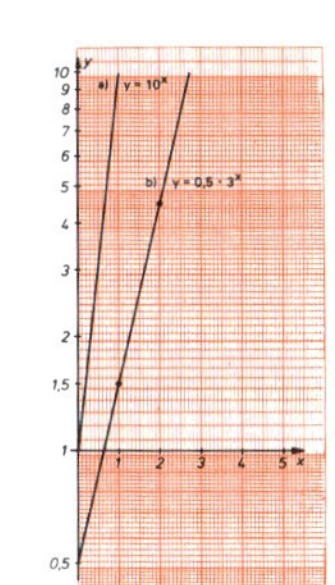

2.

Wiederholungsaufgaben

1. a) $y = 15^x$ $y = \log_{15} x$ b) $y = 2 \cdot 2^x$ $y = \log_2(\frac{1}{2}x)$ c) $y = 10^{-x}$ $y = -\log_{10} x$

2. a) $\log_2 40 = \log_2(8 \cdot 5) = \log_2 8 + \log_2 5 = 3 + 2{,}3219 = 5{,}3219$
   b) $\log_2 1{,}6 = \log_2(8:5) = \log_2 8 - \log_2 5 = 3 - 2{,}3219 = 0{,}6781$
   c) $\log_2 0{,}625 = \log_2(5:8) = \log_2 5 - \log_2 8 = 2{,}3219 - 3 = -0{,}6781$

3. a) $\log_b \frac{a^3 \cdot \sqrt[4]{c}}{\sqrt{e}} = 3 \log_b a + \frac{1}{4} \log_b c - \frac{1}{2} \log_b e$ b) $\log_b(u^2 \cdot \sqrt[3]{v}) = 2 \log_b u + \frac{1}{3} \log_b v$

4. a) $6^x = 17$ $x = \frac{\lg 17}{\lg 6} = 1{,}5812$ b) $25 - 3 \cdot 4^z = 0$ $z = \frac{\lg \frac{25}{3}}{\lg 4} = 1{,}5294$

5. a) $\log_{20} 10 = \frac{\lg 10}{\lg 20} = 0{,}7686$ b) $\log_2 1000 = \frac{\lg 1000}{\lg 2} = 9{,}9658$

6.
$$5 = 1{,}085^t \qquad 3 = 1{,}085^t \qquad 4660 = 1000 \cdot 1{,}085^t$$
$$t \cdot \lg 1{,}085 = \lg 5 \qquad t \cdot \lg 1{,}085 = \lg 3 \qquad t \cdot \lg 1{,}085 = \lg 4{,}66$$
$$t = \frac{\lg 5}{\lg 1{,}085} \qquad t = \frac{\lg 3}{\lg 1{,}085} \qquad t = \frac{\lg 4{,}66}{\lg 1{,}085}$$
$$t = 19{,}728 \qquad t = 13{,}467 \qquad t = 18{,}865$$

7. $N = N_0 \cdot \sqrt[3]{2}^{\,t}$ $10\,000 = 1 \cdot \sqrt[3]{2}^{\,t}$ $t \cdot \lg \sqrt[3]{2} = \lg 10\,000$ $t = \frac{\lg 10\,000}{\lg \sqrt[3]{2}}$ $t = 39{,}9$ Minuten

N ist die Anzahl der Zellen nach t Minuten. N_0 ist die ursprüngliche Anzahl der Zellen. Wenn sich die Anzahl der Zellen alle 3 Minuten verdoppelt, muß die Basis der Exponentialfunktion $\sqrt[3]{2}$ sein.

8. a) $y = 15^x$

x	y
0	1
1	15
1.106	20

b) $y = 2 \cdot 2^x$

x	y
0	2
1	4
2	8
3	16

c) $y = 10^{-x}$

x	y
−2	100
−1	10
0	1
1	0,1
2	0,01

zu 8.

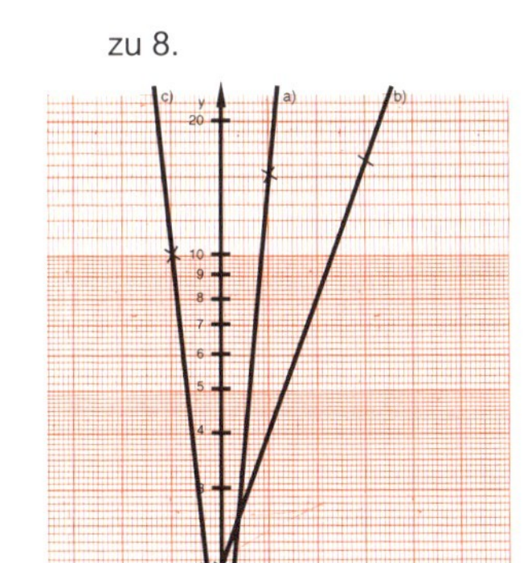

Lektion 10

Aufgabe im Text

1

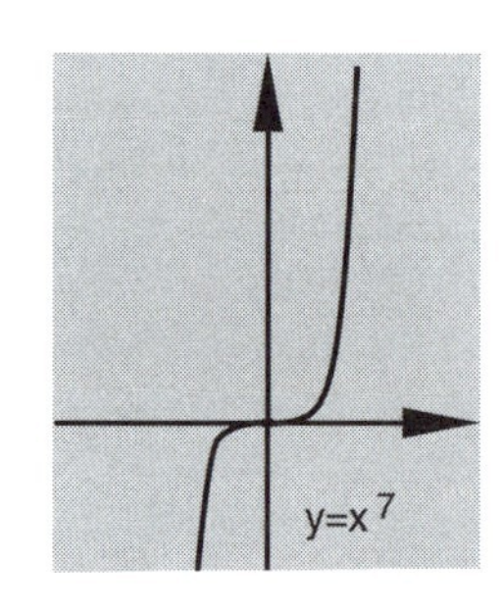

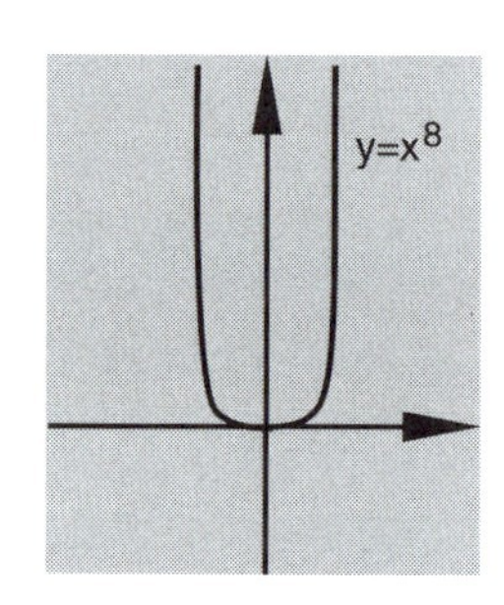

Aufgaben zu 10.1

1.

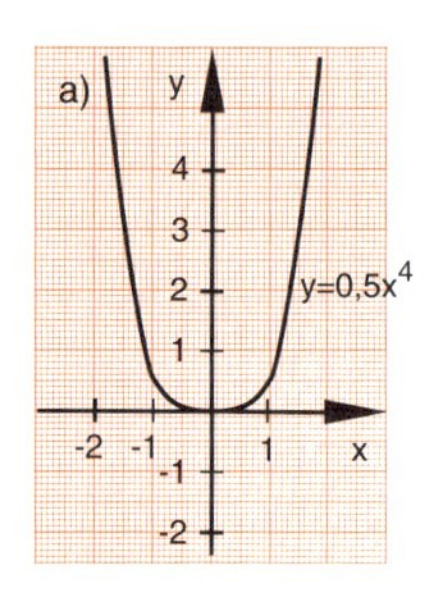

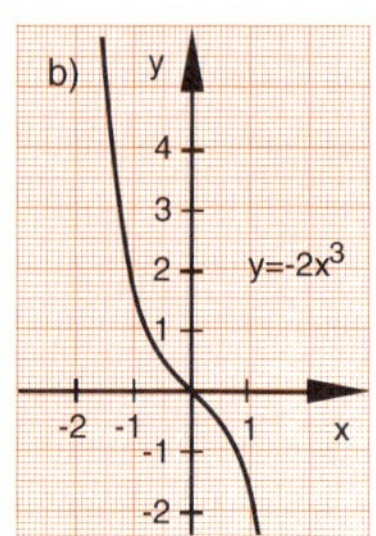

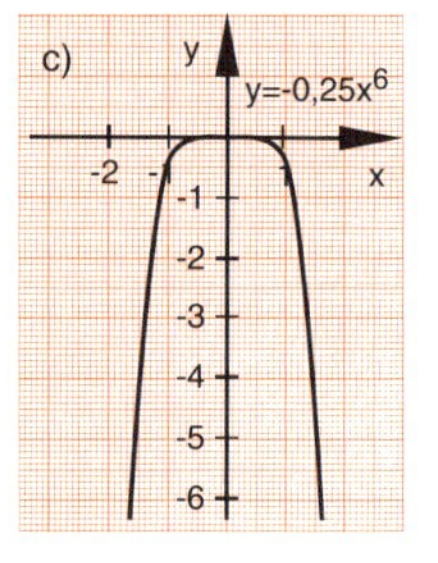

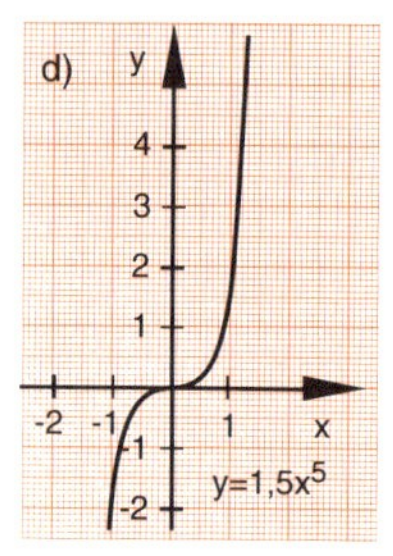

2.	a) $y = 1{,}5\,x^2$	b) $y = -0{,}5\,x^5$	c) $y = 0{,}25\,x^3$	d) $y = 0{,}1\,x^6$
3.	a) $y = x^4$	b) $y = x^3$	c) $y = x^5$	d) $y = x$
4.	a) $y = 0{,}25\,x^4$	b) $y = 1{,}5\,x^3$	c) $y = -0{,}5\,x^2$	

Aufgaben zu 10.2

1. a)	(–2 ǀ 9,6);	(–1 ǀ 0,6);	(0 ǀ 0);	(1 ǀ 0,6);	(3 ǀ 48,6)
b)	(– 5 ǀ –375);	(–1 ǀ –3);	(0 ǀ 0);	(1 ǀ 3);	(1,5 ǀ 10,125)
c)	(– 3 ǀ 121,5);	(–1 ǀ 0,5);	(0 ǀ 0);	(1 ǀ – 0,5);	(2 ǀ –16)
d)	(– 1 ǀ – 4);	(–0,5 ǀ –0,625);	(0 ǀ 0);	(1 ǀ – 4);	(1,5 ǀ –45,5625)

2. a) P_1 (0 ǀ 2); P_2 (1 ǀ 3); P_3 (– 1 ǀ 1); b) P_1 (0 ǀ – 3); P_2 (1 ǀ – 2); P_3 (– 1 ǀ – 2);
c) P_1 (0 ǀ – 5); P_2 (1 ǀ – 4); P_3 (– 1 ǀ – 6); d) P_1 (0 ǀ 2,5); P_2 (1 ǀ 3,5); P_3 (– 1 ǀ 3,5)
e) n gerade: P_1 (0 ǀ c); P_2 (1 ǀ c + 1); P_3 (– 1 ǀ c + 1)
n ungerade: P_1 (0 ǀ c); P_2 (1 ǀ c + 1); P_3 (– 1 ǀ c – 1)

Aufgaben zu 10.3

1. a)

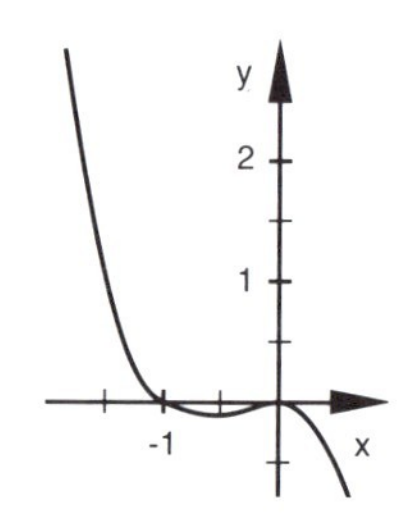

b)

2. a) für $x < -1$ und $x > 0$ b) für $0 < x < 1$
c) für $x < 0$ und $x > 1$ d) für $-1 < x < 0$

3. a) ja, achsensymmetrisch zur y-Achse b) nein
c) nein d) ja, punktsymmetrisch zu (0 ǀ 0)

4.

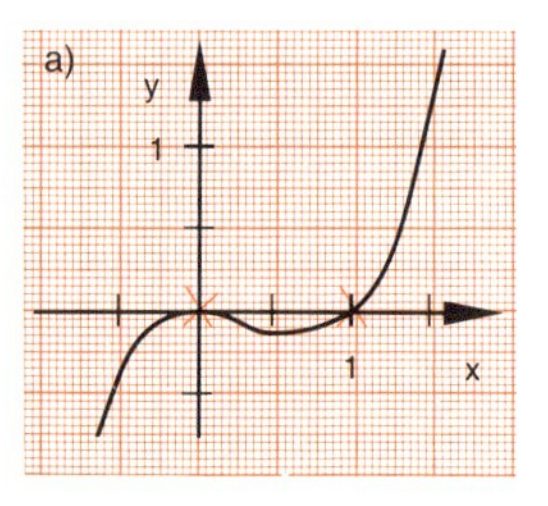

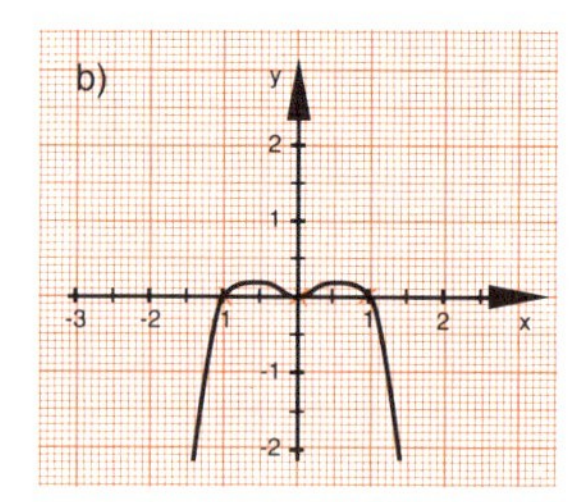

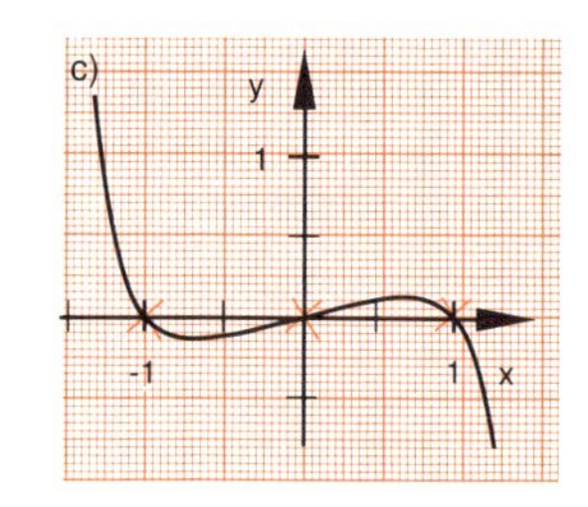

Wiederholungsaufgaben

1.

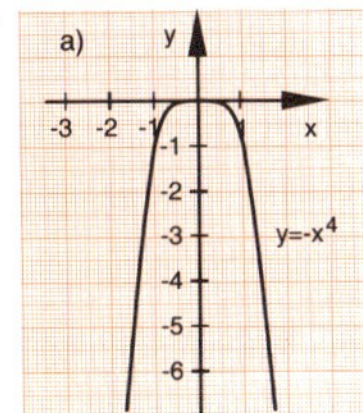

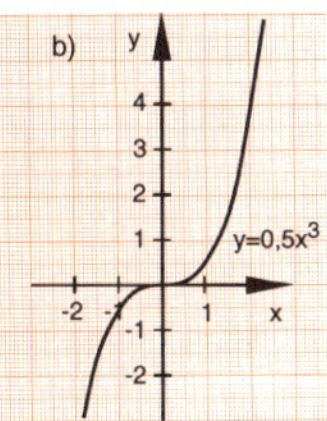

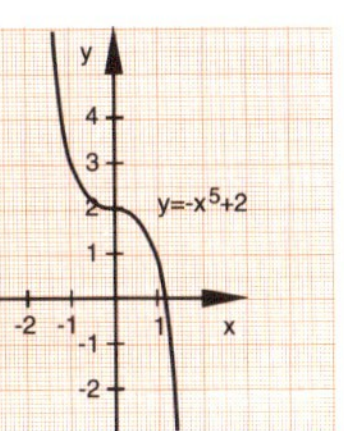

2. a) ja, punktsymmetrisch zu (0 | 0) b) ja, achsensymmetrisch zur y-Achse c) nein d) nein

3. a) $y = -0{,}5\,x^4$ b) $y = 2\,x^5$ c) $y = x^3 + 2$

4. a) für $x < -1$ b) für $x < 0$ und $0 < x < 1$ c) für $x > 1$

5. a) (–2 | 64); (–1 | 1); (0 | 0); (1 | 1) b) (–1 | 0,8); (0 | 0); (1 | –0,8); (1,5 | –2,7)
c) (–2 | 6); (–1 | 0); (0 | 0); (1 | 0)

Lektion 11

Aufgaben im Text

1
62,1
19,6
2,9
0
– 1,1
– 12,4
– 45,9

3

	Grad	Nullstellen	Maxima	Minima
a)	4	4	1	2
b)	4	3	1	2
c)	4	0	1	2
d)	4	4	2	1

6

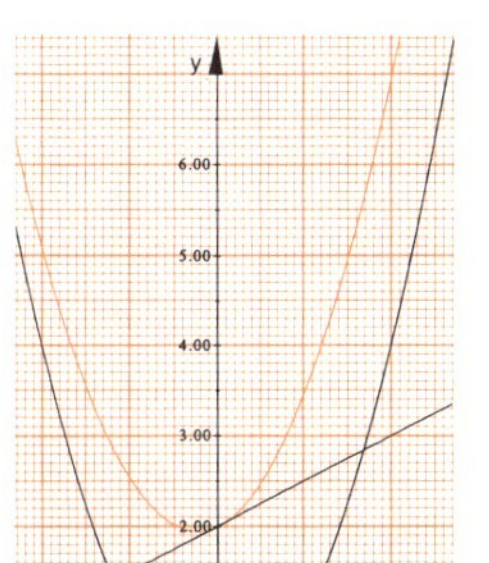

2. $y = a_7 x^7 + \ldots + a_1 x + a_0$

4 $x = 0{,}3$ m $V = 0{,}027\ m^3 = 27\ dm^3$

5

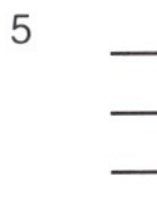

x	y
– 4	22
– 3	2
– 2	– 4
– 1	– 2
0	2
1	2
2	– 8

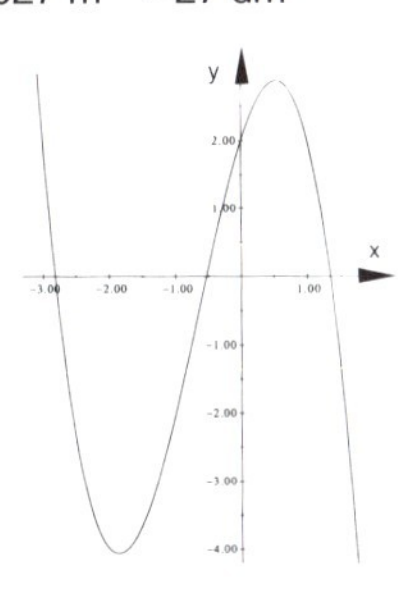

7

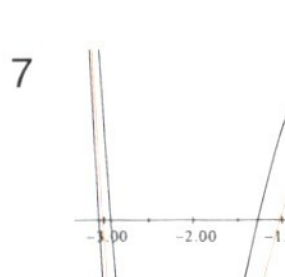

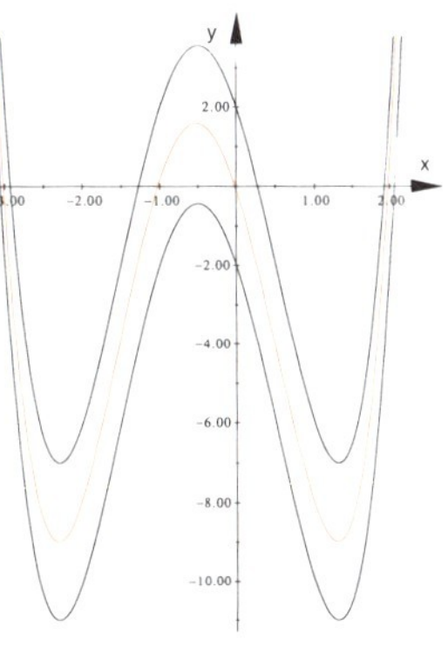

Aufgaben zu 11.1

1. a) $f(x) = x^3$, $g(x) = x - 1$, $h = f + g$ b) $f(x) = x^2 + 1$, $g(x) = x$, $h = f - g$

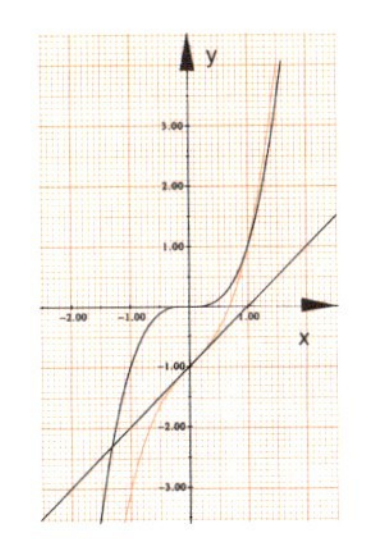

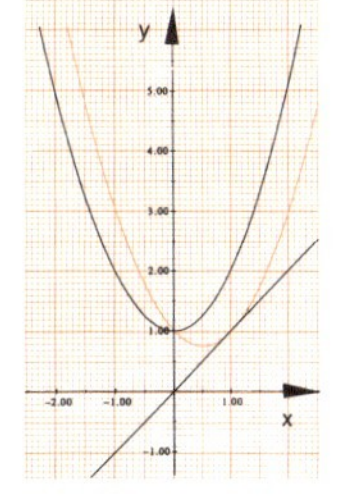

c) $f(x) = x^3$, $g(x) = x^2$, $h = f - g$

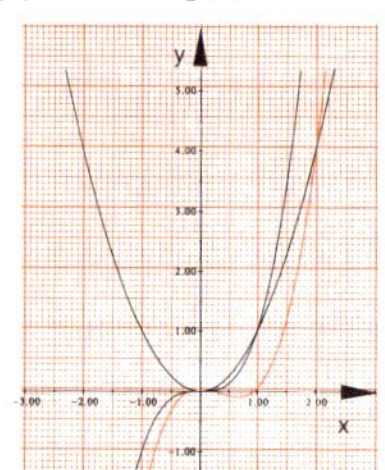

d) $f(x) = x$, $g(x) = 1 - x^2$, $h = f + g$

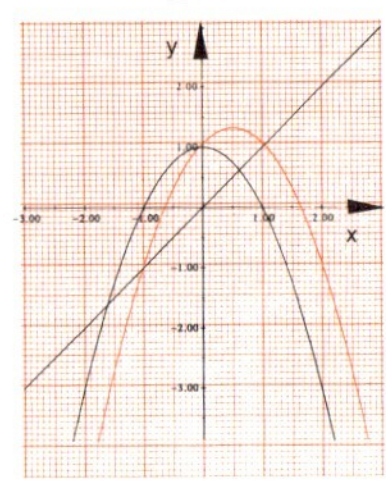

2. a) $y = x^4 + 2x^3 - x + 17$ ganz-rational
   b) $y = x^4 + 2x^3 - \frac{1}{x} + 17$ gebrochen-rational
   c) $y = x^2 - 2x + 1$ ganz-rational
   d) $y = x^2 - \sqrt{x}$ irrational

3. 1. a) 3
      b) 2
      c) 3
      d) 2
   2. a) 4
      b) –
      c) 2
      d) –

Aufgaben zu 11.2

1. a) $f(x) = 0{,}2\,x^3 - 0{,}8\,x^2 - 2{,}2\,x + 10$

x	y
– 4	–6,8
– 3	4
– 2	9,6
– 1	11,2
0	10
1	7,2
2	4
3	1,6
4	1,2

b) $f(x) = 0{,}2\,x^3 - 0{,}8\,x^2 - 2{,}2\,x + 6$

x	y
– 4	–10,8
– 3	0
– 2	5,6
– 1	7,2
0	6
1	3,2
2	0
3	–2,4
4	–2,8

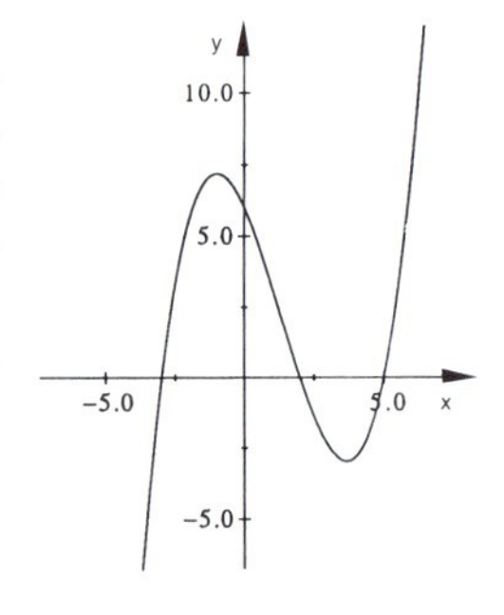

2. (3. Grades, 3 Nullstellen, 2 Extrema), (4. Grades, 4 Nullstellen, 3 Extrema)

Aufgaben zu 11.3

1.		Schnittpunkt	Symmetrie
a)	$f(x) = (x-2)(x-3)(x+1)$	6	keine
b)	$f(x) = x^4 + 13\,x^2 - 2{,}5$	– 2,5	y-Achse
c)	$f(x) = (x^2 + 1)(x^2 - 2)$	– 2	y-Achse
d)	$f(x) = -(x^2 - 2) \cdot x$	0	Nullpunkt
e)	$f(x) = -2\,x^3 + x - 3$	– 3	keine
f)	$f(x) = x^2(2\,x^3 - 5\,x)$	0	Nullpunkt

2. a) $f(x) = -2\,x^3 + x - 3$
   links oben - rechts unten
   b) $f(x) = x^2(2\,x^3 - 5\,x)$
   links unten - rechts oben
   c) $f(x) = -(x^2 + 1)(x^2 - 2)$
   nach unten offen
   d) $f(x) = x^4 + 13\,x^2 - 2{,}5$
   nach oben offen

Wiederholungsaufgaben

1. a) $f(x) = x^{-2} - 2\,x + 3$ gebrochen-rational, da $\frac{1}{x^2}$ auftritt
   b) $f(x) = x^3 + x^2 - x^{-1} + 10$ gebrochen-rational, da $\frac{1}{x}$ auftritt
   c) $f(x) = \sqrt{x^2 - x + 2}$ irrational
   d) $f(x) = x^3 + x^2 - x + 10$ ganz-rational Grad 3
   e) $f(x) = x^{\frac{1}{3}} + x^{\frac{1}{2}} - x + 3$ irrational, da z. B. $\sqrt{2}$ und $\sqrt[3]{2}$ auftreten
   f) $f(x) = 10 \cdot (x - 5)(x^2 + 4\,x - 1)$ ganz-rational Grad 3

2. $f(x) = x^3 - 5x - 4$

x	y
− 2	− 2
− 1	0
0	− 4
1	− 8
2	− 6
3	8
4	40

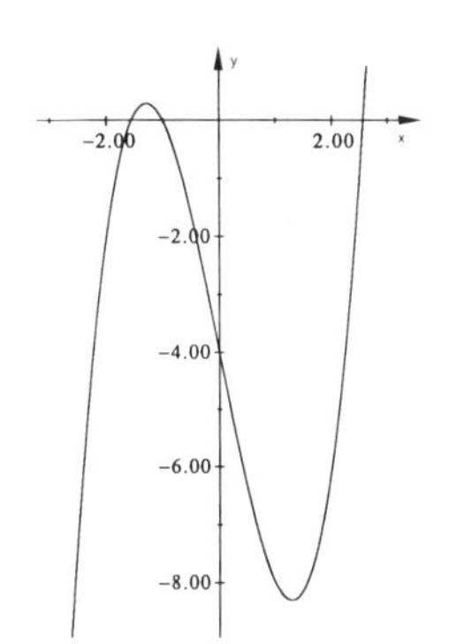

Nullstellen: − 1,56 ; − 1 ; 2,56
Hochpunkt: − 1,29 Tiefpunkt: 1,29

3.		Schnittpunkt	Symmetrie	$x \to +\infty$	$x \to -\infty$
a)	$f(x) = x^6 + x^4 + x^2 - 10$	− 10	y-Achse	$f(x) \to +\infty$	$f(x) \to +\infty$
b)	$f(x) = -x^6 + x^4 + x^2 + 5$	5	y-Achse	$f(x) \to -\infty$	$f(x) \to -\infty$
c)	$f(x) = 3x^6 + 4x^4 - 2x - 0{,}1$	− 0,1	keine	$f(x) \to +\infty$	$f(x) \to +\infty$
d)	$f(x) = x^5 + x^3 + x - 10$	− 10	keine	$f(x) \to +\infty$	$f(x) \to -\infty$
e)	$f(x) = 3x^5 - 4x^3 + x$	0	Nullpunkt	$f(x) \to +\infty$	$f(x) \to -\infty$
f)	$f(x) = -0{,}25x^7 + 1{,}5x^3 - x$	0	Nullpunkt	$f(x) \to -\infty$	$f(x) \to +\infty$

Lektion 12

Aufgaben im Text

1 $x^4 - 5x^3 + 6x^2 = 0$ $\quad x^2 = 0$ oder $(x^2 - 5x + 6) = 0$

$x^2(x^2 - 5x + 6) = 0$ $\quad x_1 = 0 \quad x_2 = 2 \quad x_3 = 3$

2 $x^4 + 2{,}8x^3 + 1{,}4x^2 - 0{,}4x - 0{,}5x^3 - 1{,}4x^2 - 0{,}7x + 0{,}2 = x^4 + 2{,}3x^3 - 1{,}1x + 0{,}2$

3 $5x^3 - 10x^2 - 25x + 30$ $\quad 2x^4 - 10x^2 + 8$

4 $(x+1)^3 = x^3 + 3x^2 + 3x + 1$

5 $(x^4 + 4x^3 - 34x^2 - 76x + 105) : (x - 1) = x^3 + 5x^2 - 29x - 105$

$$\begin{array}{l}
-(x^4 - x^3) \\
\hline
5x^3 - 34x^2 \\
-(5x^3 - 5x^2) \\
\hline
-29x^2 - 76x \\
-(-29x^2 + 29x) \\
\hline
-105x + 105 \\
-(-105x + 105) \\
\hline
0
\end{array}$$

$(x^3 + 5x^2 - 29x - 105) : (x + 3) = x^2 + 2x - 35$

$$\begin{array}{l}
-(x^3 + 3x^2) \\
\hline
2x^2 - 29x \\
-(2x^2 + 6x) \\
\hline
-35x - 105 \\
-(-35x - 105) \\
\hline
0
\end{array}$$

$x^4 + 4x^3 - 34x^2 - 76x + 105 = (x-1)(x+3)(x^2 + 2x - 35) = (x-1)(x+3)(x-5)(x+7)$,
also $x_3 = 5, x_4 = -7$

6 $2(x-3)(x-5) = 2(x^2 - 8x + 15) = 2x^2 - 16x + 30$

7 $(x^4 + 2{,}3x^3 - 1{,}1x + 0{,}2) : (x + 1) = x^3 + 1{,}3x^2 - 1{,}3x + 0{,}2$

$$\begin{array}{l}
-(x^4 + x^3) \\
\hline
1{,}3x^3 \\
-(1{,}3x^3 + 1{,}3x^2) \\
\hline
-1{,}3x^2 - 1{,}1x \\
-(-1{,}3x^2 - 1{,}3x) \\
\hline
0{,}2x + 0{,}2 \\
-(0{,}2x + 0{,}2) \\
\hline
0
\end{array}$$

Aufgaben zu 12.1

1. a) $x_1 = -2,\ x_2 = 2,\ x_3 = -3,\ x_4 = 3$
   b) $x_1 = -1,\ x_2 = 1,\ x_3 = -4,\ x_4 = 4$
   c) $x_1 = -2,\ x_2 = 2$

2. $x^4 - 5x^2 + 6 = 0$
   $z^2 - 5z + 6 = 0$
   $z_1 = 2 \quad z_2 = 3$
   $x_1 = \sqrt{2} \quad x_2 = -\sqrt{2} \quad x_3 = \sqrt{3} \quad x_4 = -\sqrt{3}$

Aufgaben zu 12.2

1. $2x^2(x-2)(x-3) = 0$
   $x_1 = 0 \quad x_2 = 2 \quad x_3 = 3$

2. a) $x^3(x-1)(x-2) = 0$
   $x_1 = 0 \quad x_2 = 2 \quad x_3 = 1$
   b) $x(x^2+1)(x^2-2) = 0$
   $x_1 = 0 \quad x_2 = \sqrt{2} \quad x_3 = -\sqrt{2}$

3. a) $x(x-3)(x+7)$
   $x_1 = 0 \quad x_2 = 3 \quad x_3 = -7$
   b) $x^2(x-2)(x-3)$
   $x_1 = 0 \quad x_2 = 2 \quad x_3 = 3$
   c) $x^3(x+1)(x+1)$
   $x_1 = 0 \quad x_2 = -1$

Aufgaben zu 12.3

1. a) $0{,}1x^3 + 0{,}4x^2 - 0{,}7x - 1$ b) $x^4 - x^3 - 12x^2$ c) $4x^3 - 8x$

2. a) $0{,}2x^3 - 1{,}4x^2 + 0{,}4x + 8$
   b) $10x^4 + 23x^3 - 11x + 2$

3. a) $x^3 - 23x^2 + 132x - 180$
   b) $x^4 - 4x^3 - 8x^2 + 12x + 15$
   c) $x^3 + x^2 - 2x$

4. a) $(x-2)(x+4)$
   b) $(x-2)(x-3)$
   c) $4(x-2)^2$

5. a) $(x-5)(x-3)(x-2)$
   b) $(x-5)(x+2-\sqrt{3})(x+2+\sqrt{3})$
   c) $(x+7)(x-5)(x+3)(x-1)$

6. $f(x) = -0{,}05(x-1)(x-6)(x+2)$

7. Für positives x werden alle Glieder positiv, also ist der Funktionswert auch positiv und nicht Null.

Aufgaben zu 12.4

1. a) $x = 0$ fünffach b) $x_1 = \sqrt{2}$; $x_2 = -\sqrt{2}$ beide zweifach c) $x_1 = 3$ dreifach; $x_2 = -4$ zweifach

2. Zum Beispiel a) $x^2(x-1)^3$ b) $(x-1)(x-2)^4$ c) $(x-4)^5$

3. Die Funktion $f(x) = x^2 + px + q$ hat eine doppelt zählende Nullstelle für $\frac{p^2}{4} - q = 0$

Aufgaben zu 12.5

1. a) Funktion $y = x^2 - 5x - 6$

   1. Definitionsbereich IR.
   2. Potenzen x^2 und x, daher weder Achsensymmetrie zur y-Achse noch Punktsymmetrie zum Nullpunkt.
   3. Für $x \to +\infty$ geht der Funktionswert $y \to +\infty$, da das Vorzeichen von x^2, der höchsten Potenzfunktion, positiv ist. Auch für $x \to -\infty$ geht der Funktionswert $y \to +\infty$. Die Kurve ist als Funktionsgraph einer Funktion 2. Grades eine Parabel, sie kommt von links oben und geht nach rechts oben.
   4. Der Schnitt mit der y-Achse ist bei $y = -6$, da der Funktionsterm das absolute Glied (Glied ohne x) -6 hat.
   5. Die Nullstellen bestimmt man aus der Gleichung $x^2 - 5x - 6 = 0$.
      Mit der Formel $x_{1/2} = \frac{-b \pm \sqrt{b^2 - 4 \cdot a \cdot c}}{2 \cdot a}$
      ergibt sich $x_{1/2} = \frac{-(-5) \pm \sqrt{(-5)^2 - 4 \cdot 1 \cdot (-6)}}{2 \cdot 1}$ $\quad x_1 = 6 \quad x_2 = -1$
      Es gibt demnach zwei einfache Nullstellen mit Vorzeichenwechsel.
   6. Wertetabelle

x	−3	−2	−1	0	1	2	3
y	18	8	0	−6	−10	−12	−12

   7. Die Zeichnung des Graphen kann mit den unter 1. bis 6. ermittelten Werten erfolgen.
   8. Es gibt einen Tiefpunkt bei $x = 2{,}5$.

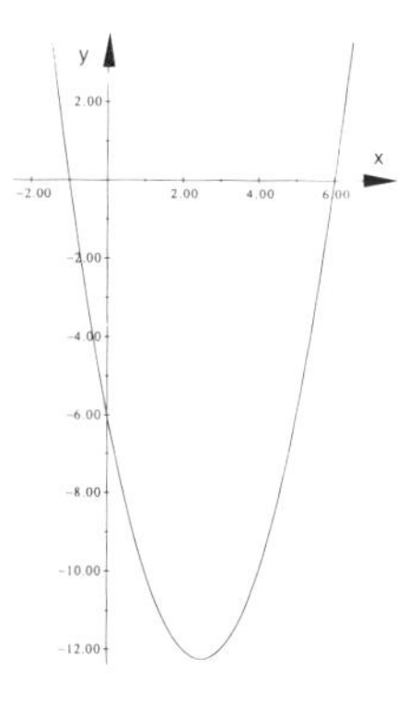

b) Funktion $y = x^4 - x^2$ 1. Definionsbereich IR .

2. Der Funktionsterm enthält nur die Potenzen x^4 und x^2 , also nur gerade Potenzen von x. Es liegt daher Achsensymmetrie zur y-Achse vor.
3. Für $x \to +\infty$ geht der Funktionswert $y \to +\infty$, da das Vorzeichen von x^4 , der höchsten Potenzfunktion, positiv ist. Auch für $x \to -\infty$ geht der Funktionswert $y \to +\infty$. Die Kurve hat die charakteristische W-Form von Funktionsgraphen 4. Grades, sie kommt von links oben und geht nach rechts oben.
4. Der Schnitt mit der y-Achse ist bei $y = 0$.
5. Die Nullstellen bestimmt man aus der Gleichung
   $x^4 - x^2 = 0$ $x^2 (x^2 - 1) = 0$
   $x_1 = 0$ $x_2 = 1$ $x_3 = -1$
   Es gibt demnach drei Nullstellen, zwei einfache Nullstellen mit Vorzeichenwechsel und bei $x = 0$ eine doppelt zählende Nullstelle ohne Vorzeichenwechsel.
6. Wertetabelle

x	−3	−2	−1	0	1	2	3
y	72	12	0	0	0	12	72

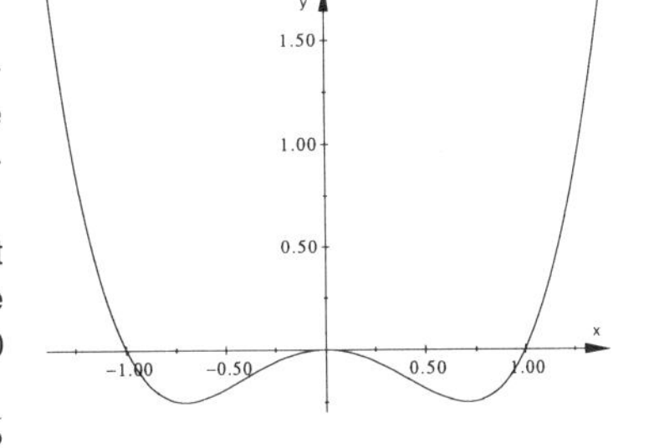

7. Die Zeichnung des Graphen kann mit den unter 1. bis 5. ermittelten Werten als Skizze erfolgen. Mit Hilfe der Wertetabelle kann man einen genaueren Graphen zeichnen wie in der Abbildung hier rechts.
8. Es gibt zwei Tiefpunkte und einen Hochpunkt, der Hochpunkt liegt wegen der Achsensymmetrie bei $x = 0$. Die Tiefpunkte müssen zwischen $x = -1$ und $x = 0$ bzw. zwischen $x = 0$ und $x = 1$ liegen.
   Die Werte für die Tiefpunkte sind $x_{T_1} = \frac{1}{2}\sqrt{2}$ und $x_{T_2} = -\frac{1}{2}\sqrt{2}$

c) Funktion $y = 3x^3 - 27x$ 1. Definitionsbereich IR .

2. Der Funktionsterm enthält die Potenzen x^3 und x , daher Punktsymmetrie zum Nullpunkt.
3. Für $x \to +\infty$ geht $y \to +\infty$, da das Vorzeichen von x^3 positiv ist. Für $x \to -\infty$ geht $y \to -\infty$.
   Die Kurve hat die typische S-Form, sie kommt von links unten und geht nach rechts oben.
4. Der Schnitt mit der y-Achse ist bei $y = 0$.
5. Die Nullstellen bestimmt man aus der Gleichung
   $3x^3 - 27x = 0$. 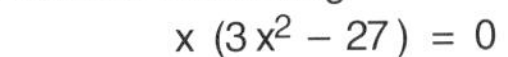 $x\,(3x^2 - 27) = 0$
   $x = 0$ oder $3x^2 - 27 = 0$
   $x_1 = 0$ $x_2 = 3$ $x_3 = -3$
   Es gibt demnach drei einfache Nullstellen mit Vorzeichenwechsel.
6. Wertetabelle

x	−3	−2	−1	0	1	2	3
y	0	30	24	0	−24	−30	0

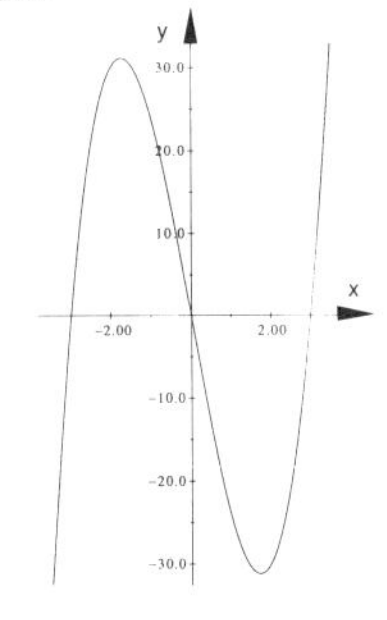

7. Die Zeichnung des Graphen kann mit den unter 1. bis 5. ermittelten Werten als Skizze erfolgen. Mit Hilfe der Wertetabelle kann man einen genaueren Graphen zeichnen wie in der Abbildung hier rechts.
8. Es gibt einen Tiefpunkt bei $x = \sqrt{3}$ und einen Hochpunkt bei $x = -\sqrt{3}$.

2. Funktion $y = -x^4 + 2x^3 + x^2 - 2x$

1. Definitionsbereich IR .
2. Weder Achsensymmetrie zur y-Achse noch Punktsymmetrie zum Nullpunkt.
3. Für $x \to +\infty$ geht $y \to -\infty$, da das Vorzeichen von x^4 negativ ist. Auch für $x \to -\infty$ geht $y \to -\infty$.
   Die Kurve hat die typische W-Form, sie kommt von links unten und geht nach rechts unten.
4. Der Schnitt mit der y-Achse ist bei $y = 0$.
5. Die Nullstellen bestimmt man aus der Gleichung $-x^4 + 2x^3 + x^2 - 2x = 0$.
   $-x(x-1)(x-2)(x+1) = 0$ $x_1 = 0$ $x_2 = 1$ $x_3 = 2$ $x_4 = -1$
   Es gibt vier einfache Nullstellen mit Vorzeichenwechsel.
6. Wertetabelle

x	−3	−2	−1	0	1	2	3
y	−120	−24	0	0	0	0	−24

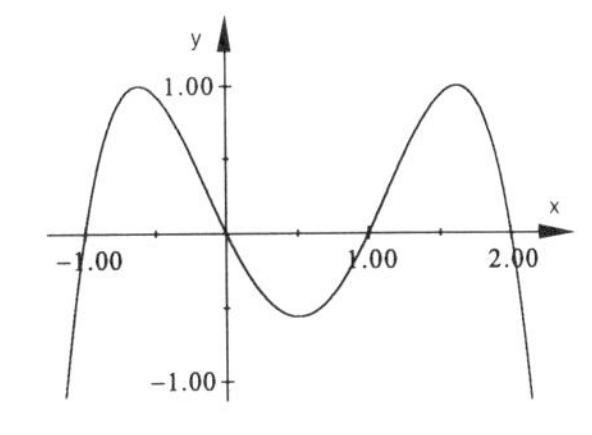

7. Die Zeichnung des Graphen kann mit den unter 1. bis 5. ermittelten Werten als Skizze erfolgen. Mit Hilfe der Wertetabelle kann man einen genaueren Graphen zeichnen wie in der Abbildung hier rechts.
8.  Es gibt einen Tiefpunkt und zwei Hochpunkte.

L

Wiederholungsaufgaben

1. a) $x^3 - 14{,}8\,x^2 + 47\,x + 10$ b) $0{,}1\,(x^4 - (1+\sqrt{3})\,x^3 + (\sqrt{3} - 5)\,x^2 + 5\,(1+\sqrt{3})\,x - 5\sqrt{3})$
2. a) $(x^2 - 10)(x - 0{,}3) = x^3 - 0{,}3\,x^2 - 10\,x + 3$ und $10\,x^3 - 3\,x^2 - 100\,x + 30$ b) $100\,x^4 + 10\,x^3 - 106\,x^2 - 10\,x + 6$ und $x^4 + 0{,}1\,x^3 - 1{,}06\,x^2 - 0{,}1\,x + 0{,}06$
3. a) $(x-3)(x^2 - 2x + 2)$
   b) $(x-3)(x^2 + x + 1)$
   c) $(x-2)(x^2 + 3x + 7)$
   d) $(x-1)(x^2 - 2x + 2)$
4. a) $x_1 = 1$; $x_2 = -1$
   b) $x_1 = 1$; $x_2 = -1$
   c) $x_1 = 0$; $x_2 = -2$; $x_3 = -4$
   d) $x_1 = 0$; $x_2 = 1$; $x_3 = 5$
5. $x^3 - 3{,}5\,x^2 + 3{,}5\,x - 1$
6. a) Funktion $y = -x^4 + 13\,x^2 - 36$
   1. Definitionsbereich IR . 2. Symmetrie zur y-Achse.
   3. Für $x \to +\infty$ geht $y \to -\infty$, da das Vorzeichen von x^4 negativ ist. Auch für $x \to -\infty$ geht $y \to -\infty$. Die Kurve hat die typische W-Form, sie kommt von links unten und geht nach rechts unten.
   4. Der Schnitt mit der y-Achse ist bei $y = -36$.
   5. Die Nullstellen bestimmt man aus der Gleichung
   $$-x^4 + 13x^2 - 36 = 0\,.$$
   $x_1 = 3$ $x_2 = -3$ $x_3 = 2$ $x_4 = -2$
   Es gibt vier einfache Nullstellen mit Vorzeichenwechsel.
   6. Wertetabelle

x	−3	−2	−1	0	1	2	3
y	0	0	−24	−36	−24	0	0

   7. Die Zeichnung des Graphen kann mit den unter 1. bis 5. ermittelten Werten als Skizze erfolgen.
   8. Es gibt einen Tiefpunkt und zwei Hochpunkte.

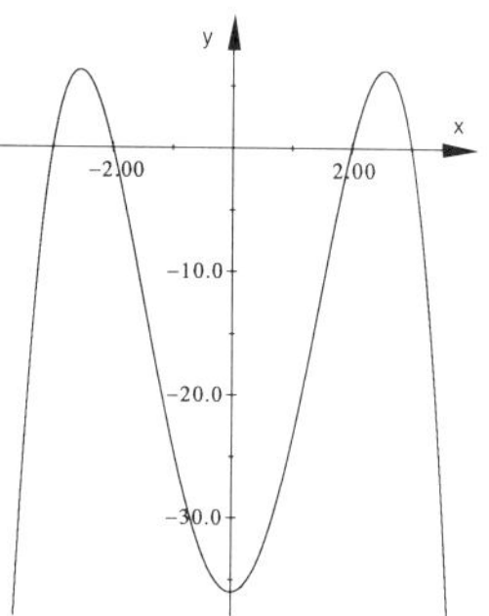

   b) Funktion $y = x^3 - 16\,x$ 1. Definitionsbereich IR . 2. Symmetrie zum Nullpunkt.
   3. Für $x \to +\infty$ geht $y \to +\infty$, da das Vorzeichen von x^3 positiv ist. Für $x \to -\infty$ geht $y \to -\infty$. Die Kurve hat die typische S-Form, sie kommt von links unten und geht nach rechts oben.
   4. Der Schnitt mit der y-Achse ist bei $y = 0$.
   5. Die Nullstellen bestimmt man aus der Gleichung $x^3 - 16\,x = 0$.
   $x\,(x-4)(x+4) = 0$ $x_1 = 0$ $x_2 = 4$ $x_3 = -4$

   Es gibt drei einfache Nullstellen mit Vorzeichenwechsel.
   6. Wertetabelle

x	−3	−2	−1	0	1	2	3
y	21	24	15	0	−15	−24	−21

   7. Die Zeichnung des Graphen kann mit den unter 1. bis 5. ermittelten Werten als Skizze erfolgen. Mit Hilfe der Wertetabelle kann man einen genaueren Graphen zeichnen wie in der Abbildung hier rechts.
   8. Es gibt einen Tiefpunkt und einen Hochpunkt.

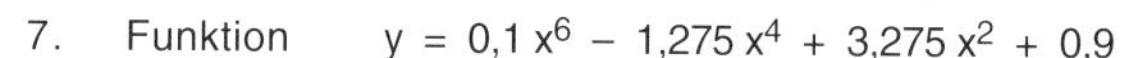

7. Funktion $y = 0{,}1\,x^6 - 1{,}275\,x^4 + 3{,}275\,x^2 + 0{,}9$
   1. Definitionsbereich IR . 2. Symmetrie zur y-Achse.
   3. Für $x \to +\infty$ geht $y \to +\infty$, da das Vorzeichen von x^6 positiv ist. Auch für $x \to -\infty$ geht $y \to +\infty$. Die Kurve kommt von links oben und geht nach rechts oben.
   4. Der Schnitt mit der y-Achse ist bei $y = 0{,}9$.
   5. Die Nullstellen bestimmt man aus der Gleichung $0{,}1\,x^6 - 1{,}275\,x^4 + 3{,}275\,x^2 + 0{,}9 = 0$.
   $\frac{1}{40}\,(x-2)(x-3)(x+3)(x+2)(4x^2+1) = 0$
   $x_1 = 2$ $x_2 = 3$ $x_3 = -3$ $x_4 = -2$
   Es gibt vier einfache Nullstellen mit Vorzeichenwechsel.
   6. Wertetabelle

x	−3	−2	−1	0	1	2	3
y	0	0	3	0,9	3	0	0

   7. Die Zeichnung des Graphen kann mit den unter 1. bis 5. ermittelten Werten als Skizze erfolgen.
   8. Es gibt drei Tiefpunkte und zwei Hochpunkte.

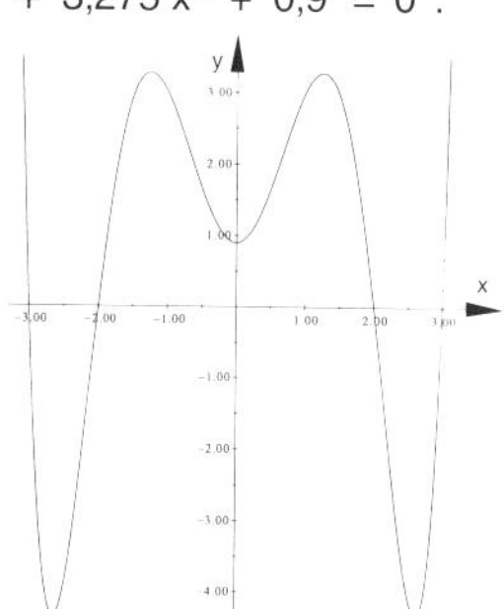

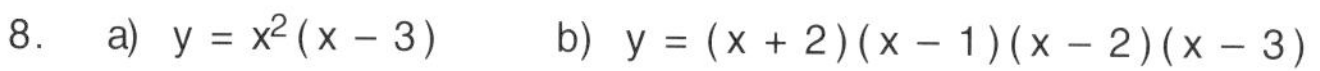

8. a) $y = x^2\,(x-3)$ b) $y = (x+2)(x-1)(x-2)(x-3)$

Lektion 13

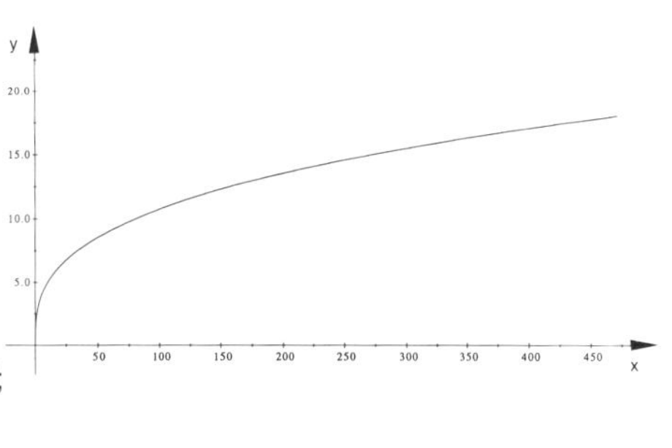

Aufgabe im Text 1 $y = -0{,}8\,x^2 + 120$

Aufgabe zu 13.1 nach Strahlensatz: $r : h = 5 : 18$

$V = \frac{25\,\pi}{972}\,h^3$ für $0 \le h \le 18$

$h = \sqrt[3]{\frac{972\,V}{25\,\pi}}$ für $0 \le V \le 471{,}24$

Aufgaben zu 13.2

1. $a = 1\,\frac{m}{s^2}$; $t_a = 255\,s$; $s_a = 2500\,m$; $v_{höchst} = 120\,\frac{km}{Std.} = 33{,}33\,\frac{m}{s}$;

   $v = a\,t_a \pm \sqrt{a^2\,t_a^2 - 2\,a\,s_a} = 1 \cdot 255 \pm \sqrt{255^2 - 5000}$

   $v_1 = 500\,\frac{m}{s} > 33{,}33\,\frac{m}{s}$; $v_2 = 10\,\frac{m}{s} < 33{,}33\,\frac{m}{s}$ also ist v_2 die Lösung des Problems.

   $t_0 = \frac{v}{a} = \frac{10}{1} = 10\,s$; $s_0 = \frac{a}{2}\,t_0^2 = 0{,}5 \cdot 100 = 50\,m$

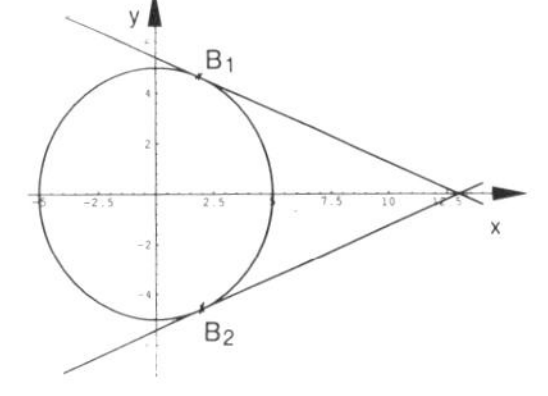

2. $m_1 = -\frac{5}{12}$; $m_2 = \frac{5}{12}$; $b_1 = \frac{65}{12}$; $b_2 = -\frac{65}{12}$

   Tangente 1: $y = -\frac{5}{12}x + \frac{65}{12}$ $B_1\,(\,1{,}92 \mid 4{,}62\,)$

   Tangente 2: $y = \frac{5}{12}x - \frac{65}{12}$ $B_2\,(\,1{,}92 \mid -4{,}62\,)$

Aufgaben zu 13.3

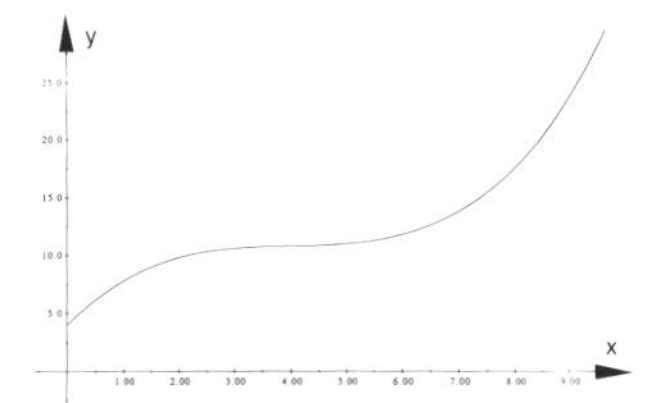

1. $y = a\,x^3 + b\,x^2 + c\,x + d$

   $4 = a \cdot 0^3 + b \cdot 0^2 + c \cdot 0 + d$
   $7{,}8 = a \cdot 1^3 + b \cdot 1^2 + c \cdot 1 + d$
   $9{,}8 = a \cdot 2^3 + b \cdot 2^2 + c \cdot 2 + d$
   $33 = a \cdot 10^3 + b \cdot 10^2 + c \cdot 10 + d$

   $$\left|\begin{array}{rcl} d &=& 4 \\ a + b + c + d &=& 7{,}8 \\ 8a + 4b + 2c + d &=& 9{,}8 \\ 1000\,a + 100\,b + 10\,c + d &=& 33 \end{array}\right|$$

   $y = 0{,}1\,x^3 - 1{,}2\,x^2 + 4{,}9\,x + 4$

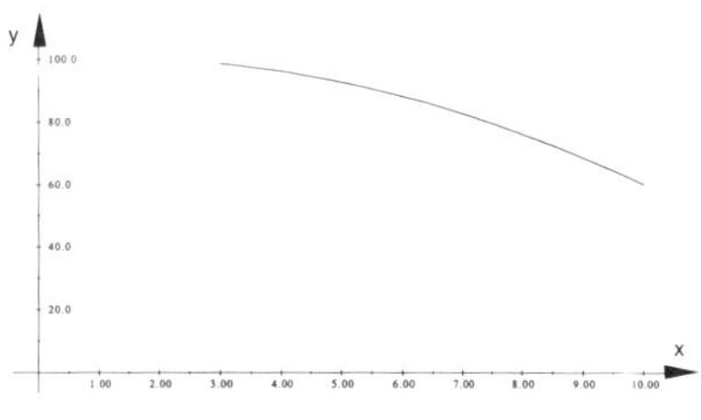

2. $y = a\,x^2 + b\,x + c$

   $$\left|\begin{array}{rcl} 25\,a + 5\,b + c &=& 92{,}5 \\ 64\,a + 8\,b + c &=& 76 \\ 100\,a + 10\,b + c &=& 60 \end{array}\right|$$

   $y = -0{,}5\,x^2 + x + 100$

Wiederholungsaufgaben

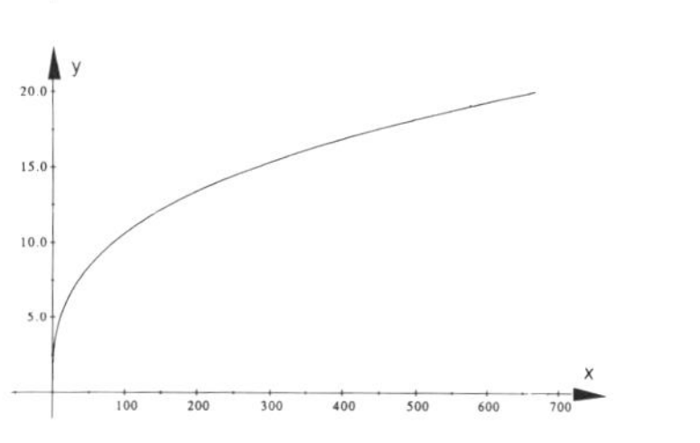

1. $V = \frac{1}{12}\,h^3$ für $0 \le h \le 20$;

   $h = \sqrt[3]{12\,V}$ für $0 \le V \le 666\,\frac{2}{3}$

2. $a = 1\,\frac{m}{s^2}$; $t_a = 200\,s$; $s_a = 3000\,m$; $v_{höchst} = 120\,\frac{km}{Std.} = 33{,}33\,\frac{m}{s}$

   $v = a\,t_a \pm \sqrt{a^2\,t_a^2 - 2\,a\,s_a} = 1 \cdot 200 \pm \sqrt{200^2 - 2 \cdot 3000}$

   $v_1 = 384{,}39\,\frac{m}{s} > 33{,}33\,\frac{m}{s}$; $v_2 = 15{,}61\,\frac{m}{s} < 33{,}33\,\frac{m}{s}$ also ist v_2 die Lösung des Problems.

   $t_0 = \frac{v}{a} = \frac{15{,}61}{1} = 15{,}61\,s$; $s_0 = \frac{a}{2}\,t_0^2 = 0{,}5 \cdot 243{,}67 = 121{,}84\,m$

L

Mathematische Schreibweisen

Mathematische Grundzeichen

$=$	gleich, Gleichheitszeichen	$<$	kleiner als
$\neq$	ungleich	$\leq$	kleiner oder gleich
$\approx$	ungefähr gleich	$>$	größer als
$\triangleq$	entspricht (z.B. $1 \text{ cm} \triangleq 1 \frac{\text{km}}{\text{Std.}}$)	$\geq$	größer oder gleich
∞	unendlich (keine Zahl!)	$\pm$	plus oder minus

Zahlenmengen

$\mathbb{N} = \{0, 1, 2, 3, 4, 5, \ldots\}$	Menge der natürlichen Zahlen[1] oder: Menge der nicht-negativen ganzen Zahlen
$\mathbb{N}^* = \{1, 2, 3, 4, 5, \ldots\}$	Menge der natürlichen Zahlen ohne 0 oder: Menge der positiven ganzen Zahlen[2]
$\mathbb{Z} = \{\ldots, -3, -2, -1, 0, 1, 2, 3, \ldots\}$	Menge der ganzen Zahlen
$\mathbb{Z}^* = \{\ldots, -3, -2, -1, 1, 2, 3, \ldots\}$	Menge der ganzen Zahlen ohne 0 oder: Menge der von 0 verschiedenen ganzen Zahlen
$\mathbb{Q} = \{\frac{p}{q} \mid p \in \mathbb{Z} \text{ und } q \in \mathbb{N}^*\}$	Menge der rationalen Zahlen (Bruchzahlen)[3]
$\mathbb{Q}^* = \{\frac{p}{q} \mid p \in \mathbb{Z}^* \text{ und } q \in \mathbb{N}^*\}$	Menge der rationalen Zahlen ohne 0 oder: Menge der von 0 verschiedenen rationalen Zahlen
$\mathbb{Q}_+ = \{x \in \mathbb{Q} \mid x \geq 0\}$	Menge der nicht negativen rationalen Zahlen
$\mathbb{R}$	Menge der reellen Zahlen
$\mathbb{R}^*$	Menge der reellen Zahlen ohne 0 oder: Menge der von 0 verschiedenen reellen Zahlen
$\mathbb{R}_+ = \{x \in \mathbb{R} \mid x \geq 0\}$	Menge der nicht negativen reellen Zahlen
$\mathbb{R}_+^* = \{x \in \mathbb{R} \mid x > 0\}$	Menge der positiven reellen Zahlen
$\mathbb{R}_- = \{x \in \mathbb{R} \mid x \leq 0\}$	Menge der nicht positiven reellen Zahlen
$\mathbb{R}_-^* = \{x \in \mathbb{R} \mid x < 0\}$	Menge der negativen reellen Zahlen

Intervalle

$[a; b] = \{x \in \mathbb{R} \mid a \leq x \leq b\}$	abgeschlossenes Intervall von a bis b (einschl. a und b)
$]a; b[= \{x \in \mathbb{R} \mid a < x < b\}$	offenes Intervall von a bis b (ohne a und b)

---

1 Die Klammern { } heißen Mengenklammern und zeigen, daß eine ganze Menge von (zum Beispiel) Zahlen gemeint ist.

2 Der * an einem Mengenzeichen zeigt an, daß die 0 aus der Menge herausgenommen ist.

3 Das Zeichen $\in$ heißt Elementzeichen, wird „ist Element von" gesprochen und zeigt, daß (zum Beispiel) eine Zahl Element einer bestimmten Menge ist (zu einer bestimmten Menge gehört).

Schreibweisen bei Gleichungen

In der Regel werden bei Gleichungen

- mit einer Variablen die Lösungsvariable mit x bezeichnet,
- mit zwei Variablen die Lösungsvariablen mit x und y bezeichnet,
- mit drei Variablen die Lösungvariablen mit x, y und z bezeichnet.

Für Parameter, die für feste Zahlenwerte stehen, werden in der Regel Buchstaben vom Anfang des Alphabets (a, b, c, . . .) gewählt.

Gleichungssysteme werden durch seitliche Striche gekennzeichnet: $\left| \begin{array}{l} ax + by = c \\ dx + ey = f \end{array} \right|$

Die Lösungen von Gleichungen werden entweder als *einzelne Lösungen* angegeben - Bezeichnungen sind dann etwa „5 ist die Lösung", „x_1 ist Lösung", „das Paar $(-2 \mid 3)$ ist Lösung", „das Paar $(x_1 \mid y_1)$ ist Lösung", „alle Paare der Form $(x \mid y = 2x - 1)$ sind Lösungen", „das Tripel $(2 \mid 5 \mid -1)$ ist Lösung", „es gibt keine Lösung" - oder es wird die *Menge aller Lösungen*, die sogenannte *Lösungsmenge*, aufgeschrieben, wie „die Lösungsmenge ist $L = \{4\}$", „die Lösungsmenge ist $L = \{3; 4\}$", „die Lösungsmenge ist $L = \{x_1\}$", „die Lösungsmenge ist $L = \{(-3 \mid 1)\}$", „die Lösungsmenge ist $L = \{(x_0 \mid y_0)\}$", „die Lösungsmenge ist $L = \{(x \mid y) \mid x \in \mathbb{R} \text{ und } y = 2x - 1\}$", „die Lösungsmenge ist $L = \mathbb{R}$" (wenn alle reellen Zahlen Lösungen der Gleichung sind), „die Lösungsmenge ist leer: $L = \{\ \}$" (wenn es keine Lösung gibt).

Schreibweisen bei Funktionen

Bezeichnung von Funktionen: $f, g, h, \ldots$ zum Beispiel f: $y = x^3 + 2x^2 - 5$

Bezeichnung für die Umkehrfunktion von f: f^* zum Beispiel f: $y = x^2$ $D = \mathbb{R}_+$

f^*: $y = \sqrt{x}$ $D = \mathbb{R}_+$

Wenn klar ist, was man meint, läßt man „f:" auch weg und schreibt kurz nur die Funktionsgleichung $y = f(x)$ oder nur die Zuordnungsvorschrift $x \rightarrow f(x)$ für die Funktion.

Definitionsbereich einer Funktion (Menge der x-Werte, für die die Funktion erklärt ist): D

Wertebereich einer Funktion (Menge der y-Werte, die als Funktionswerte auftreten): W

Schreibweisen in der Geometrie

Punkte werden mit großen Buchstaben bezeichnet:	A, B, C, . . .
Strecke von A nach B:	$\overline{AB}$
Länge der Strecke von A nach B:	$\lvert AB \rvert$
Dreieck aus den Eckpunkten A, B, C:	Δ ABC
Rechter Winkel	⊾
Winkel am Punkt B mit den Schenkeln $\overline{BA}$ und $\overline{BC}$	$\sphericalangle$ ABC

Bezeichnungen der Seiten im rechtwinkligen Dreieck

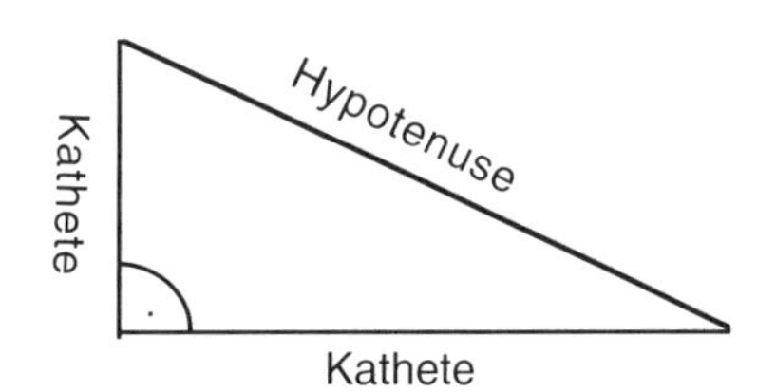

Wichtige Begriffe, Formeln und Sätze

Funktionen

Begriff der Funktion

Eine Funktion stellt eine Zuordnung zwischen zwei Mengen, der Definitionsmenge und der Wertemenge, dar. Bei einer Funktion muß jedem Element der Definitionsmenge ein und nur ein Element der Wertemenge zugeordnet sein.

Nullstellen einer Funktion

Eine Nullstelle einer Funktion ist diejenige Stelle, an der der Funktionswert Null, also $f(x) = 0$ ist.

Lineare Funktion $y = m \cdot x + b$ — m Steigung; b y-Achsenabschnitt

Exponentialfunktion $y = a \cdot b^x$ (mit $b > 0$)

($y = a \cdot b^x$ exponentielles Wachstum, $y = a \cdot b^{-x}$ exponentielle Abnahme.)

Gebrochen-rationale Funktion $y = \frac{1}{x}$ (mit $x \neq 0$) — Graph: Hyperbel.

$y = \frac{a \cdot x + b}{c \cdot x + d}$ (mit $c \neq 0$ und $x \neq -\frac{d}{c}$) — linearer Zählerterm und linearer Nennerterm

$y = \frac{k}{x - x_0} + y_0$ (mit $x \neq x_0$) — Graph: um x_0 in x-Richtung und y_0 in y-Richtung verschobene Hyperbel

Quadratische Funktion

Allgemeine Form: $y = a \cdot x^2 + b \cdot x + c$ ($a, b, c \in \mathbb{R}, a \neq 0$)

Scheitelpunktform: $y = a \cdot (x - x_s)^2 + y_s$ — Scheitelpunkt $(x_s \mid y_s)$

Umrechnung zwischen a, b, c und x_s, y_s: $x_s = -\frac{b}{2a}$ und $y_s = c - \frac{b^2}{4a}$

Quadratische Gleichung

$x^2 + p \cdot x + q = 0$ — Lösungen: $x_{1/2} = -\frac{p}{2} \pm \sqrt{\left(\frac{p}{2}\right)^2 - q}$

$a \cdot x^2 + b \cdot x + c = 0$ — Lösungen: $x_{1/2} = \frac{-b \pm \sqrt{b^2 - 4 \cdot a \cdot c}}{2 \cdot a}$

Potenzfunktion $y = x^n$ mit $n \in \mathbb{N}$

Ganz-rationale Funktion $y = a_n x^n + a_{n-1} x^{n-1} + \ldots + a_2 x^2 + a_1 x + a_0$ mit $n \in \mathbb{N}$, $a_i \in \mathbb{Q}$

$a_n x^n + a_{n-1} x^{n-1} + \ldots + a_2 x^2 + a_1 x + a_0$ heißt Polynom n-ten Grades

Logarithmusfunktion $y = \log_b x \Leftrightarrow b^y = x$ ($\lg x$ für $b = 10$ Zehnerlogarithmus)

Logarithmengesetze

(1) $\log_b (u \cdot v) = \log_b u + \log_b v$

(2) $\log_b \frac{u}{v} = \log_b u - \log_b v$

(3) $\log_b u^k = k \cdot \log_b u$

(4) $\log_b \sqrt[n]{u} = \frac{1}{n} \cdot \log_b u$

(5) $\log_b x = \frac{\log_c x}{\log_c b}$

Monotonie Eine Funktion f heißt streng monoton steigend, wenn für alle x_1, x_2 aus dem Definitionsbereich gilt: $x_1 < x_2 \Rightarrow f(x_1) < f(x_2)$ und streng monoton fallend, wenn gilt: $x_1 < x_2 \Rightarrow f(x_1) > f(x_2)$.

Umkehrbarkeit Ist die Umkehrzuordnung einer Funktion f wieder eine Funktion, so heißt die ursprüngliche Funktion f umkehrbar. Die durch die Umkehrung von f erhaltene Funktion f^* heißt Umkehrfunktion von f.

Folgen

Begriff der Folge

Eine Funktion mit der Definitionsmenge IN (natürliche Zahlen) oder einem Teilstück von IN heißt Folge.

Arithmetische Folge	$f(x+1) = f(x) + d$	lineares Wachstum
Geometrische Folge	$f(x+1) = f(x) \cdot q$	exponentielles Wachstum
Logistische Folge	$f(x+1) = f(x) \cdot (q - c \cdot f(x))$	logistisches Wachstum

Formeln aus der Geometrie

Satz des Pythagoras In einem rechtwinkligen Dreieck ist die Summe der Flächeninhalte der beiden Kathetenquadrate gleich dem Flächeninhalt des Hypotenusenquadrates: $a^2 + b^2 = c^2$

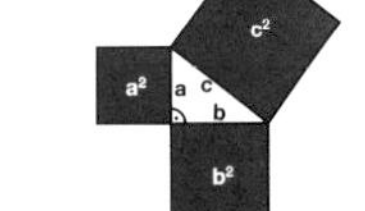

Kreis $A = \pi \cdot r^2$ $u = 2 \cdot \pi \cdot r$ (r Radius)

Kreisgleichung: $x^2 + y^2 = r^2$

Funktion des (oberen) Halbkreises: $y = +\sqrt{r^2 - x^2}$

Stereometrie

Pyramide:

$V = \frac{1}{3} \cdot G \cdot h$

(G : Grundfläche)

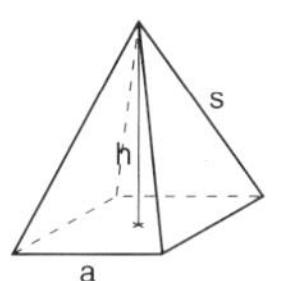

Zylinder:

$V = \pi \cdot r^2 \cdot h$

$M = 2 \cdot \pi \cdot r \cdot h$

$O = 2 \cdot \pi \cdot r^2 + 2 \cdot \pi \cdot r \cdot h$

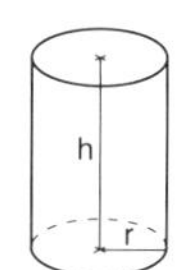

Kreiskegel:

$V = \frac{1}{3} \cdot \pi \cdot r^2 \cdot h$

$M = \pi \cdot r \cdot s$

$O = \pi \cdot r^2 + \pi \cdot r \cdot s$

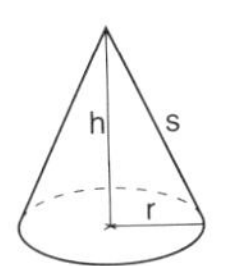

Kugel:

$V = \frac{4}{3} \cdot \pi \cdot r^3$

$O = 4 \cdot \pi \cdot r^2$

Kugelabschnitt:

$V = \frac{1}{3} \pi \cdot h^2 \cdot (3r - h)$

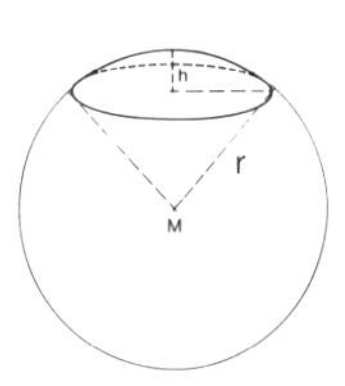

Formeln aus der Physik

Gleichförmige Bewegung:	Geschwindigkeit:	$v = \frac{s}{t}$	(Weg: s; Zeit: t)
Beschleunigte Bewegung:	Geschwindigkeit:	$v = a \cdot t$	(konstante Beschleunigung: a)
	Weg-Zeit-Gesetz:	$s = \frac{1}{2} \cdot a \cdot t^2$	
	beim freien Fall:	$v = g \cdot t$	(Fallbeschleunigung: $g \approx 9{,}81 \frac{m}{s^2}$)
		$s = \frac{1}{2} \cdot g \cdot t^2$	

Dichte: $\rho = \frac{m}{V}$ (Dichte: ρ ; Masse: m; Volumen: V)

Linsengesetz: $\frac{1}{g} + \frac{1}{b} = \frac{1}{f}$ (Abstand des Gegenstandes von der Linse: g
Entfernung des erzeugten Bildes von der Linse: b
Brennweite der Linse: f)

Abbildungsmaßstab $A = \frac{b}{g}$

Zinsformel

$z = \frac{K \cdot i \cdot p}{100}$ (Zinsen: z; Kapital: K; Zeit in Jahren: i; Zinssatz: p)

Zinseszinsformel

$K_n = K_0 \cdot (1 + \frac{p}{100})^n$ (Anfangskapital: K_0 ; Endkapital: K_n ; Zeit in Jahren: n ; Zinssatz: p)

Register